全国监理工程师职业资格考试辅导

建设工程目标控制（土木建筑工程）复习题集

全国监理工程师职业资格考试辅导编写委员会　编写

中国建筑工业出版社

图书在版编目（CIP）数据

建设工程目标控制（土木建筑工程）复习题集 / 全
国监理工程师职业资格考试辅导编写委员会编写 . — 北
京：中国建筑工业出版社，2022.11
（全国监理工程师职业资格考试辅导）
ISBN 978-7-112-27632-5

Ⅰ. ①建… Ⅱ. ①全… Ⅲ. ①土木工程—目标管理—
资格考试—习题集 Ⅳ. ① TU723-44

中国版本图书馆 CIP 数据核字（2022）第 128489 号

本书紧扣考试大纲，全面把握历年考试情况，有针对性地整理了各考点中的一些重要题目，是参加监理工程师考试的辅导用书。

本书包括三部分，第一部分是建设工程质量控制，共 8 章，分别是：建设工程质量管理制度和责任体系；ISO质量管理体系及卓越绩效模式；建设工程质量的统计分析和试验检测方法；建设工程勘察设计阶段质量管理；建设工程施工质量控制和安全生产管理；建设工程施工质量验收和保修；建设工程质量缺陷及事故处理；设备采购和监造质量控制。第二部分是建设工程投资控制，共 7 章，分别是：建设工程投资控制概述；建设工程投资构成；建设工程项目投融资；建设工程决策阶段投资控制；建设工程设计阶段投资控制；建设工程招标阶段投资控制；建设工程施工阶段投资控制。第三部分是建设工程进度控制，共 6 章，分别是建设工程进度控制概述；流水施工原理；网络计划技术；建设工程进度计划实施中的监测与调整；建设工程设计阶段进度控制；建设工程施工阶段进度控制。

责任编辑：张　磊　王砾瑶　范业庶
责任校对：姜小莲

全国监理工程师职业资格考试辅导
建设工程目标控制（土木建筑工程）复习题集
全国监理工程师职业资格考试辅导编写委员会　编写

*

中国建筑工业出版社出版、发行（北京海淀三里河路 9 号）
各地新华书店、建筑书店经销
北京点击世代文化传媒有限公司制版
北京建筑工业印刷厂印刷

*

开本：787 毫米 ×1092 毫米　1/16　印张：26¼　字数：570 千字
2022 年 12 月第一版　2022 年 12 月第一次印刷
定价：**76.00** 元（含增值服务）
ISBN 978-7-112-27632-5
　　（39836）

为了更好地把握监理工程师职业资格考试的重点，我们组织编写了《全国监理工程师职业资格考试辅导》，本套丛书包括《建设工程监理基本理论和相关法规复习题集》《建设工程合同管理复习题集》《建设工程目标控制（土木建筑工程）复习题集》《建设工程监理案例分析（土木建筑工程）复习题集》。

本套丛书主要是将近二十年的考试题目按考点进行归纳、整理、解析、总结，通过优化整合，分析各年考试的命题规律，从而启发考生复习备考的思路，引导考生应该着重对哪些内容进行学习，主要是对考试大纲的细化和考试教材的梳理。根据考试大纲的要求，提炼考点，每个考点的试题均根据考试大纲和历年考题的考点分布的规律去编写，题量的设置也是依据历年考题的分值分布情况来安排。

本套丛书旨在帮助考生提炼考试考点，以节省考生时间，达到事半功倍的复习效果。书中提炼了辅导教材中应知应会的重点题目，同时，对应重点和难点题目进行了讲解，使考生加深对出题点、出题方式和出题思路的了解，进一步领悟考试的命题趋势和命题重点。

本套丛书的特色与如何使用：

1. 把本套丛书中历年真题的采分点，在考试用书中进行一一标记，标记完你就找到了学习的重点，这是本套丛书独有的价值体现。

2. 本套丛书中的历年真题都标记了考试年份和题号，方便考生去分析和总结命题规律。比如：（2018—3）就是代表 2018 年真题的第 3 题；【20170403】就是代表 2017 年真题的第 4 题的第 3 个问题。

3. 本套丛书中没有标记年份的题目，是老师们编写的可能会考核到的一些重要题目。

4. 本套丛书中相对难以理解的题目，老师们都做了详细的讲解，可以帮助考生很好地理解题目。

5. 本套丛书中的题目是依据考试用书中内容的先后顺序来安排的，因此，同一考点下的历年真题感觉上是没有规律的，这样安排有助于考生对照考试用书学习。

6. 本套丛书中的题量是根据考试的频率来安排的，考试频率高的内容安排的题目也多,隔几年考一次的内容安排的题目相对少一些,考试频率低的内容就没有安排题目。

7. 把同一考点下的历年真题都整理在一起,考生就会很好地把命题的方式、题干的表达、选项的设置等了解透彻。

购买本书后,考生会得到以下的增值服务:

1. 免费答疑服务: 专门为考生配备了专业答疑老师解答疑难问题,答疑QQ群:684900288(加群密码:助考服务)。考生可以在QQ群中展开讨论互动,助考老师随时为考生解决疑难问题。

2. 考前冲刺试卷: 考试前10天为考生提供临考冲刺试卷。

3. 必考知识5页纸: 在考试前两周为考生免费提供更浓缩的必考知识点。

4. 知识导图: 购书即可免费领取四个科目的知识导图,帮助考生理清所需学习的知识。

5. 提供手机做题: 免费提供手机真题题库,关注微信公众号"文峰建筑讲堂"即可随时随地做题。

6. 免费为考生提供习题解答思路和方法: 为考生提供备考指导、知识重点、难点解答技巧之类的。

7. 难点题目解题技巧指导: 比如一些计算题、网络图、典型的案例分析题等的难度稍大一些题目,我们会给考生提供解题方法、技巧,也会提供公式的轻松记忆方法。

8. 配备助学导师: 我们为每一科目配备专门的助学导师,在考生整个学习过程中提供全方位的助学帮助。

《建设工程质量控制》

《建设工程投资控制》

《建设工程进度控制》

2022年度考试真题涉及2022版三套监理辅导用书内容的统计

题号	涉及科目	考点	与《复习题集》吻合的内容	与《核心考点掌中宝》吻合的内容	与《历年真题＋考点解读＋专家指导》吻合的内容
1	建设工程质量控制	建设工程质量特性	第一章第一节第9题	第一章第一节考点1	第一章第一节"一、[考生必掌握]"
2		工程质量监督	第一章第三节第16题、22题	第一章第三节考点2	第一章第三节"二、[考生必掌握]"
3		建筑工程施工许可	第一章第三节第25题	第一章第三节考点2	第一章第三节"二、采分点2[考生必掌握]"
4		工程质量检测单位的质量责任和义务	第一章第四节第13题	—	—
5		关系管理的基本内容	第一章第二节第5题	第二章第一节考点1	第二章第二节"[考生必掌握]"
6		质量管理体系的范围界定	—	第二章第二节考点1	
7		《卓越绩效评价准则》与ISO 9000的不同点	第二章第三节第9题	第二章第三节考点3	第二章第三节"二、[考生必掌握]""[还会这样考]"
8		抽样检验方法	第三章第一节第3题、4题	第三章第一节考点3	第三章第一节"二、[考生必掌握]"
9		质量数据分布的规律性	第三章第一节第15题	第三章第一节考点2	第三章第一节"二、[考生必掌握]"
10		直方图的概念	第三章第一节第40题	第三章第一节考点5	第三章第二节"五、采分点2[考生必掌握]"
11		普通混凝土力学性能试验-换算系数的确定		第三章第二节考点2	第三章第二节"一、采分点2[考生必掌握]"
12		桩基承载力试验方法	第三章第二节第15题	—	第三章第二节"二、[考生必掌握]""[还会这样考]"第1题
13		砂浆力学强度检验试验方法与要求	第三章第二节第13题	—	
14		工程勘察企业的质量工作	第四章第一节第5题	第四章第一节考点1	第四章第三节"[考生必掌握]"
15		初步设计的深度要求	—		第四章第三节"[考生必掌握]"
16		施工图设计的协调管理	第四章第三节第2题	第四章第三节考点	第四章第三节"[考生必掌握]"

题号	涉及科目	考点	与《复习题集》吻合的内容	与《核心考点掌中宝》吻合的内容	与《历年真题＋考点解读＋专家指导》吻合的内容
17	建设工程质量控制	检验批质量验收	第六章第一节第22题	第六章第一节考点5	第六章第一节"四,采分点1[历年这样考]"[历年这样考]第3题
18		隐蔽工程质量验收	一	一	第六章第二节"一,[考生必掌握]"
19		设计交底	一	第五章第二节考点1	第五章第二节"一,[考生必掌握]"
20		施工方案审查重点	第五章第三节第11题	第五章第二节考点3	第五章第三节"一,[考生必掌握]"
21		见证取样的规定	第五章第三节第8题,9题	第五章第三节考点2	第三章第二节"三,[考生必掌握]"[还会这样考]第1题
22		焊缝检测规定	第三章第三节第27题	一	第三章第二节"三,采分点2[还会这样考]"[历年这样考]
23		专项施工方案的论证审查	第五章第五节第3题,7题	第五章第五节考点2	第五章第五节"一,[考生必掌握]"
24		工程竣工预验收的组织实施	第六章第一节第38题	第六章第一节考点6	第六章第一节"四,采分点1[考生必掌握]"
25		轨道交通建设项目的工程验收	第六章第三节第1题	第六章第二节考点2	第六章第二节"一,[考生必掌握]"
26		质量保证金的预留比例	第六章第三节第6题	第七章第七节考点3(注:投资控制)	第七章第七节"三,[考生必掌握]""[还会这样考]"(注:投资控制)
27		分项工程验收	第六章第三节第30题	第六章第一节考点6	第六章第一节"四,采分点1[历年这样考]"第2题
28		必须设立样板的项目	一	第五章第一节考点1	第五章第二节"一,[考生必掌握]"
29		质量事故等级	第七章第二节第1题	第七章第二节考点1	第七章第二节"一,[历年这样考]"第2题
30		施工单位的质量事故调查报告	第七章第二节第7题,11题	第七章第二节考点3	第七章第二节"一,[考生必掌握]"
31		工程复工令的签发	一	第八章第二节考点1	第七章第二节"一,[考生必掌握]"
32		设备制造过程的质量控制	第八章第二节第7题,8题	第八章第二节考点2	第八章第二节"二,[考生必掌握]""[还会这样考]"
33	建设工程投资控制	静态投资的计算	第一章第二节第7题	第一章第一节考点1	第一章第二节"一,[考生必掌握]""[历年这样考]"第3题
34		建设工程投资控制措施	第一章第二节第11题	第一章第二节考点2	第一章第二节"二,[考生必掌握]""[历年这样考]"第2题
35		人工费的组成	第二章第二节第4题	第二章第二节考点1	第二章第二节"一,[考生必掌握]""[历年这样考]"第2题

题号	涉及科目	考点	与《复习题集》吻合的内容	与《核心考点掌中宝》吻合的内容	与《历年真题＋考点解读＋专家指导》吻合的内容
36		企业管理费的组成	第二章第二节第14题	第二章第二考点1	第二章第二节"一，[考生必掌握]""[历年这样考]"第3题
37		增值税销项税额的计算	第二章第二节第44题	第二章第二考点3	第二章第三节"三，[考生必掌握]""[历年这样考]"第3题
38		进口设备关税的计算	第二章第三节第11题、16题	第二章第二考点3	第二章第三节"三，[考生必掌握]""[历年这样考]"第3题
39		项目资本金的比例	第三章第一节第6~8题	—	第三章第一节"一，[考生必掌握]"
40		社会资本采购方式	—	第三章第三考点7	第三章第二节"二，采分点4[考生必掌握]"
41		市场预测分析的内容	第四章第一节第4题	—	第四章第二节"二，采分点4[考生必掌握]"
42		资金时间价值的计算	第四章第二节第16题、17题	第四章第二考点4	第四章第二节"二，采分点5[考生必掌握]"
43		流动资金的估算	第四章第三节第14~16题	第四章第二考点2	第四章第二节"[还会这样考]"第2题
44	建设工程投资控制	财务分析指标的计算	第四章第四节第24~26题	第四章第四考点2	第四章第四节"二，采分点4[考生必掌握]""[历年这样考]"第1题、3题
45		绿色设计评审的主要内容	第五章第一节第1题、2题	第五章第一考点1	第五章第一节"一，[考生必掌握]"
46		价值工程的应用	第五章第二节第17题、19题	第五章第二考点4	第五章第二节"三，[考生必掌握]""[历年这样考]"第3题
47		设计概算调整的规定	第五章第三节第20题	—	—
48		施工图预算审查内容	第五章第四节第18题	第五章第四考点4	第五章第四节"三，[考生必掌握]"
49		投标报价的审核内容	—	第六章第二考点2	第六章第三节"二，[考生必掌握]"
50		投标报价的审核内容	第六章第二节第3题	第六章第三考点2	第六章第二节"二，[考生必掌握]""[历年这样考]"第3题
51		成本加奖罚计价合同方式	—	第六章第三考点3	第六章第三节"一，采分点3[考生必掌握]"
52		采用价格信息进行价格调整的规定	第七章第三节第25题	第七章第三考点4	第七章第二节"三，采分点2[考生必掌握]""[历年这样考]"第1题
53		工程计量的方法	第七章第二节第11题	第七章第二考点5	第七章第二节"三，[考生必掌握]""[历年这样考]"第3题

续表

题号	涉及科目	考点	与《复习题集》吻合的内容	与《核心考点掌中宝》吻合的内容	与《历年真题+考点解读+专家指导》吻合的内容
54	建设工程投资控制	采用价格指数进行价格调整	第七章第三节第18题	第七章第三节考点4	第七章第三节"三，采分点1【考生必掌握】"[历年这样考]第1题
55		地质条件变化引起的索赔	第七章第五节第1题	第七章第五节考点1	第七章第五节"[考生必掌握]"
56		进度绩效指数的计算	第七章第八节第12题	第七章第八节考点1	第七章第八节"一，[考生必掌握]2.[还会这样考]第2题"
57	建设工程进度控制	进度控制的措施	第一章第一节第8题	第一章第一节考点2	第一章第一节"二，采分点1[考生必掌握]第1题"
58		设计准备阶段进度控制的任务	第一章第一节第16题、17题	第一章第一节考点3	第一章第一节"二，采分点2[考生必掌握]第1题"
59		工程进度计划体系	第一章第二节第7题、9题	第一章第二节考点1	第一章第二节"一，采分点2[考生必掌握]第1题"
60		流水施工参数的概念	第二章第一节第16题、18题	第二章第一节考点2	第二章第一节"二，[考生必掌握]"[历年这样考]第5题
61		流水施工参数	第二章第二节第24题	第二章第一节考点2	第二章第一节"二，[考生必掌握]"[还会这样考]第2题
62		流水施工工期的计算	第二章第一节第7题、8题	第二章第一节考点2	第二章第一节"二，采分点1[考生必掌握]第1题，2题"
63		加快的成倍节拍流水施工的特点	第二章第二节第11题	第二章第二节考点1	第二章第二节"一，[考生必掌握]"[历年这样考]第2题
64		工艺关系与组织关系	第三章第一节第6题	第三章第一节考点1	第三章第一节"[考生必掌握]"
65		双代号网络计划时间参数的计算	第三章第三节第16题、20题	第三章第三节考点2	第三章第三节"二，采分点1[考生必掌握]"[历年这样考]第1题
66		双代号网络计划时间参数的计算	第三章第三节第30题、31题	第三章第三节考点2	第三章第三节"二，[考生必掌握]第2题，3题"
67		单代号网络计划中关键线路的确定	第三章第三节第59题	第三章第四节考点2	第三章第三节"四【考生必掌握】"[历年这样考]第5题[还会这样考]第5题
68		双代号时标网络计划时间参数的计算	第三章第四节第7题、9题、12~14题	第三章第四节考点1	第三章第四节"四【考生必掌握】"[历年这样考]第1~3题

题号	涉及科目	考点	与《复习题集》吻合的内容	与《核心考点掌中宝》吻合的内容	与《历年真题+考点解读+专家指导》吻合的内容
69	建设工程进度控制	网络计划的优化	第三章第五节第22题	第三章第五节考点	第三章第五节"二、[考生必掌握]"
70		单代号搭接网络计划关键线路的确定	第三章第六节第12题、13题	第三章第四节考点2	第三章第三节"四、[考生必掌握]"
71		进度调整的系统过程	第四章第一节第14题	第四章第一节考点1	第四章第二节"一、[考生必掌握]""[历年这样考]第1题"
72		横道图比较法的应用	第四章第二节第6~15题	第四章第三节考点1	第四章第三节"一、[考生必掌握]""[历年这样考]第1~5题"
73		分析进度偏差对后续工作及总工期的影响	第四章第三节第4题、9题	第四章第三节考点1	第四章第三节"一、[考生必掌握]""[历年这样考]第1题""[还会这样考]第3题"
74		进度计划的调整方法	第四章第五节第14题	第四章第三节考点2	第四章第三节"一、[考生必掌握]"
75		设计阶段监理单位的进度监控	第五章第二节第6~8题	第五章第三节考点2	第五章第三节"二、[考生必掌握]"
76		施工进度控制工作细则的内容	第六章第一节第3题、5题	第六章第二节考点	第六章第二节"二、[考生必掌握]""[历年这样考]第2题"
77		工程延期的申报与审批	第六章第二节第23题	第六章第三节考点	第六章第三节"一、[考生必掌握]"
78		调整施工进度计划的措施	第六章第四节第10题	第六章第四节考点2	第六章第四节"二、[考生必掌握]""[历年这样考]第2题"
79		工程延误的处理	第六章第五节第17题、18题	第六章第五节考点2	第六章第五节"二、[考生必掌握]""[历年这样考]第2题"
80		物资供应计划的编制	—	第六章第六节考点1	第六章第六节"一、[考生必掌握]"
81	建设工程质量控制	工程质量监督	第一章第三节第20题、23题	第一章第三节考点1	第一章第三节"二、采分点1[考生必掌握]""[还会这样考]"
82		建设工程质量保修	第一章第三节第21题 第六章第三节第2题、3题	第一章第三节考点2 第六章第三节考点1	第一章第三节"四、[考生必掌握]"
83		监理工作的主要手段	—	第二章第三节考点4	第二章第三节"四、[考生必掌握]"
84		卓越领效模式标准框架中的逻辑关系	—	第二章第三节考点	第二章第三节"一、[考生必掌握]"
85		控制图的观察与分析	第三章第一节第71题	第三章第一节考点7	第三章第一节"五、采分点3[考生必掌握]""[还会这样考]"
86		钢筋、钢丝绳线检验内容	第三章第二节第5题	第三章第二节考点1	第三章第三节"一、[考生必掌握]"

题号	涉及科目	考点	与《复习题集》吻合的内容	与《核心考点掌中宝》吻合的内容	与《历年真题+考点解读+专家指导》吻合的内容
87	建设工程质量控制	钢筋进场检查	第三章第二节第1、3题	第三章第二节考点2	第三章第二节"一、采分点1【考生必掌握】"第3题"【还会这样考】"
88		初步设计评估报告的内容	第四章第二节第5题	第四章第二节考点2	第四章第二节"一、【考生必掌握】"【历年这样考】第3题"
89		图纸会审与设计交底	第五章第二节第1、2题	第五章第二节考点1	第五章第二节"一、【考生必掌握】"
90		施工组织设计报审	第五章第二节第6、7题	第五章第二节考点2	第五章第二节"二、【考生必掌握】"【历年这样考】第2题,3题"
91		装配式建筑PC构件施工质量控制	—	第五章第三节考点3	第五章第三节"五、【考生必掌握】"
92		现场安全管理	—	第五章第五节考点3	第五章第五节"二、【考生必掌握】"
93		分项工程的划分	第六章第一节第5题	第六章第一节考点2	第六章第一节"二、【考生必掌握】第1题"
94		单位工程质量验收	第六章第一节第43题	第六章第三节考点6	第六章第一节"四、采分点1【考生必掌握】"
95		单位工程安全和功能检验资料核查及主要功能抽查记录	第六章第二节第49题	—	第六章第一节"四、采分点2【考生必掌握】"
96		质量事故调查报告的内容	第七章第二节第11题	第七章第三节考点	第七章第二节"三、【考生必掌握】第2题"
97		施工阶段投资控制的主要工作	第一章第二节第2题	第一章第三节考点	第一章第二节"一、【考生必掌握】"【历年这样考】第1题,2题"
98		安全文明施工费的内容	第二章第二节第21题	第二章第三节考点2	第二章第二节"二、【考生必掌握】"【历年这样考】第3题"
99		企业管理费的内容	第二章第二节第17题	第二章第三节考点1	第二章第二节"二、【考生必掌握】"【历年这样考】第1题"
100		物有所值定性评价	第三章第二节第28题	第三章第三节考点7	第三章第二节"二、采分点4【考生必掌握】第1题"
101	建设工程投资控制	财务分析指标的计算	第四章第四节第12题、13题、15题、16题、20题、21题、27题	第四章第四节考点2	第四章第四节"二、【考生必掌握】"
102		经济费用和效益分析常用指标	第四章第四节第34题	第四章第四节考点3	第四章第四节"三、采分点1【考生必掌握】"
103		单位工程概算的编制	—	—	—
104		其他项目清单的编制	第六章第一节第19题	第六章第一节考点4	第六章第一节"二、采分点3【考生必掌握】"【历年这样考】第2题"

题号	涉及科目	考点	与《复习题集》吻合的内容	与《核心考点掌中宝》吻合的内容	与《历年真题+考点解读+专家指导》吻合的内容
105		影响合同价格方式选择的因素	第六章第三节第25题	—	—
106	建设工程投资控制	《标准施工招标文件》中承包人索赔可引用的条款	第七章第五节第4、6题	第七章第五节考点2	第七章第五节"三、采分点2[考生必掌握]"[历年这样考]第1题
107		投资偏差产生原因	第七章第八节第15题	第七章第八节考点2	第七章第八节"二、[考生必掌握]"[历年这样考]
108		已完工程进度款支付申请的内容	第七章第六节第8题	第七章第六节考点3	第七章第六节"三、[考生必掌握]"第2题[还会这样考]
109		总进度纲要的内容	第一章第一节第28题	第一章第一节考点4	第一章第一节"三、采分点1[考生必掌握]"
110		流水施工方式的特点	第二章第一节第7题	第二章第一节考点1	第二章第一节"一、[考生必掌握]"[历年这样考]第3题
111		非节奏流水施工的特点	第二章第一节第1、2题	第二章第一节考点1	第二章第二节"一、[考生必掌握]"[历年这样考]
112		双代号网络计划的绘图规则	第三章第一节第1~8题	第三章第一节考点	第三章第二节"[考生必掌握]"[历年这样考]第1、2题[还会这样考]第1~3题
113		关键节点和关键工作	第三章第二节第49题	第三章第四节考点2	第三章第三节"四、[考生必掌握]"[历年这样考]第1题
114		关键线路的判断	第三章第三节第40题 第三章第四节第4题	第三章第四节考点2	第三章第三节"四、[历年这样考]"第3题
115	建设工程进度控制	工期优化	第三章第四节第9题	第三章第五节考点	第三章第五节"一、[考生必掌握]"第2题
116		建设工程实际进度与计划进度比较方法	第四章第二节知识导学	第四章第一节考点1~考点4	第四章第二节"[考生必掌握]"
117		前锋线比较法的应用	第四章第二节第31~39题	第四章第二节考点4	第四章第二节"四、[考生必掌握]"[历年这样考]第1~4题[还会这样考]第1题、2题
118		监理工程师控制工程施工进度的工作内容	第六章第二节第2题	第六章第二节考点	第六章第二节"一、[考生必掌握]"[历年这样考]第1题
119		施工进度计划的检查与调整	第六章第三节第22题	第六章第三节考点2	第六章第三节"二、采分点2[考生必掌握]"[历年这样考]第1题
120		监理工程师控制物资供应进度的工作内容	第六章第六节第26、27题	第六章第六节考点2	第六章第六节"二、[考生必掌握]"[还会这样考]

《建设工程质量控制》

第一章

建设工程质量管理制度和责任体系

第一节　工程质量形成过程和影响因素

知识导学

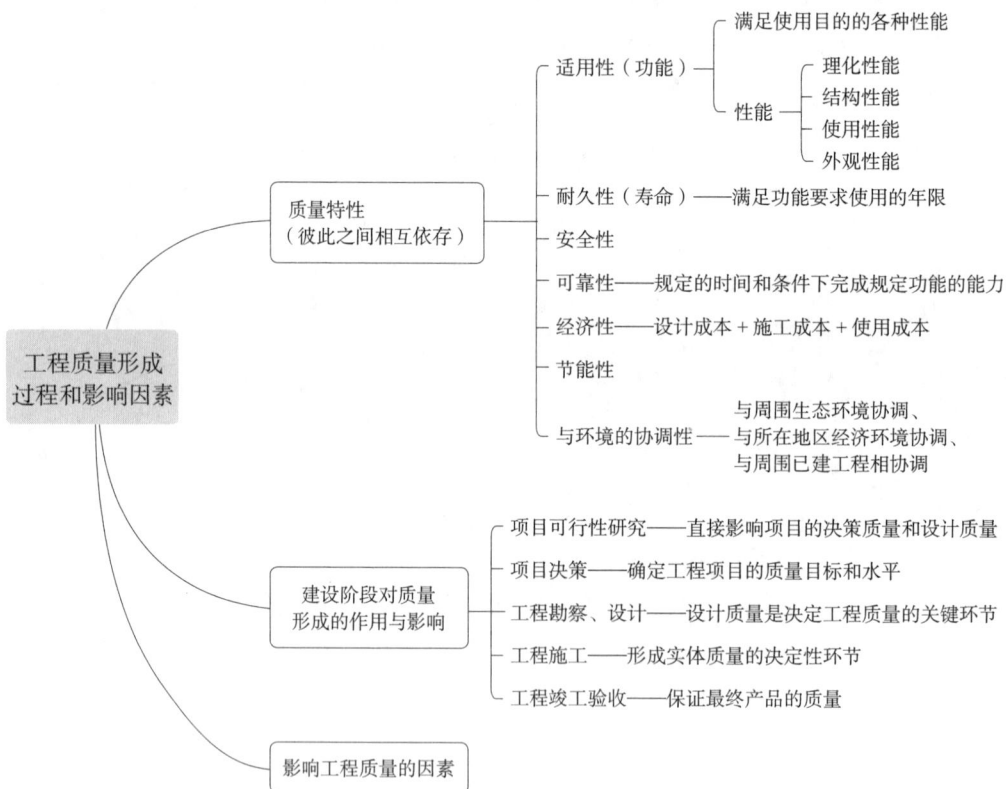

习题汇总

一、建设工程质量特性

1.（2009—81）建设工程质量特性表现为适用性、经济性、可靠性及（　　）等。

A. 耐久性
B. 安全性
C. 与环境的协调性
D. 系统性
E. 持续性

2.（2012—81）建设工程必须满足特定的使用功能，并具有在规定的时间和条件下完成规定功能的能力和达到规定要求的使用年限，可用于描述这些要求的质量特性有（　　）。

A. 适用性
B. 安全性
C. 可靠性
D. 经济性
E. 耐久性

（1）适用性

3.（2009—1）建设工程质量特性中，"满足使用目的的各种性能"称为工程的（　　）。

A. 适用性
B. 可靠性
C. 耐久性
D. 目的性

（2）耐久性

4.（2008—3）民用建筑主体结构的耐用年限分为（　　）。

A. 二级
B. 三级
C. 四级
D. 五级

5.（2021—1）建设工程规定合理使用寿命期，体现了建设工程质量的（　　）特性。

A. 适用性
B. 耐久性
C. 安全性
D. 经济性

（3）安全性

6. 工程建成后在使用过程中保证结构安全、保证人身和环境免受危害的程度称为（　　）。

A. 安全性
B. 可靠性
C. 适用性
D. 与环境的协调性

（4）可靠性

7.（2022—1）建设工程在竣工验收时达到规定的指标，且在规定的使用期内保持正常功能，体现的是建设工程质量的（　　）特性。

A. 耐久性
B. 安全性
C. 可靠性
D. 经济性

（5）经济性

8. 建设工程质量的特性中，"工程从规划、勘察、设计、施工到整个产品使用寿命周期内的成本和消耗的费用"是指工程的（ ）。

A. 适用性　　　　　　　　　　　　B. 经济性

C. 耐久性　　　　　　　　　　　　D. 安全性

9. 建设工程质量的特性中，具体表现为设计成本＋施工成本＋使用成本，指的是（ ）。

A. 与环境的协调性　　　　　　　　B. 可靠性

C. 经济性　　　　　　　　　　　　D. 耐久性

（6）节能性

10. 在建设工程质量特性中，工程在设计与建造过程及使用过程中满足节能减排、降低能耗的标准和有关要求的程度指的是（ ）。

A. 适用性　　　　　　　　　　　　B. 可靠性

C. 耐久性　　　　　　　　　　　　D. 节能性

（7）与环境的协调性

11.（2005—81）建设工程质量特性中的"与环境的协调性"是指工程与（ ）的协调。

A. 所在地区社会环境　　　　　　　B. 周围生态环境

C. 周围已建工程　　　　　　　　　D. 周围生活环境

E. 所在地区经济环境

12.（2010—1）下列关于建设工程质量特性的表述中，正确的是（ ）。

A. 评价方法的特殊性　　　　　　　B. 终检的局限性

C. 与环境的协调性　　　　　　　　D. 隐蔽性

二、工程建设阶段对质量形成的作用与影响

1. 项目可行性研究

13.（2003—12）在工程建设的（ ）阶段，需要确定工程项目的质量要求，并与投资目标相协调。

A. 项目建议书　　　　　　　　　　B. 可行性研究

C. 项目决策　　　　　　　　　　　D. 勘察、设计

14.（2020—1）工程建设的不同阶段，对工程项目质量的形成有不同的影响，其中直接影响项目决策质量和设计质量的阶段是（ ）。

A. 初步设计　　　　　　　　　　　B. 项目可行性研究

C. 施工图设计　　　　　　　　　　D. 方案设计

2. 项目决策

15.（2002—2）工程项目建设的各阶段对工程项目最终质量的形成都产生重要影响，其中项目决策阶段是（ ）。

A. 确定项目质量目标与水平的依据

B. 确定项目质量目标与水平

C. 将项目质量目标与水平具体化

D. 确定项目质量目标与水平达到的程度

16.（2016—1）工程建设过程中，确定工程项目的质量目标应在（　　）阶段。

A. 项目可行性研究 　　　　　　　B. 项目决策

C. 工程设计 　　　　　　　　　　D. 工程施工

3. 工程勘察、设计

17.（2010—2）下列工程建设各环节中，决定工程质量的关键环节是（　　）。

A. 工程设计 　　　　　　　　　　B. 项目决策

C. 工程施工 　　　　　　　　　　D. 工程竣工验收

4. 工程施工

18.（2020—2）工程项目质量形成是个系统过程，其中形成工程实体质量的决定性环节是（　　）。

A. 工程勘察 　　　　　　　　　　B. 工程设计

C. 工程施工 　　　　　　　　　　D. 工程监理

5. 工程竣工验收

19. 工程建设阶段中，（　　）阶段对质量的影响是保证最终产品的质量。

A. 竣工验收 　　　　　　　　　　B. 勘察、设计

C. 可行性研究 　　　　　　　　　D. 施工

20.（2003—81）工程建设的不同阶段，对工程项目质量的形成起着不同的作用和影响，下列说法中错误的有（　　）。

A. 工程设计阶段将工程项目质量目标和水平具体化

B. 工程设计阶段应确定质量要求

C. 工程招标阶段应确定质量目标和水平

D. 项目可行性研究直接影响项目的设计质量和施工质量

E. 工程施工是形成工程实体质量的决定性环节

三、影响工程质量的因素

21.（2004—82）建设工程质量受到多种因素的影响，下列因素中对工程质量产生影响的有（　　）。

A. 人的身体素质 　　　　　　　　B. 材料的选用是否合理

C. 施工机构设备的价格 　　　　　D. 施工工艺的先进性

E. 工程社会环境

22.（2013—81）工程材料是工程建设的物质条件，是工程质量的基础。工程材料包括（　　）。

A．建筑材料   B．构配件

C．施工机具设备   D．半成品

E．各类测量仪器

23．影响工程质量的因素中，4M 指的是（   ）。

A．人   B．环境

C．方法   D．机械

E．材料

习题答案及解析

1．ABC	2．ACE	3．A	4．C	5．B
6．A	7．C	8．B	9．C	10．D
11．BCE	12．C	13．B	14．B	15．B
16．B	17．A	18．C	19．A	20．BCD
21．ABD	22．ABD	23．ACDE		

【解析】

3．A。适用性，即功能，是指工程满足使用目的的各种性能。在 2003 年度的考试中，同样对本题涉及的采分点进行了考查。

7．C。可靠性，是指工程在规定的时间和规定的条件下完成规定功能的能力。在 2005、2008、2015 年度的考试中，同样对本题涉及的采分点进行了考查。

14．B。项目的可行性研究直接影响项目的决策质量和设计质量。在 2012 年度的考试中，同样对本题涉及的采分点进行了考查。

18．C。在一定程度上，工程施工是形成实体质量的决定性环节。在 2007、2014、2017、2018 年度的考试中，同样对本题涉及的采分点进行了考查。

第二节　工程质量控制原则

知识导学

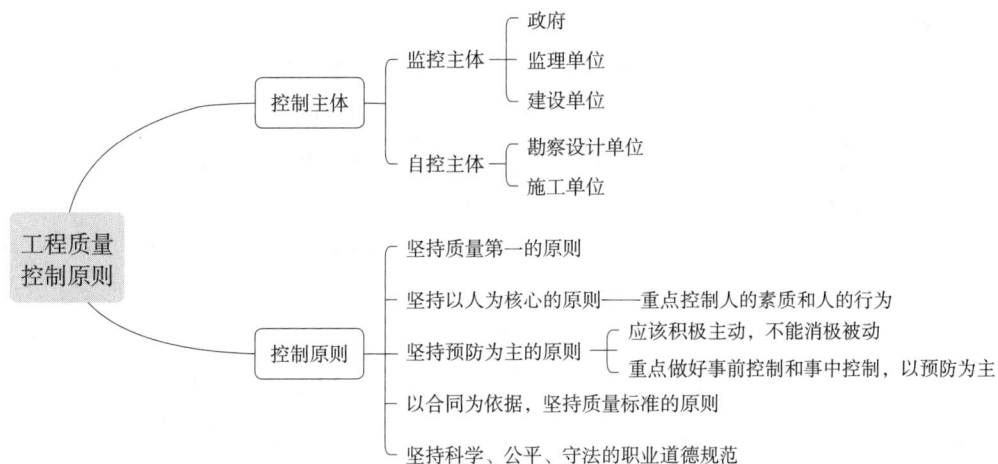

习题汇总

一、工程质量控制主体

1.（2005—2）政府、勘察设计单位、建设单位都要对工程质量进行控制，按控制的主体划分，政府属于工程质量控制的（　　）。

A．自控主体
B．外控主体
C．间控主体
D．监控主体

2.（2008—81）下列关于工程建设各参与方质量控制地位的说法中，正确的有（　　）。

A．工程监理单位属质量自控主体
B．勘察设计单位属勘察设计产品质量自控主体
C．政府质量监督部门属工程质量监控主体
D．施工单位属工程施工质量自控主体
E．建设单位属工程项目质量自控主体

3.（2020—81）下列工程质量控制主体中，属于自控主体的有（　　）。

A．政府质量监督部门
B．设计单位
C．施工单位
D．监理单位
E．勘察单位

4. 工程质量控制主体中，下列属于监控主体的范围是（　　）。

A. 勘察单位 　　　　　　　　　B. 政府

C. 监理单位 　　　　　　　　　D. 设计单位

E. 施工单位

二、工程质量控制的原则

1. 坚持质量第一的原则

5. 在工程建设中自始至终把（　　）作为对工程质量控制的基本原则。

A. 以人为核心 　　　　　　　　B. 质量标准

C. 质量第一 　　　　　　　　　D. 预防为主

2. 坚持以人为核心的原则

6.（2009—2）监理工程师在工程质量控制中，应遵循质量第一、预防为主、坚持质量标准、（　　）的原则。

A. 以人为核心 　　　　　　　　B. 提高质量效益

C. 质量进度并重 　　　　　　　D. 减少质量损失

7.（2021—2）通过对人的素质和行为控制，以工作质量保证工程质量的做法，体现了坚持（　　）的质量控制原则。

A. 质量第一 　　　　　　　　　B. 预防为主

C. 以人为核心 　　　　　　　　D. 以合同为依据

8. 在工程质量控制中，要以（　　）为核心。

A. 科学 　　　　　　　　　　　B. 质量标准

C. 质量第一 　　　　　　　　　D. 人

3. 坚持预防为主的原则

9. 工程项目建成后，不可能像某些工业产品那样，可以拆卸或解体来检查内在的质量，所以工程师应重视（　　）的控制。

A. 施工前期 　　　　　　　　　B. 施工工艺和施工方法

C. 事前和事中 　　　　　　　　D. 投入品质量

10.（2014—3）工程质量控制应坚持（　　）的原则，即工程质量控制应积极主动地对影响质量的各种因素加以控制，而不是消极被动地处理出现的质量问题。

A. 以人为核心 　　　　　　　　B. 以预防为主

C. 质量第一 　　　　　　　　　D. 质量达到标准

4. 以合同为依据，坚持质量标准的原则

11.（2010—81）坚持质量标准是监理工程师控制工程质量应遵循的原则之一。下列关于工程质量的说法中，正确的有（　　）。

A. 工程质量标准是衡量施工质量好坏的尺度

B. 工程质量是否合格应通过检验并和标准对照确定

C．工程质量不符合标准的，必须返工处理

D．工程质量标准必须通过监理工程师的确认

E．工程质量标准必须在合同文件中规定

5. 坚持科学、公平、守法的职业道德规范

12．（2013—82）监理工程师在工程质量控制过程中应遵循的原则有（   ）。

A．坚持以人为核心   B．坚持质量第一

C．坚持旁站监理   D．坚持质量标准

E．坚持科学公正

习题答案及解析

1．D   2．BCD   3．BCE   4．BC   5．C

6．A   7．C   8．D   9．C   10．B

11．BC   12．ABDE

【解析】

3．BCE。监控主体包括政府、建设单位、监理单位。自控主体包括勘察设计单位、施工单位。在2014、2015、2018年度的考试中，同样对本题涉及的采分点进行了考查。

10．B。项目监理机构在工程质量控制过程中，应遵循以下几条原则：（1）坚持质量第一的原则；（2）坚持以人为核心的原则；（3）坚持预防为主的原则；（4）以合同为依据，坚持质量标准的原则；（5）坚持科学、公平、守法的职业道德规范。其中坚持预防为主的原则内容如下：工程质量控制应该是积极主动的，应事先对影响质量的各种因素加以控制，而不能是消极被动的，等出现质量问题再进行处理，以免造成不必要的损失。所以要重点做好质量的事前控制和事中控制，以预防为主，加强过程和中间产品的质量检查和控制。在2007、2013年度的考试中，同样对本题涉及的采分点进行了考查。

12．ABDE。在2002、2013年度的考试中，同样对本题涉及的采分点进行了考查。

第三节　工程质量管理制度

知识导学

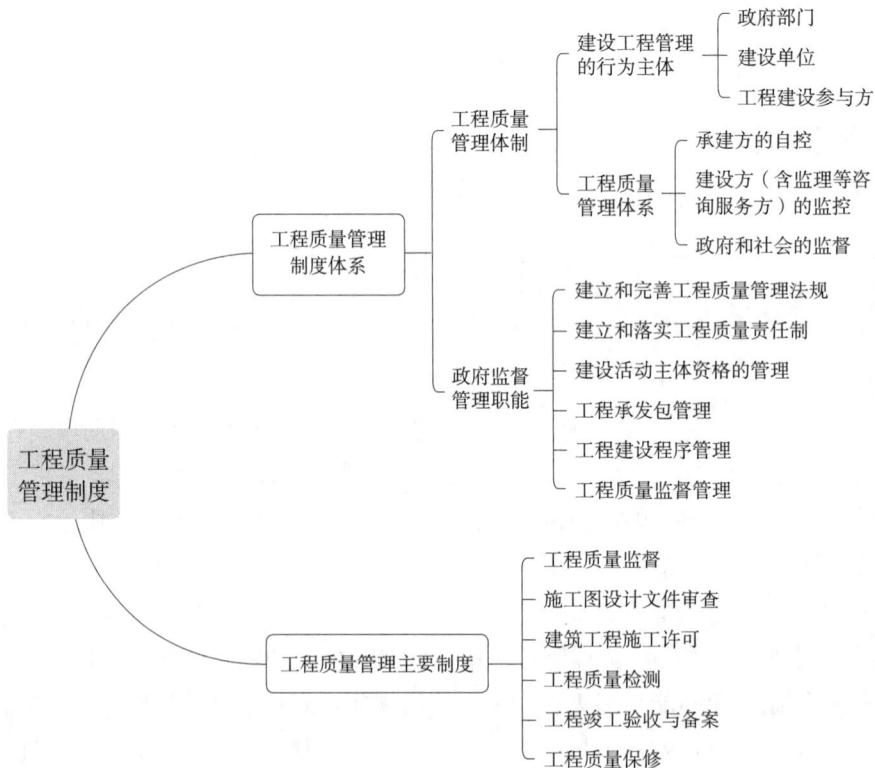

习题汇总

一、工程质量管理制度体系

（一）工程质量管理体制

1.建设工程管理的行为主体

1. 在建设工程管理中，（　　）自始至终是建设工程管理的主导者和责任人。

A. 建设单位　　　　　　　　　　　B. 工程施工承包单位

C. 工程勘察设计单位　　　　　　　D. 政府部门

2. 下列建设工程管理的行为主体中，（　　）对工程质量的监督管理的目的是保障公众安全与社会利益不受危害。

A. 工程施工承包单位　　　　　　　B. 造价咨询单位

C. 政府部门　　　　　　　　　　　D. 建设单位

2.工程质量管理体系

3.工程质量管理体系包括 3 个层次，其中不属于承建方的是（　　）。

A．施工单位　　　　　　　　　　　　B．勘察单位

C．材料供应单位　　　　　　　　　　D．审图机构

4.工程质量管理体系包括 3 个层次，其中不属于咨询服务方的是（　　）。

A．监理单位　　　　　　　　　　　　B．设计单位

C．检测机构　　　　　　　　　　　　D．项目管理公司

5.工程质管理体系中，属于承建方自控的是（　　）。

A．监理单位　　　　　　　　　　　　B．咨询单位

C．设计单位　　　　　　　　　　　　D．项目管理公司

（二）政府监督管理职能

6.（2011—4）选择合适的承包单位是工程质量管理的重要环节，工程承发包管理属于（　　）的管理职能。

A．业主　　　　　　　　　　　　　　B．政府

C．监理单位　　　　　　　　　　　　D．施工单位

7.（2015—3）对全国的建设工程质量实施统一监督管理的部门是（　　）。

A．国务院劳动和社会保障部门　　　　B．国务院技术监督管理部门

C．国务院发展和改革委员会　　　　　D．国务院建设行政主管部门

二、工程质量管理主要制度

8.（2005—18）各类房屋建筑工程和市政基础设施工程，竣工验收合格后，都应该在规定的时间内将工程竣工验收报告和有关文件，由（　　）报建设行政主管部门备案。

A．施工单位　　　　　　　　　　　　B．建设单位

C．监理单位　　　　　　　　　　　　D．建设单位与监理单位共同

9.（2015—4）建设工程开工前，（　　）应当按照国家有关规定向工程所在地县级以上人民政府建设行政主管部门申请领取施工许可证。

A．建设单位　　　　　　　　　　　　B．施工单位

C．设计单位　　　　　　　　　　　　D．监理单位

10.（2015—5）建设工程承包单位在（　　）时，应向建设单位出具工程质量保修书。

A．施工完毕　　　　　　　　　　　　B．提交工程竣工验收报告

C．竣工验收合格　　　　　　　　　　D．工程价款结算完毕

11.（2017—2）建设单位应当自工程竣工验收合格起（　　）d 内，向工程所在地县级以上地方人民政府建设行政主管部门备案。

A．15　　　　　　　　　　　　　　　B．20

C．25　　　　　　　　　　　　　　　D．30

12.（2018—81）政府建设主管部门建立的工程质量管理制度有（　　）。

A．施工图设计文件审查制度　　　　　　B．工程施工许可制度

C．工程质量保修制度　　　　　　　　　D．工程质量监督制度

E．工程质量评定制度

13．（2020—3）根据《建筑法》，中止施工满1年的工程恢复施工前，建设单位应当进行的工作是（　　）。

A．重新申请施工许可证　　　　　　　　B．报发证机关核验施工许可证

C．申请换发施工许可证　　　　　　　　D．报发证机关延期施工许可证

14．（2021—3）建设工程发生质量事故后，有关单位应在（　　）h内向当地建设行政主管部门和其他有关部门报告。

A．1　　　　　　　　　　　　　　　　B．2

C．24　　　　　　　　　　　　　　　　D．48

15．（2021—81）根据《房屋建筑和市政基础设施工程质量监督管理规定》，建设行政主管部门对工程实体质量监督的内容有（　　）。

A．抽查施工单位完成施工质量的行为

B．抽查涉及工程主体结构安全的工程实体质量

C．抽查涉及主要使用功能的工程实体质量

D．抽查主要建筑材料和建筑构配件的质量

E．对工程竣工验收进行监督

16．（2021—82）建设工程保修期内出现的质量问题，不属于施工单位保修责任的有（　　）。

A．建设单位负责采购的给水排水管道破裂

B．分包单位完成的屋面防水工程出现渗漏

C．建设单位使用不当造成的质量缺陷

D．运输公司货车撞裂建筑墙体

E．不可抗力造成的质量缺陷

17．（2022—3）建设单位应自领取施工许可证之日起（　　）内开工，否则应向发证机构申请延期。

A．3个月　　　　　　　　　　　　　　B．6个月

C．9个月　　　　　　　　　　　　　　D．1年

18．（2022—2）根据《建设工程质量管理条例》，建设工程自竣工验收合格之日起15日内，（　　）应将竣工验收报告和相关文件报有关行政主管部门备案。

A．施工单位　　　　　　　　　　　　　B．检测单位

C．监理单位　　　　　　　　　　　　　D．建设单位

19．（2022—81）政府主管部门在履行工程质量监督检查职责时，具有的权力有（　　）。

A．要求被检查单位提供有关工程质量文件和资料

B．要求被检查单位采用指定的品牌材料

C．进入被检查单位施工现场进行检查

D. 发现并责令改正影响工程质量的问题

E. 拒绝工程竣工验收报告和相关文件的备案

20. 下列工程质量监督管理内容中，不包括（   ）。

A. 抽查监理单位和质量检测的工程质量行为

B. 参与工程质量事故的调查处理

C. 抽查主要建筑构配件的质量

D. 不定时对本地区工程质量状况进行统计分析

21. 根据《建筑法》，申请领取施工许可证，应当具备的条件不包括（   ）。

A. 正在办理该建筑工程用地批准手续

B. 已经确定施工企业

C. 有保证工程质量和安全的具体措施

D. 需要拆迁的，拆迁进度符合施工要求

22. 建设单位因故不能按期开工的，应当向发证机关申请延期，延长期限总共不能超过（   ）个月。

A. 3   B. 9

C. 12   D. 6

23. 根据《建筑法》，按照国务院规定批准开工报告的建筑工程，因故不能按期开工超过（   ）个月的，应当重新办理开工报告的批准手续。

A. 2   B. 4

C. 8   D. 6

24. 在满足申请条件的情况下，建设行政主管部门应当自收到申请之日起（   ）内，申请颁发施工许可证。

A. 7d   B. 14d

C. 14 个工作日   D. 7 个工作日

25. 建设单位办理工程竣工验收备案时，备案机关发现建设单位在竣工验收过程中有违规行为的，应当在收讫竣工验收备案文件（   ）内，责令停止使用，重新组织竣工验收。

A. 15d   B. 15 个工作日

C. 30d   D. 30 个工作日

习题答案及解析

1. A	2. C	3. D	4. B	5. C
6. B	7. D	8. B	9. A	10. B
11. A	12. ABCD	13. B	14. C	15. BCD
16. CDE	17. A	18. D	19. ACD	20. D
21. A	22. D	23. D	24. A	25. A

【解析】

8．B。建设单位应当自建设工程竣工验收合格之日起 15 日内，将建设工程竣工验收报告和规划、公安消防、环保等部门出具的认可文件或者准许使用文件报建设行政主管部门或者其他有关部门备案。在 2020 年度的考试中，同样对本题涉及的采分点进行了考查。

10．B。建设工程承包单位在向建设单位提交工程竣工验收报告时，应向建设单位出具工程质量保修书，质量保修书中应明确建设工程保修范围、保修期限和保修责任等。在 2009 年度的考试中，同样对本题涉及的采分点进行了考查。

16．CDE。建设工程保修期内出现的质量问题，不属于施工单位保修范围：（1）因使用不当或者第三方造成的质量缺陷；（2）不可抗力造成的质量缺陷。在 2020 年度的考试中，同样对本题涉及的采分点进行了考查。

第四节　工程参建各方的质量责任和义务

知识导学

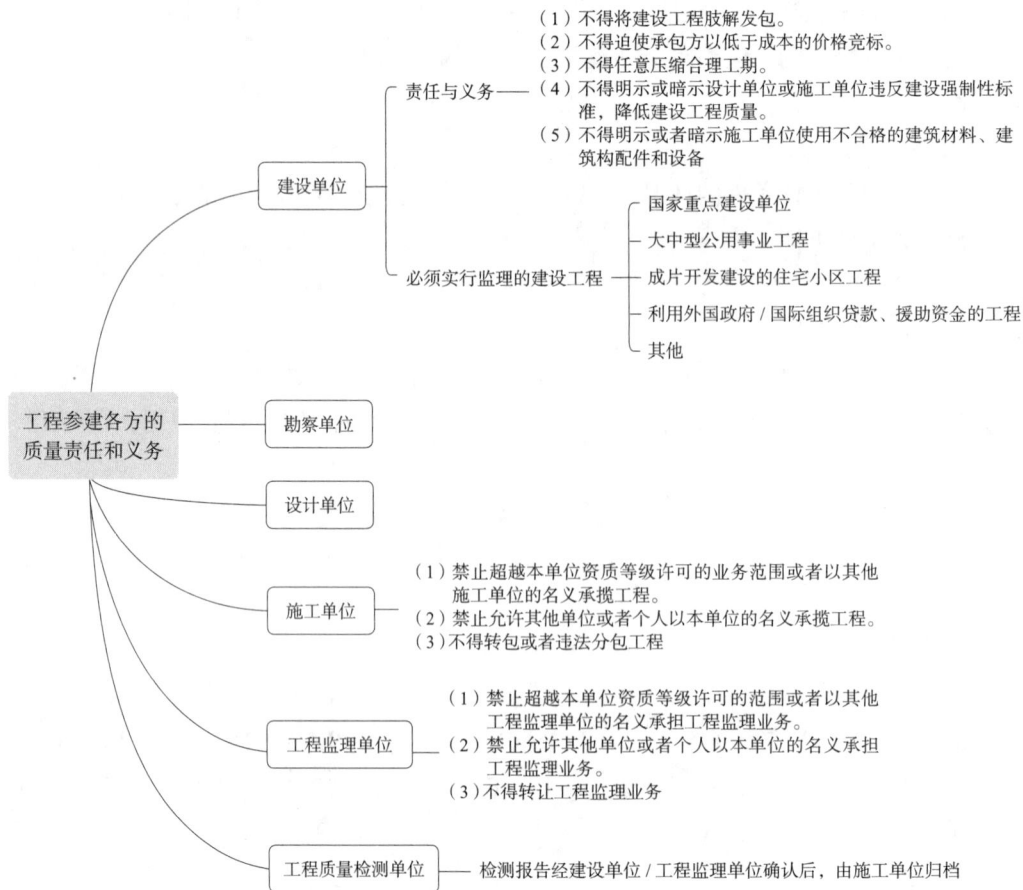

习题汇总

一、建设单位的质量责任和义务

1.（2020—4）根据《建设工程质量管理条例》，在建设工程开工前，应当按照国家有关规定办理工程质量监督手续，可以与工程质量监督手续合并办理的是（　　）。

A. 施工许可证　　　　　　　　　　　B. 招标备案

C. 施工图审查　　　　　　　　　　　D. 委托监理

2.（2020—83）根据《建设工程质量管理条例》，必须实行监理的工程有（　　）。

A. 国家重点建设工程　　　　　　　　B. 住宅区绿化工程

C. 城市道路桥梁维护工程　　　　　　D. 大中型公用事业工程

E. 住宅小区水电设备维修工程

3. 根据《建设工程质量管理条例》，建设单位的质量责任和义务正确的是（　　）。

A. 小型公用事业工程必须实行监理

B. 建设单位应当将工程发包给具有相应资质等级的单位，允许建设工程肢解发包

C. 暗示设计单位违反工程建设强制性标准

D. 建设工程发包时，不得迫使承包方以低于成本的价格竞标，不得任意压缩合理工期

E. 施工图设计文件未经审查批准的，不得使用

二、勘察单位的质量责任和义务

4.（2019—82）勘察单位对其编制的勘察文件质量负责，应履行的主要职责有（　　）。

A. 审查基础工程施工方案

B. 参与施工验槽

C. 解决工程施工中的勘察问题

D. 提出因勘察原因造成质量事故的技术处理方案

E. 提出因设计原因造成质量事故的技术处理方案

三、设计单位的质量责任和义务

5.（2016—4）根据《建设工程质量管理条例》，设计文件中选用的材料、构配件和设备，应当注明（　　）。

A. 生产厂　　　　　　　　　　　　　B. 规格和型号

C. 供应商　　　　　　　　　　　　　D. 使用年限

6.（2017—4）根据《建设工程质量管理条例》，设计文件应符合国家规定的设计深度要求并注明工程（　　）。

A．材料生产厂家
B．保修期限

C．材料供应单位
D．合理使用年限

四、施工单位的质量责任和义务

7．总包单位依法将建设工程分包时，分包工程发生的质量问题，应（　　）。

A．由总包单位负责

B．由总包单位与分包单位承担连带责任

C．由分包单位负责

D．由总包单位、分包单位、监理单位共同负责

8．（2012—2）《建设工程质量管理条例》规定，施工单位必须按照设计图纸、技术规范和标准组织施工，同时应负责（　　）。

A．提供施工场地
B．组织设计图纸交底

C．审核设计变更方案
D．检验建筑材料、构配件

9．（2021—4）下列工作中，施工单位不得擅自开展的是（　　）。

A．对已完成的分项工程进行自检

B．对预拌混凝土进行检验

C．对分包工程质量进行检查

D．修改工程设计，纠正设计图纸差错

五、工程监理单位的质量责任和义务

10．（2003—3）工程监理单位受建设单位的委托作为质量控制的监控主体，对工程质量（　　）。

A．与分包单位承担连带责任
B．与建设单位承担连带责任

C．承担监理责任
D．与设计单位承担连带责任

11．（2020—6）根据《建设工程质量管理条例》，未经（　　）签字，建筑材料、建筑构配件不得在工程上使用或安装。

A．建筑师
B．监理工程师

C．建造师
D．建设单位项目负责人

12．（2020—19）关于工程监理单位的说法，正确的是（　　）。

A．工程监理单位代表政府部门对施工质量实施监督管理

B．工程监理单位代表施工单位对施工质量实施监督管理

C．工程监理单位可将专业性较强的业务转让给其他监理单位

D．工程监理单位选派具备相应资格的总监理工程师进驻施工现场

六、工程质量检测单位的质量责任和义务

13．（2016—3）工程质量检验机构出具的检验报告需经（　　）确认后，方可按规

定归档。

  A．监理单位   B．施工单位

  C．设计单位   D．工程质量监督机构

14．工程质量检测单位中检测人员可以受聘于（　　）个检测机构。

  A．1   B．2

  C．3   D．4

15．（2022—4）根据《建设工程质量检测管理办法》，检测机构完成检测业务后出具的检测报告，经确认后由（　　）归档。

  A．建设单位   B．监理单位

  C．施工单位   D．材料供应单位

习题答案及解析

1．A   2．AD   3．DE   4．BCD   5．B

6．D   7．B   8．D   9．D   10．C

11．B   12．D   13．A   14．A   15．C

【解析】

7．B。总承包单位依法将建设工程分包给其他单位的，分包单位应当按照分包合同的约定对其分包工程的质量向总承包单位负责，总承包单位与分包单位对分包工程的质量承担连带责任。

12．D。监理单位应当依照法律、法规以及有关技术标准、设计文件和建设工程承包合同，代表建设单位对施工质量实施监理，并对施工质量承担监理责任。故A、B选项错误。监理单位不得转让工程监理业务，故C选项错误。

第一节 ISO 质量管理体系构成和质量管理原则

知识导学

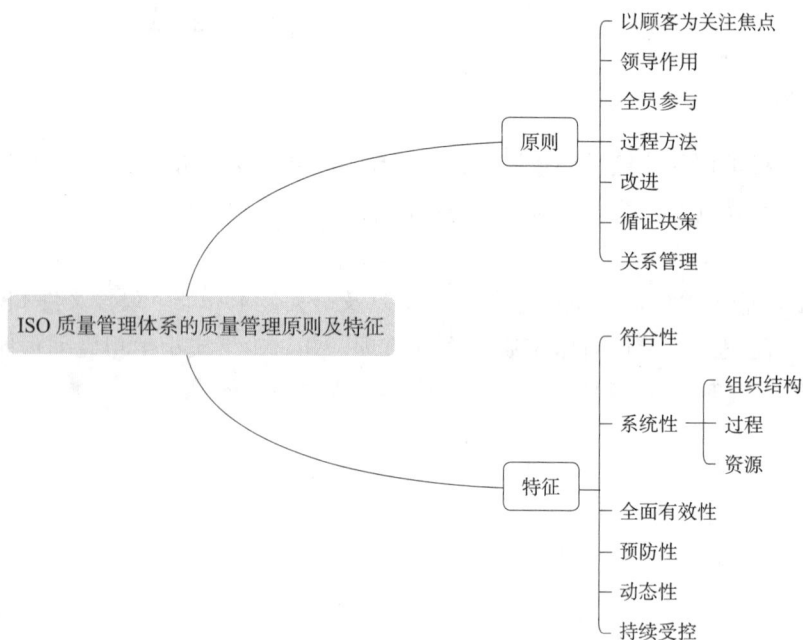

ISO 质量管理体系的质量管理原则及特征
├─ 原则
│   ├─ 以顾客为关注焦点
│   ├─ 领导作用
│   ├─ 全员参与
│   ├─ 过程方法
│   ├─ 改进
│   ├─ 循证决策
│   └─ 关系管理
└─ 特征
    ├─ 符合性
    ├─ 系统性
    │   ├─ 组织结构
    │   ├─ 过程
    │   └─ 资源
    ├─ 全面有效性
    ├─ 预防性
    ├─ 动态性
    └─ 持续受控

习题汇总

ISO 质量管理体系的质量管理原则及特征

（一）ISO 质量管理体系的质量管理原则

1.（2007—31）建立质量管理体系首先要明确企业的质量方针，质量方针是组织的最高管理者正式发布的该组织总的（　　）。

A．质量要求　　　　　　　　　　　　　　B．质量水平

C．质量宗旨和方向　　　　　　　　　　D．质量策划

2．（2017—5）监理单位质量管理体系持续改进的核心是提高企业质量管理体系的（　　）。

A．科学性和价值　　　　　　　　　　　B．有效性和效率

C．创造性和价值　　　　　　　　　　　D．管理水平和效率

3．（2020—84）国际标准化组织ISO发布的质量管理体系中确定的质量管理原则有（　　）。

A．以领导为关注焦点　　　　　　　　　B．全员参与

C．循证决策　　　　　　　　　　　　　D．关系管理

E．改进

4．（2021—5）重点管理能改进组织关键活动的各种因素，是ISO质量管理体系的质量管理原则中（　　）的基本内容。

A．以顾客为关注焦点　　　　　　　　　B．领导作用

C．全员参与　　　　　　　　　　　　　D．过程方法

5．（2021—83）ISO质量管理体系中，领导作用的基本内容有（　　）。

A．确定质量方针、目标　　　　　　　　B．形成内部环境

C．识别相关方关系　　　　　　　　　　D．建立PDCA循环

E．建立管理评审机制

6．ISO质量管理体系的质量管理原则中，不属于以顾客为关注焦点的基本内容的是（　　）。

A．充分理解顾客的需求与期望

B．以顾客为关注焦点，仅在领导层中牢固树立

C．增强与顾客的联系与沟通

D．保证顾客和其他受益者平衡的途径

7．利用测量结果，持续改进组织的过程和产品属于ISO质量管理体系中的（　　）原则。

A．领导作用　　　　　　　　　　　　　B．循证决策

C．全员参与　　　　　　　　　　　　　D．以顾客为关注焦点

8．组织在质量方面的追求目的是（　　）。

A．质量目标　　　　　　　　　　　　　B．质量宗旨

C．质量方向　　　　　　　　　　　　　D．质量方针

9．创造宽松的环境，加强内部沟通和契合，属于ISO质量管理中的（　　）原则。

A．全员参与　　　　　　　　　　　　　B．关系管理

C．过程方法　　　　　　　　　　　　　D．持续改进

10．（2022—5）根据ISO质量管理体系中的质量管理原则，建立清晰与开放的沟通渠道，是（　　）的基本内容。

A. 过程方法   B. 持续改进

C. 循证决策   D. 关系管理

11. ISO 质量管理体系管理中（   ）原则，应当明确管理的职责和权限。

A. 全员参与   B. 关系管理

C. 改进   D. 过程方法

12. 循证决策的基本内容包括（   ）。

A. 收集与目标有关的数据和信息

B. 提供必要的资源

C. 建立信息管理系统

D. 权衡短期利益与长期效益，确立相关方的关系

E. 了解组织的现状和发展趋势

（二）质量管理体系的特征

13. 想要有效开展质量管理，必须设计、建立、实施和保持质量管理体系属于质量管理体系的（   ）特征。

A. 动态性   B. 预防性

C. 全面有效性   D. 符合性

14. 合理的组织机构和明确的职责、权限及其协调的关系属于质量管理体系的（   ）特征。

A. 预防性   B. 持续受控

C. 系统性   D. 符合性

15. 质量管理体系的有效实施，是通过它的过程的有效运行来实现的属于质量管理体系的（   ）特征。

A. 全面有效性   B. 系统性

C. 持续受控   D. 动态性

习题答案及解析

1. C	2. B	3. BCDE	4. D	5. ABE
6. B	7. D	8. A	9. A	10. D
11. D	12. ACE	13. D	14. C	15. B

【解析】

2. B。持续改进的核心是提高有效性和效率，实现质量目标。在 2019 年度的考试中，同样对本题涉及的采分点进行了考查。

3. BCDE。ISO 9000 质量管理体系明确了七项质量管理原则：以顾客为关注焦点；领导作用；全员参与；过程方法；改进；循证决策；关系管理。

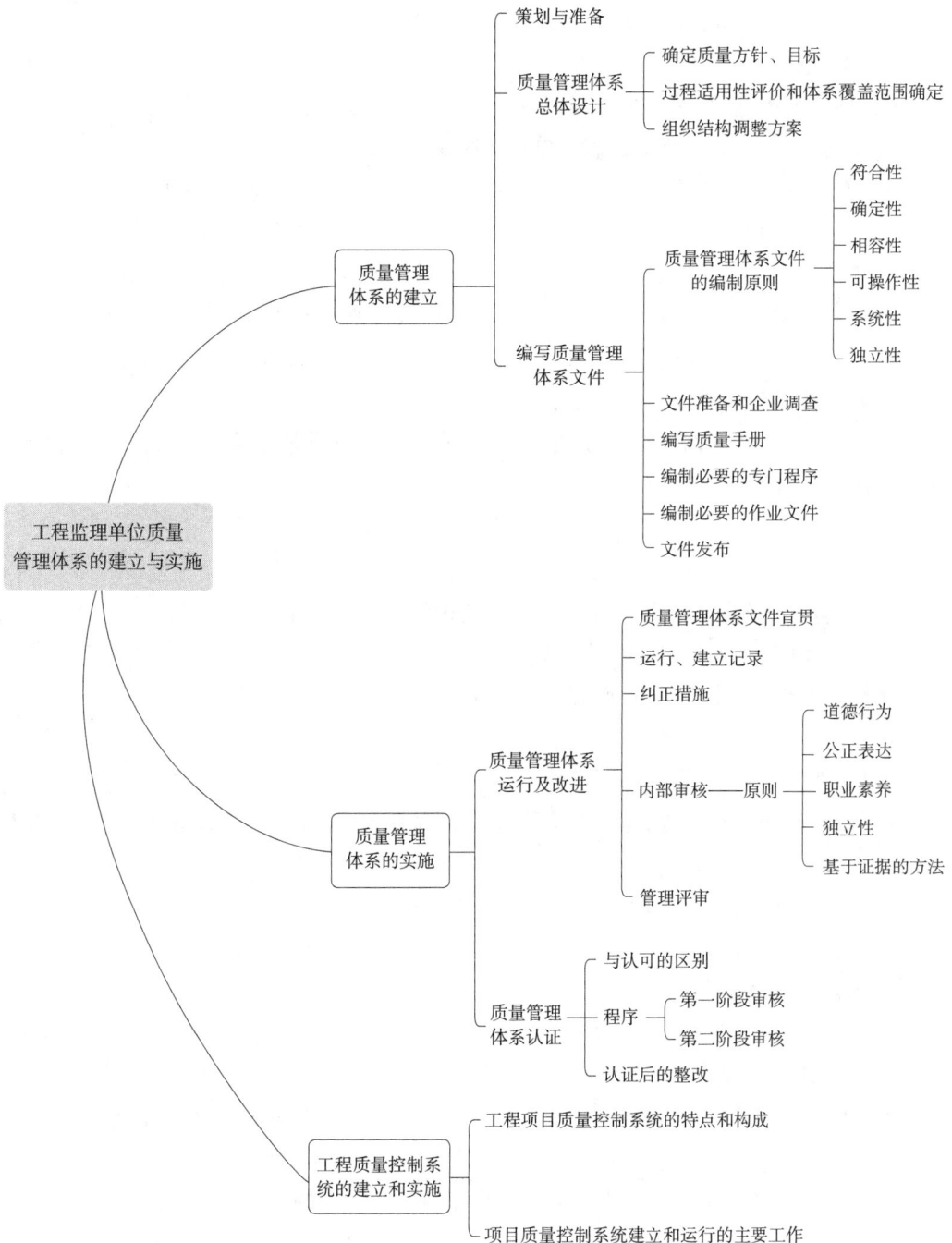

第二节 工程监理单位质量管理体系的建立与实施

知识导学

工程监理单位质量管理体系的建立与实施

- 质量管理体系的建立
  - 策划与准备
  - 质量管理体系总体设计
    - 确定质量方针、目标
    - 过程适用性评价和体系覆盖范围确定
    - 组织结构调整方案
  - 编写质量管理体系文件
    - 质量管理体系文件的编制原则
      - 符合性
      - 确定性
      - 相容性
      - 可操作性
      - 系统性
      - 独立性
    - 文件准备和企业调查
    - 编写质量手册
    - 编制必要的专门程序
    - 编制必要的作业文件
    - 文件发布

- 质量管理体系的实施
  - 质量管理体系运行及改进
    - 质量管理体系文件宣贯
    - 运行、建立记录
    - 纠正措施
    - 内部审核——原则
      - 道德行为
      - 公正表达
      - 职业素养
      - 独立性
      - 基于证据的方法
    - 管理评审
  - 质量管理体系认证
    - 与认可的区别
    - 程序
      - 第一阶段审核
      - 第二阶段审核
    - 认证后的整改

- 工程质量控制系统的建立和实施
  - 工程项目质量控制系统的特点和构成
  - 项目质量控制系统建立和运行的主要工作

习题汇总

一、监理企业质量管理体系的建立与实施

（一）质量管理体系的建立

1. 策划与准备

1. 监理单位质量管理体系中，策划与准备的工作包括（　　）。

A. 组织结构调整方案　　　　　　　　　B. 确定质量方针

C. 环境与风险评价　　　　　　　　　　D. 编写质量手册

2. 按照 ISO 标准的要求，监理单位的决策层包括（　　）。

A. 总工程师　　　　　　　　　　　　　B. 专业监理工程师

C. 技术部门的负责人　　　　　　　　　D. 项目总监理工程师

3. 策划与准备阶段中的领导班子由（　　）作为负责人。

A. 监理单位最高管理者　　　　　　　　B. 监理单位管理部门

C. 监理单位技术部门　　　　　　　　　D. 监理单位质量部门

2. 质量管理体系总体设计

4.（2016—6）根据 ISO 质量管理体系标准，工程质量单位应以（　　）为框架，制定具体的质量目标。

A. 质量计划　　　　　　　　　　　　　B. 质量方针

C. 质量策划　　　　　　　　　　　　　D. 质量要求

5.（2017—6）关于监理单位质量方针的说法，正确的是（　　）。

A. 质量方针应由管理者代表制定

B. 质量方针应由技术负责人制定

C. 质量方针应由最高管理者发布

D. 质量方针应由管理者代表发布

6.（2022—6）建立监理单位质量管理体系时，明确工程建设相关方要求属于（　　）方面的工作。

A. 确定质量方针、目标　　　　　　　　B. 过程适用性评价

C. 确定体系覆盖范围　　　　　　　　　D. 组织结构调整方案

3. 编写质量管理体系文件

7.（2015—7）下列工程监理单位的质量管理体系文件，属于监理单位内部质量管理的纲领性文件和行动准则是（　　）。

A. 质量手册　　　　　　　　　　　　　B. 程序文件

C. 质量记录　　　　　　　　　　　　　D. 质量计划

8.（2016—83）下列记录中，属于监理服务"产品"的有（　　）。

A. 旁站记录　　　　　　　　　　　　　B. 材料设备验收记录

C．培训记录　　　　　　　　　　　　D．不合格品处理记录

E．管理评审记录

9．（2019—83）根据质量管理体系标准要求，监理单位质量管理体系文件由（　　）组成。

A．规范与标准　　　　　　　　　　　B．设计文件与图纸

C．质量手册　　　　　　　　　　　　D．程序文件

E．作业文件

10．监理单位组织编制质量管理体系文件的原则是（　　）。

A．可靠性　　　　　　　　　　　　　B．独立性

C．符合性　　　　　　　　　　　　　D．相容性

E．可操作性

11．在描述某一质量活动过程时，必须要具有（　　）原则。

A．系统性　　　　　　　　　　　　　B．确定性

C．相容性　　　　　　　　　　　　　D．符合性

12．质量手册的支持性文件是（　　）。

A．程序文件　　　　　　　　　　　　B．质量记录

C．质量规范　　　　　　　　　　　　D．作业文件

13．程序文件的支持性文件是（　　）。

A．质量手册　　　　　　　　　　　　B．质量规范

C．作业文件　　　　　　　　　　　　D．质量记录

（二）质量管理体系的实施

1．质量管理体系运行及改进

14．（2018—83）工程监理企业质量管理体系管理评审的目的有（　　）。

A．对现行质量目标的环境适应性做出评价

B．发现质量管理体系持续改进的机会

C．对现行质量管理体系能否适应质量方针做出评价

D．修改质量管理体系文件使其更加完整有效

E．对现行质量管理体系的环境适宜性做出评价

15．（2019—6）ISO质量管理体系运行中，体系要素管理到位的前提和保证是（　　）。

A．管理体系的适时管理　　　　　　　B．管理体系的行为到位

C．管理体系的适中控制　　　　　　　D．管理体系的识别能力

16．（2021—6）监理单位质量管理体系运行中，定期召开监理例会体现了（　　）的要求。

A．文件标识与控制　　　　　　　　　B．产品质量追踪检查

C．物资管理　　　　　　　　　　　　D．内部审核

17. 质量管理体系要素管理到位的关键支柱是（　　）。

A. 管理体系的识别能力

B. 管理行为覆盖其要素定义的管理空间

C. 时间管理

D. 管理行为标准化和执行标准的水平

2. 质量管理体系认证

18. 关于质量管理体系认证的说法，正确的是（　　）。

A. 认证是由授权的机构进行的

B. 认证是证明认证对象与依据的标准符合性

C. 认可是由第三方进行的

D. 认证是正式承认

19. 质量管理体系认证后的整改中，行业惯例是发现严重不符合项的（　　）个月之内需要整改。

A. 3   B. 6

C. 9   D. 12

20. 在进行内部审核时应注意，正式运行阶段重点在（　　）。

A. 适用性   B. 针对性

C. 符合性   D. 系统性

二、项目质量控制系统的建立和实施

（一）项目质量控制系统的特点和构成

21. （2017—7）关于工程项目质量控制系统特性的说法，正确的是（　　）。

A. 工程项目质量控制系统是监理单位质量管理体系的子系统

B. 工程项目质量控制系统是一个一次性的质量控制工作体系

C. 工程项目质量控制系统是监理单位建立的质量控制工作体系

D. 工程项目质量控制系统不随项目管理机构的解体而消失

（二）项目质量控制系统建立和运行的主要工作

22. （2006—13）《工程质量评估报告》是工程验收中的重要资料，应由（　　）签署。

A. 总监理工程师和监理单位技术负责人

B. 建设单位项目负责人和监理单位负责人

C. 总监理工程师和质监站监督员

D. 建设单位项目负责人和总监理工程师

23. （2016—16）项目监理机构审查施工单位报送的工程材料、构配件、设备报审表时，应重点审查（　　）。

A. 采购合同   B. 技术标准

C. 质量证明文件   D. 设计文件要求

24.（2018—16）工程施工过程中，对已进场但检验不合格的工程材料，项目监理机构应要求施工单位（ ）。

A. 停工整改并封存不合格材料

B. 征求设计单位对不合格材料的使用意见

C. 限期将不合格材料撤出施工现场

D. 征求检测机构对不合格材料的使用意见

25.（2020—20）根据《建设工程监理规范》，工程竣工预验收合格后，项目监理机构应编写（ ）报建设单位。

A. 工程质量确认报告   B. 工程质量评估报告

C. 工程质量验收方案   D. 工程质量验收证书

26.（2020—85）项目监理机构建立工程项目质量控制系统的工作内容有（ ）。

A. 确定企业质量方针、目标   B. 建立组织机构

C. 制定工作制度   D. 明确监理程序

E. 编写企业质量管理体系文件

27.（2021—24）项目监理机构应在（ ）后编制工程质量评估报告。

A. 单位工程完工   B. 竣工验收交付使用

C. 竣工预验收合格   D. 竣工验收

28.（2022—83）项目质量控制系统运行中，监理工作的主要手段有（ ）。

A. 编制监理规划和监理实施细则   B. 签发监理指令

C. 组织召开设计交底会议   D. 旁站与巡视

E. 平行检验与见证取样

习题答案及解析

1. C	2. A	3. A	4. B	5. C
6. C	7. A	8. ABD	9. CDE	10. BCDE
11. B	12. A	13. C	14. CDE	15. D
16. B	17. D	18. B	19. A	20. C
21. B	22. A	23. C	24. C	25. B
26. BCD	27. C	28. BDE		

【解析】

22. A。工程竣工预验收合格后，项目监理机构应编写工程质量评估报告，并应经总监理工程师和工程监理单位技术负责人审核签字后报建设单位。在2004、2015年度的考试中，同样对本题涉及的采分点进行了考查。

第三节　卓越绩效模式

知识导学

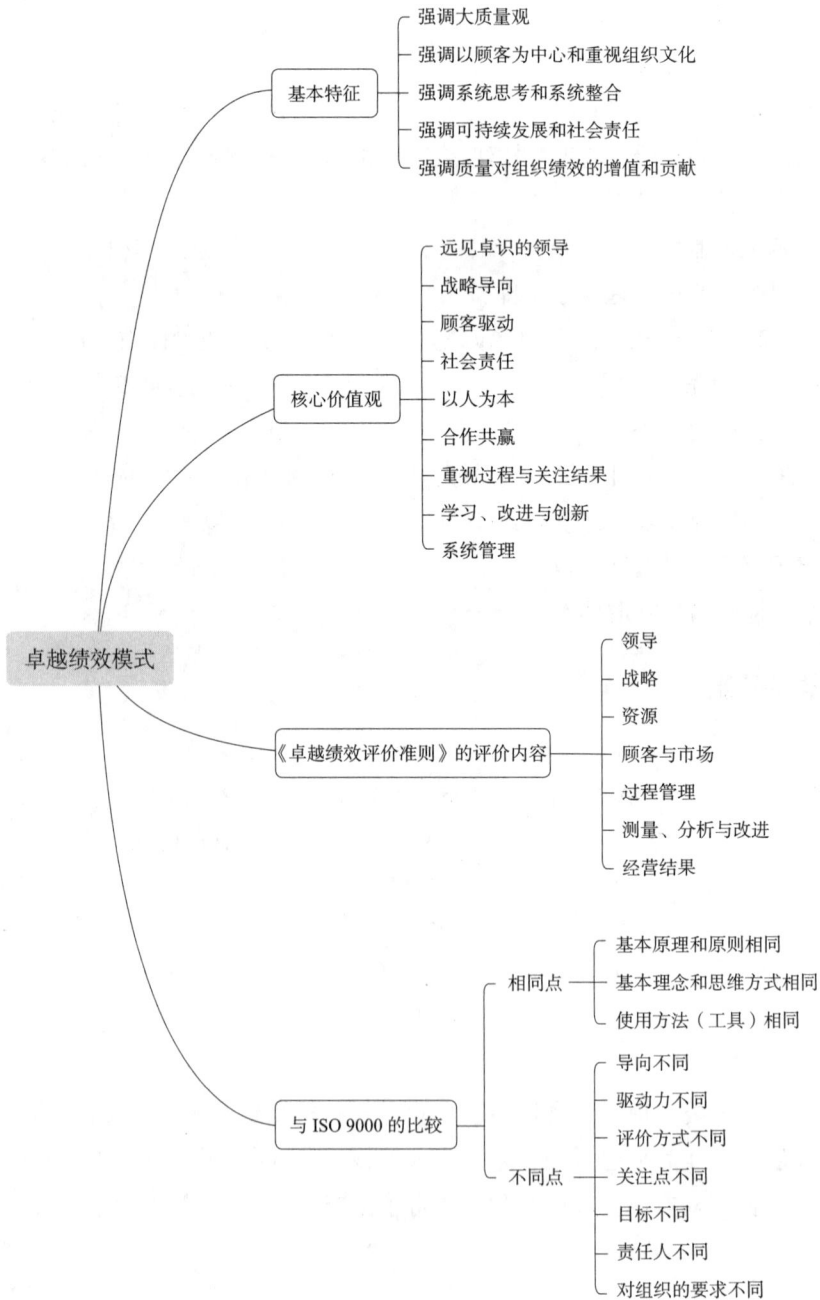

习题汇总

一、卓越绩效模式的基本特征和核心价值观

1.（2020—7）根据《卓越绩效评价准则》，卓越绩效模式的基本特征是（　　）。

A. 强调以经营为中心 　　　　　　B. 强调以效益为中心

C. 强调大质量观 　　　　　　　　D. 强调企业责任

2.（2020—8）卓越绩效模式强调以系统的观点来管理整个组织及关键过程，这种系统管理的基本方法是（　　）。

A. 反馈方法 　　　　　　　　　　B. 过程方法

C. 评价方法 　　　　　　　　　　D. 监督方法

3.（2021—84）在卓越绩效模式中，为了实现质量对组织绩效的增值作用，需要关注的要素有（　　）。

A. 标准化导向 　　　　　　　　　B. 符合性评审

C. 质量管理与质量经营的系统融合 　D. 促进组织效率最大化

E. 促进顾客价值最大化

4. 卓越绩效模式中，作为组织质量管理的首要原则是（　　）。

A. 顾客和市场为中心 　　　　　　B. 大质量观

C. 可持续发展 　　　　　　　　　D. 系统思考

5. 卓越绩效模式中，强调组织的（　　）是文明和进步的体现。

A. 大质量观 　　　　　　　　　　B. 可持续发展

C. 社会责任 　　　　　　　　　　D. 系统整合

6. 卓越绩效模式的基本特征中，能够促进组织效率最大化和顾客价值最大化的是（　　）。

A. 强调质量对组织绩效的增值和贡献 　B. 强调与顾客为中心

C. 强调大质量观 　　　　　　　　D. 强调系统思考

二、《卓越绩效评价准则》的结构模式与评价内容

7.（2022—84）卓越绩效模式中，在关注组织如何做正确的事时，需要强调的组成要素有（　　）。

A. 领导作用 　　　　　　　　　　B. 战略

C. 资源 　　　　　　　　　　　　D. 过程管理

E. 以顾客和市场为中心

三、《卓越绩效评价准则》评分系统

本部分内容仅做了解即可。

四、《卓越绩效评价准则》与 ISO 9000 的比较

8.（2020—86）《卓越绩效评价准则》与 ISO 9000 族质量标准的不同点体现在（　）方面。

A. 目标　　　　　　　　　　　　B. 导向

C. 评价方式　　　　　　　　　　D. 基本理念

E. 基本原理

9.（2021—7）根据《卓越绩效评价准则》,采用卓越绩效模式的驱动力来自（　）。

A. 标准化导向　　　　　　　　　B. 市场竞争

C. 市场准入　　　　　　　　　　D. 符合性评审

10.（2022—7）与"卓越绩效"模式相比,ISO 9000 质量管理体系的导向是（　）。

A. 成熟度评价　　　　　　　　　B. 标准化管理

C. 全过程控制　　　　　　　　　D. 战略管理

11. 关于卓越绩效评价准则与 ISO 9000 的不同点，下列说法正确的是（　）。

A. 卓越绩效模式来自市场准入的驱动　　B. ISO 9000 的目标是顾客满意

C. ISO 9000 是成熟度评价　　　　　　　D. 卓越绩效更加关注过程

习题答案及解析

1. C　　　　2. B　　　　3. CDE　　　　4. A　　　　5. C

6. A　　　　7. ABE　　　8. ABC　　　　9. B　　　　10. B

11. B

【解析】

2. B。系统管理中卓越绩效模式强调以系统的观点来管理整个组织及其关键过程。过程方法（PDCA）是系统管理的基本方法。

7. ABE。"领导作用""战略"与"以顾客和市场为中心"构成了"领导作用"三角，强调高层领导在组织所处的特定环境中，通过制定以顾客和市场为中心的战略，为组织谋划长远未来，关注的是组织如何做正确的事，是驱动力。

8. ABC。《卓越绩效评价准则》与 ISO 9000 的不同点：导向不同、驱动力不同、评价方式不同、关注点不同、目标不同、责任人不同、对组织的要求不同。《卓越绩效评价准则》与 ISO 9000 的相同点：基本原理和原则相同；基本理念和思维方式相同；使用方法（工具）相同。在 2016 年度的考试中,同样对本题涉及的采分点进行了考查。

第三章
建设工程质量的统计分析和试验检测方法

第一节　工程质量统计分析

知识导学

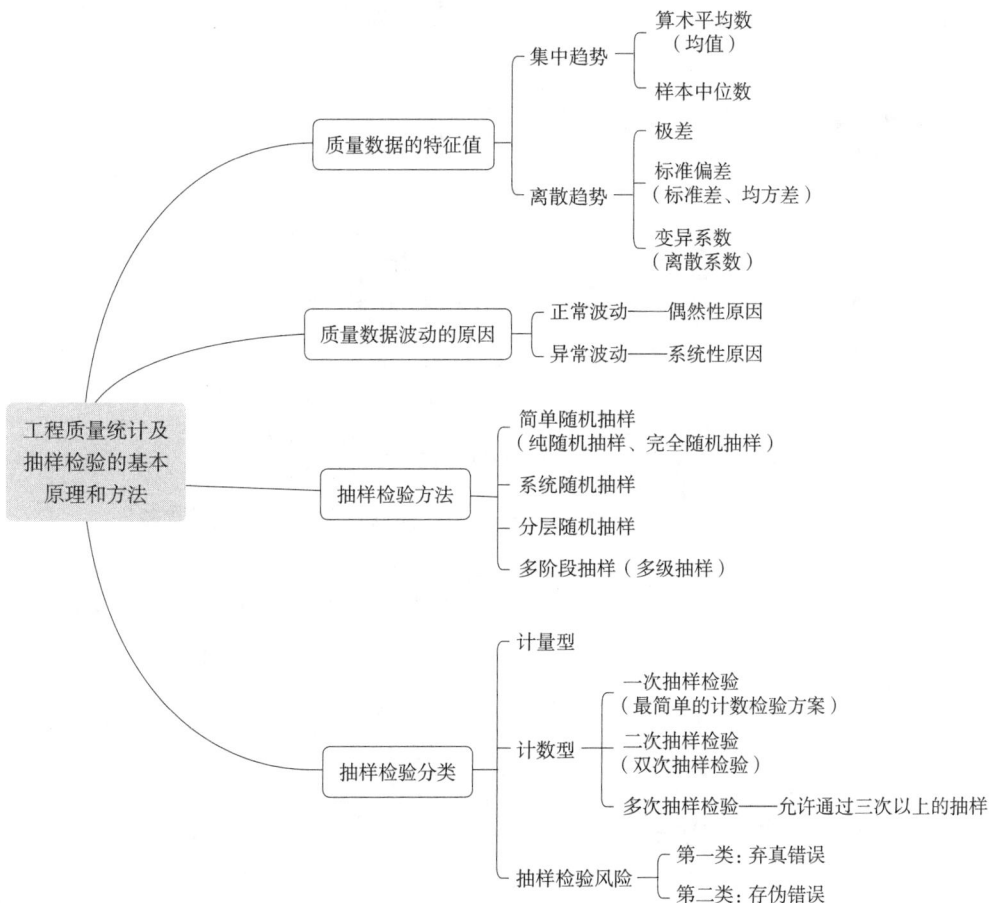

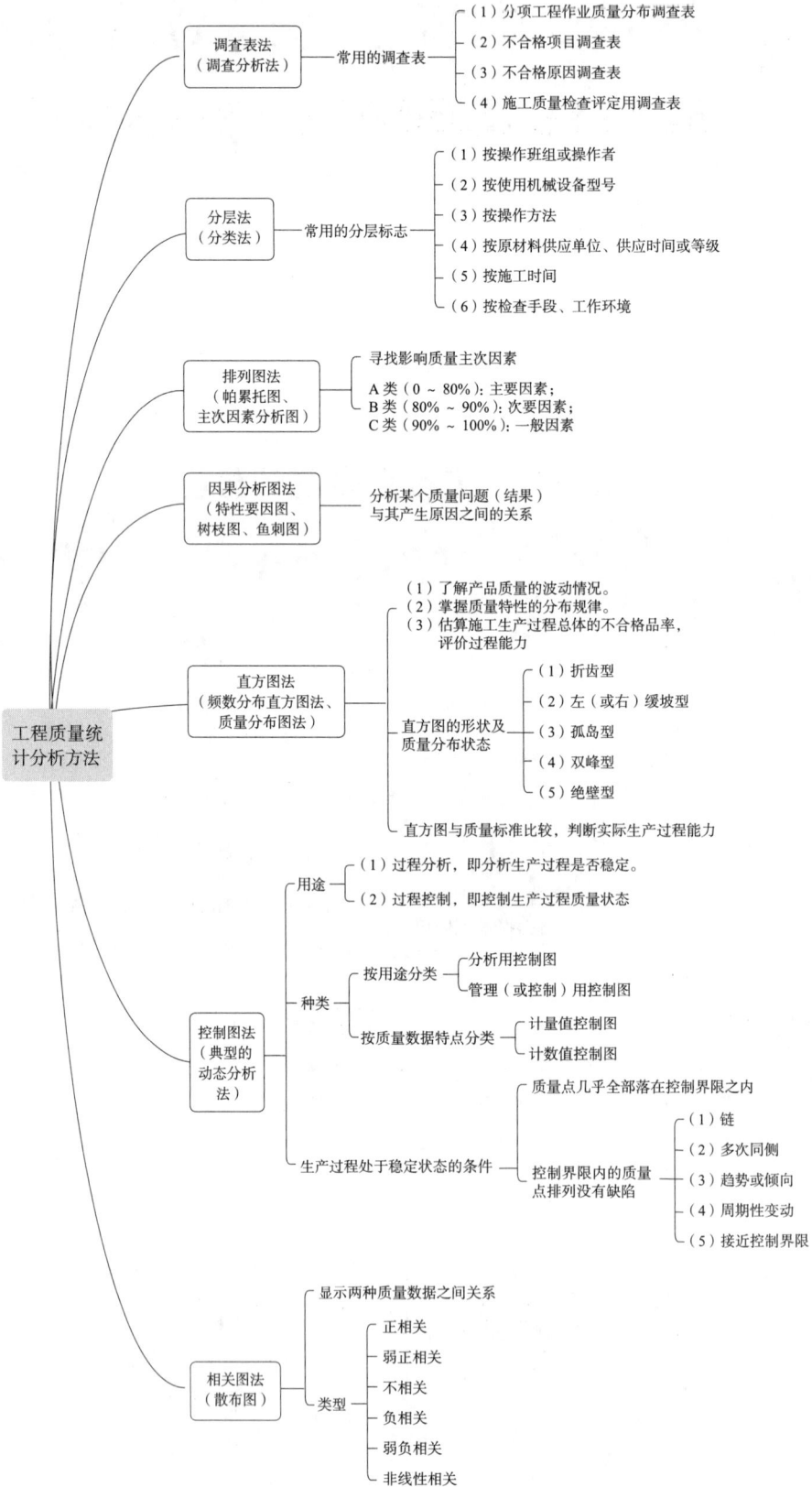

```
                                                          ┌─（1）分项工程作业质量分布调查表
                           调查表法          常用的调查表 ─┤─（2）不合格项目调查表
                        （调查分析法）                     ├─（3）不合格原因调查表
                                                          └─（4）施工质量检查评定用调查表

                                                          ┌─（1）按操作班组或操作者
                                                          ├─（2）按使用机械设备型号
                            分层法            常用的分层标志─┤─（3）按操作方法
                          （分类法）                        ├─（4）按原材料供应单位、供应时间或等级
                                                          ├─（5）按施工时间
                                                          └─（6）按检查手段、工作环境

                                             寻找影响质量主次因素
                            排列图法
                         （帕累托图、          A类（0～80%）：主要因素；
                         主次因素分析图）        B类（80%～90%）：次要因素；
                                             C类（90%～100%）：一般因素

                           因果分析图法        分析某个质量问题（结果）
                         （特性要因图、         与其产生原因之间的关系
                         树枝图、鱼刺图）

                                             （1）了解产品质量的波动情况。
                                             （2）掌握质量特性的分布规律。
                                             （3）估算施工生产过程总体的不合格品率，
                                                  评价过程能力                  ┌─（1）折齿型
                            直方图法                                           ├─（2）左（或右）缓坡型
   工程质量统             （频数分布直方图法、      直方图的形状及 ─────────────────┤─（3）孤岛型
   计分析方法             质量分布图法）           质量分布状态                    ├─（4）双峰型
                                                                            └─（5）绝壁型

                                             直方图与质量标准比较，判断实际生产过程能力

                                   ┌─ 用途 ─┤─（1）过程分析，即分析生产过程是否稳定。
                                   │        └─（2）过程控制，即控制生产过程质量状态
                                   │
                                   │                   ┌─ 分析用控制图
                            控制图法 │         ┌─ 按用途分类─┤
                         （典型的 ─┼─ 种类 ──┤           └─ 管理（或控制）用控制图
                         动态分析          │           ┌─ 计量值控制图
                         法）              └─ 按质量数据特点分类─┤
                                   │                   └─ 计数值控制图
                                   │
                                   │                   质量点几乎全部落在控制界限之内
                                   │                                           ┌─（1）链
                                   └─ 生产过程处于稳定状态的条件                  ├─（2）多次同侧
                                                       控制界限内的质量 ─────────┤─（3）趋势或倾向
                                                       点排列没有缺陷            ├─（4）周期性变动
                                                                             └─（5）接近控制界限

                                             显示两种质量数据之间关系
                                                       ┌─ 正相关
                                                       ├─ 弱正相关
                            相关图法                    ├─ 不相关
                          （散布图） ── 类型 ──────────┤─ 负相关
                                                       ├─ 弱负相关
                                                       └─ 非线性相关
```

习题汇总

一、工程质量统计及抽样检验的基本原理和方法

（一）总体、样本及统计推断工作过程

本部分内容仅做了解即可。

（二）质量数据的特征值

1. 描述数据集中趋势的特征值

1.（2019—7）关于样本中位数的说法，正确的是（　　）。

A. 样本数为偶数时，中位数是数值大小排序后居中两数的平均值

B. 中位数反映了样本数据的分散状况

C. 中位数反映了中间数据的分布

D. 样本中位数是样本极差值的平均值

2.（2020—9）工程质量统计分析中，用来描述样本数据集中趋势的特征值是（　　）。

A. 算术平均数和标准偏差　　　　　　　B. 中位数和变异系数

C. 算术平均数和中位数　　　　　　　　D. 中位数和标准偏差

2. 描述数据离散趋势的特征值

3.（2021—8）在工程质量统计分析中，用来描述数据离散趋势的特征值是（　　）。

A. 平均数与标准偏差　　　　　　　　　B. 中位数与变异系数

C. 标准偏差与变异系数　　　　　　　　D. 中位数与标准偏差

（三）质量数据的分布特征

1. 质量数据的特性

本部分内容仅做了解即可。

2. 质量数据波动的原因

4.（2012—24）下列造成质量波动的原因中，属于偶然性原因的是（　　）。

A. 现场温湿度的微小变化　　　　　　　B. 机械设备过度磨损

C. 材料质量规格显著差异　　　　　　　D. 工人未遵守操作规程

5.（2015—85）实际生产中，质量数据波动的偶然性原因的特点有（　　）。

A. 不可避免、难以测量和控制　　　　　B. 大量存在但对质量的影响很小

C. 质量数据离散过大　　　　　　　　　D. 原材料质量规格有显著差异

E. 经济上不值得消除

6.（2020—10）工程质量特征值的正常波动是由（　　）引起的。

A. 单一性原因　　　　　　　　　　　　B. 必然性原因

C. 系统性原因　　　　　　　　　　　　D. 偶然性原因

3. 质量数据分布的规律性

7.（2020—11）根据数据统计规律，进行材料强度检测随机抽样的样本容量较大

时，其工程质量特性数据均值服从的分布是（　　）。

    A．二项分布   B．正态分布

    C．泊松分布   D．非正态分布

8.（2022—9）正常情况下，混凝土强度检测数据服从（　　）分布。

    A．三角形   B．梯形

    C．正态   D．随机

（四）抽样检验及检验批

9．关于检验与抽样检验的说法，正确的有（　　）。

    A．检验包括全数检验和抽样检验

    B．破坏性检验，不能采取全数检验方式

    C．对于那些检验费用很高、产品本身价值又不大的产品，不适合采取全数检验

    D．抽样检验抽取样品受检验人员主观意愿的支配

    E．抽样检验具有节省人力、物力、财力、时间和准确性高的优点

（五）抽样检验方法

10．在抽样检验方案中，排除人的主观因素，直接从包含 N 个抽样单元的总体中按不放回抽样抽取 n 个单元，使包含 n 个个体的所有可能的组合被抽出的概率都相等的抽样方法是（　　）。

    A．简单随机抽样   B．系统随机抽样

    C．分层随机抽样   D．多阶段抽样

11．抽样检验方法中，广泛用于原材料的进货检验和单位工程完工后的检验的是（　　）。

    A．简单随机抽样   B．分层随机抽样

    C．系统随机抽样   D．多阶段抽样

12.（2011—27）施工单位采购的某类钢材分多批次进场时，为了保证在抽样检测中样品分布均匀、更具代表性，最合适的随机抽样方法是（　　）。

    A．分层抽样   B．等距离法抽样

    C．整群抽样   D．多阶段抽样

13.（2015—8）在抽样检验方案中，当总体很大，很难一次抽样完成预定的目标时，应采用（　　）检验方法。

    A．系统随机抽样   B．分层抽样

    C．简单随机抽样   D．多阶段抽样

14.（2022—8）将样本总体中的抽样单元按某种次序排列，在规定范围内随机抽取一组初始单元，参后按一套规则确定其他样本单元的抽样方法称为（　　）。

    A．简单随机抽样   B．系统随机抽样

    C．分层随机抽样   D．多阶段抽样

（六）抽样检验的分类及抽样方案

1. 计量型抽样检验

15.（2016—84）根据抽样检验分类方法，属于计量型抽样检验的质量特性有（　　）。

A. 几何尺寸　　　　　　　　　　　　　B. 焊点不合格数

C. 标高　　　　　　　　　　　　　　　D. 条数

E. 强度

2. 计数型抽样检验

16.（2014—9）计数型一次抽样检验方案为（N，n，C），其中 N 为送检批的大小，n 为抽样的样本数大小，C 为合格判定数，若发现 n 中有 d 件不合格品，当（　　）时，该送检批合格。

A. $d = C+1$　　　　　　　　　　　　B. $d < C+1$

C. $d > C$　　　　　　　　　　　　　D. $d \leqslant C$

17. 计数型一次抽样检验中，判定该批产品不合格的条件是（　　）。

A. $d < C+1$　　　　　　　　　　　　B. $d = C+1$

C. $d > C$　　　　　　　　　　　　　D. $d \leqslant C$

18. 计数型二次抽样检验中，判定该批产品不合格的条件是（　　）。

A. $d_1 = C_1$　　　　　　　　　　　　B. $C_1 < d_1 \leqslant C_2$

C. $d_1 > C_2$　　　　　　　　　　　　D. $d_1 < C_1$

19.（2014—9）计数型一次抽样检验方案为（N，n，C），其中 N 为送检批的大小，n 为抽样的样本数大小，C 为合格判定数，若发现 n 中有 d 件不合格品，当（　　）时，该送检批合格。

A. $d = C+1$　　　　　　　　　　　　B. $d < C+1$

C. $d > C$　　　　　　　　　　　　　D. $d \leqslant C$

20.（2015—83）在检验批量为 N 的一批产品中，随机抽取 n_1 件产品进行检验。发现 n_1 中的不合格数为 d_1，则（　　）。

A. $d_1 \leqslant C_1$，判定该批产品合格　　　　B. $d_1 \leqslant C_1$，判定该批产品不合格

C. $d_1 > C_2$，判定该批产品不合格　　　　D. $d_1 > C_2$，判定该批产品合格

E. $C_1 < d_1 \leqslant C_2$，应在同批产品中继续随机抽取 n_2 件产品进行检验

21.（2019—8）关于抽样检验的说法，正确的是（　　）。

A. 计量抽样检验是对单位产品的质量采取计数抽样的方法

B. 一次抽样检验涉及 3 个参数，二次抽样检验涉及 5 个参数

C. 一次抽样检验和二次抽样检验均为计量抽样检验

D. 一次抽样检验和二次抽样检验均涉及 3 个参数，即批量、样本数和合格判定数

22.（2020—12）某产品质量检验采用计数型二次抽样检验方案，已知：N=1000，n_1=40，n_2=60，C_1=1，C_2=4；经二次抽样检得：d_1=2，d_2=3，则正常的结论是（　　）。

A. 经第一次抽样检验即可判定该批产品质量合格

  B．经第一次抽样检验即可判定该批产品质量不合格

  C．经第二次抽样检验即可判定该批产品质量合格

  D．经第二次抽样检验即可判定该批产品质量不合格

3. 抽样检验风险

23．抽样检验中，将不合格产品判为合格而误收时所发生的风险称为（　　）。

  A．供方风险　　　　　　　　　　B．用户风险

  C．生产方风险　　　　　　　　　D．系统风险

24．（2021—9）根据《建筑工程施工质量验收统一标准》，对于主控项目合格质量水平的错判概率 α 和漏判概率 β，正确的取值范围是（　　）。

  A．α 和 β 均不宜超过 5%

  B．α 不宜超过 5%，β 不宜超过 10%

  C．α 不宜超过 3%，β 不宜超过 5%

  D．α 不宜超过 3%，β 不宜超过 10%

（七）验收抽样和监督抽样简介

本部分内容仅做了解即可。

二、工程质量统计分析方法

（一）调查表法

25．工程质量统计分析方法中，利用专门设计的统计表对质量数据进行收集、整理和粗略分析质量状态的一种方法是（　　）。

  A．分类法　　　　　　　　　　　B．主次因素分析图

  C．因果分析图　　　　　　　　　D．调查分析法

（二）分层法

26．（2017—9）工程质量统计分析方法中，根据不同的目的和要求，将调查收集的原始数据，按某一性质进行分组、整理，分析产品存在的质量问题和影响因素的方法是（　　）。

  A．调查表法　　　　　　　　　　B．分层法

  C．排列图法　　　　　　　　　　D．控制图法

27．工程质量统计分析方法中，质量控制统计分析方法中最基本的一种方法是（　　）。

  A．分层法　　　　　　　　　　　B．相关图法

  C．主次因素分析图　　　　　　　D．管理图法

（三）排列图法

28．（2010—23）在质量管理排列图中，对应于累计频率曲线 80% ~ 90% 部分的，属于（　　）影响因素。

  A．一般　　　　　　　　　　　　B．主要

C. 次要   D. 其他

29.（2013—93）排列图是质量管理的重要工具之一，它可用于（   ）。

A. 分析造成质量问题的薄弱环节

B. 寻找生产不合格品最多的关键过程

C. 分析比较各单位技术水平和质量管理水平

D. 分析费用、安全问题

E. 分析质量特性的分布规律

30.（2016—9）采用排列图法划分质量影响因素时，累计频率达到 75% 对应的影响因素是（   ）。

A. 主要因素   B. 次要因素

C. 一般因素   D. 基本因素

31.（2019—9）在采用排列图法分析工程质量问题时，按累计频率划分进行质量影响因素分类，次要因素对应的累计频率区间为（   ）。

A. 70% ~ 80%   B. 80% ~ 90%

C. 80% ~ 100%   D. 90% ~ 100%

32.（2020—18）工程质量统计分析方法中，寻找影响质量主次因素的有效方法是（   ）。

A. 调查表法   B. 控制图法

C. 排列图法   D. 相关图法

33.（2021—85）采用排列图法分析工程质量影响因素时，可将影响因素分为（   ）。

A. 偶然因素   B. 主要因素

C. 系统因素   D. 次要因素

E. 一般因素

34. 排列图法划分累计频率中，属于一般因素的是（   ）。

A. 70% ~ 100%   B. 90% ~ 100%

C. 50% ~ 80%   D. 80% ~ 90%

（四）因果分析图法

35.（2004—26）在下列质量控制的统计分析方法中，需要听取各方意见，集思广益，相互启发的是（   ）。

A. 排列图法   B. 因果分析图法

C. 直方图法   D. 控制图法

36.（2007—27）在常用的工程质量控制的统计方法中，可以用来系统整理分析某个质量问题及其产生原因之间关系的方法是（   ）。

A. 相关图法   B. 树枝图法

C. 排列图法   D. 直方图法

（五）直方图法

37.（2008—29）在质量管理中，将正常型直方图与质量标准进行比较时，可以判断生产过程的（　　）。

A. 质量问题成因
B. 质量薄弱环节
C. 计划质量能力
D. 实际质量能力

38.（2009—94）在质量管理中，直方图法的用途有（　　）。

A. 分析判断产品的质量状况

B. 估算施工生产工程总体的不合格品率

C. 评价过程能力

D. 分析生产过程是否稳定

E. 控制生产过程质量状态

39.（2011—26）当需要使用施工作业工序抽样检验所得到的质量特性数据，分析工序质量波动状况及原因时，可通过绘制（　　）进行观察判断。

A. 直方图
B. 排列图
C. 管理图
D. 相关图

40.（2012—25）将两种不同方法或两台设备或两组工人进行生产的质量特性统计数据混在一起整理，将形成（　　）直方图。

A. 折齿型
B. 缓坡型
C. 孤岛型
D. 双峰型

41.（2013—26）由于分组组数不当或者组距确定不当，将形成（　　）直方图。

A. 折齿型
B. 缓坡型
C. 孤岛型
D. 双峰型

42.（2017—10）采用直方图法分析工程质量时，出现孤岛型直方图的原因是（　　）。

A. 组数或组距确定不当
B. 不同设备生产的数据混合
C. 原材料发生变化
D. 人为去掉上限下限数据

43.（2020—13）下列统计分析方法中，可用来了解产品质量波动情况，掌握产品质量特性分布规律的是（　　）。

A. 因果分析图法
B. 直方图法
C. 相关图法
D. 排列图法

44.（2021—13）进行工程质量统计分析时，因分组组数不当绘制的直方图可能会形成（　　）直方图。

A. 折齿型
B. 孤岛型
C. 双峰型
D. 绝壁型

45.（2022—10）工程质量统计分析方法中，将收集到的产品质量数据进行分组整理，通过绘制频数分布图形，用以分析判断产品质量波动情况和实际生产过程能力的方法称为（　　）。

　　A．排列图法　　　　　　　　　　B．因果分析图法

　　C．相关图法　　　　　　　　　　D．直方图法

46．工程质量统计分析方法中，将收集到的质量数据进行分组整理，绘制成频数分布直方图，用来描述质量分布状态的分析方法是（　　）。

　　A．质量分布图法　　　　　　　　B．分类法

　　C．控制图法　　　　　　　　　　D．因果分析图

47．下列直方图中，属于折齿形的是（　　）。

A.

B.

C.

D.

48．下列直方图中，属于左缓坡型的是（　　）。

A.

B.

C.

D.

49．下列直方图中，属于绝壁型的是（　　）。

A.

B.

C.

D.

50．由于操作中对上限控制太严造成的，将形成（　　）直方图图形。

　　A．左缓坡型　　　　　　　　　　B．绝壁型

　　C．折齿型　　　　　　　　　　　D．双峰型

51．由于数据收集不正常，在检测过程中存在某种人为因素影响所造成的，将形成（　　）直方图图形。

　　A．孤岛型　　　　　　　　　　　B．折齿形

　　C．绝壁型　　　　　　　　　　　D．左缓坡型

52．直方图与质量标准进行比较，出现（　　）情况时，应当迅速采取措施，使得直方图移到中间来。

A.

B.

C. 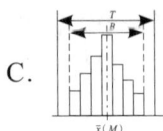　　　　　　D.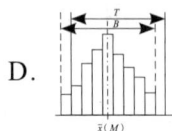

53. 直方图与质量标准进行比较，出现（　　）情况时，应当迅速采取措施，以缩小质量分布范围。

A. 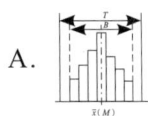　　　　　　B.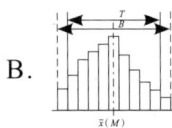

C. 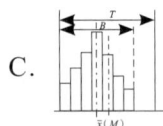　　　　　　D.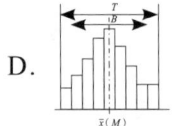

54. 直方图与质量标准进行比较，出现（　　）情况时，可以对原材料控制要求适当放宽些，有目的使 B 扩大，从而有利于降低成本。

A. 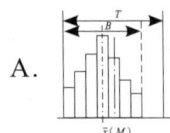　　　　　　B.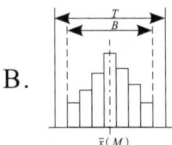

C. 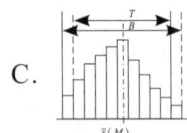　　　　　　D.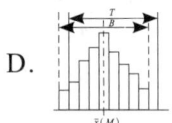

55. 实际质量特性分布范围完全超出了质量标准要求界限的上、下界限，散差太大，产生了许多废品，需要使（　　）。

A. 直方图移到中间

B. 质量分布范围增大

C. 实际质量特性分布范围位于质量标准要求界限内

D. 质量分布范围缩小

（六）控制图法

1. 控制图的基本形式及用途

56.（2009—29）质量控制图的用途是（　　）。

A. 分析并控制生产过程质量状态　　　　B. 分析判断产品质量分布状况

C. 系统整理分析质量问题产生的原因　　D. 寻找影响质量的主次因素

57.（2014—85）工程质量控制中，采用控制图法的目的有（　　）。

A. 找出薄弱环节　　　　　　　　　　　B. 进行过程控制

C. 评价过程能力　　　　　　　　　　　D. 进行过程分析

E．掌握质量分布规律

58．（2015—10）用样本数据来分析判断生产过程是否处于稳定状态的有效工具是（　　）。

A．因果分析图　　　　　　　　　　B．控制图

C．直方图　　　　　　　　　　　　D．相关图

2. 控制图的原理

59．（2012—26）质量管理人员为了及时掌握生产过程质量的变化情况并采取有效的控制措施，可采用（　　）进行跟踪分析。

A．排列图法　　　　　　　　　　　B．因果分析图法

C．控制图法　　　　　　　　　　　D．直方图法

60．（2013—25）通过质量控制的动态分析能随时了解生产过程中的质量变化情况，预防出现废品。下列方法中，属于动态分析方法的是（　　）。

A．排列图法　　　　　　　　　　　B．直方图法

C．控制图法　　　　　　　　　　　D．解析图法

3. 控制图的种类

61．（2008—95）控制图按用途分为分析用控制图和管理用控制图，管理用控制图（　　）。

A．可以用来控制生产过程　　　　　B．可以用来控制质量成本

C．可以找出质量问题的原因　　　　D．是静态的

E．是动态的

4. 控制图的观察与分析

62．（2009—95）当质量控制图同时满足（　　）时，可认为生产过程基本处于稳定状态。

A．点子全部落在控制界限之内　　　B．点子分布出现链

C．控制界限内的点子排列没有缺陷　D．点子多次同侧

E．点子有趋势或倾向

63．（2018—85）工程质量统计分析中，应用控制图分析判断生产过程是否处于稳定状态，可判断生产过程为异常的情形有（　　）。

A．点子几乎全部落在控制界线内　　B．中心线一侧出现7点链

C．中心线两侧有5点连续上升　　　D．点子排列显示周期性变化

E．连续11点中有10点在同侧

64．（2022—85）采用控制图进行工程质量分析时，表明工程质量属于正常情形的有（　　）。

A．质量点在控制界限内的排列呈周期性变化

B．连续25点以上处于控制界限内

C．连续7点以上呈上升排列

D. 连续 35 点中有 1 点超出控制界限

E. 连续 100 点中有不多于 2 点超出控制界限

65. 关于控制图中"质量点几乎全部落在控制界限之内"的说法，正确的是（　　）。

A. 连续 20 点处于控制界限内

B. 连续 100 点中 4 点超出控制界限

C. 连续 35 点只有 3 点超出控制界限

D. 连续 35 点只有 1 点超出控制界限

（七）相关图法

66. （2016—10）工程质量统计分析方法中，用来显示两种质量数据之间关系的是（　　）。

A. 因果分析图法　　　　　　　　B. 相关图法

C. 直方图法　　　　　　　　　　D. 控制图法

67. （2017—11）采用相关图法分析工程质量时，散布点形成由左向右向下的一条直线带，说明两变量之间的关系为（　　）。

A. 负相关　　　　　　　　　　　B. 不相关

C. 正相关　　　　　　　　　　　D. 弱正相关

68. （2021—10）工程质量统计分析相关图中，散布点形成由左至右向下分布的较分散的直线带时，表明反映产品质量特征的变量之间存在（　　）关系。

A. 不相关　　　　　　　　　　　B. 正相关

C. 弱正相关　　　　　　　　　　D. 弱负相关

习题答案及解析

1. A	2. C	3. C	4. A	5. ABE
6. D	7. B	8. C	9. ABCE	10. A
11. A	12. D	13. D	14. B	15. ACE
16. D	17. C	18. C	19. D	20. ACE
21. B	22. D	23. B	24. A	25. D
26. B	27. A	28. C	29. ABCD	30. A
31. B	32. C	33. BDE	34. B	35. B
36. B	37. D	38. ABC	39. A	40. D
41. A	42. C	43. B	44. A	45. B
46. A	47. C	48. B	49. A	50. A
51. C	52. B	53. D	54. B	55. D
56. A	57. BD	58. B	59. C	60. C
61. AE	62. AC	63. BDE	64. BDE	65. D
66. B	67. A	68. D		

【解析】

2．C。描述数据分布离中趋势的特征值有极差、标准偏差、变异系数等。在2017年度的考试中，同样对本题涉及的采分点进行了考查。

3．C。描述数据离散趋势的特征值有极差、标准偏差、变异系数。在2005、2009、2012、2014、2016年度的考试中，同样对本题涉及的采分点进行了考查。

4．A。在实际生产中，影响因素的微小变化具有随机发生的特点，是不可避免、难以测量和控制的，或者是在经济上不值得消除，它们大量存在但对质量的影响很小，属于允许偏差、允许位移范畴，引起的是正常波动，一般不会因此造成废品，生产过程正常稳定。在2007年度的考试中，同样对本题涉及的采分点进行了考查。

6．D。在2009年度的考试中，同样对本题涉及的采分点进行了考查。

13．D。多阶段抽样又称多级抽样。采用多阶段抽样，当总体很大时，很难一次抽样完成预定的目标。多阶段抽样是将各种单阶段抽样方法结合使用，通过多次随机抽样来实现的抽样方法。在2008年度的考试中，同样对本题涉及的采分点进行了考查。

22．D。当二次抽样方案设为：$N=1000$，$n_1=40$，$n_2=60$，$C_1=1$，$C_2=4$时，则需随机抽取第一个样本$n_1=40$件产品进行检验，若所发现的不合格品数d_1为零，则判定该批产品合格；若$d_1>3$，则判定该批产品不合格；若$0<d_1\leqslant3$（即在$n_1=40$件产品中发现1件、2件或3件不合格），本题中$d_1=2$，则需继续抽取第二个样本$n_2=60$件产品进行检验，得到n_2中不合格品数。若$d_1+d_2\leqslant3$则判定该批产品合格；若$d_1+d_2>3$，则判定该批产品不合格。本题中$d_1+d_2=2+3=5>3$，则判定该批产品不合格。

29．ABCD。排列图的主要应用有：（1）按不合格点的内容分类，可以分析出造成质量问题的薄弱环节。（2）按生产作业分类，可以找出生产不合格最多的关键过程。（3）按生产班组或单位分类，可以分析比较各单位技术水平和质量管理水平。（4）将采取提高质量措施前后的排列图对比，可以分析措施是否有效。（5）还可用于成本费用分析，安全问题分析等。在2004、2012年度的考试中，同样对本题涉及的采分点进行了考查。

32．C。排列图法是利用排列图寻找影响质量主次因素的一种有效方法。在2005、2008年度的考试中，同样对本题涉及的采分点进行了考查。

36．B。因果分析图法常被称为树枝图法或鱼刺图法。是利用因果分析图来系统整理分析某个质量问题（结果）与其产生原因之间的有效工具。在2014年度的考试中，同样对本题涉及的采分点进行了考查。

助记：工程质量统计分析方法

分析原因论因果，鱼刺指出众因素。

分清主次靠排列；先排序来再累加，累计八成为主因，八九之间为次因，最后一成为一般。

分布状态看直方类正态分布为正常。

过程稳定是控制，典型动态为控制。

38．ABC。通过直方图的观察与分析，可了解产品质量的波动情况，掌握质量特性的分布规律，以便对质量状况进行分析判断。同时可通过质量数据特征值的计算，估算施工生产过程总体的不合格品率，评价过程能力等。在 2003、2010、2015 年度的考试中，同样对本题涉及的采分点进行了考查。

57．BD。控制图是用样本数据来分析判断生产过程是否处于稳定状态的有效工具。它的用途主要有两个：（1）过程分析，即分析生产过程是否稳定。为此，应随机连续收集数据，绘制控制图，观察数据点分布情况并判定生产过程状态；（2）过程控制，即控制生产过程质量状态。为此，要定时抽样取得数据，将其变为质量点描在图上，发现并及时消除生产过程中的失调现象，预防不合格品的产生。在 2007 年度的考试中，同样对本题涉及的采分点进行了考查。

60．C。排列图、直方图法是质量控制的静态分析法，反映的是质量在某一段时间里的静止状态。控制图就是典型的动态分析法。在 2010 年度的考试中，同样对本题涉及的采分点进行了考查。

62．AC。当控制图同时满足以下两个条件：一是点子几乎全部落在控制界限之内；二是控制界限内的点子排列没有缺陷。我们就可以认为生产过程基本上处于稳定状态。在 2015 年度的考试中，同样对本题涉及的采分点进行了考查。

63．BDE。A 选项为稳定状态的条件，故 A 选项错误。C 选项，连续 7 点或 7 点以上上升或下降排列才可判定生产过程异常，故 C 选项错误。在 2019 年度的考试中，同样对本题涉及的采分点进行了考查。

第二节 工程质量主要试验检测方法

知识导学

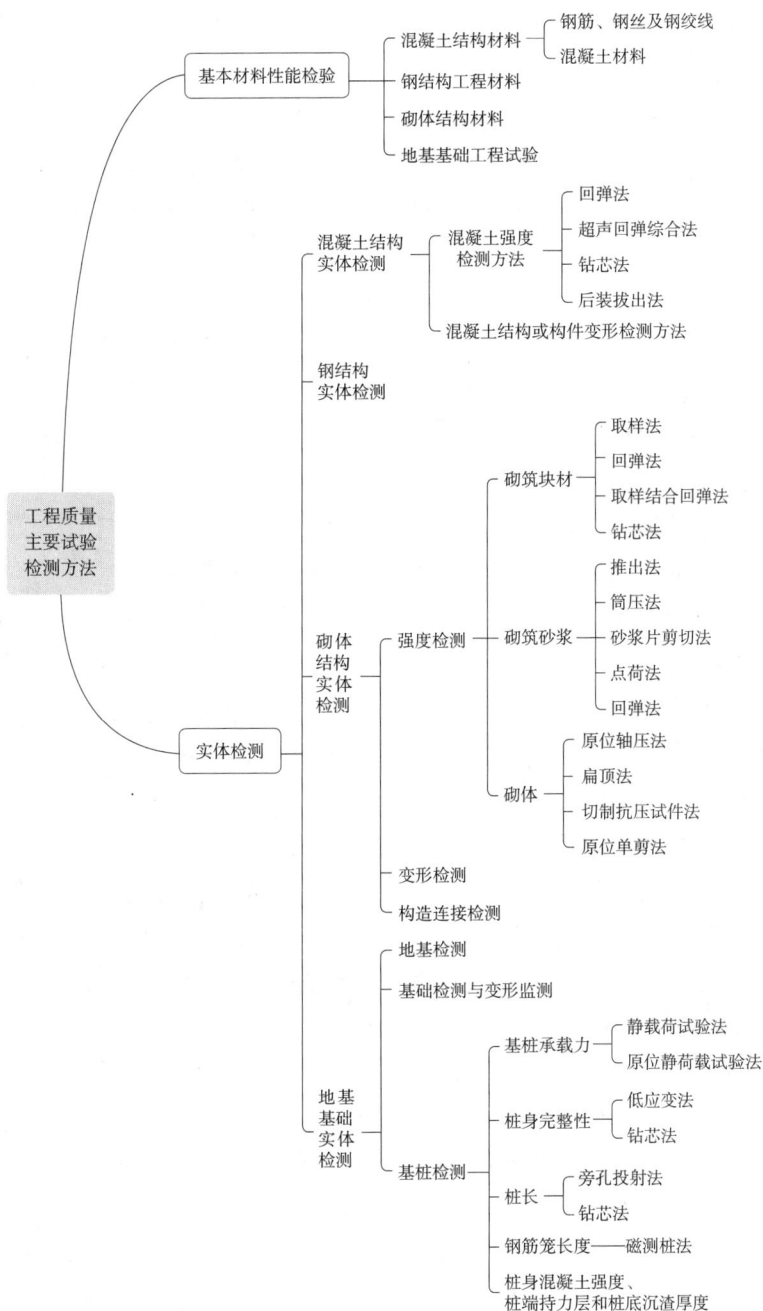

习题汇总

一、基本材料性能检验

（一）混凝土结构材料

1.钢筋、钢丝及钢绞线

1.（2016—11）根据有关标准，对有抗震设防要求的主体结构，纵向受力钢筋在最大力下的总伸长率不应小于（　　）。

A. 3%　　　　　　　　　　　　　　B. 5%

C. 7%　　　　　　　　　　　　　　D. 9%

2.（2019—4）根据有关标准，对有抗震设防要求的主体结构，纵向受力钢筋的屈服强度实测值与强度标准值的比例不应大于（　　）。

A. 1.30　　　　　　　　　　　　　B. 1.35

C. 1.40　　　　　　　　　　　　　D. 1.45

3.（2019—13）关于钢绞线进场复验的说法，正确的是（　　）。

A. 同一规格的钢绞线每批不得大于 6t

B. 松弛试验必须进行现场抽样

C. 力学性能的抽样检验需进行反复弯曲试验

D. 抽样检验时，应从每批钢绞线中任选 3 盘取样送检

4.（2019—84）在钢材进场时，应按相关标准进行检验，检验的主要内容包括（　　）。

A. 产品合格证　　　　　　　　　　B. 运输通行证

C. 出厂检验报告　　　　　　　　　D. 货物单据

E. 进场复验报告

5.（2020—14）根据《混凝土结构工程施工质量验收规范》，钢筋运到施工现场后，应进行的主要力学性能试验是（　　）。

A. 抗拉强度和抗剪强度试验　　　　B. 冷弯试验和耐高温试验

C. 屈服强度和疲劳强度试验　　　　D. 拉力试验和弯曲性能试验

6.（2020—15）对同一厂家，同一类型且未超过 30t 的一批成型钢筋，检验外观质量与尺寸偏差时所采取的抽样方法和抽取数量是（　　）。

A. 随机抽取 3 个成型钢筋试体　　　B. 随机抽取 2 个成型钢筋试体

C. 随机抽取 1 个成型钢筋试体　　　D. 全数检查所有成型钢筋

7.（2022—86）项目监理机构对进场用于工程的钢材，应查验的质量证明文件有（　　）。

A. 使用说明　　　　　　　　　　　B. 产品出厂合格证

C. 出厂检验报告　　　　　　　　　D. 进场复验报告

E. 生产许可证

8.（2022—87）抗震用钢筋应进行延性检验，检验合格应满足的要求有（　　）。

A．抗拉强度实测值与抗拉强度标准值的比值不小于 1.15

B．抗拉强度实测值与屈服强度实测值的比值不小于 1.25

C．抗拉强度实测值与屈服强度标准值的比值不大于 1.30

D．最大力下总压缩率不大于 9%

E．最大力下总伸长率不小于 9%

9．混凝土结构材料中，钢筋进场复验项目中，（　　）的检查数量是按进场批次和产品的抽样检验方案确定。

A．物理及力学性能、钢筋表面检查

B．抗震钢筋伸长率、质量与尺寸偏差

C．钢筋表面检查、质量与尺寸偏差

D．物理及力学性能、抗震钢筋伸长率

10．钢丝应当从经外观检查合格的每批钢丝中任选总盘数的（　　）取样送检。

A．不少于 8 盘　　　　　　　　　　　B．10%

C．5%　　　　　　　　　　　　　　　D．不少于 3 盘

2. 混凝土材料

11．（2020—16）用来表征混凝土拌合物流动性的指标是（　　）。

A．徐变量　　　　　　　　　　　　　B．凝结时间

C．稠度　　　　　　　　　　　　　　D．弹性模量

12．（2021—12）一组混凝土立方体抗压强度试件测量值分别为 42.3MPa、47.6MPa、54.9MPa 时，该组试件的试验结果是（　　）。

A．47.6MPa　　　　　　　　　　　　B．48.3MPa

C．51.3MPa　　　　　　　　　　　　D．无效

13．（2022—11）用非标准试件 200mm × 200mm × 200mm 检测强度等级 < C60 的混凝土构件时，测得的强度值尺寸换算系数为（　　）。

A．1.05　　　　　　　　　　　　　　B．1.10

C．0.95　　　　　　　　　　　　　　D．0.90

（二）钢结构工程材料

14．钢材进场由订货方进行抽样检验，下列情况中，（　　）的进场钢材应由订货方进行钢材化学成分，力学性能及工艺性能的抽样检验。

A．国外进口　　　　　　　　　　　　B．设计有检验要求

C．建筑结构安全等级为二级　　　　　D．钢材混批

E．板厚为 30mm，且设计有 Z 向性能要求的厚板

（三）砌体结构材料

15．关于砌筑砂浆试块强度验收的合格标准，下列说法正确的是（　　）。

A．同一验收批砂浆试块抗压强度的最小一组平均值应当为设计强度等级值的 80%

B．同一验收批砂浆试块强度平均值为设计强度等级值的 1.2 倍

C．同一验收批砂浆试块强度极差应当为设计强度等级值的 1 倍

D．同一验收批砂浆试块抗压强度的最大一组平均值应当为设计强度等级值的 85%

16．（2022—13）根据《建筑砂浆基本性能试验方法标准》，同一验收批砌筑砂浆试块强度平均值应不小于设计强度等级值的（   ）倍。

A．1.05 　　　　　　　　　　　　　B．1.10

C．1.15 　　　　　　　　　　　　　D．1.20

（四）地基基础工程试验

17．（2021—12）进行桩基工程单桩静承载力试验时，在同一条件下试桩数不宜少于总桩数的（   ），并不应少于 3 根。

A．1% 　　　　　　　　　　　　　　B．2%

C．3% 　　　　　　　　　　　　　　D．5%

18．（2022—12）在地质条件相近，桩型和施工条件相同情形下，采用单桩高应变动测法检测桩基础时，检测数量不宜少于总桩数的（   ），且不应少于 5 根。

A．1% 　　　　　　　　　　　　　　B．2%

C．3% 　　　　　　　　　　　　　　D．5%

19．地基土性能试验中，土的含水率试验室内试验的标准方法是（   ）。

A．烘干法 　　　　　　　　　　　　B．微波加热法

C．红外线照射法 　　　　　　　　　D．炒干法

20．地基土性能试验中，压实度试验方法包括（   ）。

A．环刀法 　　　　　　　　　　　　B．碳化钙气压法

C．重型击实法 　　　　　　　　　　D．水袋法

E．灌砂法

21．地基土的承载力试验中，出现（   ）情况时，即可终止加载。

A．承压板周围的土明显地凹陷

B．沉降 S 急骤增大，$P\text{-}S$ 曲线出现陡降段

C．沉降量与承压板直径之比为 0.05

D．在某一荷载下 48h 沉降速率不能达到稳定

22．地基土的承载力试验中，当试验实测值的极差不超过它的平均值的（   ）时，取这个平均值作为地基承载力特征值。

A．30% 　　　　　　　　　　　　　B．60%

C．90% 　　　　　　　　　　　　　D．45%

二、实体检测

（一）混凝土结构实体检测

23．（2020—87）下列检测方法中，属于实体混凝土构件抗压强度检测方法的

有（　　）。

A．贯入法

B．回弹法

C．钻芯法

D．后装拔出法

E．静载试验法

24．下列检测方法中，适用于检测一般建筑构件的强度的是（　　）。

A．低应变动测法

B．超声回弹综合法

C．回弹法

D．钻芯法

25．下列检测方法中，是目前我国使用较广的一种结构中混凝土强度非破损检验方法的是（　　）。

A．钻芯法

B．回弹法

C．高应变动测法

D．超声回弹综合法

26．下列检测方法中，是一种半破损检测方法的是（　　）。

A．回弹法

B．超声回弹综合法

C．钻芯法

D．高应变动测法

27．混凝土结构变形的检测中，结构的倾斜可以采用的方法包括（　　）。

A．经纬仪

B．拉线

C．水准仪

D．三轴定位仪

E．吊坠

28．混凝土结构变形的检测中，基础不均匀沉降可以采用（　　）检测。

A．水准仪

B．三轴定位仪

C．拉线

D．经纬仪

29．混凝土结构变形的检测中，构件的挠度可以采用的方法有（　　）。

A．经纬仪

B．拉线

C．水准仪

D．激光测距仪

E．激光定位仪

（二）钢结构实体检测

30．（2021—87）钢结构工程的焊缝质量无损检测，应满足的要求有（　　）。

A．一级焊缝应100%检验

B．特殊焊缝应进行不小于85%比例的抽验

C．四级焊缝应进行不小于60%比例的抽验

D．二级焊缝应进行不小于20%比例的抽验

E．一般情况下，三级焊缝可不进行抽验

（三）砌体结构实体检测

31．（2020—88）下列检测方法中,属于砌体结构抗压强度现场检测方法的有（　　）。

A．回弹法

B．轴压法

C．扁顶法

D．吊坠法

E. 剪切法

32.（2021—86）进行砌体结构实体质量检测时，需要进行的强度检测有（   ）。

A. 砌筑块材强度
B. 砌筑砂浆强度

C. 砌体结构变形
D. 砌块材料强度

E. 砌体强度

33. 下列检测方法中，属于砌筑砂浆的强度检测方法包括（   ）。

A. 推出法
B. 切制抗压试件法

C. 点荷法
D. 取样法

E. 砂浆片剪切法

34. 下列检测方法中，属于砌筑块材的强度检测方法包括（   ）。

A. 原位单剪法
B. 筒压法

C. 取样结合回弹法
D. 钻芯法

E. 点荷法

（四）地基基础实体检测

35. 地基承载力的检测方法包括（   ）。

A. 瞬态面波测试
B. 原型静荷载试验

C. 地质雷达测试
D. 勘探法

E. 静荷载试验

36. 地基基础检测的内容中，检测方法中，只有现场开挖法的项目是（   ）。

A. 基础材料强度
B. 基础损伤

C. 基础沉降
D. 基础的形式、尺寸与埋深

37. 地基基础基桩的检测项目中，包括钻芯法的有（   ）。

A. 桩长
B. 桩身完整性

C. 钢筋笼长度
D. 基桩承载力

E. 桩身混凝土强度

习题答案及解析

1. D	2. A	3. D	4. ACE	5. D
6. A	7. BCD	8. BE	9. D	10. C
11. C	12. A	13. A	14. ABD	15. B
16. B	17. A	18. D	19. A	20. ADE
21. B	22. A	23. BCD	24. C	25. D
26. C	27. ADE	28. A	29. BCD	30. ADE
31. BC	32. ABE	33. ACE	34. CD	35. BE
36. D	37. ABE			

【解析】

8．BE。在 2014 年度的考试中，同样对本题涉及的采分点进行了考查。

10．C。混凝土拌合物稠度是表征混凝土拌合物流动性的指标，可用坍落度、维勃稠度或扩展度表示。

23．BCD。实体混凝土构件抗压强度检测方法：回弹法、超声回弹综合法、钻芯法或后装拔出法。

第四章
建设工程勘察设计阶段质量管理

第一节 工程勘察阶段质量管理

知识导学

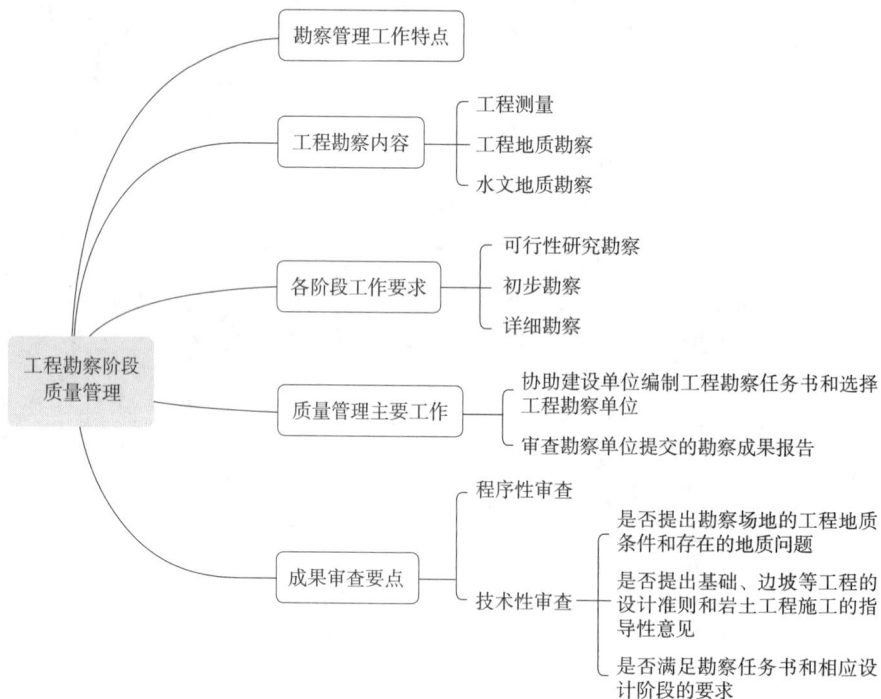

习题汇总

一、工程勘察管理工作特点

本部分内容仅做了解即可。

二、工程勘察内容

1. 工程勘察内容包括（　　）。

A. 工程测量　　　　　　　　　　B. 工程地质勘察

C. 工程设计　　　　　　　　　　D. 水文地质勘察

E. 项目勘察

三、工程勘察各阶段工作要求

2. 在可行性研究勘察的基础上，对场地内建筑地段的稳定性做出岩土工程评价，满足初步设计的要求是工程勘察工作的（　　）阶段。

A. 详细　　　　　　　　　　　　B. 可行性

C. 选址　　　　　　　　　　　　D. 初步

3.（2021—14）提供工程地质条件各项技术参数并满足施工图设计要求，是（　　）勘察阶段的主要任务。

A. 可行性研究　　　　　　　　　B. 选址

C. 初步　　　　　　　　　　　　D. 详细

4.（2022—14）工程勘察单位应履行的勘察后期服务职责是（　　）。

A. 审查施工设计图纸　　　　　　B. 配合桩基工程施工

C. 签署工程保修书　　　　　　　D. 参与工程质量事故分析

四、工程勘察质量管理主要工作

5.（2015—30）工程监理单位对勘察质量管理的工作是（　　）。

A. 制定勘察实施方案　　　　　　B. 编制工程勘察任务书

C. 审查勘察单位提交的勘察成果报告　　D. 选择工程勘察单位

6.（2018—96）监理单位在工程勘察阶段提供相关服务时，向建设单位提交的工程勘察成果评估报告中应包括的内容有（　　）。

A. 勘察报告编制深度　　　　　　B. 勘察任务书的完成情况

C. 与勘察标准的符合情况　　　　D. 勘察人员资格和业绩情况

E. 勘察工作概况

7.（2020—21）在工程勘察阶段监理单位可进行的工作是（　　）。

A. 协助建设单位编制勘察任务书　　B. 编写《勘察方案》

C. 参与建设工程质量事故分析　　D. 编写《勘察细则》

五、工程勘察成果审查要点

8. 监理工程师在勘察阶段质量控制最重要的工作是（　　）。

A. 协助建设单位优选勘察单位　　B. 审核与评定勘察成果

C．审核勘察单位提交的勘察工作方案　　　D．控制勘察现场作业

9．（2010—6）监理工程师应审查不同阶段工程勘察报告的内容和深度是否满足（　　）和设计工作的要求。

A．项目招标　　　　　　　　　　　　B．施工组织

C．勘察任务书　　　　　　　　　　　D．勘察进度计划

10．（2020—93）项目监理机构对工程勘察成果进行技术性审查时，审查的主要内容有（　　）。

A．勘察场地的工程地质条件　　　　　B．勘察场地的基坑设计方案

C．勘察场地存在的地质问题　　　　　D．边坡工程的设计准则

E．岩土工程施工的指导性意见

习题答案及解析

1．ABC　　　2．D　　　3．D　　　4．D　　　5．C

6．ABCE　　7．A　　　8．B　　　9．C　　　10．ACDE

【解析】

7．A。工程监理单位承担勘察阶段相关服务的，应做好下列工作：（1）协助建设单位编制工程勘察任务书和选择工程勘察单位，并协助签订工程勘察合同。（2）审查勘察单位提交的勘察方案，提出审查意见，并报建设单位。变更勘察方案时，应按原程序重新审查。（3）检查勘察现场及室内试验主要岗位操作人员的资格，以及所使用设备、仪器计量的检定情况。（4）督促勘察单位完成勘察合同约定的工作内容，审核勘察单位提交的勘察费用支付申请表，以及签发勘察费用支付证书，并应报建设单位。（5）检查勘察单位执行勘察方案的情况，对重要点位的勘探与测试应进行现场检查。（6）审查勘察单位提交的勘察成果报告，必要时对各阶段的勘察成果报告组织专家论证或专家审查，并向建设单位提交勘察成果评估报告，同时应参与勘察成果验收。经验收合格后勘察成果报告才能正式使用。（7）做好后期服务质量保证，督促勘察单位做好施工阶段的勘察配合及验收工作，对施工过程中出现的地址问题进行跟踪。（8）检查勘察单位技术档案管理情况，要求将全部资料特别是质量审查、监督主要依据的原始资料，分类编目，归档保存。在2014年度的考试中，同样对本题涉及的采分点进行了考查。

第二节　初步设计阶段质量管理

知识导学

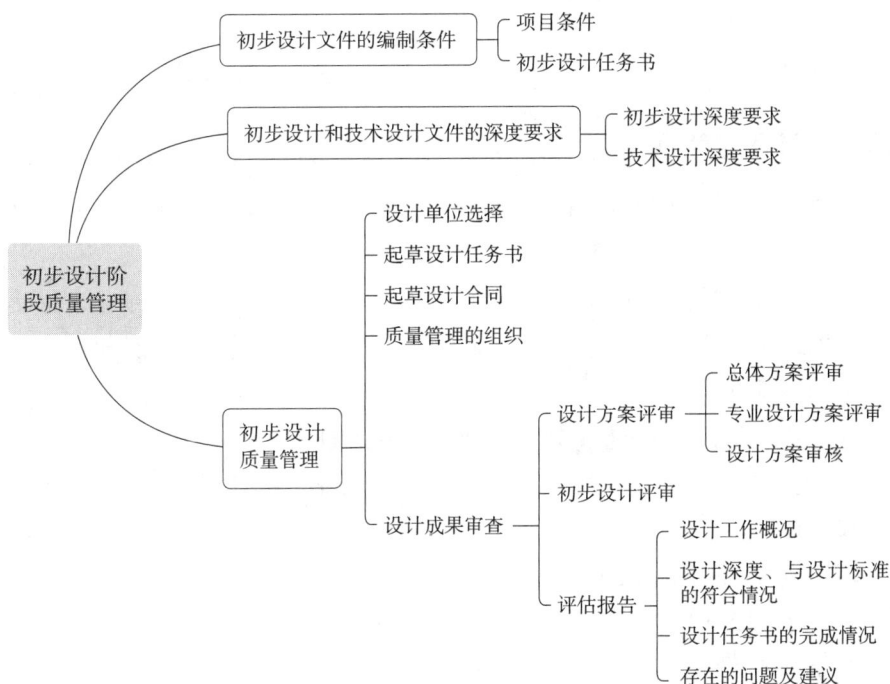

习题汇总

1.（2020—22）关于设计阶段划分的说法，正确的是（　　）。

A. 民用建筑项目，应分为方案设计、施工图设计和施工设计三个阶段

B. 能源建设项目，按合同约定可以不做初步设计，直接进行施工图设计

C. 工业建设项目，一般分为初步设计和施工图设计两个阶段

D. 简单的民用建筑项目，初步设计之后应增加单项技术设计阶段

2.（2021—15）为解决重大技术问题，在（　　）之后可增加技术设计。

A. 方案设计　　　　　　　　　　B. 初步设计

C. 扩初设计　　　　　　　　　　D. 施工图设计

一、初步设计文件的编制条件

3. 编制初步设计文件的项目条件包括（　　）。

A. 经过审查并已获得核准的项目可行性研究报告

B. 项目已办理征地手续，并已取得国土和规划部门的用地和建设规划许可

C. 项目的环境影响评价报告

D. 项目外部协作条件和已完成相关的科研、勘察文件

E. 大型及主要设备订货已基本落实

二、初步设计和技术设计文件的深度要求

4.（2022—15）主要设备和材料明细表要满足订货要求，这是对（　　）的深度要求。

A. 施工图设计　　　　　　　　　　B. 施工组织设计

C. 初步设计　　　　　　　　　　　D. 方案设计

三、初步设计质量管理

5.（2021—88）初步设计阶段，项目监理机构开展质量管理相关服务的工作内容有（　　）。

A. 协助起草设计任务书　　　　　　B. 协助组织专项技术论证

C. 协助组织设计成果审查　　　　　D. 协助项目设计报审

E. 协助起草设计文件

6. 专业设计方案评审应重点审核专业设计方案的（　　）。

A. 设计参数　　　　　　　　　　　B. 设计规模

C. 设计标准　　　　　　　　　　　D. 设备选型

E. 结构造型、功能和使用价值

7. 初步设计评审的重点是审查（　　）能否实现。

A. 总平面布置　　　　　　　　　　B. 工艺流程

C. 防震防灾　　　　　　　　　　　D. 设备配套

E. 施工进度

8.（2022—88）项目监理机构提交的初步设计评估报告中，应对（　　）做出评审意见。

A. 设计深度满足要求情况　　　　　B. 设计标准的符合情况

C. 设计任务书完成情况　　　　　　D. 能否照图施工的情况

E. 有关部门审查意见的落实情况

习题答案及解析

1. C　　　　　2. B　　　　　3. ABCD　　　　4. C　　　　　5. ABCD

6. ACDE　　　7. ABE　　　　8. ABC

【解析】

5. ABCD。工程初步设计质量管理服务的主要工作内容如下：（1）设计单位选择；（2）起草设计任务书；（3）起草设计合同；（4）质量管理的组织：协助建设单位组织对

新材料、新工艺、新技术、新设备工程应用的专项技术论证与调研、协助建设单位组织专家对设计成果进行评审；协助建设单位向政府有关部门报审有关工程设计文件，并应根据审批意见督促设计单位完善设计成果；（5）设计成果审查。

8．ABC。在2019年度的考试中，同样对本题涉及的采分点进行了考查。

第三节　施工图设计阶段质量管理

知识导学

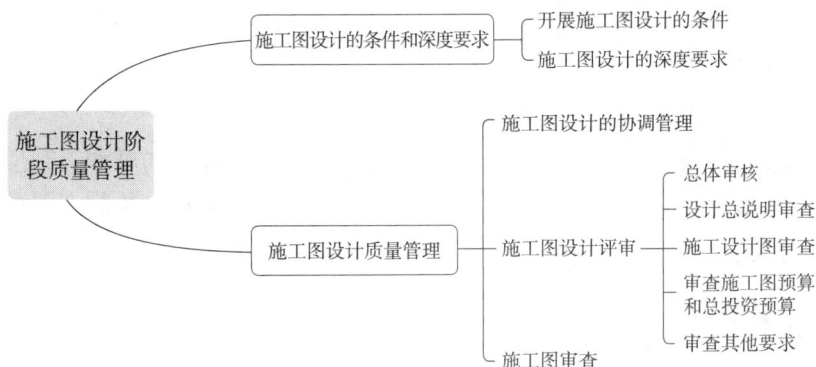

习题汇总

1．关于施工图设计深度要求的说法，正确的有（　　）。

A．满足土建施工和设备安装

B．满足设备材料的安排

C．满足非标准设备和结构件的加工制作

D．满足施工招标文件和施工组织设计的编制

E．主要设备和材料明细表，要满足订货要求

2．（2019—32）工程设计阶段，监理单位协助建设单位组织施工图设计评审时，评审的重点是（　　）。

A．设计深度是否符合规定　　　　　B．施工进度能否实现

C．经济评价是否合理　　　　　　　D．设计标准是否符合预定要求

3．（2021—16）项目监理机构实施设计阶段相关服务时，属于施工图设计协调管理工作的是（　　）。

A．协助审查施工图是否符合工程建设强制性标准

B．协助审查施工图中的消防安全性

C．协助建设单位建立设计过程的联席会议制度

D．协助建设单位评审施工图预算

4.（2022—16）建设单位委托专业设计单位进行二次深化设计绘制的图纸，应由（　　）审核签认。

A. 建设单位
B. 监理单位

C. 原设计单位
D. 勘察单位

5. 施工图设计评审中，首先审核施工图纸的完整性及各级的签字盖章的阶段是（　　）。

A. 施工设计图审查
B. 总投资预算

C. 总体审核
D. 设计总说明审查

6. 施工设计图审查需要重点审查（　　）。

A. 现场和施工的实际条件
B. 满足环境保护措施

C. 深度达到施工和安装的要求
D. 定额标准合理

E. 工艺流程及装置

7. 施工图审查机构应对施工图审查的内容包括（　　）。

A. 人防指挥工程防护安全性
B. 民用建筑节能强制性标准

C. 绿色建筑标准
D. 工程建设强制性标准

E. 消防安全性

习题答案及解析

1. ABCD　　　2. A　　　　3. C　　　　4. C　　　　5. C

6. AC　　　　7. BCDE

【解析】

2. A。施工图设计评审的内容包括：对工程对象物的尺寸、布置、选材、构造、相互关系、施工及安装质量要求的详细设计图和说明，这也是设计阶段质量控制的一个重点。评审的重点是：使用功能是否满足质量目标和标准，设计文件是否齐全、完整，设计深度是否符合规定。

4. C。对于二次深化设计，应组织深化设计单位与原设计单位充分协商沟通，出具深化设计图纸，由原设计单位审核会签，以确认深化设计符合总体设计要求，并对相关的配套专业设计能否满足深化图纸的要求予以确认。

第五章

建设工程施工质量控制和安全生产管理

第一节 施工质量控制的依据和工作程序

知识导学

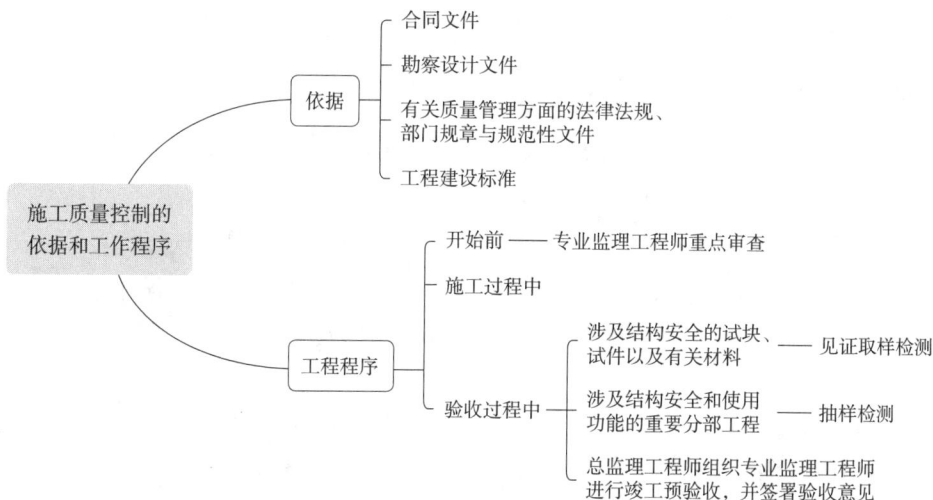

习题汇总

一、施工质量控制的依据

1.（2012—84）在施工阶段，监理工程师进行质量检验与控制所依据的专门技术法规性文件包括（   ）。

A. 建筑工程施工质量验收统一标准

B. 施工材料及其制品质量的技术标准

C. 质量管理体系标准

D. 控制施工作业活动质量的技术规程

E．有关的新技术、新材料的质量标准

2．（2017—16）工程中采用新工艺、新材料的，应有（   ）及有关质量数据。

A．施工单位组织的专家论证意见

B．权威性技术部门的技术鉴定书

C．设计单位组织的专家论证意见

D．建设单位组织的专家论证意见

3．（2019—86）工程采用新工艺、新技术、新材料时，应满足的要求包括（   ）。

A．完成了相应试验并有相关质量指标　　B．有权威性的技术鉴定书

C．制定了质量标准和工艺规程　　　　　D．符合现行强制性标准规定

E．有类似工程的应用

4．项目监理机构在施工质量控制中，用以检验和验收工程项目质量水平所依据的文件是（   ）。

A．有关半成品质量控制方面的专门技术法规性依据

B．工程项目施工质量验收标准

C．有关工程材料质量控制方面的专门技术法规性依据

D．控制施工作业活动质量的技术规程

二、施工质量控制的工作程序

5．（2014—14）收到施工单位报送的单位工程竣工验收报审表及相关资料后，（   ）应组织监理人员进行工程质量竣工预验收。

A．建设单位法人代表　　　　　　　　　B．建设单位现场代表

C．总监理工程师　　　　　　　　　　　D．专业监理工程师

6．（2015—12）在施工质量验收过程中，涉及结构安全的试块、试件以及有关材料，应按规定进行（   ）。

A．见证取样检测　　　　　　　　　　　B．抽样检测

C．破坏性试验　　　　　　　　　　　　D．剥离试验

7．（2016—86）项目监理机构对施工单位报送的工程开工报审表及相关资料进行审查的内容有（   ）。

A．施工单位资质等级是否符合相应施工工作

B．施工组织设计是否已由总监理工程师签认

C．施工单位的管理及施工人员是否已到位

D．主要施工机械是否已具备使用条件

E．施工单位现场质量安全生产管理体系是否已建立

习题答案及解析

1．ABDE　　　　2．B　　　　　3．ABC　　　　4．B　　　　5．C

6. A　　　　　7. BCDE

【解析】

2. B。凡采用新工艺、新技术、新材料的工程，事先应进行试验，并应有权威性技术部门的技术鉴定书及有关的质量数据、指标，在此基础上制定相应的质量标准和施工工艺规程，以此作为判断与控制质量的依据。

7. BCDE。在工程开始前，施工单位须做好施工准备工作，待开工条件具备时，应向项目监理机构报送工程开工报审表及相关资料。专业监理工程师重点审查施工单位的施工组织设计是否已由总监理工程师签认，是否已建立相应的现场质量、安全生产管理体系，管理及施工人员是否已到位，主要施工机械是否已具备使用条件，主要工程材料是否已落实到位。设计交底和图纸会审是否已完成；进场道路及水、电、通信等是否已满足开工要求。在2014年度的考试中，同样对本题的采分点进行了考查。

第二节　施工准备阶段的质量控制

知识导学

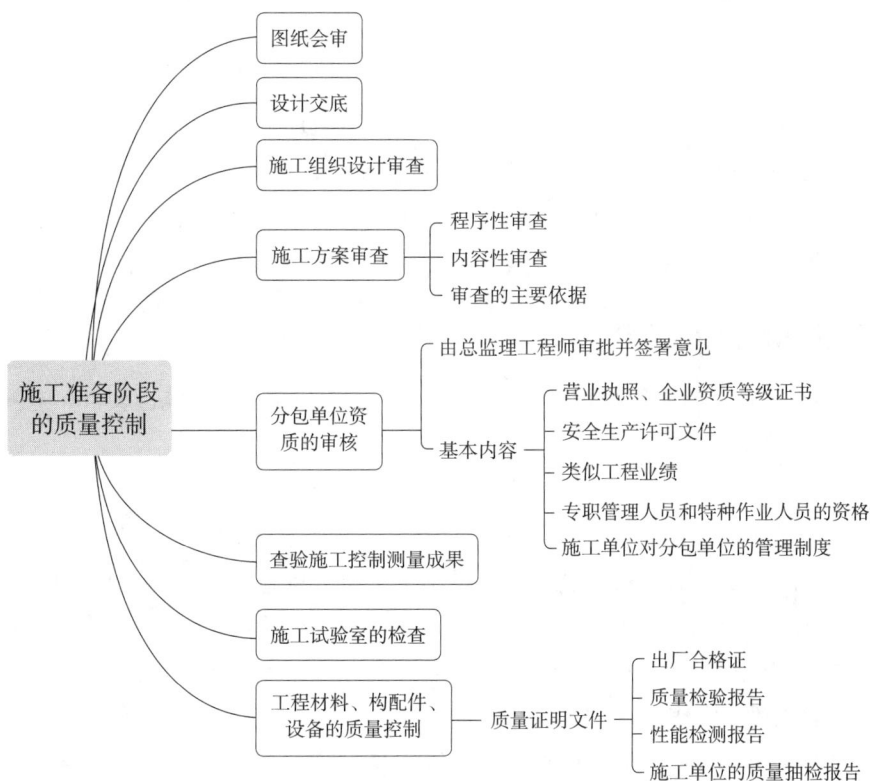

习题汇总

一、图纸会审与设计交底

1. 图纸会审

1.（2016—13）图纸会审的会议纪要应由（　　）负责整理，与会各方会签。

A. 监理单位 　　　　　　　　　　B. 建设单位

C. 施工单位 　　　　　　　　　　D. 设计单位

2.（2017—12）工程开工前，施工图纸会审会议应由（　　）主持召开。

A. 项目监理机构 　　　　　　　　B. 施工单位

C. 建设单位 　　　　　　　　　　D. 设计单位

3.（2022—89）总监理工程师组织监理人员参加图纸会审的目的有（　　）。

A. 了解设计意图

B. 发现图纸中的差错

C. 检查设计深度是否达到要求

D. 熟悉设计文件对主要工程材料的要求

E. 审查消防设计是否符合设计规范要求

2. 设计交底

4. 建设单位应在收到施工图设计文件后（　　）内组织并且主持召开工程施工图设计交底会。

A. 3 个月 　　　　　　　　　　　B. 6 个月

C. 9 个月 　　　　　　　　　　　D. 12 个月

5.（2022—19）监理人员参加施工图设计交流会，有利于（　　）。

A. 了解工程材料的来源有无保证 　B. 掌握关键工程部位的质量要求

C. 了解建设单位的建设意图 　　　D. 了解设计方法

二、施工组织设计的审查

6.（2014—15）施工组织设计是指导施工单位进行施工的实施性文件，应经（　　）审核签认后方可实施。

A. 施工项目经理 　　　　　　　　B. 总监理工程师

C. 专业监理工程师 　　　　　　　D. 建设单位代表

7. 施工准备阶段的质量控制中，指导施工单位进行施工的实施性文件是（　　）。

A. 施工方案审查 　　　　　　　　B. 图纸会审

C. 施工组织设计 　　　　　　　　D. 设计阶段

（一）施工组织设计审查的基本内容与程序要求

8.（2016—14）施工单位编制的施工组织设计应经施工单位（　　）审核签认后，

方可报送项目监理机构审查。

A. 法定代表人
B. 技术负责人

C. 项目负责人
D. 项目技术负责人

9. （2019—12）根据《建设工程监理规范》，项目监理机构应将已审核签认的施工组织设计报送（　　）。

A. 工程质量监督机构
B. 建设单位

C. 监理单位
D. 施工单位

10. （2021—90）项目监理机构对施工组织设计的审查内容有（　　）。

A. 施工总平面布置
B. 施工进度安排

C. 施工方案
D. 生产安全事故应急预案

E. 分包单位的类似工程业绩

11. （2022—90）关于施工组织设计报审的说法，正确的有（　　）。

A. 施工单位的技术负责人应审查并签认

B. 总监理工程师应及时组织各专业监理工程师审查

C. 专业监理工程师应签署意见

D. 总监理工程师签署意见后应报建设单位审批

E. 总监理工程师签署意见之前应征求监理单位技术负责人意见

（二）施工组织设计审查监理工作要点

12. 需要施工单位修改施工组织设计时，由（　　）在报审表上签署意见，发回施工单位修改。

A. 总监理工程师
B. 专业监理工程师

C. 建设单位代表
D. 项目负责人

三、施工方案审查

13. （2015—14）施工方案应由（　　）审批签字后提交项目监理机构。

A. 建设单位项目负责人
B. 项目技术负责人

C. 建设单位技术负责人
D. 施工单位技术负责人

14. （2021—17）项目监理机构对施工方案的审查内容是（　　）。

A. 施工总平面布置
B. 计算书及相关图纸

C. 资金、劳动力等资源供应计划
D. 施工预算

15. （2022—20）总监理工程师组织专业监理工程师对施工方案内容进行审查时，应重点审查（　　）。

A. 施工方案编制人资格是否符合要求

B. 施工方案是否有针对性和可操作性

C. 施工方案审批人资格是否符合要求

D. 工程概况是否全面

四、现场施工准备的质量控制

16．（2014—17）对已进场经检验不合格的工程材料，项目监理机构应要求施工单位将该批材料（　　）。

A．就地封存

B．重新试验检测，合格后方可使用

C．限期撤出施工现场

D．降低标准使用

17．（2014—90）项目监理机构审查施工单位报送的施工控制测量成果检验表及相关资料时，应重点审查（　　）是否符合标准及规范的要求。

A．测量依据　　　　　　　　　　　B．测量管理制度

C．测量人员资格　　　　　　　　　D．测量手段

E．测量成果

18．（2015—15）分包工程开工前，应由（　　）对施工单位报送的分包单位资格报审表进行审批并签署意见。

A．专业监理工程师　　　　　　　　B．总监理工程师

C．总监理工程师代表　　　　　　　D．建设工程质量监督机构

19．（2015—16）质量合格的材料、构配件进场后，到其使用或安装时通常要经过一定的时间间隔。在此时间里，专业监理工程师应对施工单位在材料、半成品、构配件的（　　）实行监控。

A．产品标志、包装　　　　　　　　B．型号、规格、数量

C．尺寸、规格　　　　　　　　　　D．存放、保管及使用期限

20．（2015—86）专业监理工程师应检查、复核施工单位报送的施工控制测量成果及保护措施，检查复核的内容包括（　　）。

A．测量管理制度　　　　　　　　　B．测量设备检定证书

C．施工高程控制网　　　　　　　　D．施工平面控制网

E．施工临时水准点

21．（2015—89）专业监理工程师应会同相关单位及人员对合同约定的进场设备进行开箱检查，检查其是否符合（　　）的要求。

A．建设单位　　　　　　　　　　　B．设计文件

C．订货合同　　　　　　　　　　　D．安装单位

E．相关规范

22．（2016—15）项目监理机构收到施工单位报送的施工控制测量成果报检表后，应由（　　）签署审查意见。

A．总监理工程师　　　　　　　　　B．监理单位技术负责人

C．专业监理工程师　　　　　　　　D．监理员

23.（2016—17）用于工程的进口材料、构配件和设备，按合同约定需要进行联合检查验收的，应由（ ）提出联合检查验收申请。

A. 施工单位 　　　　　　　　　　B. 项目监理机构

C. 供货单位 　　　　　　　　　　D. 建设单位

24.（2016—18）建设单位负责采购的主要设备进场后，应由（ ）三方共同进行开箱检查。

A. 建设单位、供货单位、施工单位

B. 供货单位、施工单位、项目监理机构

C. 建设单位、施工单位、项目监理机构

D. 供货单位、设计单位、施工单位

25.（2016—87）项目监理机构对施工单位提供的试验室进行检查的内容有（ ）。

A. 试验室的资质等级 　　　　　　B. 试验室的试验范围

C. 试验室的性质和规模 　　　　　D. 试验室的管理制度

E. 试验人员的资格证书

26.（2017—14）总监理工程师应在工程开工日期（ ）d前向施工单位发出工程开工令。

A. 5 　　　　　　　　　　　　　　B. 7

C. 10 　　　　　　　　　　　　　 D. 14

27.（2018—17）用于工程的进口设备进场后，应由（ ）组织相关单位进行联合检查验收。

A. 建设单位 　　　　　　　　　　B. 项目监理机构

C. 施工单位 　　　　　　　　　　D. 设备供应单位

28.（2018—86）项目监理机构对进场工程原材料外观质量进行检查的主要内容有（ ）。

A. 外观尺寸 　　　　　　　　　　B. 规格

C. 型号 　　　　　　　　　　　　D. 产品标志

E. 工艺性能

29.（2019—2）根据《建设工程监理规范》，下列施工控制测量成果及保护措施中，项目监理机构复核的内容不包括（ ）。

A. 施工单位测量人员的资格证书 　B. 施工平面控制网的测量成果

C. 测量设备的养护记录 　　　　　D. 控制桩的保护措施

30.（2019—14）在施工单位提交的下列报审表、报验表中，专业监理工程师签署意见后，总监理工程师还应签署审核意见的是（ ）。

A. 分包单位资格报审表

B. 施工控制测量成果报验表

C. 分项工程质量报验表

D．工程材料、构配件、设备报审表

31．（2019—15）工程施工工期应自（　　）中载明的开工日期起计算。

A．工程开工报审表 　　　　　　　　B．施工组织设计报审表

C．施工控制测量成果报验表 　　　　D．工程开工令

32．（2019—87）分包工程开工前，项目监理机构应审核施工单位报送的《分包单位资格报审表》及有关资料，对分包单位资格审核的基本内容包括（　　）。

A．分包单位资质及其业绩

B．分包单位专职管理人员和特种作业人员资格证书

C．安全生产许可文件

D．施工单位对分包单位的管理制度

E．分包单位施工规划

33．（2020—92）总监理工程师签发《工程开工令》时，审核开工应具备的条件有（　　）。

A．设计交底和图纸会审已完成 　　　B．现场勘察和设计人员已到位

C．主要工程材料已落实 　　　　　　D．进场道路已满足开工要求

E．现场临时办公用房已搭建完毕

习题答案及解析

1．C	2．C	3．AB	4．A	5．B
6．B	7．C	8．B	9．B	10．ABCD
11．BCD	12．A	13．D	14．B	15．B
16．C	17．ACE	18．B	19．D	20．BCDE
21．BCE	22．C	23．A	24．C	25．ABDE
26．B	27．B	28．ABCD	29．C	30．A
31．D	32．ABCD	33．ACD		

【解析】

2．C。建设单位应及时主持召开图纸会审会议，组织项目监理机构、施工单位等相关人员进行图纸会审，并整理成会审问题清单，由建设单位在设计交底前约定的时间内提交设计单位。在2014年度的考试中，同样对本题涉及的采分点进行了考查。

6．B。施工组织设计是指导施工单位进行施工的实施性文件。项目监理机构应审查施工单位报审的施工组织设计，符合要求时，应由总监理工程师签认后报建设单位。项目监理机构应要求施工单位按已批准的施工组织设计组织施工。在2017年度的考试中，同样对本题涉及的采分点进行了考查。

18．B。分包工程开工前，项目监理机构应审核施工单位报送的分包单位资格报审表及有关资料，专业监理工程师进行审核并提出审查意见，符合要求后，应由总监

理工程师审批并签署意见。在 2017 年度的考试中，同样对本题涉及的采分点进行了考查。

22．C。项目监理机构收到施工单位报送的施工控制测量成果报验表后，由专业监理工程师审查。在 2014 年度的考试中，同样对本题涉及的采分点进行了考查。

第三节 施工过程的质量控制

知识导学

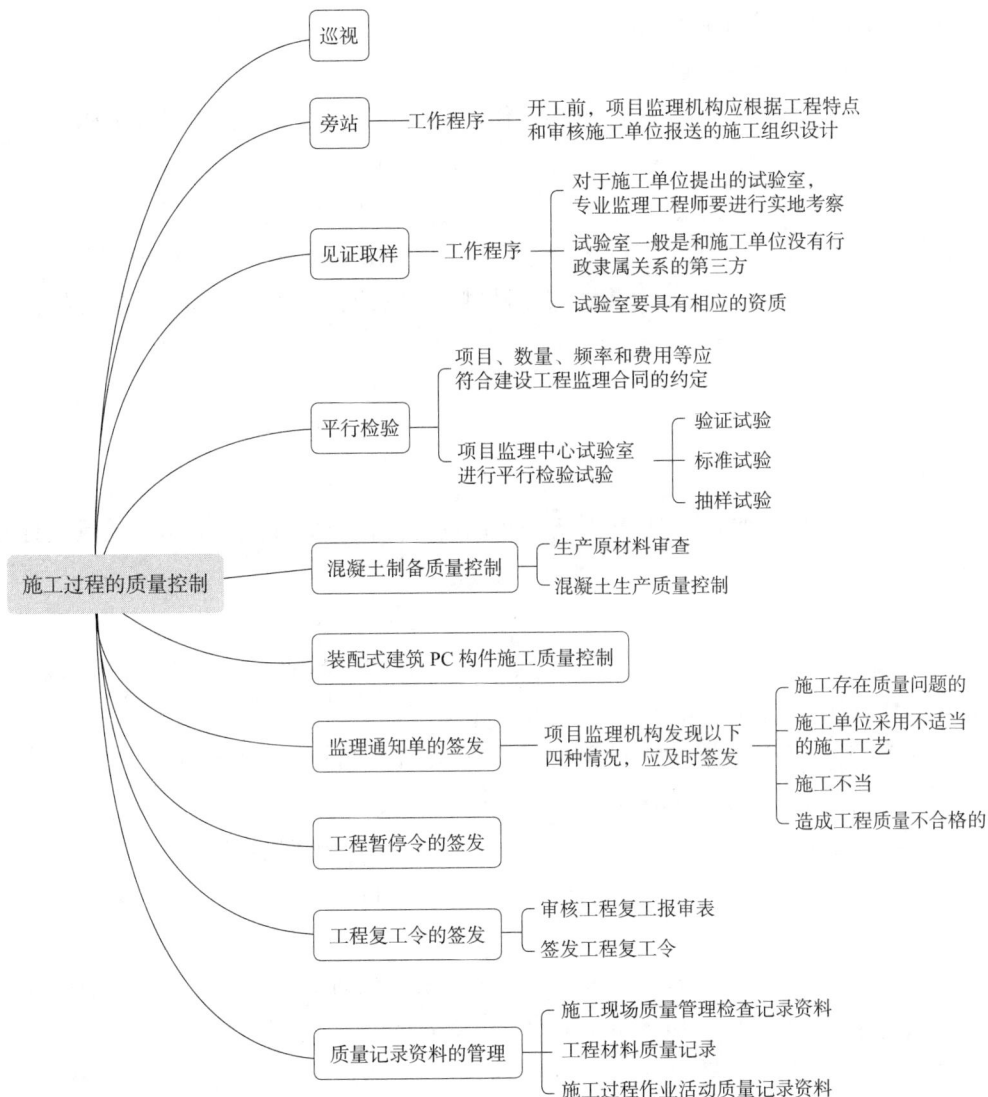

施工过程的质量控制
- 巡视
- 旁站 —— 工作程序 —— 开工前，项目监理机构应根据工程特点和审核施工单位报送的施工组织设计
- 见证取样 —— 工作程序
  - 对于施工单位提出的试验室，专业监理工程师要进行实地考察
  - 试验室一般是和施工单位没有行政隶属关系的第三方
  - 试验室要具有相应的资质
- 平行检验
  - 项目、数量、频率和费用等应符合建设工程监理合同的约定
  - 项目监理中心试验室进行平行检验试验
    - 验证试验
    - 标准试验
    - 抽样试验
- 混凝土制备质量控制
  - 生产原材料审查
  - 混凝土生产质量控制
- 装配式建筑 PC 构件施工质量控制
- 监理通知单的签发 —— 项目监理机构发现以下四种情况，应及时签发
  - 施工存在质量问题的
  - 施工单位采用不适当的施工工艺
  - 施工不当
  - 造成工程质量不合格的
- 工程暂停令的签发
- 工程复工令的签发
  - 审核工程复工报审表
  - 签发工程复工令
- 质量记录资料的管理
  - 施工现场质量管理检查记录资料
  - 工程材料质量记录
  - 施工过程作业活动质量记录资料

习题汇总

一、巡视与旁站

（一）巡视

1.（2018—87）根据《建设工程监理规范》，项目监理机构针对工程施工质量进行巡视的内容有（　）。

 A. 按设计文件、工程建设标准施工的情况

 B. 工程施工质量专题会议召开情况

 C. 使用工程材料、构配件的合格情况

 D. 特种作业人员持证上岗情况

 E. 施工现场管理人员到位情况

2.（2021—28）根据《建筑施工特种作业人员管理规定》，必须持证上岗的工种是（　）。

 A. 混凝土工   B. 木工

 C. 建筑架子工   D. 在吊篮上作业的抹灰工

3.（2022—28）房屋建筑内装修饰面材料的样板应经过（　）和项目监理机构共同确认。

 A. 设计单位   B. 建设单位

 C. 装修单位   D. 施工总承包单位

（二）旁站

4.（2014—20）项目监理机构对于工程的关键部位或关键工序的施工质量进行的监督活动称为（　）。

 A. 巡视   B. 旁站

 C. 见证   D. 检验

1. 旁站工作程序

5.（2019—16）根据《建设工程监理规范》，项目监理机构应根据工程特点和（　），确定旁站的关键部位和关键工序。

 A. 监理规划   B. 监理细则

 C. 施工单位报送的施工组织设计   D. 监理合同

2. 旁站工作要点

6.（2015—17）项目监理机构监理人员实施旁站监理时，发现施工单位有违反工程建设强制性标准行为时，应当（　）。

 A. 向施工企业项目经理报告   B. 责令施工企业整改

 C. 向建设行政主管部门报告   D. 向建设单位驻工地代表报告

7.（2018—88）项目监理机构对关键部位的施工质量进行旁站时，主要职责

有（　　）。

  A．检查施工单位现场质检人员到岗情况

  B．现场监督关键部位的施工方案执行情况

  C．现场监督关键部位的工程建设强制性标准执行情况

  D．现场监督施工单位技术交流

  E．检查进场材料采购管理制度

二、见证取样与平行检验

（一）见证取样

1. 见证取样的工作程序

  8．（2015—18）项目监理机构对施工单位进行的涉及结构安全的试块、试件及工程材料见证取样的试验室应是（　　）。

  A．施工单位的试验室

  B．建设单位指定的试验室

  C．监理单位指定的试验室

  D．和施工单位没有行政隶属关系的第三方

  9．（2018—89）关于工程材料见证取样的说法，正确的有（　　）。

  A．检测试验室应具有相应资质

  B．见证取样人员应经培训考核合格

  C．项目监理机构应将见证人员报送质量监督机构备案

  D．项目监理机构应按规定制定检测试验计划

  E．实施取样前施工单位应通知见证人员到场见证

2. 实施见证取样的要求

  10．（2022—21）关于见证取样及相关人员的说法，正确的是（　　）。

  A．现场取样应依据经过批准的施工组织设计进行

  B．负责取样的施工人员和负责见证取样的监理人员向在质量监督机构备案

  C．取样完成后，负责见证取样的监理人员应将试样封装，并进行标识，封志和签字

  D．见证取样人员应具有材料、试验等方面的专业知识，并经培训考核合格

（二）平行检验

  11．（2020—90）建设单位要求监理单位进行平行检验的，双方应在监理合同中明确的内容有（　　）。

  A．检验项目   B．检验数量

  C．检验结果   D．检验频率

  E．检验效率

  12．（2021—19）项目监理机构实施平行检验的项目、数量、频率和费用应按

（　　）执行。

　　A．相关法规　　　　　　　　　　　　B．质量检测管理办法

　　C．合同约定　　　　　　　　　　　　D．施工方案

三、工程实体质量控制

13．（2020—25）关于钢筋混凝土工程施工的说法，正确的是（　　）。

A．施工缝浇筑混凝土时，不应清除表面的浮浆

B．焊接连接接头试件应从试焊试验件中截取

C．圆形箍筋两端均应做成不大于45°的弯钩

D．受力钢筋保护层厚度的合格点率应达到90%及以上

14．（2021—20）根据《工程质量安全手册（试行）》，关于混凝土分项工程施工的说法，正确的是（　　）。

A．泵送混凝土的坍落度小于14cm时，可以少量加水

B．楼板后浇带的模板支撑体系应按规定单独设置

C．混凝土应在终凝时间内浇筑完毕

D．混凝土振捣棒每次插入振动的时间不少于15s

15．关于钢筋工程中的箍筋弯钩的设计要求，正确的是（　　）。

A．一般结构构件，箍筋弯钩的弯折角度不应小于45°

B．对有抗震设防专门要求的结构构件，箍筋弯钩的弯折角度不应小于135°

C．一般结构构件，箍筋弯钩的弯折角度不应大于90°

D．对有抗震设防专门要求的结构构件，箍筋弯钩的弯折角度不应小于90°

16．（2022—22）钢结构工程一级焊缝应按照其数量（　　）的比例进行探伤检测。

A．100%　　　　　　　　　　　　　　B．90%

C．70%　　　　　　　　　　　　　　D．50%

17．根据《工程质量安全手册（试行）》，关于钢结构工程施工的说法，正确的是（　　）。

　　A．焊工必须经考试合格并取得合格证书

　　B．高强度大六角头螺栓连接副终拧完成30min后、24h内应进行终拧扭矩检查

　　C．每使用100t或不足100t薄涂型防火涂料应抽检一次抗压强度

　　D．超薄型钢结构防火涂料涂层厚度应小于等于5mm

四、混凝土制备质量控制

18．水泥合格性验收审查的方法中，不包括（　　）。

A．水泥产品合格证　　　　　　　　　　B．水泥生产厂的质量证明书

C．制备厂进场复验报告　　　　　　　　D．水泥厂出厂检验报告

五、装配式建筑 PC 构件施工质量控制

19.（2021—91）项目监理机构对混凝土预制构件型式检验报告的审核内容有（　　）。

A．运输路线　　　　　　　　　　　B．外观质量

C．尺寸偏差　　　　　　　　　　　D．卸车条件

E．混凝土抗压强度

20．PC 主要构件中墙板的生产工艺流程第四步是（　　）。

A．模具安装　　　　　　　　　　　B．反面预埋安装

C．下层钢筋布置　　　　　　　　　D．底筋布置

21．（2022—91）项目监理机构应对装配式建筑工程施工作业实施旁站的有（　　）。

A．构件吊装施工　　　　　　　　　B．钢筋浆锚搭接灌浆作业

C．预制构件的模板安装　　　　　　D．预制构件装车运输

E．预制构件的养护

六、监理通知单、工程暂停令、复工令的通知

1.监理通知单的签发

22．（2015—19）在工程质量控制方面，项目监理机构发现施工单位采用不适当的施工工艺，或施工不当，造成工程质量不合格的，应及时签发（　　）。

A．监理通知单　　　　　　　　　　B．不合格项通知单

C．工程暂停令　　　　　　　　　　D．隐蔽工程检查记录单

2.工程暂停令的签发

23．（2014—21）项目监理机构发现施工单位未按审查通过的工程设计文件施工的，总监理工程师应（　　）。

A．签发监理通知单　　　　　　　　B．签发工作联系单

C．签发工程暂停令　　　　　　　　D．提交监理报告

24．（2019—88）在工程施工中，总监理工程师应及时签发工程暂停令的情形有（　　）。

A．建设单位要求暂停施工经论证没必要暂停的

B．施工单位未按审查通过的工程设计文件施工的

C．施工单位拒绝项目监理机构管理的

D．施工单位违反工程建设强制性标准的

E．施工单位存在重大质量、安全事故隐患的

25．总监理工程师签发工程暂停令，应事先征得（　　）同意。

A．建设单位　　　　　　　　　　　B．勘察单位

C．设计单位　　　　　　　　　　　D．建设行政主管部门

3. 工程复工令的签发

（1）审核工程复工报审表

26.（2014—29）对需要返工处理的质量事故，项目监理机构应要求施工单位报送（　　）和经设计等相关单位认可的处理方案，并应对质量事故的处理过程进行跟踪检查。

A. 质量事故调查报告　　　　　　　　B. 检测单位的鉴定意见

C. 质量事故状况观测记录　　　　　　D. 质量事故处理依据

27.（2021—29）施工中出现需要加固的质量缺陷时，项目监理机构应审查施工单位提交的（　　）。

A. 按设计规范编制的加固处理方案

B. 经该项目设计单位认可的加固处理方案

C. 经有相应设计资质的设计单位认可的加固处理方案

D. 经建设单位认可的加固处理方案

28. 项目监理机构应当及时向（　　）提交质量事故书面报告。

A. 施工单位　　　　　　　　　　　　B. 设计单位

C. 勘察单位　　　　　　　　　　　　D. 建设单位

（2）签发工程复工令

29.（2016—19）下列报审、报验表中，需要建设单位签署审批意见的是（　　）。

A. 分包单位资格报审表　　　　　　　B. 施工进度计划报审表

C. 分项工程报验表　　　　　　　　　D. 工程复工报审表

七、工程变更的控制

30.（2010—13）涉及主体结构及安全的工程变更，要按有关规定报送（　　）审批，否则变更不能实施。

A. 当地建设行政主管部门　　　　　　B. 质量监督机构

C. 施工图原审查单位　　　　　　　　D. 建设单位主管部门

31.（2019—89）对施工单位提出的工程变更，总监理工程师应履行的职责有（　　）。

A. 组织专业监理工程师审查变更申请并提出审查意见

B. 提交原设计单位修改工程设计文件

C. 组织专业监理工程师对变更费用及工期影响作出评估

D. 组织相关单位共同协商变更费用及工期变化

E. 组织会签工程变更单

八、质量记录资料的管理

32.（2012—86）建设工程施工期间，监理工程师要对承包单位的各种质量记录资料进行监控。施工质量记录资料包括（　　）。

　　A．施工现场质量管理检查记录资料　　　　B．各种工程合同文件

　　C．工程材料质量证明资料　　　　　　　　D．施工单位质量自检资料

　　E．各种设计文件

1.施工现场质量管理检查记录资料

　　33．（2012—88）根据施工质量验收的基本规定，施工单位提交给总监理工程师的《现场质量管理检查记录》中应包括的检查内容有（　　）。

　　A．现场质量管理制度　　　　　　　　　　B．主要专业工种操作上岗证书

　　C．施工技术标准　　　　　　　　　　　　D．地质勘察资料

　　E．工程承包合同

2.工程材料质量记录

　　34．工程材料质量记录的内容包括（　　）。

　　A．设备的质量自检资料　　　　　　　　　B．现场材料存放

　　C．现场设备管理　　　　　　　　　　　　D．设备进场运行检验记录

　　E．化学成分试验检验报告

3.施工过程作业活动质量记录资料

　　35．（2003—89）监理工程师对施工过程作业活动质量记录资料的监控内容包括（　　）。

　　A．施工方案　　　　　　　　　　　　　　B．施工单位质量自检资料

　　C．施工组织设计　　　　　　　　　　　　D．施工单位现场管理制度

　　E．各工序作业的原始施工记录

　　36．监理资料的管理应由（　　）负责，并指定专人具体实施。

　　A．总监理工程师　　　　　　　　　　　　B．监理员

　　C．施工单位　　　　　　　　　　　　　　D．专业监理工程师

习题答案及解析

　　1．ACDE　　　2．C　　　　　3．B　　　　　4．B　　　　　5．C

　　6．B　　　　　7．ABC　　　8．D　　　　　9．ABCE　　　10．D

　　11．ABD　　　12．C　　　　13．D　　　　14．B　　　　15．B

　　16．A　　　　17．A　　　　18．B　　　　19．BCE　　　20．C

　　21．AB　　　22．A　　　　23．C　　　　24．BCDE　　　25．A

　　26．A　　　　27．B　　　　28．D　　　　29．D　　　　30．C

　　31．ACDE　　32．ACD　　　33．ABCD　　　34．DE　　　35．BE

　　36．A

【解析】

　　1．ACDE。巡视应包括下列主要内容：（1）施工单位是否按工程设计文件、工程

建设标准和批准的施工组织设计、（专项）施工方案施工；（2）使用的工程材料、构配件和设备是否合格；（3）施工现场管理人员，特别是施工质量管理人员是否到位；（4）特种作业人员是否持证上岗。在2014年度的考试中，同样对本题涉及的采分点进行了考查。

5. C。旁站是指项目监理机构对工程的关键部位或关键工序的施工质量进行的监督活动。旁站工作程序：（1）开工前，项目监理机构应根据工程特点和施工单位报送的施工组织设计，确定旁站的关键部位、关键工序，并书面通知施工单位；（2）施工单位在需要实施旁站的关键部位、关键工序进行施工前书面通知项目监理机构；（3）接到施工单位书面通知后，项目机构应安排旁站人员实施旁站。在2017年度的考试中，同样对本题涉及的采分点进行了考查。

10. D。在2021年度的考试中，同样对本题涉及的采分点进行了考查。

24. BCDE。项目监理机构发现下列情形之一时，总监理工程师应及时签发工程暂停令：（1）建设单位要求暂停施工且工程需要暂停施工的；（2）施工单位未经批准擅自施工或拒绝项目监理机构管理的；（3）施工单位未按审查通过的工程设计文件施工的；（4）施工单位违反工程建设强制性标准的；（5）施工存在重大质量、安全事故隐患或发生质量、安全事故的。在2016、2017、2018年度的考试中，同样对本题涉及的采分点进行了考查。

第四节　安全生产的监理行为和现场控制

知识导学

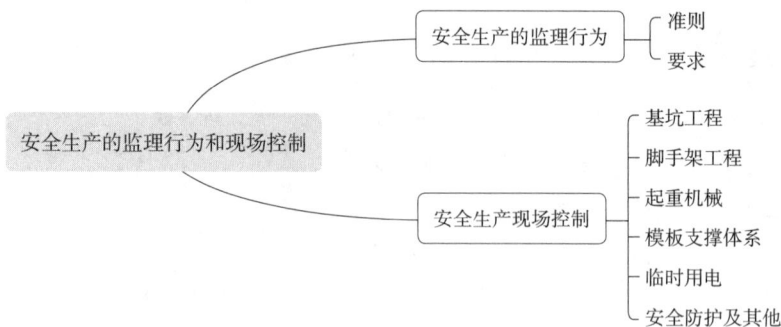

习题汇总

（2021—21）根据《工程质量安全手册（试行）》，高处作业吊篮内作业人员不应超过（　　）。

A. 1人
B. 2人
C. 3人
D. 专项施工方案所确定的人数

习题答案及解析

B。对于高处作业吊篮的使用，各限位装置应齐全有效，安全锁必须在有效的标定期限内，吊篮内作业人员不应超过 2 人。

第五节　危险性较大的分部分项工程施工安全管理

知识导学

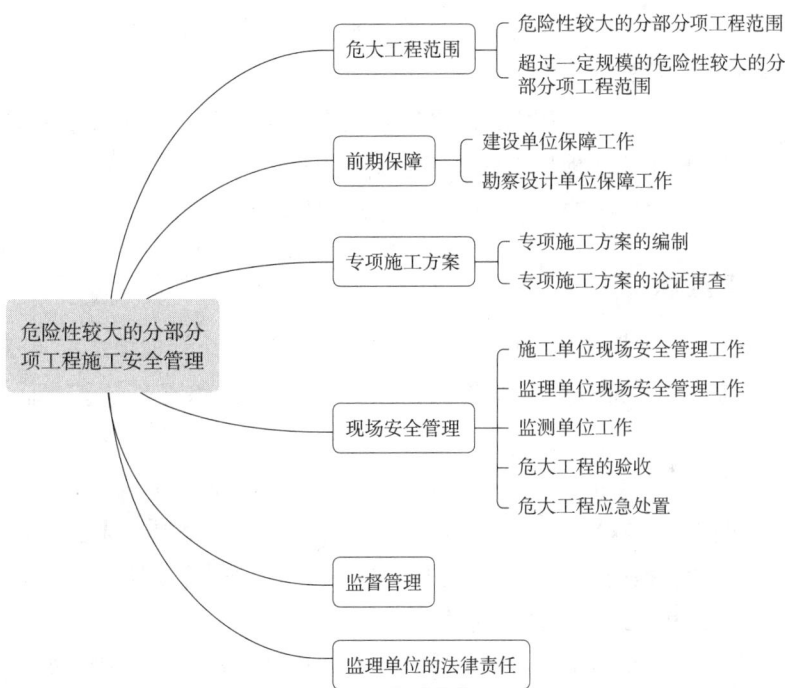

习题汇总

一、危大工程范围

1.（2020—91）根据《危险性较大的分部分项工程安全管理规定》，属于超过一定规模的危险性较大的分部分项工程有（　　）。

A. 开挖深度 6m 的深基坑工程

B. 搭设高度 30m 的落地式钢管脚手架工程

C. 搭设跨度 20m 的混凝土模板支撑工程

D. 开挖深度 16m 的人工挖孔桩工程

E. 提升高度 50m 的附着式升降平台工程

2. 根据《危险性较大的分部分项工程安全管理规定》，属于危险性较大的分部分项工程范围的是（　　）。

A. 承重支撑体系承受单点集中荷载 10kN

B. 单件起吊重量在 150kN 的起重吊装工程

C. 搭设高度 30m 的落地式钢管脚手架工程

D. 混凝土模板支撑工程搭设高度在 7m

E. 基坑工程开挖深度 4m 的基坑的土方开挖工程

二、前期保障

3. 关于建设单位保障工作的说法，正确的有（　　）。

A. 提供真实、准确、完整的工程地质、水文地质和工程周边环境等资料

B. 保障危大工程施工安全

C. 及时支付大工程施工技术措施费以及相应的安全防护文明施工措施费

D. 在勘察文件中说明地质条件可能造成的工程风险

E. 在设计文件中注明涉及危大工程的重点部位和环节

三、专项施工方案

4.（2020—23）根据《危险性较大的分部分项工程安全管理规定》，针对超过一定规模的危险性较大的分部分项工程专项施工方案，负责组织召开专家论证会的单位是（　　）。

A. 建设单位　　　　　　　　　　B. 施工单位

C. 监理单位　　　　　　　　　　D. 工程质量监督机构

5.（2021—22）根据《危险性较大的分部分项工程安全管理规定》，施工单位应编制专项施工方案，并组织专家论证的是（　　）工程。

A. 开挖深度为 4.5m 的基坑　　　B. 45m 高的脚手架

C. 悬挂高度为 100m 的高处作业吊篮　　D. 20m 高的悬挑脚手架

6. 应当在危大工程施工前组织工程技术人员编制专项施工方案的是（　　）。

A. 勘察单位　　　　　　　　　　B. 咨询单位

C. 施工单位　　　　　　　　　　D. 设计单位

7. 专项施工方案应当由（　　）审核签字、加盖单位公章，并且由总监理工程师审查签字、加盖执业印章后才能实施。

A. 施工单位技术负责人　　　　　B. 专业监理工程师

C. 建设单位项目负责人　　　　　D. 设计单位技术负责人

8. 专家应从地方人民政府住房城乡建设主管部门建立的专家库中选取，符合专业要求并且人数宜为（　　）人。

A. 2　　　　　　　　　　　　　B. 4

C. 3   D. 5

四、现场安全管理

9. 监理单位现场安全管理工作应结合危大工程专项施工方案编制监理实施细则，并且对危大工程实施专项（ ）检查。

A. 平行检验   B. 检查验收

C. 巡视   D. 旁站

10.（2021—92）对危险性较大的分部分项工程资料，项目监理机构应纳入档案管理的有（ ）。

A. 专项施工方案审查文件   B. 监理实施细则

C. 专项巡视检查资料   D. 工程验收及整改资料

E. 工程技术交底记录

11.（2022—92）深基坑工程事故应急抢险结束后，建设单位应当组织（ ）制定工程恢复方案。

A. 设计单位   B. 勘察单位

C. 检测单位   D. 监理单位

E. 施工单位

五、监督管理

12. 关于危险性较大的分部分项工程监督管理的说法，正确的是（ ）。

A. 县级以上地方人民政府住房和城乡建设主管部门应当建立专家库，制定专家库管理制度，建立专家诚信档案

B. 设区的市级以上地方人民政府住房和城乡建设主管部门或者所属施工安全监督机构，应当根据监督工作计划对危大工程进行抽查

C. 对危大工程进行检查必须是县级以上地方人民政府住房和城乡建设主管部门或者所属施工安全监督机构

D. 县级以上地方人民政府住房和城乡建设主管部门应当将单位和个人的处罚信息纳入建筑施工安全生产不良信用记录

六、监理单位的法律责任

13. 有下列（ ）行为之一的，责令限期改正，并处 1 万元以上 3 万元以下的罚款，对直接负责的主管人员和其他直接责任人员处 1000 元以上 5000 元以下的罚款。

A. 发现施工单位未按照专项施工方案实施，未要求其整改或者停工的

B. 未对危大工程施工实施专项巡视检查的

C. 未按照《危险性较大的分部分项工程安全管理规定》参与组织危大工程验收的

D. 未按照《危险性较大的分部分项工程安全管理规定》建立危大工程安全管理

档案的

E. 总监理工程师未按照《危险性较大的分部分项工程安全管理规定》审查危大工程专项施工方案的

习题答案及解析

1. ACD　　2. CDE　　3. ABC　　4. B　　5. D

6. C　　7. A　　8. D　　9. C　　10. ABCD

11. ABDE　　12. D　　13. BCD

【解析】

1. ACD。搭设高度在 50m 及以上的落地式钢管脚手架工程，故 B 选项错误。提升高度在 150m 及以上的附着式升降脚手架工程或附着式升降操作平台工程。故 E 选项错误。

5. D。对于超过一定规模的危大工程，施工单位应当组织召开专家论证会对专项施工方案进行论证。选项 A、B、C 属于危险性较大的分部分项工程范围。

第一节　建筑工程施工质量验收

知识导学

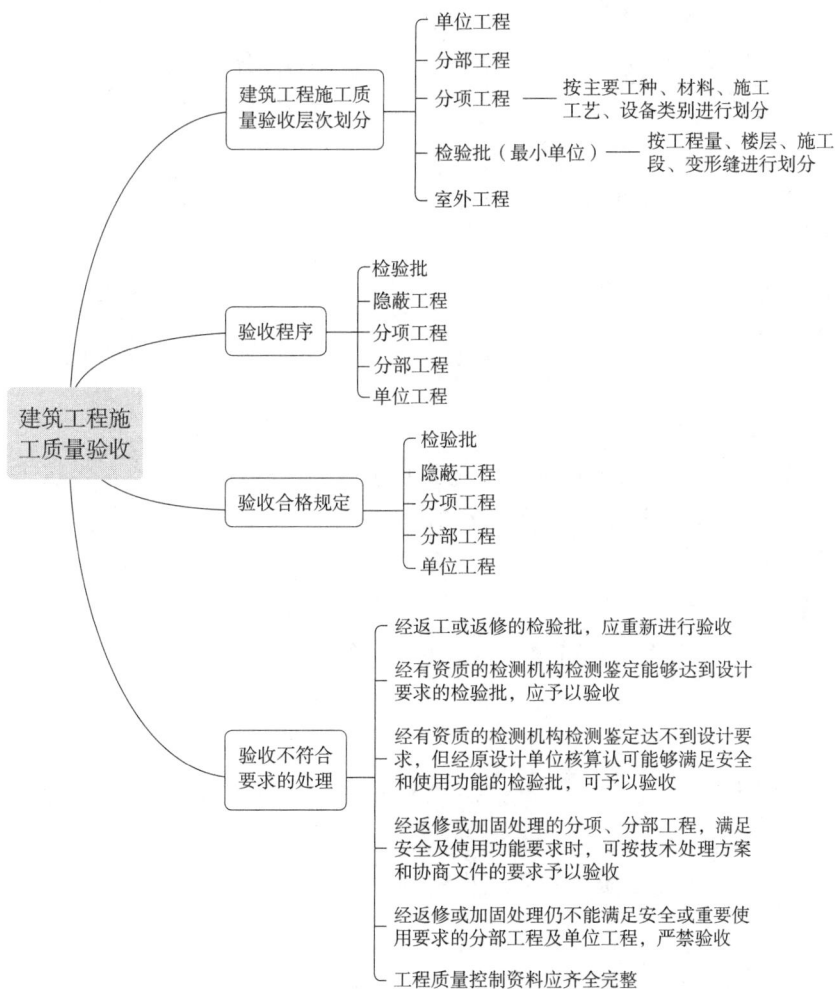

建筑工程施工质量验收

- 建筑工程施工质量验收层次划分
  - 单位工程
  - 分部工程
  - 分项工程 —— 按主要工种、材料、施工工艺、设备类别进行划分
  - 检验批（最小单位）—— 按工程量、楼层、施工段、变形缝进行划分
  - 室外工程

- 验收程序
  - 检验批
  - 隐蔽工程
  - 分项工程
  - 分部工程
  - 单位工程

- 验收合格规定
  - 检验批
  - 隐蔽工程
  - 分项工程
  - 分部工程
  - 单位工程

- 验收不符合要求的处理
  - 经返工或返修的检验批，应重新进行验收
  - 经有资质的检测机构检测鉴定能够达到设计要求的检验批，应予以验收
  - 经有资质的检测机构检测鉴定达不到设计要求，但经原设计单位核算认可能够满足安全和使用功能的检验批，可予以验收
  - 经返修或加固处理的分项、分部工程，满足安全及使用功能要求时，可按技术处理方案和协商文件的要求予以验收
  - 经返修或加固处理仍不能满足安全或重要使用要求的分部工程及单位工程，严禁验收
  - 工程质量控制资料应齐全完整

习题汇总

一、建筑工程施工质量验收层次划分及目的

本部分内容仅做了解即可。

二、建筑工程施工质量验收层次划分原则

（一）单位工程的划分

1.（2003—21）单位工程划分的基本原则是按（　）确定。

A. 具备独立施工条件并能形成独立使用功能的建筑物或构筑物

B. 工程部位、专业性质和专业系统

C. 主要材料、设备类别和建筑功能

D. 施工程序、施工工艺和施工方法

2.（2009—20）按照建筑工程施工质量验收层次的划分，具备独立施工条件并能形成独立使用功能的建筑物及构筑物为一个（　）。

A. 单位工程　　　　　　　　　　B. 分部工程

C. 分项工程　　　　　　　　　　D. 检验批

（二）分部工程的划分

3.（2014—94）当分部工程较大或较复杂时，可按（　）将分部工程划分为若干子分部工程。

A. 材料种类　　　　　　　　　　B. 专业系统及类别

C. 施工特点　　　　　　　　　　D. 施工程序

E. 施工工艺

（三）分项工程的划分

4.（2005—17）《建筑工程施工质量验收统一标准》规定，（　）是按主要工种、材料、施工工艺、设备类别等进行划分的。

A. 检验批　　　　　　　　　　　B. 分项工程

C. 分部工程　　　　　　　　　　D. 单位工程

5.（2022—93）分项工程可按（　）进行划分。

A. 材料　　　　　　　　　　　　B. 使用功能

C. 主要工种　　　　　　　　　　D. 设备类别

E. 施工工艺

（四）检验批的划分

6.（2006—92）施工质量验收层次的划分中，安装工程的检验批可按（　）来划分。

A. 设计系统　　　　　　　　　　B. 安装工艺

C．主要工种　　　　　　　　　　D．组别

E．楼层

7．（2014—93）检验批可根据施工、质量控制和专业验收的需要，按（　　）进行划分。

A．工程量　　　　　　　　　　　B．施工段

C．楼层　　　　　　　　　　　　D．工程特点

E．变形缝

8．（2016—22）工程施工前，检验批的划分方案应由（　　）审核。

A．施工单位　　　　　　　　　　B．建设单位

C．项目监理机构　　　　　　　　D．设计单位

（五）室外工程的划分

9．（2015—22）室外工程可根据专业类别和工程规模划分，其中室外设施工程属于（　　）。

A．子分部工程　　　　　　　　　B．分部工程

C．子单位工程　　　　　　　　　D．单位工程

10．（2020—94）根据《建筑工程施工质量验收统一标准》，室外工程中所包括的分部工程有（　　）。

A．挡土墙　　　　　　　　　　　B．广场与停车场

C．边坡　　　　　　　　　　　　D．人行地道

E．路基

11．室外工程的划分中，属于子单位工程的有（　　）。

A．道路　　　　　　　　　　　　B．围墙

C．景观桥　　　　　　　　　　　D．室外环境

E．花坛

12．室外工程的划分中，属于分部工程的有（　　）。

A．基层　　　　　　　　　　　　B．亭台

C．室外环境　　　　　　　　　　D．土石方

E．车棚

三、建筑工程施工质量验收基本规定

13．（2007—91）建筑工程施工验收统一标准中，要求施工现场质量管理应有（　　）。

A．完善的检测手段　　　　　　　B．相应的施工技术标准

C．施工质量检验制度　　　　　　D．健全的质量管理体系

E．综合施工质量水平评价考核制度

14．（2015—23）对于项目监理机构提出检查要求的重要工序，未经专业监理工程师检查认可，不得（　　）。

A. 进行下道工序施工   B. 更换施工作业人员

C. 拨付工程款   D. 进行竣工验收

15.（2016—23）工程施工过程中，同一项目重复利用同一抽样对象已有检验成果的实施方案时，应事先报（　　）认可。

A. 建设单位   B. 设计单位

C. 施工单位   D. 项目监理机构

16.（2016—24）工程施工过程中，采用计数抽样检验时，检验批容量为 20 时的最小抽样数量是（　　）。

A. 2   B. 3

C. 5   D. 8

17.（2018—22）根据《建筑工程施工质量验收统一标准》，符合专业验收规范规定适当调整试验数量的实施方案，需报（　　）审核确认。

A. 建设单位   B. 施工单位

C. 项目监理机构   D. 设计单位

18.（2019—21）根据《建筑工程施工质量验收统一标准》，涉及安全、节能、环境保护等项目的专项验收要求，应由（　　）组织专家论证。

A. 建设单位   B. 监理单位

C. 设计单位   D. 施工单位

19.（2019—22）检验批的质量检验，可根据生产连续性和生产控制稳定性情况，采用（　　）方案。

A. 多次抽样   B. 全数检验

C. 调整型抽样   D. 计数抽样

20. 当采用计数抽样时，检验批容量为 10 时的最小抽样数量为（　　）。

A. 5   B. 2

C. 3   D. 8

四、建筑工程施工质量验收程序和合格规定

（一）检验批质量验收

1. 检验批质量验收程序

21.（2007—21）施工过程中，检验批的验收应由（　　）组织。

A. 项目技术负责人   B. 建设单位现场代表

C. 项目经理   D. 专业监理工程师

22.（2021—23）关于项目监理机构对检验批验收的说法，正确的是（　　）。

A. 检验批施工完成后就可以验收

B. 检验批应在隐蔽工程隐蔽后验收

C．检验批应在分项工程验收后验收

D．检验批在施工单位自检合格并报验后可以验收

23．（2022—17）工程施工质量验收的最小单位是（　　）。

A．单位工程　　　　　　　　　　　　B．分部工程

C．检验批　　　　　　　　　　　　　D．分项工程

2.检验批质量验收合格规定

24．（2011—23）对检验批基本质量起决定性作用的主控项目，必须全部符合有关（　　）的规定。

A．检验技术规程　　　　　　　　　　B．专业工程验收规范

C．统一验收标准　　　　　　　　　　D．工程监理规范

25．（2011—92）质量控制资料的完整性是检验批质量合格的前提，这是因为它反映了检验批从原材料到验收的各施工工序的（　　）。

A．施工操作依据　　　　　　　　　　B．质量保证所必需的管理制度

C．过程控制　　　　　　　　　　　　D．质量检查情况

E．质量特性指标

26．（2015—91）建筑工程检验批质量验收中的主控项目是指对（　　）起决定性作用的检验项目。

A．节能　　　　　　　　　　　　　　B．安全

C．环境保护　　　　　　　　　　　　D．质量评价

E．主要使用功能

27．（2018—23）根据《建筑工程施工质量验收统一标准》，对于采用计数抽样的检验批一般项目的验收，合格点率应符合（　　）的规定。

A．质量验收统一标准　　　　　　　　B．工程技术规程

C．建设工程监理规范　　　　　　　　D．专业验收规范

3.检验批质量验收记录

28．（2019—92）工程施工过程中，检验批现场验收检查的原始记录应由（　　）共同签署。

A．建设单位项目负责人　　　　　　　B．施工单位项目技术负责人

C．施工单位专业质量检查员　　　　　D．专业监理工程师

E．施工单位专业工长

（二）隐蔽工程质量验收

29．对验收合格的隐蔽工程，（　　）应签认隐蔽工程报审、报验表及质量验收记录，准许进行下道工序施工。

A．施工单位技术负责人　　　　　　　B．建设单位法定代表人

C．总监理工程师　　　　　　　　　　D．专业监理工程师

30．（2022—18）装配式混凝土结构连接部位浇筑混凝土之前应进行的工作是（　　）。

A．施工方案论证   B．隐蔽工程验收

C．施工工艺试验   D．平行检验

（三）分项工程质量验收

1.分项工程质量验收程序

31．（2022—27）建设工程施工过程中，分项工程验收应由（ ）组织。

A．设计单位专业工程师   B．监理员

C．专业监理工程师   D．建设单位代表

2.分项工程质量验收合格规定

32．（2013—15）某工程主体结构的钢筋分项已通过质量验收，共20个检验批。验收过程曾出现1个检验批的一般项目抽检不合格、2个检验批的质量记录不完整的情况，该分项工程所含的检验批合格率为（ ）。

A．85%   B．90%

C．95%   D．100%

33．（2018—93）根据《建筑工程施工质量验收统一标准》，分项工程质量验收合格的条件有（ ）。

A．主控项目的质量均应检验合格

B．一般项目的质量均应检验合格

C．所含检验批的质量应验收合格

D．所含检验批的质量验收记录应完整

E．观感质量应符合相应要求

（四）分部工程质量验收

1.分部工程质量验收程序

34．（2008—22）在施工过程中，当分部工程达到验收条件时，应由（ ）组织验收。

A．专业监理工程师   B．总监理工程师

C．施工单位项目负责人   D．建设单位现场代表

35．（2016—92）验收建筑工程地基与基础分部工程质量时，应由（ ）参加。

A．施工单位项目负责人   B．设计单位项目负责人

C．总监理工程师   D．勘察单位项目负责人

E．建设单位项目负责人

36．（2018—92）根据《建筑工程施工质量验收统一标准》，参加主体结构工程质量验收的人员有（ ）。

A．施工单位项目负责人   B．勘察单位项目负责人

C．总监理工程师   D．设计单位项目负责人

E．施工单位技术负责人

2.分部工程质量验收合格规定

37．（2006—19）分部工程观感质量的验收，由各方验收人员根据主观印象判断，

按（ ）给出综合质量评价。

A．合格、基本合格、不合格　　　　B．基本合格、合格、良好

C．优、良、中、差　　　　　　　　D．好、一般、差

38．（2016—93）分部工程质量验收合格条件有（ ）。

A．所含主要分项工程的质量验收合格

B．有关安全、节能抽样检验结果符合规定

C．有关环境保护抽样检验结果符合规定

D．观感质量符合要求

E．质量控制资料完整

（五）单位工程质量验收

1. 单位工程质量验收程序

（1）预验收

39．（2019—24）单位工程中的分包工程验收合格后，分包单位应将所分包工程的质量控制资料移交给（ ）。

A．建设单位　　　　　　　　　　　B．施工总包单位

C．项目监理机构　　　　　　　　　D．城建档案管理部门

40．（2022—24）根据《建设工程监理规范》，工程竣工预验收应由（ ）组织实施。

A．建设单位项目负责人　　　　　　B．总监理工程师

C．总监理工程师代表　　　　　　　D．施工单位项目经理

41．竣工预验收合格后，向（ ）提交工程竣工报告和完整的质量控制资料。

A．施工单位　　　　　　　　　　　B．监理单位

C．建设行政主管部门　　　　　　　D．建设单位

42．竣工预验收合格后，由（ ）提交工程竣工报告和完整的质量控制资料。

A．监理单位　　　　　　　　　　　B．设计单位

C．建设单位　　　　　　　　　　　D．施工单位

（2）验收

43．（2018—25）根据《建设工程监理规范》，单位工程完工后，工程竣工验收应由（ ）组织相关人员进行。

A．总监理工程师　　　　　　　　　B．建设单位项目负责人

C．总监理工程师代表　　　　　　　D．施工单位项目负责人

44．（2020—89）根据《建设工程质量管理条例》，建设工程竣工验收应当具备的条件有（ ）。

A．完成建设工程合同约定的各项内容

B．有完整的技术档案和施工管理资料

C．有建设单位签署的质量合格文件

D．有监理单位提供的巡视记录文件

E．有施工单位签署的工程保修书

45．（2022—94）质量评估报告应由（　　）审核签字后报建设单位。

A．总监理工程师

B．总监理工程师代表

C．监理单位技术负责人

D．监理单位法定代表人

E．监理单位质量部经理

2. 单位工程质量验收合格规定

46．根据《建筑工程施工质量验收统一标准》，单位工程质量验收合格的规定有（　　）。

A．所含分部工程的质量均应验收合格

B．质量控制资料应完整

C．所含分部工程有关安全、节能、环境保护和主要使用功能的检验资料应完整

D．主要使用功能的抽查结果应符合相关专业质量验收规范的规定

E．工程监理质量评估记录应符合各项要求

3. 单位工程质量竣工验收、检查记录

47．（2004—89）在单位工程或子单位工程质量验收时，应对其是否符合设计和规范要求及总体质量水平做出评价，其综合验收结论由参加验收的（　　）共同商定。

A．建设单位

B．设计单位

C．监理单位

D．工程质量监督机构

E．施工单位

48．（2013—17）单位工程质量竣工验收记录中，综合验收结论由参加验收单位共同商定后，由（　　）填写，并对总体质量水平作出评价。

A．监理单位

B．建设单位

C．设计单位

D．施工单位

49．（2019—25）根据《建筑工程施工质量验收统一标准》，单位工程质量竣工验收记录表中验收结论由（　　）填写。

A．建设单位

B．监理单位

C．施工单位

D．设计单位

50．（2021—95）单位工程竣工验收时需要核查的安全和功能检验资料中，属于"建筑与结构"部分的项目有（　　）。

A．桩基承载力检验报告

B．节能、保温测试记录

C．给水管道通水试验

D．沉降观测测量记录

E．混凝土强度试验报告

51．（2022—95）单位工程安全和功能检验资料核查及主要功能抽查记录表中所包含的安全和功能检查项目有（　　）。

A．通风、空调系统试运行记录

B．绝缘电阻测试记录

C．排水干管通球试验记录

D．各结构层梁、板、柱静载试验报告

E．建筑物沉降观测记录

五、建筑工程质量验收时不符合要求的处理

52．（2008—21）为把质量隐患消灭在萌芽状态，在（　　）的验收时应及时发现并处理不合格的施工质量。

A．检验批　　　　　　　　　　B．分项工程

C．子分部工程　　　　　　　　D．分部工程

53．（2014—27）检验批质量验收时，对于一般的质量缺陷可通过返修或更换予以解决，施工单位采取相应措施整改完后，该检验批应（　　）进行验收。

A．重新　　　　　　　　　　　B．协商后

C．经检测鉴定后　　　　　　　D．在设计单位到场后

54．（2015—26）根据《建筑工程施工质量验收统一标准》，经返工或返修的检验批，应（　　）。

A．重新进行验收

B．按技术处理方案和协商文件进行验收

C．经检测单位检测鉴定后予以验收

D．由监督机构决定是否予以验收

55．（2016—26）经返修或加固处理的分部工程，在（　　）的条件下可按技术处理方案和协商文件予以验收。

A．不改变结构外形尺寸　　　　B．不造成永久性影响

C．不影响结构安全和主要使用功能　　D．不影响基本使用

56．某检验批质量验收时，抽样送检资料显示其质量不合格，经有资质的法定检测单位实体检测后，仍不满足设计要求，但经原设计单位核算后认为能满足结构安全与使用功能要求，则该检验批的质量（　　）。

A．应返工重做后重新验收

B．需与建设单位协商一致方可验收

C．可予以验收

D．由监督机构决定是否予以验收

习题答案及解析

1．A　　　2．A　　　3．ABCD　　　4．B　　　5．ACDE

6．AD　　　7．ABCE　　　8．C　　　9．D　　　10．ABDE

11．AD　　　12．ABDE　　　13．BCDE　　　14．A　　　15．D

16．B　　　17．C　　　18．A　　　19．C　　　20．B

21. D	22. D	23. C	24. B	25. ABD
26. ABCE	27. D	28. CDE	29. D	30. B
31. C	32. D	33. CD	34. B	35. ABCD
36. ACDE	37. D	38. BCDE	39. B	40. B
41. D	42. D	43. B	44. ABE	45. AC
46. ABCD	47. ABCE	48. B	49. B	50. ABDE
51. ABCE	52. A	53. A	54. A	55. C
56. C				

【解析】

2. A。具备独立施工条件并能形成独立使用功能的建筑物及构筑物为一个单位工程。在2014年度的考试中，同样对本题涉及的采分点进行了考查。

3. ABCD。当分部工程较大或较复杂时，可按材料种类、施工特点、施工程序、专业系统及类别将分部工程划分为若干子分部工程。在2018、2021年度的考试中，同样对本题涉及的采分点进行了考查。

4. B。分项工程是分部工程的组成部分。分项工程可按主要工种、材料、施工工艺、设备类别进行划分。在2008、2012、2016、2018、2019年度的考试中，同样对本题涉及的采分点进行了考查。

6. AD。安装工程一般按一个设计系统或设备组别划分为一个检验批。在2011年度的考试中，同样对本题涉及的采分点进行了考查。

23. C。在2012年度的考试中，同样对本题涉及的采分点进行了考查，且提问形式与选项设置基本与本题一致。

28. CDE。检验批质量验收记录填写时应具有现场验收检查原始记录，该原始记录应由专业监理工程师和施工单位项目专业质量检查员、专业工长共同签署，并在单位工程竣工验收前存档备查，保证该记录的可追溯性。现场验收检查原始记录的格式可由施工、监理等单位确定，包括检查项目、检查位置、检查结果等内容。在2015年度的考试中，同样对本题涉及的采分点进行了考查。

31. C。在2015、2020年度的考试中，同样对本题涉及的采分点进行了考查。

32. D。解答本题需要注意题干，分项工程已通过质量验收，说明检验批合格率为100%，题干中曾出现的抽检不合格、记录不完整是干扰条件。

33. CD。分项工程质量验收合格应符合下列规定：（1）所含检验批的质量均应验收合格；（2）所含检验批的质量验收记录应完整。在2021年度的考试中，同样对本题涉及的采分点进行了考查。

34. B。分部工程应由总监理工程师组织施工单位项目负责人和项目技术负责人等进行验收。在2012、2014、2016、2019年度的考试中，同样对本题涉及的采分点进行了考查。

36．ACDE。主体结构工程属于分部工程，分部工程应由总监理工程师组织施工单位项目负责人和项目技术负责人等进行验收。设计单位项目负责人和施工单位技术、质量部门负责人应参加主体结构、节能分部工程的验收。在 2021 年度的考试中，同样对本题涉及的采分点进行了考查。

37．D。关于观感质量验收，这类检查往往难以定量，只能以观察、触摸或简单量测的方式进行，并结合验收人主观判断，检查结果并不给出"合格"或"不合格"的结论，而是由各方协商确定，评价的结论为"好""一般"和"差"的质量评价结果。在 2008 年度的考试中，同样对本题涉及的采分点进行了考查。

38．BCDE。分部工程质量验收合格应符合下列规定：（1）所含分项工程的质量均应验收合格。（2）质量控制资料应完整。（3）有关安全、节能、环境保护和主要使用功能的抽样检验结果应符合相应规定。（4）观感质量应符合要求。在 2019 年度的考试中，同样对本题涉及的采分点进行了考查。

40．B。在 2003 年度的考试中，同样对本题涉及的采分点进行了考查。

43．B。建设单位收到工程竣工报告后，应由建设单位项目负责人组织监理、施工、设计、勘察等单位项目负责人进行单位工程验收。在 2012 年度的考试中，同样对本题涉及的采分点进行了考查。

44．ABE。在 2015 年度的考试中，同样对本题涉及的采分点进行了考查。

48．B。单位工程质量竣工验收记录中的验收记录由施工单位填写，验收结论由监理单位填写；综合验收结论由参加验收各方共同商定，由建设单位填写，并应对工程质量是否符合设计文件和相关标准的规定要求及总体质量水平作出评价。在 2014 年度的考试中，同样对本题涉及的采分点进行了考查。

55．C。在 2011、2018 年度的考试中，同样对本题涉及的采分点进行了考查。

第二节　城市轨道交通工程施工质量验收

知识导学

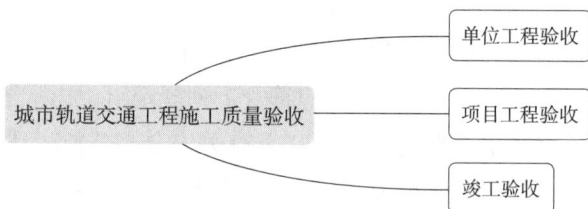

习题汇总

一、单位工程验收

1. 建设单位应当在单位工程验收（　　）前，将验收的时间、地点及验收方案书面报送工程质量监督机构。

A. 7个工作日
B. 14个工作日
C. 14d
D. 7d

二、项目工程验收

2. 城市轨道交通建设项目工程验收工作由（　　）组织，各参建单位项目负责人以及运营单位、负责专项验收的城市政府有关部门代表参加，组成验收组。

A. 监理单位
B. 施工单位
C. 建设单位
D. 设计单位

3.（2020—24）根据《城市轨道交通建设工程验收管理暂行办法》，城市轨道交通建设工程所包含的单位工程验收合格且通过相关专项验收后，方可组织项目工程验收，项目工程验收合格后，建设单位应组织（　　）个月的不载客试运行。

A. 1
B. 2
C. 3
D. 6

4.（2022—25）轨道交通建设项目的工程验收在（　　）进行。

A. 所有单位工程验收后，试运营之前
B. 所有单位工程验收后，试运行之前
C. 所有专项验收后，试运营之前
D. 所有专项验收后，试运行之前

三、竣工验收

5. （2021—25）为了确认建设项目是否达到设计目标及标准要求，城市轨道交通建设工程竣工验收应在（　　）后进行。

A．试运行三个月，并通过全部专项验收

B．试运行三个月，并通过主要专项验收

C．试运营三个月，并通过全部单位工程验收

D．试运营三个月，并通过全部专项验收

6. 建设单位应在竣工验收合格之日起（　　）内，将竣工验收报告报城市建设主管部门备案。

A．30d   B．15d

C．15个工作日   D．30个工作日

习题答案及解析

1．A   2．C   3．C   4．B   5．A

6．C

【解析】

3. C。城市轨道交通建设工程所包含的单位工程验收合格且通过相关专项验收后，方可组织项目工程验收；项目工程验收合格后，建设单位应组织不载客试运行，试运行3个月、并通过全部专项验收后，方可组织竣工验收；竣工验收合格后，城市轨道交通建设工程方可履行相关试运营手续。

第三节 工程质量保修管理

知识导学

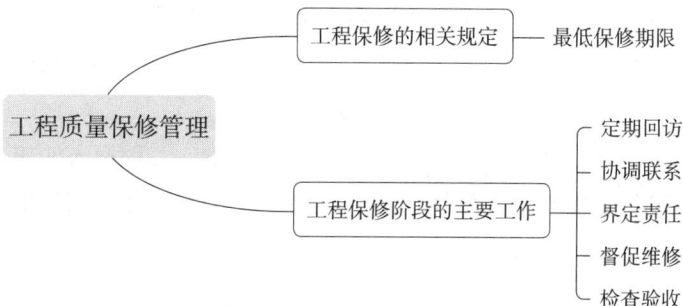

习题汇总

一、工程保修的相关规定

1. 保修范围和保修期限的规定

1.（2014—5）在正常使用条件下，房屋建筑主体结构工程的最低保修期限为（　　）。

　A．建设单位要求的使用年限

　B．设计文件规定的合理使用年限

　C．30 年

　D．50 年

2.（2018—82）根据《建设工程质量管理条例》，在正常使用条件下，关于建设工程最低保修期限的说法，正确的有（　　）。

　A．地基基础工程为设计文件规定的合理使用年限

　B．屋面防水工程为设计文件规定的合理使用年限

　C．供热与供冷系统为 2 个采暖期、供冷期

　D．有防水要求的卫生间为 5 年

　E．电气管线和设备安装工程为 2 年

3.（2020—17）根据《建设工程质量管理条例》，在正常使用条件下，建设工程屋面防水的最低保修期限为（　　）年。

　A．2　　　　　　　　　　　　B．3

　C．4　　　　　　　　　　　　D．5

2. 关于保修期义务的规定

4.（2022—82）关于建设工程质量保修的说法，正确的有（　　）。

　A．房屋建筑工程保修期从工程竣工验收合格之日起计算

　B．施工单位接到保修通知后，在工程质量保修书约定的时间内予以保修

　C．保修费用由施工单位承担

　D．屋面防水工程最低保修期限为 5 年

　E．工程质量缺陷造成使用人财产损失，由施工单位承担款项

5.（2021—26）工程质量保证金是用以保证（　　）内施工单位对工程缺陷进行维修的资金。

　A．工程投入使用 3 年　　　　　B．工程投入使用 5 年

　C．施工合同约定的缺陷责任期　　D．设计使用年限

6. 缺陷责任期最长不能超过（　　）年。

　A．1　　　　　　　　　　　　B．2

　C．3　　　　　　　　　　　　D．4

3. 关于工程质量保证金的规定

7.（2022—26）根据《建设工程质量保证金管理办法》，质量保证金预留总额不得高于工程价款结算总额的（　　）。

A. 5%
B. 4%

C. 3%
D. 2%

8. 根据《建设工程质量保证金管理办法》的规定，合同约定由承包人以银行保函替代预留保证金，保函金额不得高于工程价款结算总额的（　　）。

A. 1%
B. 7%

C. 3%
D. 5%

二、工程保修阶段的主要工作

9.（2015—96）工程保修阶段监理单位的工作有（　　）。

A. 协调联系
B. 定期回访

C. 界定责任
D. 检查验收

E. 资料归档

习题答案及解析

1. B
2. ACDE
3. D
4. ABD
5. C

6. B
7. C
8. C
9. ABCD

【解析】

1. B。在正常使用条件下，建设工程的最低保修期限为：（1）基础设施工程、房屋建筑工程的地基基础和主体结构工程，为设计文件规定的该工程的合理使用年限；（2）屋面防水工程、有防水要求的卫生间、房间和外墙面的防渗漏，为5年；（3）供热与供冷系统，为2个采暖期、供冷期；（4）电气管线、给水排水管道、设备安装和装修工程，为2年。

第七章

建设工程质量缺陷及事故处理

第一节　工程质量缺陷及处理

知识导学

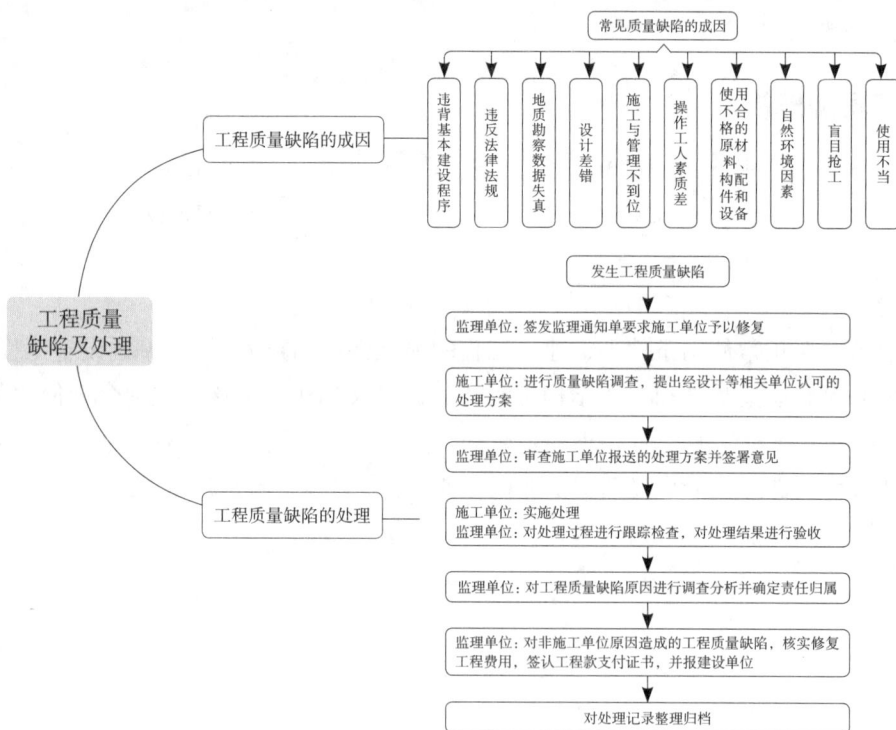

习题汇总

一、工程质量缺陷的涵义

本部分内容仅做了解即可。

二、工程质量缺陷的成因

1.（2005—22）在进行质量问题成因分析中，首先要做的工作是（　　）。

A. 收集有关资料 　　　　　　　　　　B. 现场调查研究

C. 进行必要的计算 　　　　　　　　　D. 分析、比较可能的因素

2.（2015—27）下列导致工程质量缺陷的原因中，属于设计差错的是（　　）。

A. 边勘察、边设计、边施工

B. 荷载取值过小，内力分析有误

C. 勘察报告不准、不细

D. 施工人员不具备上岗的技术资质

3.（2016—94）下列可能导致工程质量缺陷的因素中，属于施工与管理不到位的有（　　）。

A. 采用不正确的结构方案

B. 未经设计单位同意擅自修改设计

C. 技术交底不清

D. 施工方案考虑不周全

E. 图纸未经会审

4.（2018—26）下列可能导致工程质量缺陷的因素中，属于违背基本建设程序的是（　　）。

A. 未按有关施工规范施工 　　　　　　B. 计算简图与实际受力情况不符

C. 图纸技术交底不清 　　　　　　　　D. 不经竣工验收就交付使用

5.（2020—28）水泥安定性不合格会造成的质量缺陷是（　　）。

A. 混凝土蜂窝麻面 　　　　　　　　　B. 混凝土不密实

C. 混凝土碱骨料反应 　　　　　　　　D. 混凝土爆裂

6. 常见质量缺陷的成因中，属于违背基本建设程序的是（　　）。

A. 地质勘察报告不准确 　　　　　　　B. 未搞清地质情况就仓促开工

C. 盲目套用图纸 　　　　　　　　　　D. 施工顺序颠倒

7. 常见质量缺陷的成因中，属于违反法律法规的是（　　）。

A. 勘探时钻孔深度不符合要求

B. 施工组织管理紊乱

C. 工程招标投标中的不公平竞争

D. 计算简图与实际受力情况不符

8. 常见质量缺陷的成因中，属于地质勘察数据失真的是（　　）。

A. 擅自修改设计 　　　　　　　　　　B. 浇筑混凝土时振捣不良

C. 变形缝设置不当 　　　　　　　　　D. 土层分布误判

9. 发生工程质量缺陷，工程监理单位安排监理人员进行检查和记录，并签发（　　）。

A. 监理通知单   B. 工作联系单

C. 监理口头指令   D. 工程暂停令

习题答案及解析

1. B   2. B   3. BCDE   4. D   5. D

6. B   7. C   8. D   9. A

【解析】

3. BCDE。施工与管理不到位是指不按图施工或未经设计单位同意擅自修改设计。如将铰接做成刚接，将简支梁做成连续梁，导致结构破坏；挡土墙不按图设滤水层、排水孔，导致压力增大，墙体破坏或倾覆；不按有关的施工规范和操作规程施工，浇筑混凝土时振捣不良，造成薄弱部位；砖砌体砌筑上下通缝，灰浆不饱满等均能导致砖墙破坏。施工组织管理紊乱，不熟悉图纸，盲目施工；施工方案考虑不周，施工顺序颠倒；图纸未经会审，仓促施工；技术交底不清，违章作业；疏于检查、验收等。A选项属于设计差错，故A选项错误。在2008、2019年度的考试中，同样对本题涉及的采分点进行了考查。

4. D。属于违背基本建设程序的例子有：不按建设程序办事，如未搞清地质情况就仓促开工；边设计、边施工；无图施工；不经竣工验收就交付使用等。在2007年度的考试中，同样对本题涉及的采分点进行了考查。

第二节 工程质量事故等级划分及处理

知识导学

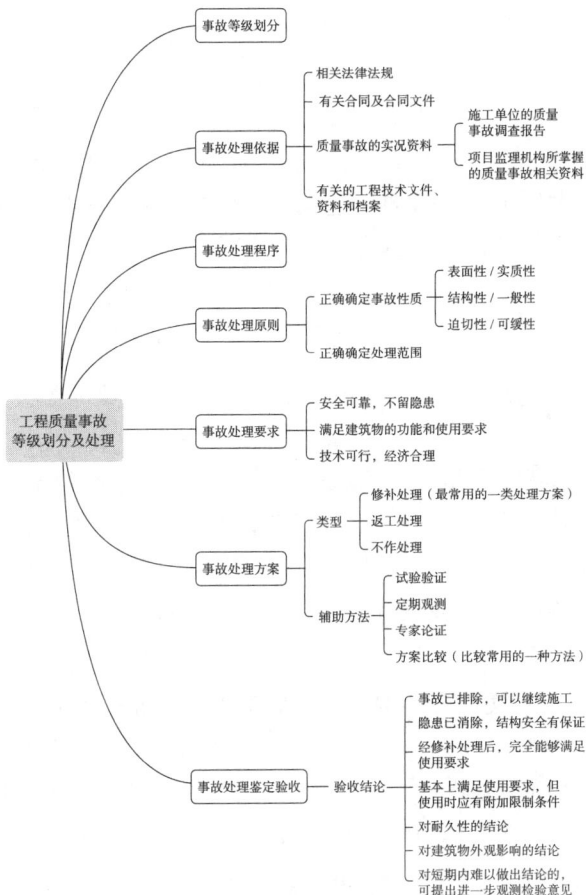

习题汇总

一、工程质量事故等级划分

1.（2019—28）工程施工过程中发生质量事故造成 8 人死亡，50 人重伤，6000 万元直接经济损失，该事故等级属于（   ）。

A．一般事故　　　　　　　　　　　　　B．较大事故

C．重大事故　　　　　　　　　　　　　D．特别重大事故

2.（2020—29）工程发生质量安全事故，造成 2 人死亡、3800 万元直接经济损失，则该事故等级是（   ）。

A．一般事故　　　　　　　　　　　　　B．较大事故

    C．重大事故   D．特别重人事故

    3．（2022—29）某工程施工过程中发生质量事故，造成 3 人死亡，6000 万元直接经济损失，则该质量事故等级属于（   ）。

    A．一般事故   B．较大事故

    C．重大事故   D．特别重大事故

    4．工程施工时发生了质量事故，造成 35 人死亡、60 人重伤、7000 万元直接经济损失，那么事故等级为（   ）。

    A．较大事故   B．重大事故

    C．特别重大事故   D．一般事故

    5．工程施工时发生了质量事故，造成 1 人死亡、5 人重伤、500 万元直接经济损失，那么事故等级为（   ）。

    A．一般事故   B．特别重大事故

    C．较大事故   D．重大事故

二、工程质量事故处理

（一）工程质量事故处理的依据

    6．（2016—95）工程质量事故处理的依据有（   ）。

    A．有关合同文件   B．相关法律法规

    C．有关工程定额   D．质量事故实况资料

    E．有关工程技术文件

    7．（2020—95）下列文件资料中，属于质量事故实况资料的有（   ）。

    A．有关合同文件   B．有关设计文件

    C．施工方案与施工计划   D．施工单位质量事故调查报告

    E．项目监理机构掌握的质量事故相关资料

    8．（2022—30）建设工程发生施工质量事故后，施工单位应提交质量事故调查报告，其中在质量事故发展情况中应明确的内容是（   ）。

    A．事故范围是否继续扩大   B．是否发生直接经济损失

    C．应急措施是否直接有效   D．是否发生人员伤亡

（二）工程质量事故处理程序

    9．（2006—28）工程质量事故发生后，总监理工程师首先应进行的工作是签发《工程暂停令》，并要求施工单位采取（   ）的措施。

    A．抓紧整改，早日复工   B．防止事故扩大并保护好现场

    C．防止事故信息不正常披露   D．对事故责任人加强监督

    10．（2016—29）工程质量事故发生后，涉及结构安全和加固处理的重大技术处理方案应由（   ）提出。

    A．原设计单位   B．事故调查组建议的单位

C．施工单位　　　　　　　　　　　D．法定检测单位

11．（2019—29）工程施工现场发生质量事故后，项目监理机构应及时签发（　　），要求施工单位按相关程序处理。

A．工作联系单　　　　　　　　　　B．监理通知单

C．工程暂停令　　　　　　　　　　D．监理口头指令

12．（2020—30）工程发生质量事故后，应由（　　）签发《工程暂停令》。

A．建设单位项目负责人　　　　　　B．总监理工程师

C．施工单位项目经理　　　　　　　D．设计负责人

13．（2021—30）工程质量事故发生后，总监理工程师应采取的做法是（　　）。

A．立即组织抢险

B．立即征得建设单位同意后签发工程暂停令

C．立即进行事故调查

D．立即要求施工单位查清原因和责任人

14．（2022—31）质量事故处理完毕，施工单位提交复工报审表后，项目监理机构的正确做法是（　　）。

A．提交质量事故调查报告　　　　　B．签发复工令

C．审查复工报审表，符合要求后报建设单位　　D．继续进行观测

15．（2022—96）建设工程施工事故发生后，施工单位提交的质量事故调查报告应包括的内容有（　　）。

A．事故发生的简要经过　　　　　　B．事故原因的初步判断

C．事故责任范围的初步界定　　　　D．事故主要责任者情况

E．事故等级的初步推定

16．质量事故技术处理方案一般由（　　）提出。

A．施工单位　　　　　　　　　　　B．项目监理机构

C．设计单位　　　　　　　　　　　D．建设单位

17．项目监理机构应当及时向（　　）提交质量事故书面报告，并且应当将完整的质量事故处理记录整理归档。

A．建设单位　　　　　　　　　　　B．施工单位

C．建设行政主管部门　　　　　　　D．设计单位

（三）工程质量事故处理的基本方法

18．（2009—24）工程质量事故处理方案的确定，需要按照一般处理原则和基本要求进行，其一般处理原则是（　　）。

A．正确确定事故性质、处理范围　　B．安全可靠、不留隐患

C．满足建筑物的功能和使用要求　　D．技术上可行、经济上合理

19．（2019—94）工程施工过程中，质量事故处理的基本要求有（　　）。

A．安全可靠，不留隐患　　　　　　B．满足工程的功能和使用要求

C. 技术可行，经济合理

D. 满足建设单位的要求

E. 造型美观，节能环保

（四）工程质量事故处理方案的确定

（1）工程质量事故处理方案类型

20.（2009—23）工程质量事故处理方案的类型有返工处理、不作处理和（　）。

A. 修补处理

B. 试验验证后处理

C. 定期观察处理

D. 专家论证后处理

21.（2010—92）下列工程质量问题中，可不作处理的有（　）。

A. 不影响结构安全和正常使用的质量问题

B. 经过后续工序可以弥补的质量问题

C. 存在一定的质量缺陷，若处理则影响工期的质量问题

D. 质量问题经法定检测单位鉴定为合格

E. 出现的质量问题，经原设计单位核算，仍能满足结构安全和使用的功能

22.（2013—22）施工质量验收时，抽样样本经试验室检测达不到规范及设计要求，但经检测单位的现场检测鉴定能够达到要求的，可（　）处理。

A. 返工

B. 补强

C. 不作

D. 延后

23.（2015—29）某检验批混凝土试块强度值不满足规范要求，强度不足，在法定检测单位对混凝土实体采用非破损检验方法，测定其实际强度已达规范允许和设计要求值，这时宜采取的处理方法是（　）。

A. 加固处理

B. 修补处理

C. 不作处理

D. 返工处理

24.（2021—31）某工程的混凝土构件尺寸偏差不符合验收规范要求，经原设计单位验算，得出的结论是该构件能够满足结构安全和使用功能要求，则该混凝土构件的处理方式是（　）。

A. 返工处理

B. 不作处理

C. 试验检测

D. 限制使用

25. 工程质量事故处理方案类型中，最常用的一类是（　）。

A. 返工处理

B. 不作处理

C. 加固处理

D. 修补处理

（2）选择最适用工程质量事故处理方案的辅助方法

26.（2020—31）对涉及技术领域广泛、问题复杂、仅依据合同约定难以决策的工程质量缺陷，应选用的辅助决策方法是（　）。

A. 专家论证法

B. 方案比较法

C. 试验验证法

D. 定期观测法

27.（2021—89）工程质量事故处理方案的辅助决策方法有（　）。

A．试验验证法　　　　　　　　　B．定期观测法

C．专家论证法　　　　　　　　　D．头脑风暴法

E．线性规划法

28．工程质量事故处理方案的辅助决策方法中，比较常用的一种方法是（　　）。

A．方案比较　　　　　　　　　　B．定期观测法

C．专家论证法　　　　　　　　　D．试验验证

习题答案及解析

1．C	2．B	3．C	4．C	5．A
6．ABDE	7．DE	8．A	9．B	10．A
11．C	12．B	13．B	14．C	15．AB
16．A	17．A	18．A	19．ABC	20．A
21．ABDE	22．C	23．C	24．B	25．D
26．A	27．ABC	28．A		

【解析】

1．C。重大事故是指造成10人以上30人以下死亡，或者50人以上100人以下重伤，或者5000万元以上1亿元以下直接经济损失的事故。该等级划分所称的"以上"包括本数，所称的"以下"不包括本数。在2016、2018、2022年度的考试中，同样对本题涉及的采分点进行了考查。

2．B。较大事故是指造成3人以上10人以下死亡，或者10人以上50人以下重伤，或者1000万元以上5000万元以下直接经济损失的事故；该等级划分所称的"以上"包括本数，所称的"以下"不包括本数。本题中，造成2人死亡属于一般事故，3800万元直接经济损失属于较大事故，取大则为较大事故。在2015年度的考试中，同样对本题涉及的采分点进行了考查。

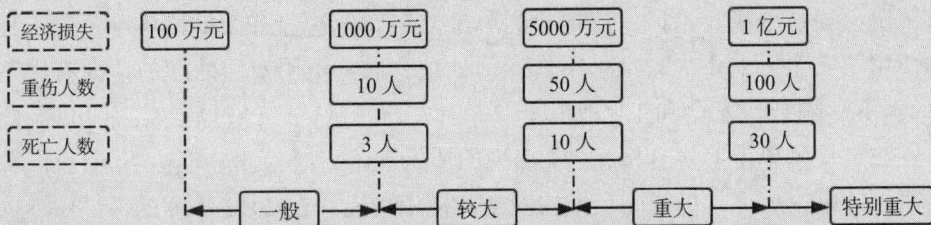

总结：工程质量事故等级划分

重点提示：

注意数字界限，包小不包大。每一事故等级所对应的3个条件是独立成立的，只要符合其中一条就可以判定，取最大为最终事故等级。

6．ABDE。工程质量事故处理的主要依据有：（1）相关的法律法规；（2）有关合同及合同文件；（3）质量事故的实况资料；（4）有关的工程技术文件、资料和档案。在2018年度的考试中，同样对本题涉及的采分点进行了考查。

9．B。工程质量事故发生后，总监理工程师应签发《工程暂停令》，要求暂停质量事故部位和与其有关联部位的施工，要求施工单位采取必要的措施，防止事故扩大并保护好现场。同时，要求质量事故发生单位迅速按类别和等级向相应的主管部门上报。在2003、2016年度的考试中，同样对本题涉及的采分点进行了考查。

10．A。对于涉及结构安全和加固处理等的重大技术处理方案，一般由原设计单位提出。在2019年度的考试中，同样对本题涉及的采分点进行了考查。

11．C。工程质量事故发生后，总监理工程师应签发《工程暂停令》，要求暂停质量事故部位和与其有关联部位的施工，要求施工单位采取必要的措施，防止事故扩大并保护好现场。同时，要求质量事故发生单位迅速按类别和等级向相应的主管部门上报。在2014年度的考试中，同样对本题涉及的采分点进行了考查。

13．B。工程质量事故发生后，总监理工程师应采取的做法是征得建设单位同意后，签发工程暂停令。在2018年度的考试中，同样对本题涉及的采分点进行了考查。

15．AB。在2014、2020年度的考试中，同样对本题涉及的采分点进行了考查。

18．A。工程质量事故处理方案确定的一般处理原则是：正确确定事故性质，是表面性还是实质性、是结构性还是一般性、是迫切性还是可缓性；正确确定处理范围，除直接发生部位，还应检查处理事故相邻影响作用范围的结构部位或构件。在2008年度的考试中，同样对本题涉及的采分点进行了考查。

19．ABC。工程质量事故处理的基本方法包括工程质量事故处理方案的确定及工程质量事故处理后的鉴定验收。其一般处理原则是：正确确定事故性质；正确确定处理范围。其处理基本要求是：安全可靠，不留隐患；满足建筑物的功能和使用要求；技术可行，经济合理。在2015年度的考试中，同样对本题涉及的采分点进行了考查。

20．A。工程质量事故处理方案类型包括：（1）修补处理；（2）返工处理；（3）不作处理。在2019年度的考试中，同样对本题涉及的采分点进行了考查。

22．C。某些工程质量缺陷虽然不符合规定的要求和标准构成质量事故，但视其严重情况，经过分析、论证、法定检测单位鉴定和设计等有关单位认可，对工程或结构使用及安全影响不大，也可不作专门处理。通常不用专门处理的情况有以下几种：（1）不影响结构安全和正常使用；（2）有些质量缺陷，经过后续工序可以弥补；（3）经法定检测单位鉴定合格；（4）出现的质量缺陷，经检测鉴定达不到设计要求，但经原设计单位核算，仍能满足结构安全和使用功能。在2012年度的考试中，同样对本题涉及的采分点进行了考查。

27．ABC。可采取的选择工程质量事故处理方案的辅助决策方法包括：（1）试验验证；（2）定期观测；（3）专家论证；（4）方案比较。在2015、2018年度的考试中，同样对本题涉及的采分点进行了考查。

第八章
设备采购和监造质量控制

第一节　设备采购质量控制

知识导学

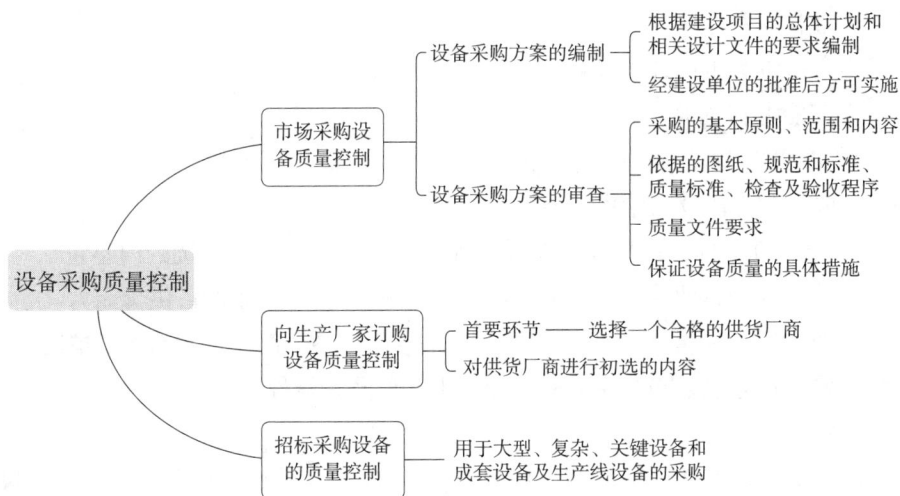

习题汇总

一、市场采购设备质量控制

（一）设备采购方案

1.（2015—20）设备采购方案要根据建设项目的总体计划和相关设计文件的要求编制，最终获得（　　）的批准。

　　A. 设计单位　　　　　　　　　　　　B. 生产单位

　　C. 建设单位　　　　　　　　　　　　D. 监理单位

2. 市场采购设备质量控制中，应协助建设单位编制设备采购方案的是（　　）。

　　A. 设计单位　　　　　　　　　　　　B. 项目监理机构

C．施工单位　　　　　　　　　　　　D．设备安装单位

（二）市场采购设备的质量控制要点

3．（2018—90）对施工单位提交的设备采购方案，项目监理机构审查的内容有（　　）。

A．采购的基本原则　　　　　　　　　B．依据的设计图纸

C．采购合同条款　　　　　　　　　　D．依据的质量标准

E．检查和验收程序

二、向生产厂家订购设备质量控制

4．（2016—20）建设单位负责采购设备时，控制质量的首要环节是（　　）。

A．编制设备监造方案　　　　　　　　B．选择合格的供货厂商

C．确定主要技术参数　　　　　　　　D．选择适宜的运输方式

1.合格供货厂商的初选入围

5．（2011—91）向生产厂家订购设备前，对合格供货商的评审内容有（　　）。

A．企业性质和生产规模

B．经营范围和生产许可证

C．生产能力和技术水平

D．质量管理体系的运行和产品质量状况

E．检验检测手段及试验室资质

6．（2015—88）向生产厂家订购设备前，对供货厂商进行初选的内容包括（　　）。

A．供货厂商的营业执照、经营范围　　B．企业设备供货能力

C．企业性质及规模　　　　　　　　　D．正在生产的设备情况

E．需要另行分包采购的原材料、配套零部件及元器件的情况

2.实地考察

7．在初选确定备选供货厂商名单后，（　　）应当与采购单位一起对供货厂商做进一步现场实地考察调研。

A．施工单位　　　　　　　　　　　　B．建设单位

C．项目监理机构　　　　　　　　　　D．设计单位

三、招标采购设备的质量控制

8．（2012—17）大型、复杂、关键设备和成套设备，一般采用（　　）订货方式。

A．市场采购　　　　　　　　　　　　B．指定厂家

C．招标采购　　　　　　　　　　　　D．委托采购

习题答案及解析

1．C　　　　　2．B　　　　　3．ABDE　　　4．B　　　　5．BCDE

6. ABDE　　　　7. C　　　　　8. C

【解析】

1. C。设备采购方案要根据建设项目的总体计划和相关设计文件的要求编制，使采购的设备符合设计文件要求。设备采购方案经建设单位的批准后方可实施。在 2013 年度的考试中，同样对本题涉及的采分点进行了考查。

4. B。选择一个合格的供货厂商，是向生产厂家订购设备质量控制工作的首要环节。在 2009 年度的考试中，同样对本题涉及的采分点进行了考查。

5. BCDE。对供货厂商进行评审的内容可包括以下几项：(1) 供货厂商的资质审查。供货厂商的营业执照、生产许可证，对需要承担设计并制造专用设备的供货厂商或承担制造并安装设备的供货厂商，还应审查是否具有设计资格证书或安装资格证书；(2) 设备供货能力。包括企业的生产能力、装备条件、技术水平、工艺水平、人员组成、生产管理、质量的稳定性、财务状况的好坏、售后服务的优劣及企业的信誉、检测手段、人员素质、生产计划调度和文明生产的情况、工艺规程执行情况、质量管理体系运行情况、原材料和配套零部件及元器件采购渠道等；(3) 近几年供应、生产、制造类似设备的情况；目前正在生产的设备情况、生产制造设备情况、产品质量状况；(4) 过去几年的资金平衡表和资产负债表；(5) 需要另行分包采购的原材料、配套零部件及元器件的情况；(6) 各种检验检测手段及试验室资质；(7) 企业的各项生产、质量、技术、管理制度等的执行情况。在 2012 年度的考试中，同样对本题涉及的采分点进行了考查。

8. C。设备招标采购一般用于大型、复杂、关键设备和成套设备及生产线设备的采购。在 2005 年度的考试中，同样对本题涉及的采分点进行了考查。

第二节　设备监造质量控制

知识导学

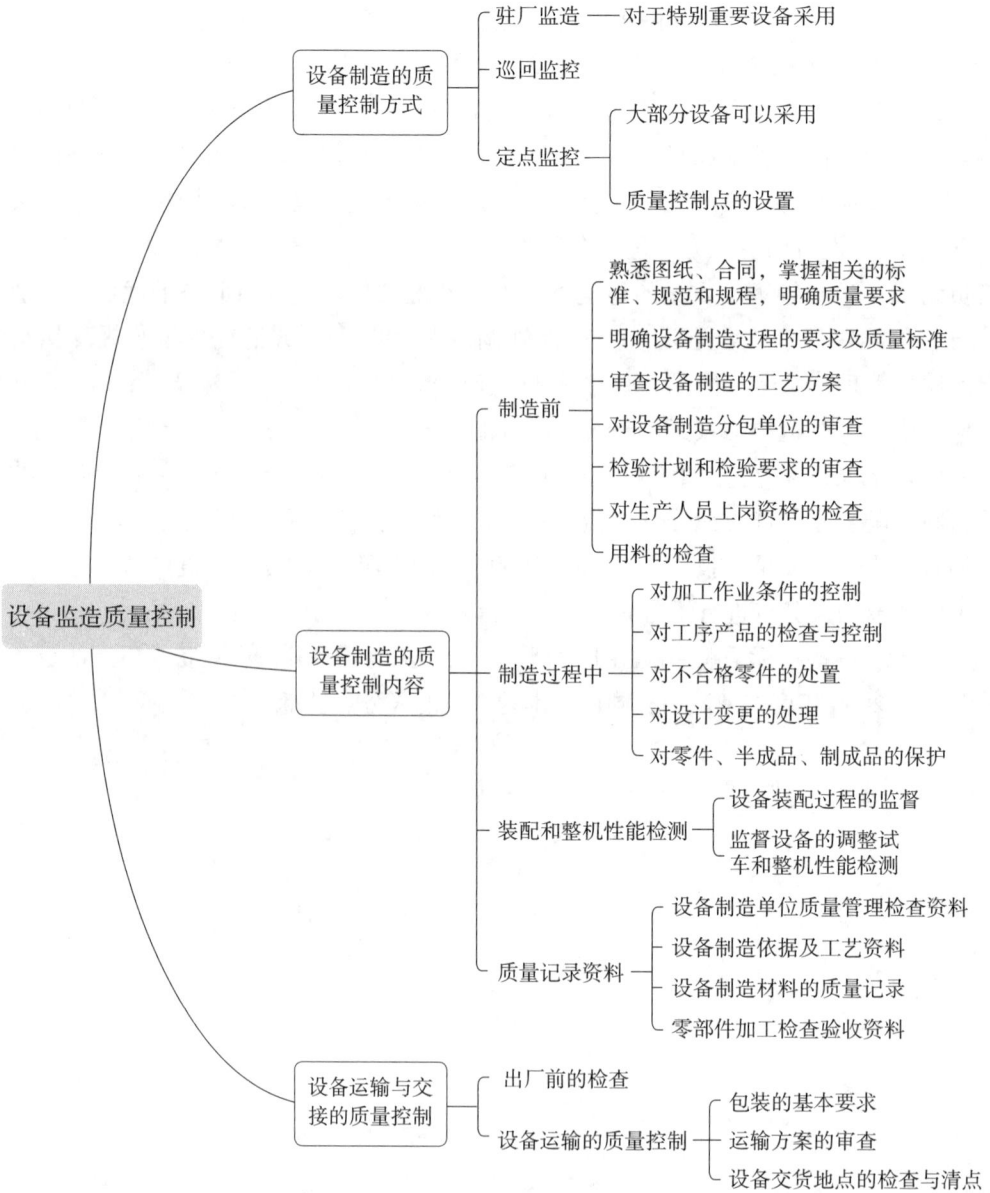

习题汇总

一、设备制造的质量控制方式

（一）驻厂监造

1.（2018—20）项目监理机构对特别重要设备的制造过程质量控制可采取（　）方式。

A．驻厂监造
B．定点监造

C．巡回监造
D．目标监造

（二）巡回监控

2.（2006—15）在设备制造过程中，监造人员定期、不定期到制造现场，检查了解设备制造过程的质量状况，发现问题及时处理。这种质量监控方式称为（　）。

A．驻厂监造
B．设置质量控制点监控

C．跟踪监控
D．巡回监控

3.（2019—20）监理单位对制造周期长的设备制造过程，质量控制可采用的方式是（　）。

A．驻厂监造
B．巡回监控

C．定点监控
D．目标监控

（三）定点监控

4．设备制造的质量控制方式中，大部分设备可以采取（　）方式。

A．巡回监控
B．定点监控

C．跟踪监控
D．驻厂监造

二、设备制造的质量控制内容

（一）设备制造前的质量控制

5．（2020—32）设备制造前，监理单位的质量控制工作是（　）。

A．审查设备制造分包单位
B．检查工序产品质量

C．处理不合格零件
D．控制加工作业条件

6．（2020—96）监理单位在设备制造前质量控制的内容有（　）。

A．审查设备制造工艺方案
B．审查坯料质量证明文件

C．控制加工作业条件
D．检查生产人员上岗资格

E．处理设计变更

（二）设备制造过程的质量控制

7．（2016—90）工程监理单位控制设备制造过程质量的主要内容有（　）。

A．控制设计变更
B．控制加工作业条件

C．处置不合格零件
D．明确设备制造过程的要求

E. 检查工序产品

8.（2022—32）设备制造过程中，项目监理机构控制设备装备质量的工作内容是（   ）。

A. 复核设备制造图纸
B. 检查零部件定位质量
C. 审查设备制造分包单位资格
D. 审查零部件运输方案

9. 应监督设备制造单位对已合格的零部件做好贮存、保管工作，防止产品遭受污染、锈蚀及控制系统的失灵，避免配件、备件遗失的是（   ）。

A. 项目监理机构
B. 施工单位
C. 原设计单位
D. 设备制造单位

10. 在设备制造过程中，因为监造单位需要对设备的设计提出修改时，应该由（   ）出具书面设计变更通知。

A. 设备制造单位
B. 项目监理机构
C. 原设计单位
D. 建设单位

（三）设备装配和整机性能检测

11. 关于设备装配和整机性能检测，（   ）应组织参加设备的调整试车和整机性能检测。

A. 专业监理工程师
B. 总监理工程师
C. 监理员
D. 建设单位项目负责人

（四）质量记录资料

12.（2019—90）设备制造过程质量状况记录资料的主要内容有（   ）。

A. 设备制造单位质量管理检查资料
B. 设备制造依据及工艺资料
C. 设备制造材料的质量记录
D. 设备制造过程的检查验收资料
E. 设备订货的合同文件

13. 专用检测工具设计制造资料属于质量记录资料中的（   ）。

A. 设备制造单位质量管理检查资料
B. 零部件加工检查验收资料
C. 设备制造依据及工艺资料
D. 设备制造材料的质量记录

14. 不合格零配件处理返修记录属于质量记录资料中的（   ）。

A. 零部件加工检查验收资料
B. 设备制造依据及工艺资料
C. 设备制造材料的质量记录
D. 设备制造单位质量管理检查资料

三、设备运输与交接的质量控制

（一）出厂前的检查

15. 为防止零件锈蚀，必须对零件和设备涂抹防锈油脂的是（   ）。

A. 监造单位   B. 原设计单位

C. 设备制造单位   D. 设备订货方

（二）设备运输的质量控制

16.（2014—23）监造的设备从制造厂运往安装现场前，项目监理机构应检查（　　），并审查设备运输方案。

A. 运输安全措施   B. 设备包装质量

C. 海关及保险手续   D. 起重工和加固方案

习题答案及解析

1. A	2. D	3. B	4. B	5. A
6. ABD	7. ABCE	8. B	9. A	10. C
11. B	12. ABCD	13. C	14. A	15. C
16. B				

【解析】

1. A。对于特别重要设备，监理单位可以采取驻厂监造的方式；对某些设备（如制造周期长的设备），则可采用巡回监控的方式；大部分设备可以采取定点监控的方式。在2014年度的考试中，同样对本题涉及的采分点进行了考查。

2. D。巡回监控是在设备制造过程中，监造人员应定期及不定期的到制造现场，检查了解设备制造过程中的质量状况，做好相应记录，发现问题及时处理。在2015年度的考试中，同样对本题涉及的采分点进行了考查。

3. B。对于特别重要设备，监理单位可以采取驻厂监造的方式。对某些设备（如制造周期长的设备），则可采用巡回监控的方式。大部分设备可以采取定点监控的方式。在2016年度的考试中，同样对本题涉及的采分点进行了考查。

8. B。选项A、C属于设备制造前的质量控制。选项D属于设备运输与交接的质量控制。在2016、2021年度的考试中，同样对本题涉及的采分点进行了考查。

《建设工程投资控制》

第一章 / 建设工程投资控制概述

第一节　建设工程项目投资的概念和特点

知识导学

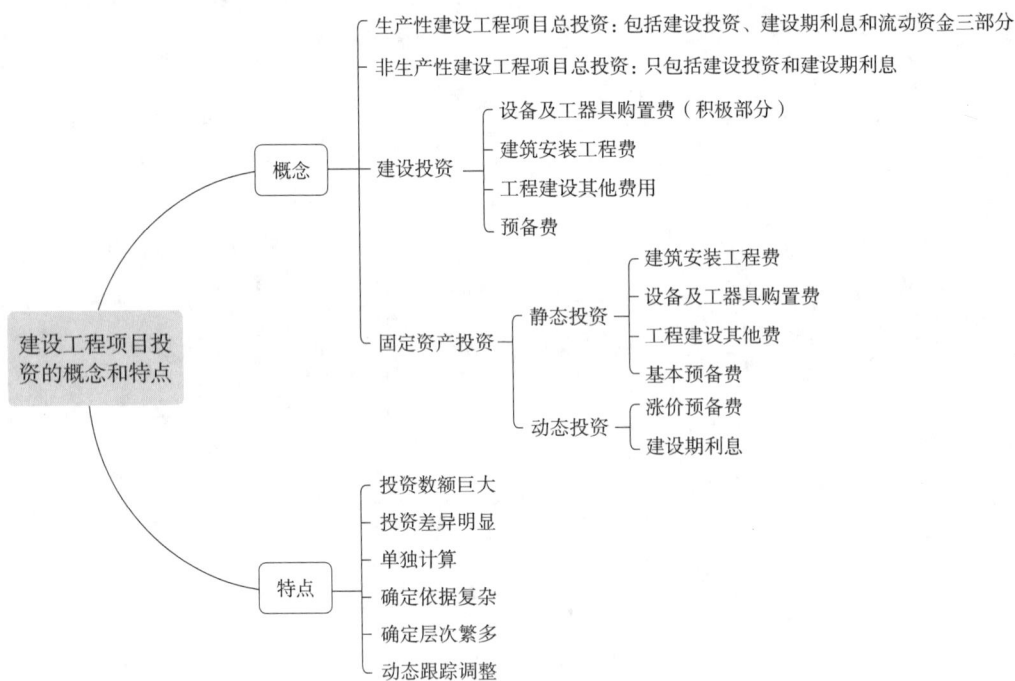

习题汇总

一、建设工程项目投资的概念

1. 生产性建设工程总投资包括（　　）。

A. 建设投资和流动资金

B. 建设投资、建设期利息和流动资金

C．静态投资和动态投资

D．固定资产投资和无形资产投资

2．（2010—38）某建设项目，建安工程费为40000万元，设备工器具费为5000万元，建设期利息为1400万元，工程建设其他费用为4000万元，建设期预备费为9500万元（其中基本预备费为4900万元），项目的铺底流动资金为600万元，则该项目的动态投资额为（　）万元。

A．6000 B．6600

C．11500 D．59900

3．（2014—97）下列费用中，属于动态投资的有（　）。

A．基本预备费 B．建筑安装工程费

C．设备及工器具购置费 D．涨价预备费

E．建设期利息

4．（2015—31）在生产性建设工程项目投资中，属于积极部分的是（　）。

A．工程建设其他费用 B．建筑安装工程费

C．基本预备费 D．设备及工器具投资

5．关于设备及工器具投资的说法中，正确的是（　）。

A．它是由设备购置费和工具、器具及生活家具购置费组成

B．它是固定资产投资中的消极部分

C．它占项目投资比重的增大意味着生产技术的进步

D．它占项目投资比重的增大意味着资本有机构成的降低

6．（2019—42）某建设项目，静态投资3460万元，建设期贷款利息60万元，涨价预备费80万元，流动资金800万元。则该项目的建设投资为（　）万元。

A．3520 B．3540

C．3600 D．4400

7．（2020—33）下列费用中，属于静态投资的是（　）。

A．建设期利息 B．工程建设其他费

C．涨价预备费 D．汇率变动增加的费用

8．（2022—33）某项目的建筑安装工程费3000万元，设备及工器具购置费2000万元，工程建设其他费用1000万元，建设期利息500万元，基本预备费300万元，则该项目的静态投资额为（　）万元。

A．5800 B．6300

C．6500 D．6800

二、建设工程项目投资的特点

9．（2009—33）从确定建设工程投资的依据看，编制估算指标的直接基础是（　）。

A．概算定额 B．预算定额

C．工程量清单 　　　　　　　　　　D．施工定额

10．（2012—29）凡是具有独立的设计文件、竣工后可以独立发挥生产能力或工程效益的工程称为（　　）。

A．分部工程 　　　　　　　　　　B．单位工程

C．单项工程 　　　　　　　　　　D．分项工程

11．（2013—30）编制工程概算定额的基础是（　　）。

A．估算指标 　　　　　　　　　　B．概算指标

C．预算指标 　　　　　　　　　　D．预算定额

12．建设工程项目投资的特点是由建设工程项目的特点决定的，具体包括（　　）。

A．数额巨大 　　　　　　　　　　B．依据复杂

C．需重复计算 　　　　　　　　　D．层次繁多

E．动态跟踪调整

习题答案及解析

1．B　　　2．A　　　3．DE　　　4．D　　　5．C
6．B　　　7．B　　　8．B　　　9．A　　　10．C
11．D　　　12．ABDE

【解析】

2．A。固定资产投资分为静态投资和动态投资两部分，动态投资＝涨价预备费＋建设期利息。其中，涨价预备费＝预备费－基本预备费=9500–4900=4600万元，动态投资=4600+1400=6000万元。

3．DE。在2005、2006、2011年度的考试中，同样对本题涉及的采分点进行了考查。

4．D。在2004年度的考试中，同样对本题涉及的采分点进行了考查。

6．B。建设投资＝设备及工器具购置费＋建筑安装工程费＋工程建设其他费＋预备费＝静态投资＋涨价预备费=3460+80=3540万元。在2003、2008、2013、2017年度的考试中，同样对本题涉及的采分点进行了考查。

7．B。在2001、2002、2004、2009年度的考试中，同样对本题涉及的采分点进行了考查。

8．B。该项目静态投资额=3000+2000+1000+300=6300万元。

10．C。在2005年度的考试中，同样对本题涉及的采分点进行了考查，且提问形式基本与本题一致。

第二节　建设工程投资控制原理

知识导学

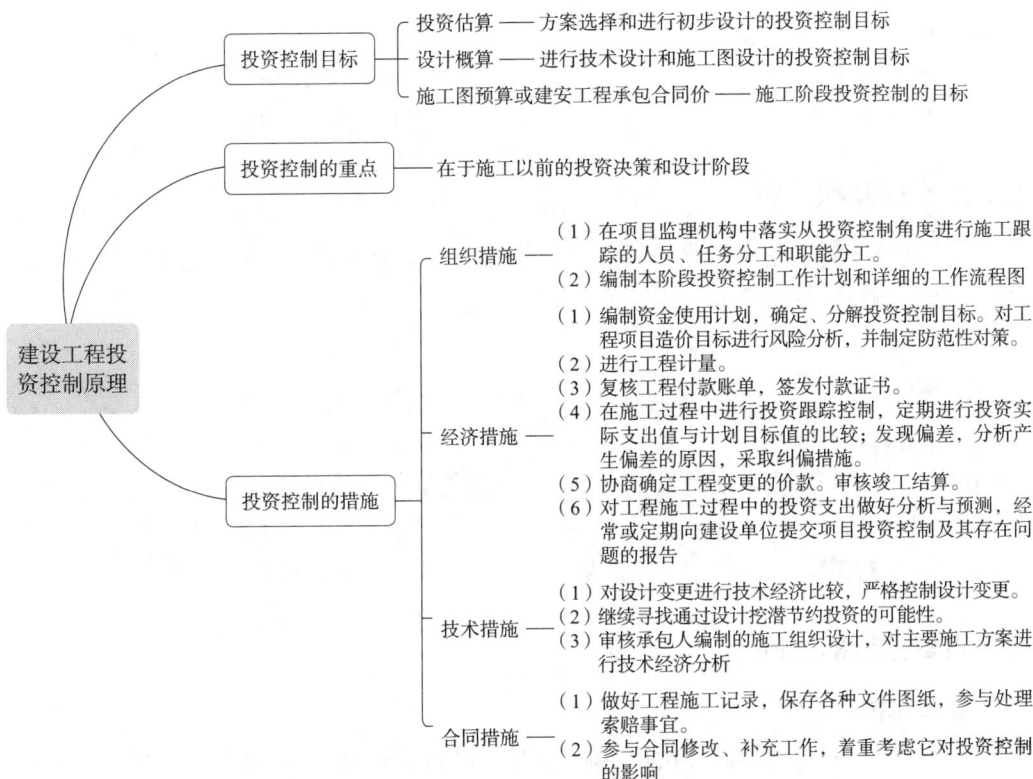

投资控制目标 ── 投资估算 ── 方案选择和进行初步设计的投资控制目标
　　　　　　　　 设计概算 ── 进行技术设计和施工图设计的投资控制目标
　　　　　　　　 施工图预算或建安工程承包合同价 ── 施工阶段投资控制的目标

投资控制的重点 ── 在于施工以前的投资决策和设计阶段

建设工程投资控制原理

投资控制的措施 ──

组织措施 ──（1）在项目监理机构中落实从投资控制角度进行施工跟踪的人员、任务分工和职能分工。
（2）编制本阶段投资控制工作计划和详细的工作流程图

经济措施 ──（1）编制资金使用计划，确定、分解投资控制目标。对工程项目造价目标进行风险分析，并制定防范性对策。
（2）进行工程计量。
（3）复核工程付款账单，签发付款证书。
（4）在施工过程中进行投资跟踪控制，定期进行投资实际支出值与计划目标值的比较；发现偏差，分析产生偏差的原因，采取纠偏措施。
（5）协商确定工程变更的价款。审核竣工结算。
（6）对工程施工过程中的投资支出做好分析与预测，经常或定期向建设单位提交项目投资控制及其存在问题的报告

技术措施 ──（1）对设计变更进行技术经济比较，严格控制设计变更。
（2）继续寻找通过设计挖潜节约投资的可能性。
（3）审核承包人编制的施工组织设计，对主要施工方案进行技术经济分析

合同措施 ──（1）做好工程施工记录，保存各种文件图纸，参与处理索赔事宜。
（2）参与合同修改、补充工作，着重考虑它对投资控制的影响

习题汇总

一、投资控制的动态原理

本部分内容仅做了解即可。

二、投资控制的目标

1.（2010—29）初步设计阶段投资控制的目标应不超过（　　）。

A. 投资估算　　　　　　　　　　　B. 设计总概算

C. 修正总概算　　　　　　　　　　D. 施工图预算

2.（2012—95）投资估算是建设工程（　　）的投资控制目标。

A. 技术设计　　　　　　　　　　　B. 设计方案选择

C. 初步设计　　　　　　　　　　　D. 施工图设计

E. 承包合同价

3.（2016—34）建设工程项目技术设计和施工图设计应依据（　　）设置投资控制目标。

A．投资估算
B．设计概算
C．施工图预算
D．工程量清单

4.（2021—34）选择建设工程设计方案和进行初步设计时，应以（　　）作为投资控制的目标。

A．投资估算
B．设计概算
C．施工图预算
D．施工预算

三、投资控制的重点

5.（2008—97）建设工程项目的投资控制应贯穿于项目建设的全过程，但各阶段对投资的影响程度是不同的，应以（　　）阶段为重点。

A．决策
B．设计
C．招标投标
D．施工
E．试运行

6.（2011—30）建设项目投资决策后，投资控制的关键阶段是（　　）。

A．设计阶段
B．施工招标阶段
C．施工阶段
D．竣工阶段

四、投资控制的措施

（一）组织措施

7.（2015—32）项目监理机构在施工阶段投资控制的组织措施是（　　）。

A．编制详细的工作流程图
B．确定、分解投资控制目标
C．对主要施工方案进行技术经济分析
D．对设计变更进行技术经济比较，控制设计变更

8. 监理工程师在项目监理机构中落实从投资控制角度进行施工跟踪的人员、任务分工和职能分工。这种措施属于（　　）。

A．组织措施
B．经济措施
C．技术措施
D．合同措施

（二）经济措施

9. 施工阶段监理工程师编制资金使用计划，确定、分解投资控制目标。对工程项目造价目标进行风险分析，并制定防范性对策。这种措施属于（　　）。

A．组织措施
B．经济措施
C．技术措施
D．合同措施

10.（2016—102）监理工程师在施工阶段进行投资控制的经济措施有（　　）。

A．分解投资控制目标　　　　　　　　B．进行工程计量

C．严格控制设计变更　　　　　　　　D．审查施工组织设计

E．审核竣工结算

（三）技术措施

11．施工阶段监理工程师审核承包人编制的施工组织设计，对主要施工方案进行技术经济分析属于（　　）。

A．组织措施　　　　　　　　　　　　B．经济措施

C．技术措施　　　　　　　　　　　　D．合同措施

12．（2022—34）下列建设工程投资控制措施中，属于技术措施的是（　　）。

A．明确各管理部门投资控制职责

B．安排专人负责投资控制

C．组织设计方案评审和优化

D．在合同中订立成本节超奖罚条款

（四）合同措施

13．监理工程师在施工阶段进行投资控制的合同措施有（　　）。

A．确定、分解投资控制目标

B．协商确定工程变更的价款

C．对主要施工方案进行技术经济分析

D．做好工程施工记录，保存各种文件图纸

E．参与合同修改、补充工作

14．施工阶段监理工程师参与合同修改、参与处理索赔事宜，这种措施属于（　　）。

A．组织措施　　　　　　　　　　　　B．经济措施

C．技术措施　　　　　　　　　　　　D．合同措施

15．（2017—97）项目监理机构在施工阶段投资控制的措施包括（　　）。

A．对工程项目造价目标进行风险分析　　B．审核竣工结算

C．严格控制设计变更　　　　　　　　D．审查设计概算

E．开展限额设计

16．（2018—33）关于项目监理机构在施工阶段投资控制措施的说法，正确的是（　　）。

A．实际支出值与计划目标值的比较属于技术措施

B．编制本阶段投资控制工作计划属于组织措施

C．审核承包人编制的施工组织设计属于组织措施

D．做好工程施工记录属于技术措施

习题答案及解析

1．A　　　　2．BC　　　　3．B　　　　4．A　　　　5．AB

6．A   7．A   8．A   9．B   10．ABE

11．C   12．C   13．DE   14．D   15．ABC

16．B

【解析】

2．BC。在 2011 年度的考试中，同样对本题涉及的采分点进行了考查，且提问形式与选项设置基本与本题一致。

4．A。在 2001、2006 年度的考试中，同样对本题涉及的采分点进行了考查。

7．A。选项 B 属于经济措施；选项 C、D 属于技术措施。在 2008、2011、2013 年度的考试中，同样对本题涉及的采分点进行了考查。

10．ABE。在 2005、2006 年度的考试中，同样对本题涉及的采分点进行了考查。

12．C。A、B 选项属于组织措施；C 选项属于技术措施；D 选项属于经济措施。在 2009、2014 年度的考试中，同样对本题涉及的采分点进行了考查。

15．ABC。在 2009、2014 年度的考试中，同样对本题涉及的采分点进行了考查，且提问形式基本与本题一致。

第三节　建设工程投资控制的主要任务

知识导学

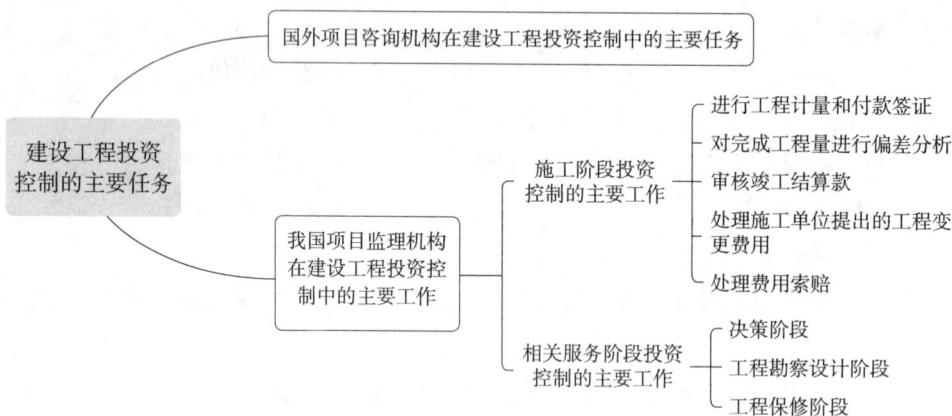

习题汇总

一、国外项目咨询机构在建设工程投资控制中的主要任务

本部分内容仅做了解即可。

二、我国项目监理机构在建设工程投资控制中的主要工作

（一）施工阶段投资控制的主要工作

1.（2016—35）工程款支付证书由（   ）签发。

A. 专业监理工程师   B. 建设单位

C. 总监理工程师   D. 项目审计部门

2.（2020—97）项目监理机构在施工阶段进行的投资控制工作有（   ）。

A. 施工图预算审查   B. 工程变更费用处理

C. 工程计量   D. 融资方案研究

E. 对完成工程量进行偏差分析

3.（2021—97）项目监理机构处理施工单位提出的工程变更费用时，正确的做法有（   ）。

A. 自主评估工程变更费用

B. 组织建设单位、施工单位协商确定工程变更费用

C. 根据工程变更引起的费用和工期变化变更施工合同

D. 变更实施前，与建设单位、施工单位协商确定工程变更的计价原则、方法

E. 建设单位与施工单位未能就工程变更费用达成协议时，自主确定一个价格作为最终结算的依据

4.（2022—97）项目监理机构在施工阶段进行投资控制的主要工作有（   ）。

A. 组织专家对设计成果进行评审   B. 审查施工图预算

C. 进行工程计量和付款签证   D. 审查工程结算报告及保修费用

E. 处理工程变更费用和索赔费用

（二）相关服务阶段投资控制的主要工作

1. 决策阶段

5. 项目监理机构在决策阶段进行的投资控制工作有（   ）。

A. 投资估算编制   B. 进行付款签证

C. 融资方案研究   D. 审查设计成果

E. 财务分析和经济分析报告编制

2. 工程勘察设计阶段

6. 项目监理机构在勘察设计阶段进行的投资控制工作有（   ）。

A. 协助签订工程勘察设计合同   B. 处理工程变更费用

C. 选择勘察设计单位   D. 财政承受能力论证

E. 协助建设单位组织专家对设计成果进行评审

3. 工程保修阶段

7.（2018—97）下列工作中，属于工程监理单位提供相关服务的工作内容有（   ）。

A. 审查设计单位提出的设计概算

B． 审查设计单位提出的新材料备案情况

C． 处理施工单位提出的工程变更费用

D． 处理施工单位提出的费用索赔

E． 调查使用单位提出的工程质量缺陷的原因

习题答案及解析

1． C   2． BCE   3． ABD   4． CE   5． ACE

6． AE   7． ABE

【解析】

2． BCE。在 2002、2003、2004、2005、2006、2009、2011、2019、2022 年度的考试中，同样对本题涉及的采分点进行了考查。

3． ABD。处理施工单位提出的工程变更费用：（1）总监理工程师组织专业监理工程师对工程变更费用及工期影响作出评估。（2）总监理工程师组织建设单位、施工单位等共同协商确定工程变更费用及工期变化，会签工程变更单。（3）项目监理机构可在工程变更实施前与建设单位、施工单位等协商确定工程变更的计价原则、计价方法或价款。（4）建设单位与施工单位未能就工程变更费用达成协议时，项目监理机构可提出一个暂定价格并经建设单位同意，作为临时支付工程款的依据。工程变更款项最终结算时，应以建设单位与施工单位达成的协议为依据。

第二章 / 建设工程投资构成

第一节　建设工程投资构成概述

知识导学

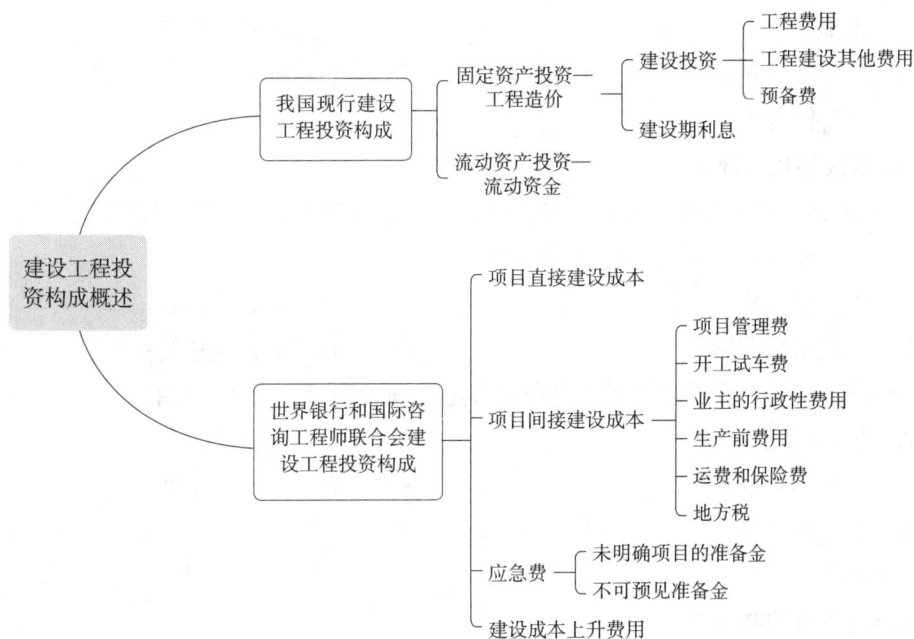

习题汇总

一、我国现行建设工程投资构成

1. 建设投资由（　　）三项费用构成。

A. 工程费用、建设期利息、预备费

B. 工程费用、建设期利息、流动资金

C. 工程费用、工程建设其他费用、预备费

D. 建筑安装工程费、设备及工器具购置费、工程建设其他费用

2.（2020—34）某建设项目，设备工器具购置费 1000 万元，建筑安装工程费 1500 万元，工程建设其他费 700 万元，基本预备费 160 万元，涨价预备费 200 万元，则该项目的工程费用为（   ）万元。

A. 2500

B. 3200

C. 3360

D. 3560

3.（2021—33）某生产性项目的建设投资 2000 万元，建设期利息 300 万元，流动资金 500 万元，则该项目的固定资产投资为（   ）万元。

A. 2000

B. 2300

C. 2500

D. 2800

二、世界银行和国际咨询工程师联合会建设工程投资构成

（一）项目直接建设成本

4. 根据世界银行对建设工程投资的规定，项目直接建设成本包括（   ）。

A. 土地征购费

B. 电气安装费

C. 总部人员薪金

D. 应急费

E. 仪器仪表费

（二）项目间接建设成本

5.（2015—33）根据世界银行和国际咨询工程师联合会建设工程投资构成的规定，下列费用应计入项目间接建设成本的是（   ）。

A. 生产前费用

B. 土地征购费

C. 管理系统费用

D. 服务性建筑费用

6. 根据世界银行对建设工程投资的规定，项目间接建设成本包括（   ）。

A. 场地费用

B. 仪器仪表费

C. 不可预见准备金

D. 开工试车费

E. 项目管理费

（三）应急费

1. 未明确项目的准备金

7. 世界银行和国际咨询工程师联合会建设工程投资构成中，（   ）用于在做成本估算时因为缺乏完整、准确和详细的资料而不能完全预见和不能注明的项目，并且这些项目是必须完成的。

A. 直接建设成本

B. 建设成本上升费

C. 不可预见准备金

D. 未明确项目准备金

2. 不可预见准备金

8.（2015—34）世界银行和国际咨询工程师联合会建设工程投资构成中，只是一种储备，可能不动用的费用是（   ）。

A．直接建设成本　　　　　　　　B．建设成本上升费

C．不可预见准备金　　　　　　　D．未明确项目准备金

（四）建设成本上升费用

9．（2007—34）世界银行和国际咨询工程师联合会对项目的总建设成本做了统一规定，内容包括项目直接建设成本、间接建设成本及（　　）。

A．未明确项目的准备金和建设成本上升费用

B．基本预备费和涨价预备费

C．应急费和建设成本上升费用

D．未明确项目的准备金和不可预见准备金

习题答案及解析

1．C　　　　2．A　　　　3．B　　　　4．ABE　　　　5．A

6．DE　　　　7．D　　　　8．C　　　　9．C

【解析】

2．A。工程费用包括建筑安装工程费，设备及工器具购置费用。该项目的工程费用 =1000+1500=2500 万元。

3．B。固定资产投资 = 建设投资 + 建设期利息 =2000+300=2300 万元。

4．ABE。项目直接建设成本包括土地征购费、场外设施费用、场地费用、工艺设备费、设备安装费、管道系统费用、电气设备费、电气安装费、仪器仪表费、机械的绝缘和油漆费、工艺建筑费、服务性建筑费用、工厂普通公共设施费、其他当地费用。

第二节　建筑安装工程费用的组成和计算

知识导学

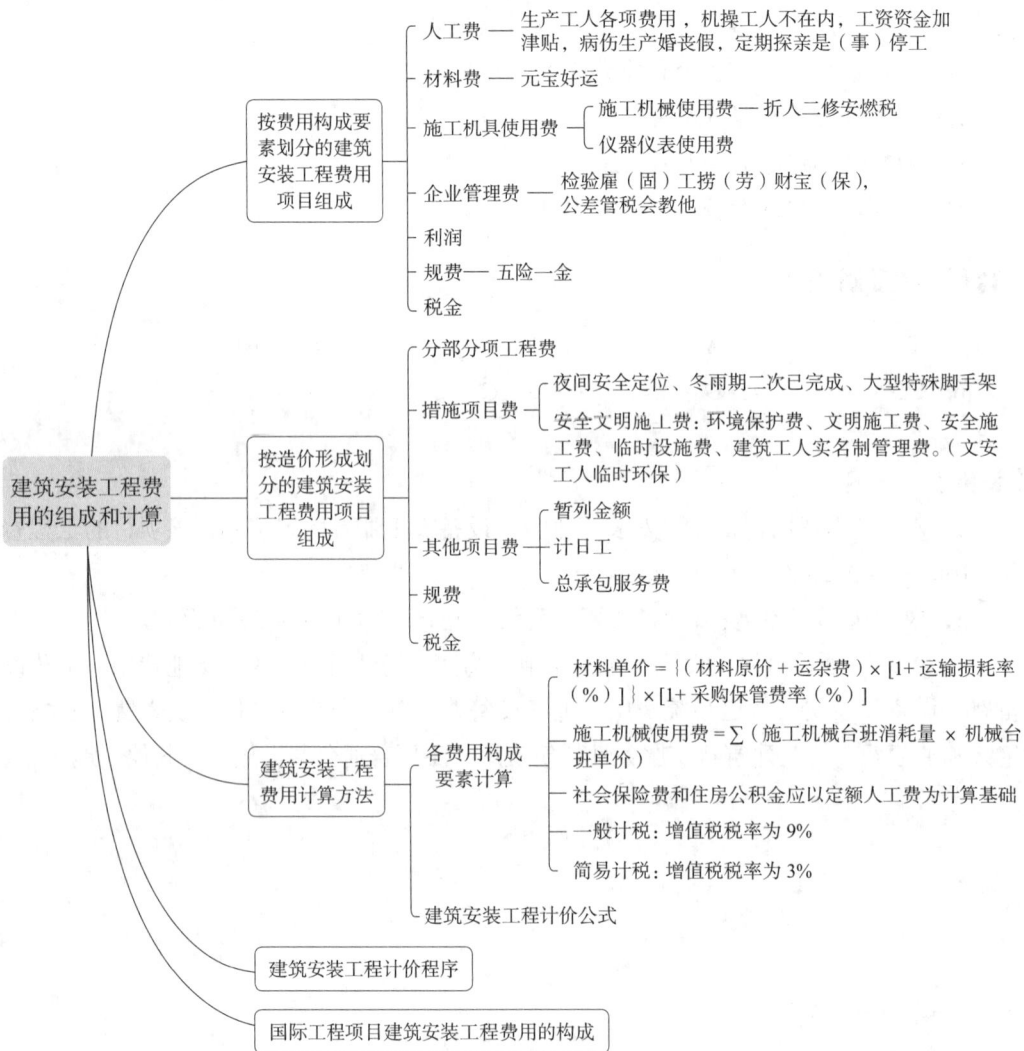

习题汇总

一、按费用构成要素划分的建筑安装工程费用项目组成

（一）人工费

1.（2015—35）根据《建筑安装工程费用项目组成》（建标 [2013]44 号），因停工学习按计时工资标准的一定比例支付的工资属于（　　）。

A. 奖金

B. 计时工资或计件工资

C. 津贴补贴

D. 特殊情况下支付的工资

2. 根据《建筑安装工程费用项目组成》，对超额劳动和增收节支而支付给个人的劳动报酬，应计入建筑安装工程费用人工费项目中的（　　）。

A．计时工资或计件工资　　　　　　　B．奖金

C．津贴补贴　　　　　　　　　　　　D．特殊情况下支付的工资

3. 根据《建筑安装工程费用项目组成》，建筑安装工程生产工人的高温作业临时津贴应计入（　　）。

A．劳动保护费　　　　　　　　　　　B．人工费

C．规费　　　　　　　　　　　　　　D．企业管理费

4.（2022—35）下列费用中，属于建筑安装工程费中人工费的是（　　）。

A．职工福利费　　　　　　　　　　　B．高空作业津贴

C．养老保险费　　　　　　　　　　　D．工伤保险费

（二）材料费

5.（2011—96）分部分项工程材料费的构成包括（　　）。

A．材料在运输装卸过程中不可避免的损耗费

B．材料仓储费

C．新材料的试验费

D．对建筑材料进行一般鉴定、检查所发生的费用

E．为验证设计参数，对构件做破坏性试验的费用

6.（2017—34）下列费用中，不应列入建筑安装工程材料费的是（　　）。

A．施工中耗费的辅助材料费用

B．施工企业自设试验室进行试验所耗用的材料费用

C．在运输装卸过程中发生的材料损耗费用

D．在施工现场发生的材料保管费用

7. 根据《建筑安装工程费用项目组成》，仓储损耗费应计入（　　）。

A．材料运杂费　　　　　　　　　　　B．企业管理费

C．检验试验费　　　　　　　　　　　D．材料采购及保管费

（三）施工机具使用费

8. 为保障施工机械正常运转所需的随机配备工具附具的摊销和维护费用，属于施工机具使用费中的（　　）。

A．折旧费　　　　　　　　　　　　　B．施工仪器使用费

C．安拆费　　　　　　　　　　　　　D．经常修理费

9. 根据《建筑安装工程费用项目组成》，工程施工中所使用的仪器仪表维修费应计入（　　）。

A．施工机具使用费　　　　　　　　　B．工具用具使用费

C．固定资产使用费　　　　　　　　　D．企业管理费

10.（2019—99）下列费用中，属于建筑安装工程施工机具使用费的有（　　）。

A. 施工机械临时故障排除所需的费用   B. 机上司机的人工费

C. 财产保险费   D. 仪器仪表使用费

E. 施工机械大修理费

（四）企业管理费

11. （2015—36）根据《建筑安装工程费用项目组成》（建标 [2013]44 号），工程施工中所使用的工具用具使用费应计入（   ）。

A. 施工机具使用费   B. 措施项目费

C. 固定资产使用费   D. 企业管理费

12. （2016—36）建安工程企业管理费中的检验试验费是用于（   ）试验的费用。

A. 一般材料   B. 构件破坏性

C. 新材料   D. 新构件

13. （2022—36）施工企业按照有关标准规定，对建筑及材料、构件和建筑安装物进行一般鉴定、检查所发生的费用属于建筑安装工程费中的（   ）。

A. 材料费   B. 规费

C. 企业管理费   D. 仪器仪表使用费

14. 企业为施工生产提供履约担保所发生的费用应计入建筑安装工程费用中的（   ）。

A. 企业管理费   B. 规费

C. 税金   D. 财产保险费

15. 根据《建筑安装工程费用项目组成》，下列税金组合中，应计入建筑安装企业管理费的是（   ）。

A. 营业税、房产税、车船使用税、土地使用税

B. 城市维护建设税、教育费附加、地方教育附加

C. 房产税、土地使用税、营业税

D. 房产税、车船使用税、土地使用税、印花税

16. （2020—96）下列费用中，属于建筑安装工程企业管理费的有（   ）。

A. 施工企业集体福利费

B. 施工现场防暑降温费用

C. 施工现场对构件进行常规破坏性试验费用

D. 混凝土坍落度测试费用

E. 施工现场安全文明施工费用

17. （2022—99）下列费用中，属于建筑安装工程企业管理费的有（   ）。

A. 职工教育经费   B. 社会保险费

C. 特殊地区施工津贴   D. 劳动保护费

E. 夏季防暑降温费

（五）利润

本部分内容一般不会单独进行考查，仅做了解即可。

（六）规费

18.（2019—34）下列费用中，属于建筑安装工程规费的是（　　）。

A．教育费附加
B．地方教育附加

C．职工教育经费
D．住房公积金

19．根据《建设工程工程量清单计价规范》，施工企业为建筑安装施工人员支付的失业保险费属于建筑安装工程费中的（　　）。

A．规费
B．人工费

C．措施项目费
D．企业管理费

二、按造价形成划分的建筑安装工程费用项目组成

（一）分部分项工程费

20．根据现行《建筑安装工程费用项目组成》，下列费用中，应计入分部分项工程费的是（　　）。

A．安全文明施工费

B．二次搬运费

C．施工机械使用费

D．大型机械设备进出场及安拆费

（二）措施项目费

1．安全文明施工费

21．（2022—98）下列费用中，属于建筑安装工程安全文明施工费的有（　　）。

A．环境保护费
B．医疗保险费

C．施工单位临时设施费
D．建筑工人实名制管理费

E．已完工程及设备保护费

22．施工现场设立的安全警示标志、现场围挡等所需的费用属于（　　）费用。

A．措施项目
B．分部分项工程

C．零星项目
D．其他项目

2．夜间施工增加费

23．根据《建筑安装工程费用项目组成》，因夜间施工所发生的夜班补助费、夜间施工降效、夜间施工照明设备摊销及照明用电等费用应计入建筑安装工程（　　）。

A．分部分项费
B．措施项目费

C．规费
D．企业管理费

3．二次搬运费

24．（2012—34）下列费用中，属于建安工程措施费的是（　　）。

A．工程排污费
B．构成工程实体的材料费

C．二次搬运费
D．施工现场管理人员的工资

4. 冬雨期施工增加费

25. 在冬期或雨期施工需增加的临时设施、防滑、排除雨雪，人工及施工机械效率降低等费用应计入建筑安装工程（　　）。

A. 企业管理费 　　　　　　　　　　B. 措施项目费

C. 其他项目费 　　　　　　　　　　D. 分部分项费

5. 已完工程及设备保护费

26. （2012—33）建设项目竣工验收前，施工企业对已完工程进行保护发生的费用应计入（　　）。

A. 措施费 　　　　　　　　　　　　B. 规费

C. 直接工程费 　　　　　　　　　　D. 企业管理费

6. 工程定位复测费

27. 施工过程中，施工测量放线和复测工作发生的费用应计入（　　）。

A. 分部分项工程费 　　　　　　　　B. 其他项目费

C. 企业管理费 　　　　　　　　　　D. 措施项目费

7. 特殊地区施工增加费

28. 工程在沙漠或其边缘地区、高海拔、高寒、原始森林等特殊地区施工增加的费用应计入建筑安装工程（　　）。

A. 分部分项费 　　　　　　　　　　B. 措施项目费

C. 规费 　　　　　　　　　　　　　D. 企业管理费

8. 大型机械设备进出场及安拆费

29. 将塔式起重机自停放地点运至施工现场的运输、拆卸、安装的费用属于（　　）。

A. 施工机械使用费 　　　　　　　　B. 二次搬运费

C. 固定资产使用费 　　　　　　　　D. 大型机械进出场及安拆费

9. 脚手架工程费

30. 施工需要的各种脚手架搭、拆、运输费用以及脚手架购置费的摊销（或租赁）费用。应计入建筑安装工程（　　）。

A. 分部分项费 　　　　　　　　　　B. 措施项目费

C. 规费 　　　　　　　　　　　　　D. 企业管理费

31. （2015—100）下列费用中，属于建筑安装工程措施费的有（　　）。

A. 已完工程及设备保护费 　　　　　B. 工程定位复测费

C. 夜间施工增加费 　　　　　　　　D. 新材料试验费

E. 临时设施费

32. （2021—98）下列费用中，属于建筑安装工程措施项目费的有（　　）。

A. 建筑工人实名制管理费 　　　　　B. 大型机械进出场及安拆费

C. 建筑材料鉴定、检查费 　　　　　D. 工程定位复测费

E. 施工单位临时设施费

（三）其他项目费

33.（2010—99）下列费用中，属于工程量清单计价构成中其他项目费的有（ ）。

A. 暂列金额

B. 材料购置费

C. 专业工程暂估价

D. 财产保险费

E. 计日工

34. 按照造价形成划分的建筑安装工程费用中，暂列金额主要用于（ ）。

A. 施工中可能发生的工程变更的费用

B. 总承包人为配合发包人进行专业工程发包产生的服务费用

C. 施工合同签订时尚未确定的工程设备采购的费用

D. 在高海拔特殊地区施工增加的费用

E. 工程施工中合同约定调整因素出现时工程价款调整的费用

（四）规费

与按费用构成要素划分的建筑安装工程费用项目组成中规费定义相同。

（五）税金

本部分内容一般不会单独进行考查，仅做了解即可。

三、建筑安装工程费用计算方法

（一）各费用构成要素计算方法

1. 人工费

35. 关于建筑安装工程人工费中日工资单价的说法，正确的有（ ）。

A. 日工资单价是施工企业技术最熟练的生产工人在每工作日应得的工资总额

B. 工程造价管理机构应参考项目实物工程量人工单价综合分析确定日工资单价

C. 最低日工资单价不得低于工程所在地人力资源和社会保障部门发布的最低工资标准

D. 企业投标报价时应自主确定日工资单价

E. 工程计价定额中应根据项目技术要求和工种差别划分多种日工资单价

2. 材料费

36.（2018—36）某建筑施工材料采购原价为 150 元/t，运杂费为 30 元/t，运输损耗率为 0.5%，采购保管费率为 2%，则该材料的单价为（ ）元/t。

A. 184.52

B. 183.75

C. 153.77

D. 123.01

37.（2021—36）某材料的出厂价 2500 元/t，运杂费 80 元/t，运输损耗率 1%，采购保管费率 2%，则该材料的（预算）单价为（ ）元/t。

A. 2575.50

B. 2655.50

C. 2657.40

D. 2657.92

3. 施工机具使用费

38.（2016—37）施工单位以 60 万元价格购买一台挖掘机，预计可使用 1000 个台班，残值率为 5%。施工单位使用 15 个日历天，每日历大按 2 个台班计算，司机每台班工资与台班动力费等合计为 100 元，该台挖掘机的使用费为（　　）万元。

    A．1.41   B．1.71

    C．1.86   D．2.01

39．（2019—39）某施工机械预算价格为 30 万元，残值率为 2%，折旧年限为 10 年，年平均工作 225 个台班，采用平均折旧法计算，则该施工机械的台班折旧费为（　　）元。

    A．130.67   B．133.33

    C．1306.67   D．1333.33

40．某施工机械预算价格为 65 万元，预计残值率为 3%，折旧年限为 5 年（年限平均法折旧），每年工作 250 台班。折旧年限内预计每年大修理 1 次，每次费用为 3 万元。机械台班人工费为 130 元，台班燃料动力费为 15 元，台班车船税费为 10 元，不计台班安拆费及场外运费和经常修理费，则该机械台班单价为（　　）元。

    A．649.40   B．754.40

    C．779.40   D．795.00

4. 企业管理费费率

41．某施工企业投标报价时确定企业管理费率以人工费为基础计算，据统计资料，该施工企业生产工人年平均管理费为 1.2 万元，年有效施工天数为 240d，人工单价为 300 元/d，人工费占分部分项工程费的比例为 75%，则该企业的企业管理费费率应为（　　）。

    A．12.15%   B．12.50%

    C．16.67%   D．22.22%

5. 利润

本部分内容一般不会单独进行考查，仅做了解即可。

6. 规费

42．（2014—36）建筑安装工程费中工伤保险费的计算基础是（　　）。

    A．定额直接费   B．定额人工费

    C．定额人工费和机械费   D．定额人工费和材料费

43．（2016—38）根据建筑安装工程费用相关规定，规费中住房公积金的计算基础是（　　）。

    A．定额人工费   B．定额材料费

    C．定额机械费   D．分部分项工程费

7. 税金

44．（2020—36）当采用一般计税方法计算计入建筑安装工程造价的增值税销项税额时，增值税的税率为（　　）。

    A．3%   B．6%

    C．9%   D．13%

45．（2022—37）某项目分部分项工程费 3000 万元，措施项目费 90 万元，其中安全文明施工费 60 万元，其他项目费 80 万元，规费 40.5 万元，以上费用均不含增值税

进项税额。则该项目的增值税销项税额为（　　）万元。

    A．96.315

    B．283.545

    C．288.945

    D．321.050

（二）建筑安装工程计价公式

46．国家计量规范规定不宜计量的措施项目费的通用计算方法是（　　）。

    A．∑（措施项目工程量 × 综合单价）

    B．∑（计算基数 × 相应费率）

    C．∑（直接工程费 × 相应费率）

    D．∑（措施项目项数 × 综合单价）

四、建筑安装工程计价程序

47．（2019—36）某招标工程，分部分项工程费为41000万元（其中定额人工费占15%），措施项目费以分部分项工程费的2.5%计算，暂列金额800万元，规费以定额人工费为基础计算，规费费率为8%，税率为9%。则该工程的最高投标限价为（　　）万元。

    A．46343.530

    B．47143.530

    C．47215.530

    D．47247.794

48．某建设项目分部分项工程的费用为20000万元（其中定额人工费占分部分项工程费的15%），措施项目费为500万元，其他项目费为740万元。以上数据均不含增值税。规费为分部分项工程定额人工费的8%，增值税税率为9%，则该项目的最高投标限价为（　　）万元。

    A．23151.60

    B．23413.20

    C．24895.60

    D．26421.60

五、国际工程项目建筑安装工程费用的构成

1．直接费

49．在国外建筑安装工程费用构成中，直接费包括（　　）。

    A．人工费

    B．分包费

    C．材料设备费

    D．总部管理费

    E．施工机械使用费

2．间接费

50．在国外建筑安装工程费用构成中，间接费包括（　　）。

    A．暂列金额

    B．现场管理费

    C．材料设备费

    D．临时设施工程费

    E．保函手续费

3．分包费

本部分内容仅做了解即可。

4. 公司总部管理费

本部分内容仅做了解即可。

5. 暂列金额

51.（2010—32）国际工程项目建筑安装工程费用构成中，暂列金额属于（　　）。

A. 业主方的备用金　　　　　　　　　B. 承包商的风险准备金

C. 建筑安装工程的暂定单价　　　　　D. 工程师风险控制基金

6. 盈余

本部分内容仅做了解即可。

习题答案及解析

1. D	2. B	3. B	4. B	5. AB
6. B	7. D	8. D	9. A	10. ABDE
11. D	12. A	13. C	14. A	15. D
16. ABD	17. ADE	18. D	19. A	20. C
21. AD	22. A	23. B	24. C	25. B
26. A	27. D	28. B	29. D	30. B
31. ABCE	32. ABDE	33. ACE	34. ACE	35. BCDE
36. A	37. D	38. D	39. A	40. C
41. C	42. B	43. A	44. C	45. C
46. B	47. C	48. B	49. ACE	50. BDE
51. A				

【解析】

4. B。在 2013、2018、2019、2020 年度的考试中，同样对本题涉及的采分点进行了考查，且提问形式基本与本题一致。

10. ABDE。E 选项属于施工机具使用费；C 选项属于企业管理费；B 选项考查的是施工机械使用费中人工费的定义，施工机械使用费中人工费是指机上司机（司炉）和其他操作人员的人工费。在 2013、2016、2019 年度的考试中，同样对本题涉及的采分点进行了考查，且提问形式基本与本题一致。

13. C。在 2019 年度的考试中，同样对本题涉及的采分点进行了考查。

14. A。在 2014、2016 年度的考试中，同样对本题涉及的采分点进行了考查。

16. ABD。在 2017 年度的考试中，同样对本题涉及的采分点进行了考查。

17. ADE。选项 B 属于规费；选项 C 属于人工费。在 2021 年度的考试中，同样对本题涉及的采分点进行了考查。

21. AD。在 2011、2014、2016 年度的考试中，同样对本题涉及的采分点进行了考查，且提问形式基本与本题一致。

35．BCDE。选项 A 错误，日工资单价是指施工企业平均技术熟练程度的生产工人在每工作日（国家法定工作时间内）按规定从事施工作业应得的日工资总额。

36．A。材料单价 =[（材料原价 + 运杂费）×（1+ 运输损耗率（%））]×[1+ 采购保管费率（%）]=（150+30）×（1+0.5%）×（1+2%）=184.52 万元。

37．D。材料单价 =（原价 + 运杂费）×（1+ 运输损耗率）×（1+ 采购保险费率）=（2500+80）×（1+1%）×（1+2%）=2657.92 元 /t。

38．D。机械台班单价 = 台班折旧费 + 台班大修费 + 台班经常修理费 + 台班安拆费及场外运费 + 台班人工费 + 台班燃料动力费 + 台班车船税费，台班折旧费 = 机械预算价格 ×（1– 残值率）/ 耐用总台班数 =60×（1–5%）/1000=0.057 万元 / 台班，施工单位使用台班 =15×2=30 台班，施工机械使用费 =30×（0.057+0.01）=2.01 万元。

39．A。本题考核的是台班折旧费的计算。耐用总台班数 = 折旧年限 × 年工作台班 =10×225 = 2250 台班；台班折旧费 = 机械预算价格 ×（1– 残值率）/ 耐用总台班数 = 300000×（1–2%）/2250 = 130.67 元。

40．C。本题的计算过程为：

耐用总台班数 = 折旧年限 × 年工作台班。

台班折旧费 =[65×（1 − 3%）]/（5×250）=0.05044 万元 =504.40 元。

台班大修理费 =3×5/（5×250）=0.012 万元 =120 元。

机械台班单价 = 台班折旧费 + 台班大修费 + 台班经常修理费 + 台班安拆费及场外运费 + 台班人工费 + 台班燃料动力费 + 台班车船税费 =504.40+120+130+15+10=779.40 元。

41．C。以人工费为计算基础：

$$企业管理费费率（\%）=\frac{生产工人年平均管理费}{年有效施工天数 \times 人工单价} \times 100\% =1.2 \times 10000/（240 \times 300）$$

$$=16.67\%。$$

45．C。增值税销项税额 = 税前造价 ×9%。税前造价为人工费、材料费、施工机具使用费、企业管理费、利润和规费之和，各费用项目均不包含增值税可抵扣进项税额的价格计算。增值税销项税额 =（3000+90+80+40.5）×9%=288.945 万元。

47．C。工程最高投标限价计算过程如下：

工程最高投标限价计算过程

序号	内容	计算方法	计算结果（万元）
1	分部分项工程费	按计价规定计算	41000
2	措施项目费	按计价规定计算	41000×2.5%=1025
2.1	其中：安全文明施工费	按规定标准计算	
3	其他项目费		800
3.1	其中：暂列金额	按计价规定估算	
3.2	其中：专业工程暂估价	按计价规定估算	
3.3	其中：计日工	按计价规定估算	

序号	内容	计算方法	计算结果（万元）
3.4	其中总承包服务费	按计价规定估算	
4	规费	按规定标准计算	$41000 \times 15\% \times 8\% = 492$
5	税金（扣除不列入计税范围的工程设备金额）	$(1+2+3+4) \times$ 规定税率	$(41000+1025+800+492) \times 9\% = 3898.530$
最高投标限价 $=1+2+3+4+5=41000+1025+800+492+3898.530 = 47215.530$ 万元			

48．B。采用工程量清单计价时，最高投标限价的编制内容包括：分部分项工程费、措施项目费、其他项目费、规费和税金。该项目的最高投标限价 $=$（20000+500+740+20000$\times$15%$\times$8%）$\times$（1+9%）=23413.20 万元。

注：由于《招标投标法实施条例》中规定的最高投标限价已取代《建设工程量清单计价规范》中规定的招标控制价，因此本书统一表述为最高投标限价。

第三节 设备、工器具购置费用组成和计算

知识导学

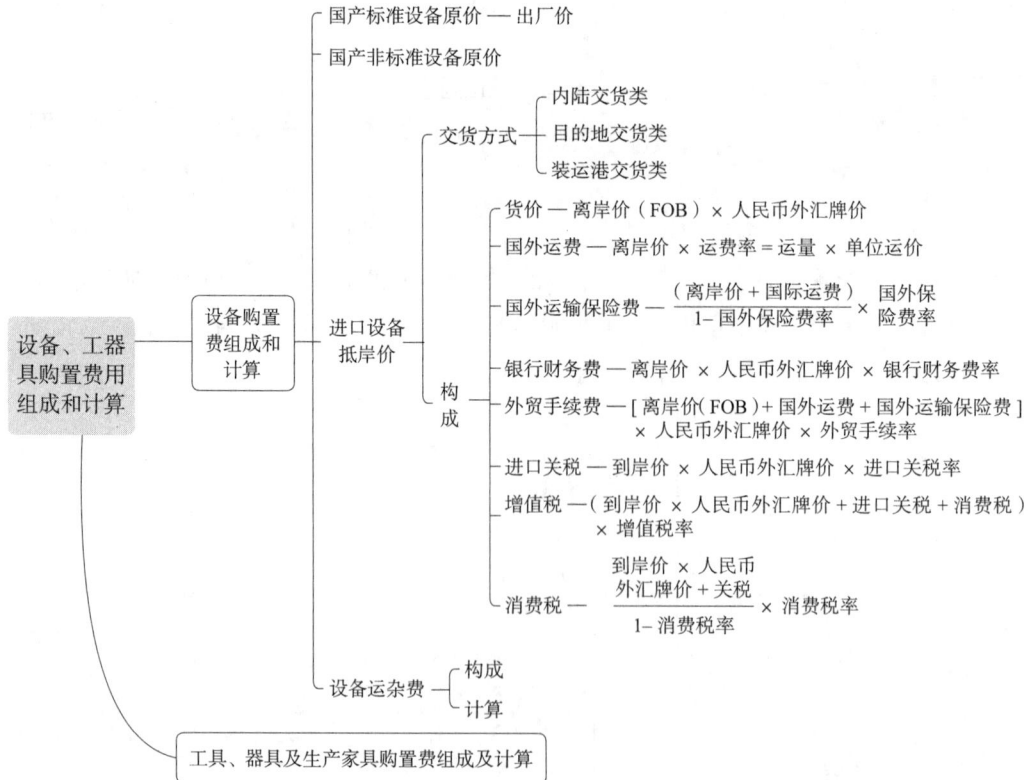

习题汇总

一、设备购置费组成和计算

（一）国产标准设备原价

1.（2012—30）国产标准设备原价一般是指（　　）。

A. 设备出厂价与采购保管费之和
B. 设备购置费
C. 设备出厂价与运杂费之和
D. 设备出厂价

2. 编制设计概算时，国产标准设备的原价一般选用（　　）。

A. 不含备件的出厂价
B. 设备制造厂的成本价
C. 带有备件的出厂价
D. 设备制造厂的出厂价加运杂费

（二）国产非标准设备原价

3.（2007—35）国产非标准设备原价的确定可采用（　　）等方法。

A. 成本计算估价法和系列设备插入估价法

B. 成本计算估价法和概算指标法

C. 分部组合估价法和百分比法

D. 概算指标法和定额估价法

4. 关于国产设备原价的说法，正确的有（　　）。

A. 非标准国产设备原价中应包含运杂费

B. 国产标准设备的原价一般是指出厂价

C. 由设备成套公司供应的国产标准设备，原价为订货合同价

D. 国产标准设备在计算原价时，一般按带有备件的出厂价计算

E. 非标准国产设备原价的计算方法应简便，并使估算价接近实际出厂价

（三）进口设备抵岸价的构成及其计算

1. 进口设备的交货方式

5.（2010—95）进口设备装运港交货价包括（　　）。

A. 离岸价
B. 到岸价
C. 船边交货价
D. 运费在内价
E. 完税后交货价

6.（2012—96）进口设备的交货方式有（　　）。

A. 内陆交货
B. 目的地交货
C. 场址交货
D. 装运港交货
E. 海上交货

7.（2015—98）某进口设备采用装运港船上交货价（FOB），该设备的到岸价除货价外，还应包括（　　）。

A. 进口关税
B. 边境口岸至工地仓库的运费

C．国外运费 D．国外运输保险费

E．进口产品增值税

8．（2017—99）进口设备采用装运港船上交货时，买方的责任有（　　）。

A．承担货物装船前的一切费用 B．承担货物装船后的一切费用

C．负责租船或订舱，支付费用 D．负责办理保险及支付保险费

E．提供出口国有关方面签发的证件

2．进口设备抵岸价的构成

9．进口设备外贸手续费的计算公式为：外贸手续费 =（　　）× 人民币外汇牌价 ×
外贸手续费率。

A．离岸价 B．离岸价 + 国外运费

C．离岸价 + 国外运输保险费 D．到岸价

10．进口设备关税的计算公式为：进口关税 =（　　）× 人民币外汇牌价 × 进口关税率。

A．离岸价 B．到岸价

C．离岸价 + 国外运费 D．离岸价 + 国外运输保险费

11．（2006—37）进口设备银行财务费的计算公式为：银行财务费 =（　　）× 人民
币外汇牌价 × 银行财务费率。

A．离岸价 B．到岸价

C．离岸价 + 国外运费 D．到岸价 + 外贸手续费

12．（2007—98）进口设备的 CIF 价包括了设备的（　　）。

A．货价 B．运杂费

C．国外运输费 D．关税

E．国外运输保险费

13．（2012—31）进口设备增值税额应以（　　）乘以增值税率计算。

A．到岸价格 B．离岸价格

C．关税与消费税之和 D．组成计税价格

14．某进口设备人民币货币 400 万元，国际运费折合人民币 30 万元，运输保险费
率为 3‰，则该设备应计的运输保险费折合人民币（　　）万元。

A．1.200 B．1.204

C．1.290 D．1.294

15．（2017—36）某进口设备，按人民币计算的离岸价为 2000 万元，国外运费
160 万元，国外运输保险费 9 万元，银行财务费 8 万元。则该设备进口关税的计算基
数是（　　）万元。

A．2000 B．2160

C．2169 D．2177

16．（2017—100）进口设备抵岸价的构成部分有（　　）。

A．设备到岸价 B．外贸手续费

C. 设备运杂费　　　　　　　　　　　D. 进口设备增值税

E. 进口设备检验鉴定费

17.（2020—37）某进口设备，装运港船上交货价（FOB）10 万美元，国外运费 1 万美元，国外运输保险费 0.029 万美元，关税税率 10%，银行外汇牌价为 1 美元 = 7.10 元人民币，没有消费税。则该进口设备计算增值税时的组成计税价格为（　）万元人民币。

A. 71.21　　　　　　　　　　　　　B. 78.31

C. 78.83　　　　　　　　　　　　　D. 86.14

18.（2021—37）某进口设备，按人民币计算的离岸价格 210 万元，国外运费 5 万元，国外运输保险费 0.9 万元。进口关税税率 10%，增值税税率 13%，不征收消费税，则该进口设备应纳增值税税额为（　）万元。

A. 27.300　　　　　　　　　　　　B. 28.067

C. 30.797　　　　　　　　　　　　D. 30.874

19.（2022—38）某进口设备按人民币计算，离岸价为 100 万元，到岸价为 112 万元，增值税税率为 13%，进口关税税率为 5%。则该进口设备的关税为（　）万元。

A. 5.000　　　　　　　　　　　　B. 5.600

C. 5.650　　　　　　　　　　　　D. 6.328

（四）设备运杂费

1. 设备运杂费的构成

20.（2003—98）下述属于设备工器具购置费的有（　）。

A. 国产设备从交货地点至工地仓库的运费　　B. 进口设备银行财务费

C. 进口设备检验鉴定费　　　　　　　　　　D. 进口设备仓库保管费

E. 为进口设备而出国的人员差旅费

21. 某工程采用的进口设备拟由设备成套公司供应，则成套公司的服务费在估价时应计入（　）。

A. 建设管理费　　　　　　　　　　B. 设备原价

C. 进口设备抵岸价　　　　　　　　D. 设备运杂费

22. 关于国产设备运杂费的说法，正确的是（　）。

A. 国产设备运杂费包括由设备制造厂交货地点运至工地仓库所发生的运费

B. 国产设备运至工地后发生的装卸费不应包括在运杂费中

C. 运杂费在计取时不区分沿海和内陆，统一按运输距离估算

D. 工程承包公司采购设备的相关费用不应计入运杂费

2. 设备运杂费的计算

23. 关于设备运杂费的构成及计算的说法中，正确的有（　）。

A. 运费和装卸费是由设备制造厂交货地点至施工安装作业面所发生的费用

B. 进口设备运杂费是由我国到岸港口或边境车站至工地仓库所发生的费用

C. 原价中没有包含的、为运输而进行包装所支出的各种费用应计入包装费

D. 采购与仓库保管费不含采购人员和管理人员的工资

E. 设备运杂费为设备原价与设备运杂费率的乘积

二、工具、器具及生产家具购置费组成及计算

24. 下列费用项目中，属于工器具及生产家具购置费计算内容的是（　　）。

A. 未达到固定资产标准的设备购置费

B. 达到固定资产标准的生活家具购置费

C. 引进设备时备品备件的测绘费

D. 引进设备的专利使用费

习题答案及解析

1. D	2. C	3. A	4. BCDE	5. ABD
6. ABD	7. CD	8. BCD	9. D	10. B
11. A	12. ACE	13. D	14. D	15. C
16. ABD	17. D	18. D	19. B	20. ABD
21. D	22. A	23. CE	24. A	

【解析】

1. D。在 2003 年度的考试中，同样对本题涉及的采分点进行了考查，且提问形式基本与本题一致。

7. CD。A、E 选项属于设备抵岸价。B 选项属于设备运杂费。

15. C。该设备进口关税的计算基数 =2000+160+9=2169 万元。

16. ABD。在 2002 年度的考试中，同样对本题涉及的采分点进行了考查。

17. D。到岸价 =10+1+0.029=11.029 万美元，则该进口设备计算增值税时的组成计税价格 =11.029×7.10+11.029×7.10×10%+0=86.14 万元人民币。

18. D。进口设备到岸价 = 离岸价 + 国外运费 + 国外运输保险费 =210+5+0.9= 215.9 万元，进口设备增值税税额 =（到岸价 + 进口关税 + 消费税）× 增值税 =（215.9+215.9×10%）×13%=30.874 万元。在 2019 年度的考试中，同样对本题涉及的采分点进行了考查。

19. B。进口关税 = 到岸价 × 人民币外汇牌价 × 进口关税率 =112×5%=5.600 万元。在 2014 年度的考试中，同样对本题涉及的采分点进行了考查。

> **总结：进口设备抵岸价的构成及其计算**
>
> 计算公式比较多，在记忆上容易混淆，下面给考生总结一个方法，可以快速的记忆。

（1）在到岸之前会产生 4 个费用，它们是货价、国外运费、国外运输保险费和银行财务费（三费一价），它们的计算基数是离岸价，乘以相应费费率或汇率。

（2）在到岸之后会产生 4 个费用，它们是外贸手续费、进口关税、增值税和消费税（三税一费），它们的计算基数是到岸价，乘以相应费费率或税率。

（3）特殊的公式是国外运输保险费、消费税，需要特别记忆。

第四节　工程建设其他费用、预备费、建设期利息、铺底流动资金组成和计算

知识导学

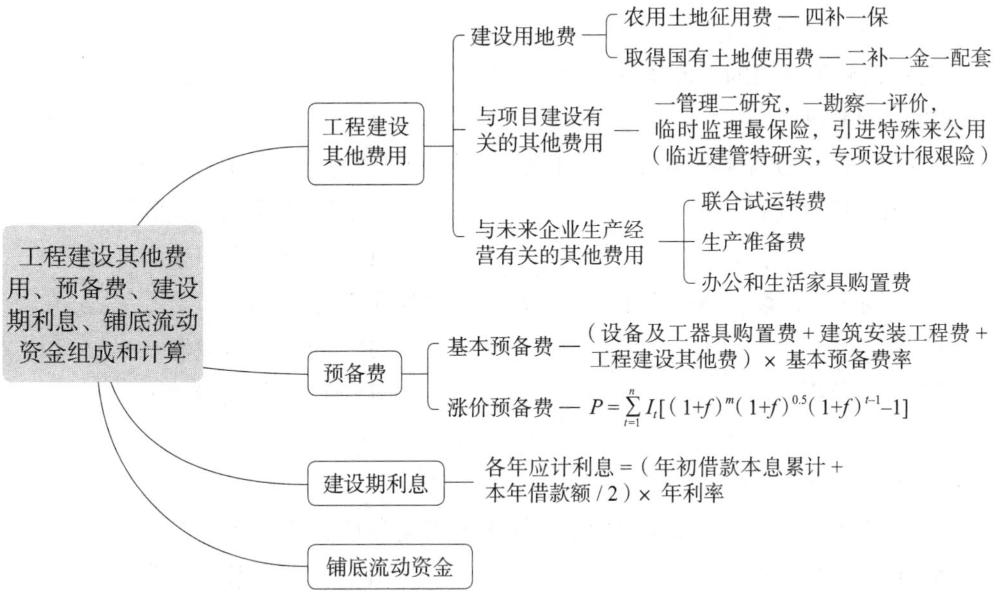

习题汇总

一、工程建设其他费用

（一）建设用地费

1. 农用土地征用费

1. 农用土地征用费由（　）等组成，并按被征用土地的原用途给予补偿。

A. 土地使用费
B. 安置补助费

C. 城市建设配套费
D. 农村村民住宅补偿费

E. 土地补偿费

2. 征用农用地的土地补偿费、安置补助费标准由省、自治区、直辖市通过制定公布区片综合地价确定，制定区片综合地价应当综合考虑（　　）。

A. 地上附着物　　　　　　　　　　　B. 土地产值

C. 土地资源条件　　　　　　　　　　D. 经济社会发展水平

E. 土地现用途

3. 建设项目施工需要临时用地由县级以上人民政府自然资源主管部门批准，期限一般不超（　　）年。

A. 2　　　　　　　　　　　　　　　B. 1

C. 3　　　　　　　　　　　　　　　D. 4

2. 取得国有土地使用费

4.（2019—100）取得国有土地使用费包括（　　）。

A. 土地使用权出让金　　　　　　　　B. 青苗补偿费

C. 城市建设配套费　　　　　　　　　D. 拆迁补偿费

E. 临时安置补助费

（二）与项目建设有关的其他费用

1. 建设单位管理费

5.（2016—39）下列费用中，属于建设单位管理费的是（　　）。

A. 可行性研究费　　　　　　　　　　B. 工程竣工验收费

C. 环境影响评价费　　　　　　　　　D. 劳动安全卫生评价费

6. 下列工程建设其他费用中，属于建设单位管理费的有（　　）。

A. 工程招标费　　　　　　　　　　　B. 可行性研究费

C. 工程监理费　　　　　　　　　　　D. 竣工验收费

E. 固定资产使用费

2. 可行性研究费

7. 下列建设工程项目相关费用中，属于工程建设其他费用的是（　　）。

A. 可行性研究费　　　　　　　　　　B. 建筑安装工程费

C. 设备及工器具购置费　　　　　　　D. 预备费

3. 研究试验费

8.（2003—34）在某工程的施工过程中，承包商对混凝土搅拌设备的加水计量器进行改进研究，经改进成功用于本工程，则该项研究费应在（　　）中支付。

A. 业主方的研究试验费　　　　　　　B. 业主方的预备费

C. 承包方的预备费　　　　　　　　　D. 承包方的研究试验费

9. 下列费用项目中，属于工程建设其他费中研究试验费的是（　　）。

A. 新产品试制费

B. 水文地质勘察费

C．特殊设备安全监督检验费

D．委托专业机构验证设计参数而发生的验证费

4. 勘察设计费

10．为建设工程提供项目建议书、可行性研究报告及设计文件等所需费用称为（　　）。

A．可行性研究费

B．勘察设计费

C．专项评价费

D．建设单位经费

5. 专项评价费

11．下列费用中，属于专项评价费的是（　　）。

A．工程咨询费

B．研究试验费

C．业务招待费

D．节能评估费

6. 临时设施费

12．建设期间建设单位所需临时设施的搭设、维修、摊销费用或租赁费用应计入（　　）。

A．其他项目费

B．工程建设其他费

C．规费

D．措施项目费

7. 建设工程监理费

13．下列费用中，属于与建设项目有关的其他费用是（　　）。

A．联合试运转费

B．生产准备费

C．工程监理费

D．办公和生活家具购置费

8. 工程保险费

14．建设工程在建设期间根据需要对建筑工程、安装工程、机器设备和人身安全进行投保而发生的保险费用应计入（　　）。

A．其他项目费

B．工程建设其他费

C．企业管理费

D．措施项目费

9. 引进技术和进口设备其他费

15．（2005—31）在建设项目中，按规定支付给商品检验部门的进口设备检验鉴定费用应计入（　　）。

A．引进技术和进口设备其他费

B．建设单位管理费

C．设备安装工程费

D．进口设备购置费

16．（2021—99）下列费用中，属于引进技术和进口设备其他费的有（　　）。

A．单台设备调试费用

B．进口设备检验鉴定费用

C．设备无负荷联动试运转费用

D．国外工程技术人员来华费用

E．生产职工培训费用

10. 特殊设备安全监督检验费

本部分内容一般不会单独进行考查。

11. 市政公用设施费

17. 下列费用中，属于"与项目建设有关的其他费用"的有（　　）。

A. 建设单位管理费
B. 工程监理费
C. 建设单位临时设施费
D. 施工单位临时设施费
E. 市政公用设施费

（三）与未来企业生产经营有关的其他费用

1. 联合试运转费

18. 下列费用中，属于工程建设其他费用中的联合试运转费的是（　　）。

A. 试运转过程中所需的机械使用费

B. 试运转过程中因施工质量原因发生的处理费用

C. 单台设备调试及试车费用

D. 试运转过程中设备缺陷发生的处理费用

2. 生产准备费

19.（2005—33）生产单位提前进厂参加施工、设备安装、调试的人员，其工资、工资性补贴等费用应从（　　）中支付。

A. 建筑安装工程费
B. 设备工器具购置费
C. 建设单位管理费
D. 生产准备费

20.（2015—38）下列费用中，属于生产准备费的是（　　）。

A. 联合试运转费
B. 办公家具购置费
C. 工程保险费
D. 生产职工培训费

3. 办公和生活家具购置费

21. 办公和生活家具购置费按照设计定员人数乘以（　　）计算。

A. 单项指标
B. 差旅交通费
C. 综合指标
D. 职工福利费

22. 下列工程建设投资中，属于与未来生产经营有关的其他费用的有（　　）。

A. 联合试运转费
B. 建设单位管理费
C. 生产家具购置费
D. 办公家具购置费
E. 生产职工培训费

23.（2018—100）下列费用中，属于工程建设其他费用的有（　　）。

A. 进口设备检验鉴定费
B. 施工单位临时设施费
C. 建设单位临时设施费
D. 环境影响评价费
E. 进口设备银行手续费

二、预备费

1. 基本预备费

24. 在建设工程项目总投资组成中的基本预备费主要是为（　　）而预留的。

A. 建设期内材料价格上涨增加的费用

B. 因施工质量不合格返工增加的费用

C. 设计变更增加工程量的费用

D. 因业主方拖欠工程款增加的承包商贷款利息

25.（2011—33）某工程，设备及工器具购置费为 5000 万元，建筑安装工程费为 10000 万元，工程建设其他费为 4000 万元，铺底流动资金为 6000 万元，基本预备费率为 5%。该项目估算的基本预备费为（　）万元。

A. 500

B. 750

C. 950

D. 1250

26. 某建设项目实施到第 2 年时，由于规范变化导致某分项工程量增加，因此增加的费用应从建设投资中的（　）支出。

A. 基本预备费

B. 涨价预备费

C. 建设期利息

D. 工程建设其他费用

2. 涨价预备费

27. 某建设项目静态投资为 10000 万元，项目建设前期年限为 1 年，建设期为 2 年，第 1 年完成投资 40%，第 2 年完成投资 60%。在年平均价格上涨率为 6% 的情况下，该项目涨价预备费应为（　）万元。

A. 666.3

B. 981.6

C. 1306.2

D. 1640.5

28. 某建设项目设备及工器具购置费为 600 万元，建筑安装工程费为 1200 万元，工程建设其他费为 100 万元，基本预备费率 5%，建设期 2 年，建设期内预计年平均价格总水平上涨率为 5%，则该项目的涨价预备费的计算基数应为（　）万元。

A. 1900

B. 1200

C. 700

D. 1995

三、建设期利息

29. 某新建项目，建设期为 3 年，共向银行借款 1300 万元，其中第 1 年借款 700 万元，第 2 年借款 600 万元，借款在各年内均衡使用，年利率为 6%，建设期每年计息，但不还本付息，则第 3 年应计的借款利息为（　）万元。

A. 0

B. 82.94

C. 85.35

D. 104.52

30.（2016—99）某项目，建设期为 2 年，项目投资部分为银行贷款，贷款年利率为 4%，按年计息且建设期不支付利息，第 1 年贷款额为 1500 万元，第 2 年贷款额 1000 万元，假设贷款在每年的年中支付，建设期贷款利息的计算，正确的有（　）。

A. 第 1 年的利息为 30 万元

B. 第 2 年的利息为 60 万元

C. 第 2 年的利息为 81.2 万元

D. 第 2 年的利息为 82.4 万元

E．两年的总利息为 112.4 万元

31．（2021—38）某新建项目，建设期 2 年，计划银行贷款 3000 万元，第一年贷款 1800 万元，第二年贷款 1200 万元，年利率 5%。则该项目估算的建设期利息为（   ）万元。

A．90.00
B．167.25
C．240.00
D．244.50

四、铺底流动资金

32．铺底流动资金是指生产性建设工程为保证生产和经营正常进行，按规定应列入建设工程总投资的铺底流动资金。一般按流动资金的（   ）计算。

A．10%
B．15%
C．20%
D．30%

习题答案及解析

1．BDE	2．BCE	3．A	4．ACDE	5．B
6．ADE	7．A	8．D	9．D	10．B
11．D	12．B	13．C	14．B	15．A
16．BD	17．ABCE	18．A	19．D	20．D
21．C	22．ADE	23．ACD	24．C	25．C
26．A	27．C	28．D	29．B	30．AC
31．B	32．D			

【解析】

4．ACDE。本题的错误选项是农用土地征用费的组成，考生一定要区别。农用土地征用费由土地补偿费、安置补助费、土地投资补偿费、土地管理费、耕地占用税等组成，并按被征用土地的原用途给予补偿。征用耕地的补偿费用包括土地补偿费、安置补助费以及地上附着物和青苗的补偿费。取得国有土地使用费包括：土地使用权出让金、城市建设配套费、拆迁补偿与临时安置补助费等。在 2008、2012 年度的考试中，同样对本题涉及的采分点进行了考查。

5．B。建设单位管理费内容包括：（1）建设单位开办费；（2）建设单位经费：包括工作人员的基本工资、工资性津贴、职工福利费、劳动保护费、劳动保险费、办公费、差旅交通费、工会经费、职工教育经费、固定资产使用费、工具用具使用费、技术图书资料费、生产人员招募费、工程招标费、合同契约公证费、工程质量监督检测费、工程咨询费、法律顾问费、审计费、业务招待费、排污费、竣工交付使用清理及竣工验收费、后评估等费用。不包括应计入设备、材料预算价格的建设单位采购及保管设备材料所需的费用。在 2004、2014 年度的考试中，同样对本题涉及的采分点进行了考查。

16．BD。引进技术及进口设备其他费用，包括出国人员费用、国外工程技术人员来华费用、技术引进费、分期或延期付款利息、担保费以及进口设备检验鉴定费。在2011、2013年度的考试中，同样对本题涉及的采分点进行了考查，且提问形式基本与本题一致。

20．D。生产准备费包括：（1）生产职工培训费。（2）生产单位提前进厂参加施工、设备安装、调试等以及熟悉工艺流程及设备性能等人员的工资、工资性补贴、职工福利费、差旅交通费、劳动保护费等。在2009年度的考试中，同样对本题涉及的采分点进行了考查，且提问形式基本与本题一致。

23．ACD。在2009、2014年度的考试中，同样对本题涉及的采分点进行了考查，且提问形式基本与本题一致。

25．C。基本预备费 =（5000+10000+4000）×5%=950万元。

27．C。根据公式：

$$P = \sum_{t=1}^{n} I_t [(1+f)^m (1+f)^{0.5} (1+f)^{t-1} - 1]$$

第1年涨价预备费 =10000×40%×[（1+6%）×（1+6%）$^{0.5}$ — 1]=365.3万元；

第2年涨价预备费 =10000×60%×[（1+6%）×（1+6%）$^{0.5}$×（1+6%）— 1]=940.9万元；

项目涨价预备费 =365.3+940.9=1306.2万元。

28．D。基本预备费 =（600+1200+100）×5%=95万元。涨价预备费的计算基数 =600+1200+100+95=1995万元。

29．B。计算过程为：

第1年：700/2×6% =21万元；

第2年：（700+21+600/2）×6% =61.26万元；

第3年：（700+600+21+61.26）×6% =82.94万元。

30．AC。各年应计利息 =（年初借款利息累计 + 本年借款额 /2）× 年利率，第1年的利息 =（1500/2）×4%=30万元；第2年的利息 =（1500+30+1000/2）×4%=81.2万元。建设期利息总和 =30+81.2=111.2万元。

31．B。建设期第1年应计利息：1800/2×5%=45万元，第2年应计利息：（1800+45+1200/2）×5%=122.25万元，建设期利息 =45+122.25=167.25万元。建设期利息的计算要注意，问题是计算哪一年的利息，还是总的利息。在2002、2005、2006、2008、2010、2015、2019年度的考试中，同样对本题涉及的采分点进行了考查，且提问形式基本与本题一致。

第三章

建设工程项目投融资

第一节　工程项目资金来源

知识导学

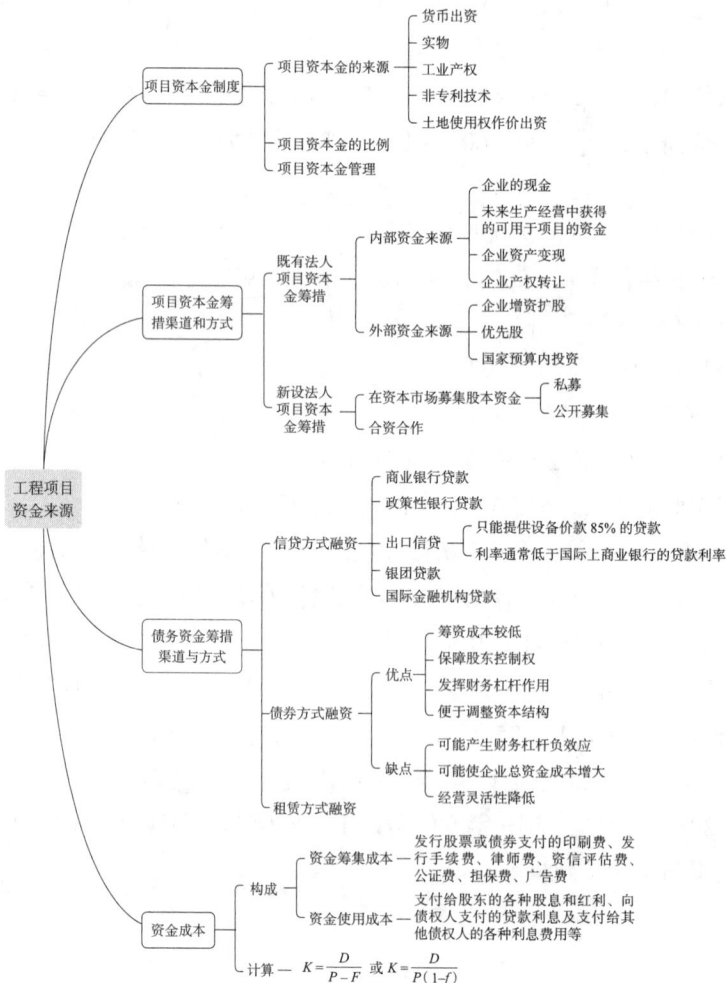

工程项目资金来源

- 项目资本金制度
  - 项目资本金的来源
    - 货币出资
    - 实物
    - 工业产权
    - 非专利技术
    - 土地使用权作价出资
  - 项目资本金的比例
  - 项目资本金管理

- 项目资本金筹措渠道和方式
  - 既有法人项目资本金筹措
    - 内部资金来源
      - 企业的现金
      - 未来生产经营中获得的可用于项目的资金
      - 企业资产变现
      - 企业产权转让
    - 外部资金来源
      - 企业增资扩股
      - 优先股
      - 国家预算内投资
  - 新设法人项目资本金筹措
    - 在资本市场募集股本资金
      - 私募
      - 公开募集
    - 合资合作

- 债务资金筹措渠道与方式
  - 信贷方式融资
    - 商业银行贷款
    - 政策性银行贷款
    - 出口信贷
      - 只能提供设备价款85%的贷款
      - 利率通常低于国际上商业银行的贷款利率
    - 银团贷款
    - 国际金融机构贷款
  - 债券方式融资
    - 优点
      - 筹资成本较低
      - 保障股东控制权
      - 发挥财务杠杆作用
      - 便于调整资本结构
    - 缺点
      - 可能产生财务杠杆负效应
      - 可能使企业总资金成本增大
      - 经营灵活性降低
  - 租赁方式融资

- 资金成本
  - 构成
    - 资金筹集成本 —— 发行股票或债券支付的印刷费、发行手续费、律师费、资信评估费、公证费、担保费、广告费
    - 资金使用成本 —— 支付给股东的各种股息和红利、向债权人支付的贷款利息及支付给其他债权人的各种利息费用等
  - 计算 —— $K = \dfrac{D}{P - F}$ 或 $K = \dfrac{D}{P(1-f)}$

习题汇总

一、项目资本金制度

1. 项目资本金是指（　　）。

A. 项目建设单位的注册资金

B. 项目总投资中的固定资产投资部分

C. 项目总投资中由投资者认缴的出资额

D. 项目开工时已经到位的资金

2. 关于项目资本金性质或特征的说法，正确的是（　　）。

A. 项目资本金是债务性资金

B. 项目法人不承担项目资本金的利息

C. 投资者不可转让其出资

D. 投资者可以任何方式抽回其出资

3. 关于项目资本金的说法，正确的是（　　）。

A. 项目资本金是债务性资金

B. 项目法人要承担项目资本金的利息

C. 投资者可转让项目资本金

D. 投资者可抽回项目资本金

1. 项目资本金的来源

4. 项目资本金可以用货币出资，也可用（　　）作价出资。

A. 实物　　　　　　　　　　　　　　B. 工业产权

C. 专利技术　　　　　　　　　　　　D. 企业商誉

E. 土地所有权

5. （2021—39）除国家对采用高新技术成果有特别规定外，固定资产投资项目资本金中以工业产权、非专利技术作价出资的比例不得超过该项目资本金总额的（　　）。

A. 10%　　　　　　　　　　　　　　B. 15%

C. 20%　　　　　　　　　　　　　　D. 50%

2. 项目资本金的比例

6. 根据《国务院关于调整和完善固定资产投资项目资本金制度的通知》，对于产能过剩行业中的水泥项目，项目资本金占项目总投资的最低比例为（　　）。

A. 40%　　　　　　　　　　　　　　B. 35%

C. 30%　　　　　　　　　　　　　　D. 25%

7. 根据《国务院关于调整和完善固定资产投资项目资本金制度的通知》，对于城市轨道交通项目，项目资本金占项目总投资的最低比例为（　　）。

A. 40%　　　　　　　　　　　　　　B. 35%

  C. 25%　　　　　　　　　　　　D. 20%

  8. 外商投资企业投资总额在 300 万～1000 万美元，则其注册资本占投资总额的最低比例应为（ ）。

  A. 7/10　　　　　　　　　　　　B. 1/2

  C. 2/5　　　　　　　　　　　　D. 1/3

  9.（2022—39）基础设施领域项目通过发行权益型,股权类金融工具筹措的资本金,不得超过项目资本金总额的（ ）。

  A. 20%　　　　　　　　　　　　B. 30%

  C. 40%　　　　　　　　　　　　D. 50%

3. 项目资本金管理

  10. 关于项目资本金管理的说法，正确的是（ ）。

  A. 投资项目的资本金一次认缴一次到位

  B. 投资项目资本金一般情况下用于项目建设

  C. 凡资本金不落实的投资项目，一律不得开工建设

  D. 主要使用商业银行贷款的投资项目，应将资本金存入国家开发银行指定的银行

  11. 实行资本金制度的投资项目，资本金的筹措情况应当在（ ）中作出详细说明。

  A. 项目建议书　　　　　　　　　B. 项目可行性研究报告

  C. 初步设计文件　　　　　　　　D. 施工招标文件

二、项目资本金筹措渠道和方式

（一）项目资本金筹措渠道和方式

1. 既有法人项目资本金筹措

  12. 既有法人作为项目法人筹措项目资本金时，属于既有法人内部资金来源的是（ ）。

  A. 企业增资扩股　　　　　　　　B. 资本市场发行股票

  C. 在资本市场募集股本资金　　　D. 企业资产变现

  13. 既有法人作为项目法人筹措项目资本金时，属于既有法人外部资金来源的有（ ）。

  A. 企业增资扩股　　　　　　　　B. 企业资产变现

  C. 企业产权转让　　　　　　　　D. 企业发行债券

  E. 企业发行优先股股票

  14. 与发行债券相比，发行优先股的特点是（ ）。

  A. 融资成本较高　　　　　　　　B. 股东拥有公司控制权

  C. 股息不固定　　　　　　　　　D. 股利可在税前扣除

  15. 关于优先股的说法，正确的是（ ）。

A．优先股有还本期限
B．优先股股息不固定

C．优先股股东没有公司的控制权
D．优先股股利在税前扣除

2．新设法人项目资本金筹措

16．新设项目法人的项目资本金，可通过（　　）方式筹措。

A．企业产权转让
B．在证券市场上公开发行股票

C．商业银行贷款
D．在证券市场上公开发行债券

17．下列资金筹措渠道与方式中，新设项目法人可用来筹措项目资本金的是（　　）。

A．发行债券
B．信贷融资

C．融资租赁
D．合资合作

18．由初期设立的项目法人进行的资本金筹措形式主要有（　　）。

A．私募
B．公开募集

C．合资合作
D．发行优先股

E．增资扩股

（二）债务资金筹措渠道与方式

19．债务融资的优点有（　　）。

A．融资速度快
B．融资成本较低

C．融资风险较小
D．还本付息压力小

E．企业控制权增大

1．信贷方式融资

20．在公司融资和项目融资中，所占比重最大的债务融资方式是（　　）。

A．发行股票
B．信贷融资

C．发行债券
D．融资租赁

21．（2020—38）商业银行的中期贷款是指贷款期限（　　）的贷款。

A．1～2年
B．1～3年

C．2～4年
D．3～5年

22．关于信贷方式融资的说法，正确的是（　　）。

A．国际金融机构贷款的期限安排可以有附加条件

B．国外商业银行的贷款利率由各国中央银行决定

C．出口信贷通常需对设备价款全额贷款

D．政策性银行贷款利率通常比商业银行贷款利率高

2．债券方式融资

23．（2021—100）相比其他债务资金筹措渠道与方式，债券筹资的优点有（　　）。

A．保障股东控制权
B．发挥财务杠杆作用

C．便于调整资本结构
D．经营灵活性高

E．筹资成本较低

3. 租赁方式融资

24. 关于融资租赁方式及其特点的说法，正确的有（   ）。

A. 由承租人选定所需设备

B. 由出租人购置所需设备

C. 由出租人计提固定资产折旧

D. 租赁期满后出租人收回设备所有权

E. 租金包括租赁设备的成本、利息及手续费

25. 投资项目债务资金的来源渠道和方式主要有（   ）。

A. 经营租赁　　　　　　　　　　　B. 出口信贷

C. 企业债券　　　　　　　　　　　D. 银行贷款

E. 政府贷款贴息

三、资金成本

（一）资金成本及其构成

1. 资金筹集成本

26. 下列费用中，属于资金筹集成本的有（   ）。

A. 股票发行手续费　　　　　　　　B. 建设投资贷款利息

C. 债券发行公证费　　　　　　　　D. 股东所得红利

E. 债券发行广告费

2. 资金使用成本

27. 下列资金成本中，属于资金占用费的有（   ）。

A. 股息和红利　　　　　　　　　　B. 发行手续费

C. 贷款利息　　　　　　　　　　　D. 发行债券支付的印刷费

E. 筹资过程中支付的广告费

（二）资金成本的性质

28. 关于资金成本性质的说法，正确的是（   ）。

A. 资金成本是指资金所有者的利息收入

B. 资金成本是指资金使用人的筹资费用和利息费用

C. 资金成本一般只表现为时间的函数

D. 资金成本表现为资金占用和利息额的函数

（三）资金成本的作用

29. 不同的资金成本形式有不同的作用，（   ）高低可作为比较各种融资方式优劣的依据。

A. 个别资金成本　　　　　　　　　B. 筹集资金成本

C. 综合资金成本　　　　　　　　　D. 边际资金成本

30. 在比较筹资方式、选择筹资方案时，作为项目公司资本结构决策依据的资金

成本是（　　）。

    A．个别资金成本

    B．筹集资金成本

    C．综合资金成本

    D．边际资金成本

31．不同的资金成本形式有不同的作用，可作为追加筹资决策依据的资金成本是（　　）。

    A．边际资金成本

    B．个别资金成本

    C．综合资金成本

    D．加权资金成本

（四）资金成本的计算

32．某公司发行票面额为 3000 万元的优先股股票，筹资费率为 3%，股息年利率为 15%，则其资金成本率为（　　）。

    A．10.31%

    B．12.37%

    C．14.12%

    D．15.46%

习题答案及解析

1．C	2．B	3．C	4．AB	5．C
6．B	7．D	8．B	9．D	10．C
11．B	12．D	13．AE	14．A	15．C
16．B	17．D	18．ABC	19．AB	20．B
21．B	22．A	23．ABCE	24．ABE	25．ABCD
26．ACE	27．AC	28．B	29．A	30．C
31．A	32．D			

【解析】

6．B。产能过剩行业项目中，水泥项目维持 35% 不变。

8．B。选项 A 是投资总额为 300 万美元以下（含 300 万美元）；C 选项是投资总额 1000 万～3000 万美元（含 3000 万美元）；D 选项是投资总额 3000 万美元以上。

21．B。按照贷款期限，商业银行的贷款分为短期贷款、中期贷款和长期贷款。贷款期限在 1 年以内的为短期贷款，超过 1 年至 3 年的为中期贷款，3 年以上期限的为长期贷款。

32．D。根据公式：$K=D/[P(1-f)]$，可知 $K=3000\times15\%/[3000\times(1-3\%)]=15.46\%$。

第二节　工程项目融资

知识导学

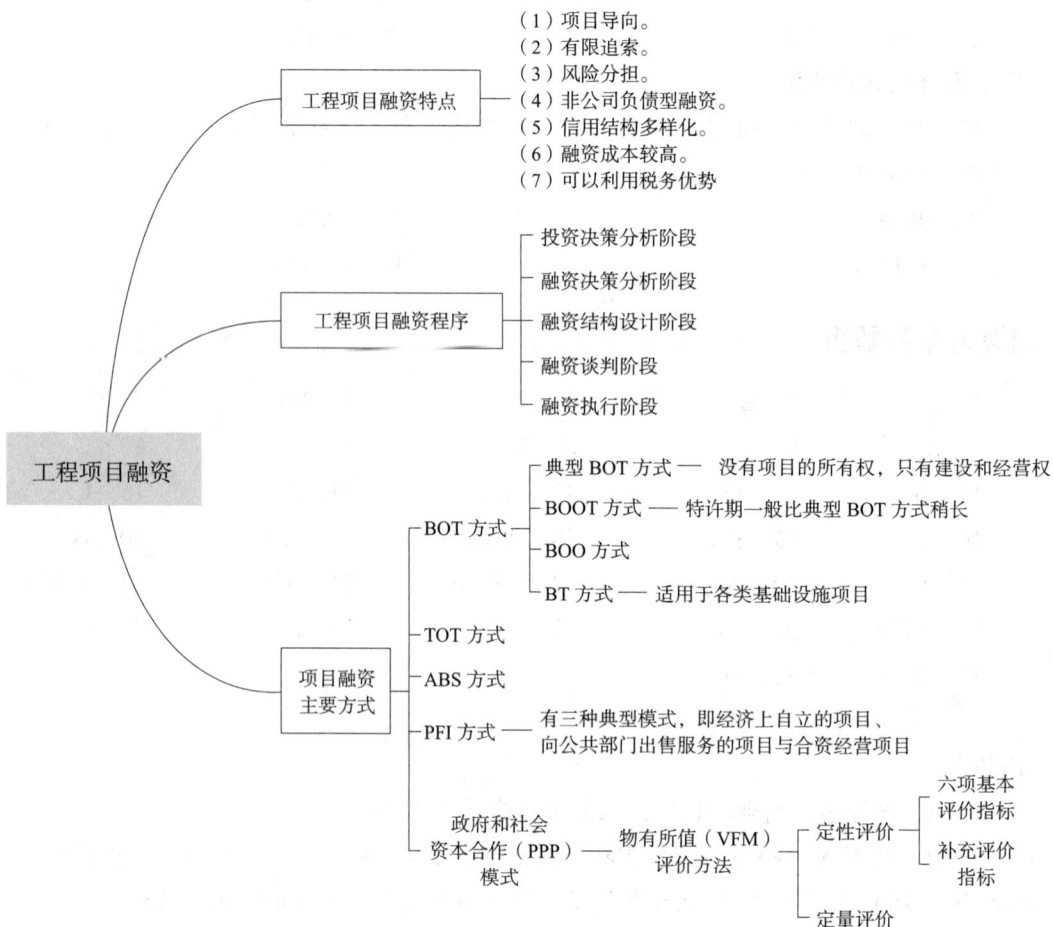

工程项目融资特点
- （1）项目导向。
- （2）有限追索。
- （3）风险分担。
- （4）非公司负债型融资。
- （5）信用结构多样化。
- （6）融资成本较高。
- （7）可以利用税务优势

工程项目融资程序
- 投资决策分析阶段
- 融资决策分析阶段
- 融资结构设计阶段
- 融资谈判阶段
- 融资执行阶段

项目融资主要方式
- BOT 方式
  - 典型 BOT 方式 —— 没有项目的所有权，只有建设和经营权
  - BOOT 方式 —— 特许期一般比典型 BOT 方式稍长
  - BOO 方式
  - BT 方式 —— 适用于各类基础设施项目
- TOT 方式
- ABS 方式
- PFI 方式 —— 有三种典型模式，即经济上自立的项目、向公共部门出售服务的项目与合资经营项目
- 政府和社会资本合作（PPP）模式 —— 物有所值（VFM）评价方法
  - 定性评价
    - 六项基本评价指标
    - 补充评价指标
  - 定量评价

习题汇总

一、项目融资特点和程序

（一）项目融资特点

1. 与传统的贷款融资方式不同，项目融资主要是以（　　）来安排融资。

A. 项目资产和预期收益　　　　　　　B. 项目投资者的资信水平

C. 项目第三方担保　　　　　　　　　D. 项目管理的能力和水平

2. 债权人在项目融资过程中，贷款银行对所融资项目关注的重点是（　　）。

A. 抵押人所提供的抵押物的价值

B. 项目公司的资信等级

C. 项目本身可用于还款的现金流量

D. 项目投资人的实力和信用等级

3. 项目融资属于"非公司负债型融资"，其含义是指（　　）。

A. 项目借款不会影响项目投资人（借款人）的利润和收益水平

B. 项目借款可以不在项目投资人（借款人）的资产负债表中体现

C. 项目投资人（借款人）在短期内不需要偿还借款

D. 项目借款的法律责任应当由借款人法人代表而不是项目公司承担

4. 为了减少项目投资风险，在工程建设方面可要求工程承包公司提供（　　）的合同。

A. 固定价格、可调工期　　　　　　　　B. 固定价格、固定工期

C. 可调价格、固定工期　　　　　　　　D. 可调价格、可调工期

5. 与传统融资方式相比较，项目融资的特点是（　　）。

A. 融资涉及面较小　　　　　　　　　　B. 前期工作量较少

C. 融资成本较低　　　　　　　　　　　D. 融资时间较长

6. （2020—100）与传统的抵押贷款方式相比，项目融资的特点有（　　）。

A. 有限追索　　　　　　　　　　　　　B. 融资成本低

C. 风险分担　　　　　　　　　　　　　D. 非公司负债型融资

E. 项目导向

（二）项目融资程序

1. 投资决策分析

7. 按照项目融资程序，需要在投资决策分析阶段进行的工作是（　　）。

A. 任命项目融资顾问　　　　　　　　　B. 初步确定项目投资结构

C. 评价项目融资结构　　　　　　　　　D. 分析项目风险因素

2. 融资决策分析

8. 按照项目融资程序，选择项目融资方式是在（　　）阶段需要进行的工作。

A. 投资决策分析　　　　　　　　　　　B. 融资结构设计

C. 融资方案执行　　　　　　　　　　　D. 融资决策分析

9. 项目融资过程中，投资决策后首先应进行的工作是（　　）。

A. 融资谈判　　　　　　　　　　　　　B. 融资决策分析

C. 融资执行　　　　　　　　　　　　　D. 融资结构设计

3. 融资结构设计

10. 根据项目融资程度，评价项目风险因素应在（　　）阶段进行。

A. 投资决策分析　　　　　　　　　　　B. 融资评判

C. 融资决策分析　　　　　　　　　　　D. 融资结构设计

4. 融资谈判

11. 在项目融资程序中，需要在融资谈判阶段进行的工作有（　　）。

A. 起草融资法律文件   B. 评价项目风险因素

C. 控制与管理项目风险   D. 选择项目融资方式

E. 组织贷款银团

5. 融资执行

12. 在项目融资程序中，需要在融资执行阶段进行的工作有（   ）。

A. 起草融资法律文件   B. 评价项目风险因素

C. 控制与管理项目风险   D. 选择项目融资方式

E. 签署项目融资文件

二、项目融资主要方式

（一）BOT 方式

13. 下列项目融资方式中，主要适用于竞争性不强的行业或有稳定收入项目的方式（   ）。

A. TOT   B. BOT

C. ABS   D. PPP

14. 关于 BT 项目经营权和所有权归属的说法，正确的是（   ）。

A. 特许期经营权属于投资者，所有权属于政府

B. 经营权属于政府，所有权属于投资者

C. 经营权和所有权均属于投资者

D. 经营权属于政府，建设权属于投资者

（二）TOT 方式

1. TOT 的运作程序

15. 采用 TOT 方式进行项目融资需要设立 SPC（或 SPV），SPC（或 SPV）的性质是（   ）。

A. 借款银团设立的项目监督机构

B. 项目发起人聘请的项目建设顾问机构

C. 政府设立或参与设立的具有特许权的机构

D. 社会资本投资人组建的特许经营机构

2. TOT 方式的特点

16. 下列项目融资方式中，需要通过转让已建成项目的产权和经营权来进行拟建项目融资的是（   ）。

A. TOT   B. BOT

C. ABS   D. PPP

17. 从投资者角度看，既能回避建设过程风险，又能尽快取得收益的项目融资方式是（   ）方式。

A. BT   B. BOO

C．BOOT   D．TOT

18．与 BOT 融资方式相比，TOT 融资方式的特点是（　　）。

A．信用保证结构简单   B．项目产权结构易于确定

C．不需要设立具有特许权的专门机构 D．项目招标程序大为简化

（三）ABS 方式

1．ABS 融资方式的运作过程

19．采用 ABS 融资方式进行项目融资的物质基础是（　　）。

A．债券发行机构的注册资金

B．项目原始权益人的全部资产

C．债券承销机构的担保资产

D．具有可靠未来现金流量的项目资产

20．下列项目融资方式中，需要通过证券市场发行债券进行项目融资的是（　　）。

A．BOT   B．ABS

C．TOT   D．PFI

2．BOT 方式与 ABS 方式的比较

21．关于项目融资 ABS 方式特点的说法，正确的是（　　）。

A．项目经营权与决策权属特殊目的机构（SPV）

B．债券存续期内资产所有权归特殊目的机构（SPV）

C．项目资金主要来自项目发起人的自有资金和银行贷款

D．复杂的项目融资过程增加了融资成本

（四）PFI 方式

1．PFI 的典型模式

22．PFI 模式的三种典型模式是（　　）。

A．经济上自立的项目、向公共部门出售服务的项目与由政府部门掌握项目经营权的项目

B．向公共部门出售服务的项目、合资经营项目与由私营企业承担全部经营风险的项目

C．经济上自立的项目、合资经营项目与由政府部门掌握项目经营权的项目

D．经济上自立的项目、向公共部门出售服务的项目与合资经营项目

2．PFI 的优点

23．PFI 融资方式的优点主要体现在（　　）。

A．适用范围广泛

B．只涉及转让经营权

C．能尽快取得收益

D．吸引私营企业的知识、技术和管理方法

E．广泛吸引经济领域的私营企业或非官方投资者

3. PFI 方式与 BOT 方式的比较

24. PFI 融资方式与 BOT 融资方式的相同点是（　　）。

A. 适用领域   B. 融资本质

C. 承担风险   D. 合同类型

25. 采用 PFI 融资方式，政府部门与私营部门签署的合同类型是（　　）。

A. 服务合同   B. 特许经营合同

C. 承包合同   D. 融资租赁合同

26. PFI 融资方式的主要特点是（　　）。

A. 适用于公益性项目

B. 适用于私营企业独立出资的项目

C. 合同期满后，私营企业可以继续保持运营权

D. 项目的设计风险须由政府承担

（五）政府和社会资本合作（PPP）模式

1. PPP 模式的含义和适用范围

27. 下列建设项目中，仅从项目类型上考虑，最适宜采用政府和社会资本合作（PPP）模式建设的是（　　）。

A. 某化工企业的改扩建工程

B. 某二线城市的综合管廊建设项目

C. 某自来水厂的技术改造项目

D. 某房地产开发企业拟建设的度假村项目

2. 政府和社会资本合作（PPP）项目实施方案

28. 政府和社会资本合作（PPP）项目投融资结构主要说明（　　）。

A. 项目资本性支出的资金来源

B. 项目资产的形成和转移

C. 项目所需的上下游服务

D. 项目资本性支出的资金性质和用途

E. 社会资本取得投资回报的资金来源

29. 下列政府和社会资本合作（PPP）项目边界条件，主要明确项目合同期限、项目回报机制、收费定价调整机制和产出说明的是（　　）。

A. 权利义务边界   B. 交易条件边界

C. 履约保障边界   D. 调整衔接边界

30.（2022—40）对于核心边界条件和技术经济参数明确、完整、符合国家法律法规和政府采购政策，且采购中不做更改的 PPP 项目，适宜采用的采购方式是（　　）。

A. 公开招标   B. 竞争性谈判

C. 竞争性磋商   D. 单一来源采购

3. 物有所值（VFM）评价方法

31.（2022—100）进行 PPP 项目物有所值定性评价时，可采用的基本评价指标有（ ）。

A．项目规模大小   B．全生命周期整合程度

C．潜在竞争程度   D．可融资性

E．行业示范性

32．下列评价指标中，属于 PPP 物有所值定性评价的补充评价指标有（ ）。

A．政府机构能力   B．项目规模大小

C．运营收入增长潜力   D．行业示范性

E．全生命周期成本测算准确性

33．为了判断能否采用 PPP 模式代替传统的政府投资运营方式提供公共服务项目，应采用的评价方法是（ ）。

A．项目经济评价   B．财政承受能力评价

C．物有所值评价   D．项目财务评价

34．关于政府和社会资本合作（PPP）项目物有所值评价的说法，正确的有（ ）。

A．物有所值评价必须进行定量评价

B．政府机构能力是物有所值评价内容之一

C．物有所值评价是判断项目是否采用 PPP 模式实施的决策基础

D．定量评价的前提是假定 PPP 模式和政府传统投资模式的产出绩效相同

E．物有所值验证只有一次机会，一旦不能通过，就不再采用 PPP 模式

4. PPP 项目财政承受能力论证

35．政府和社会资本合作（PPP）项目物有所值评价中采用 PPP 值和 PSC 值进行比较，其中 PSC 值的确定一般应参照（ ）。

A．项目的建设和运营维护净成本、竞争性中立调整值、项目全部风险成本

B．项目的建设成本、竞争性中立调整值、项目全部风险成本

C．项目的建设和运营维护净成本、竞争性中立调整值、社会资本的风险成本

D．项目的建设成本、竞争性中立调整值、政府自留的风险成本

36．PPP 项目财政承受能力论证中，确定年度折现率时应考虑财政补贴支出年份，并应参照（ ）。

A．行业基准收益率   B．同期国债利率

C．同期地方政府债券收益率   D．同期当地社会平均利润率

37．风险承担支出应充分考虑各类风险出现的概率和带来的支出责任，可采用（ ）进行测算。

A．比例法   B．比较法

C．情景分析法   D．分解法

E．概率法

38. 为确保政府财政承受能力，每一年度全部 PPP 项目需要从预算中安排的支出，占一般公共预算支出的比例应当不超过（　　）。

A．20%   B．15%

C．10%   D．5%

习题答案及解析

1．A	2．C	3．B	4．B	5．D
6．ACDE	7．B	8．D	9．B	10．D
11．AE	12．CE	13．B	14．D	15．C
16．A	17．D	18．A	19．D	20．B
21．B	22．D	23．ADE	24．B	25．A
26．C	27．B	28．ABD	29．B	30．A
31．BCD	32．BCDE	33．C	34．BCD	35．A
36．C	37．ACE	38．C		

【解析】

4．B。在工程建设方面，为了减少风险，可以要求工程承包公司提供固定价格、固定工期的合同，或"交钥匙"工程合同，可以要求项目设计者提供工程技术保证等。

5．D。与传统的融资方式比较，项目融资的一个主要问题，是相对筹资成本较高，组织融资所需要的时间较长。

10．D。融资结构设计阶段的内容：评价项目风险因素、评价项目的融资结构和资金结构，修正项目融资结构。

26．C。BOT 项目在合同中一般会规定特许经营期满后，项目必须无偿交给政府管理及运营，而 PFI 项目的服务合同中往往规定，如果私营企业通过正常经营未达到合同规定的收益，可以继续保持运营权。

31．BCD。物有所值定性评价指标包括全生命周期整合程度、风险识别与分配、绩效导向与鼓励创新、潜在竞争程度、政府机构能力、可融资性六项基本评价指标，以及根据具体情况设置的补充指标。在 2021 年度的考试中，同样对本题涉及的采分点进行了考查。

32．BCDE。补充评价指标有：项目规模大小、预期使用寿命长短，主要固定资产种类、全生命周期成本测算准确性、运营收入增长潜力、行业示范性等。

36．C。年度折现率应考虑财政补贴支出发生年份，并参照同期地方政府债券收益率合理确定。

第四章

建设工程决策阶段投资控制

第一节　项目可行性研究

知识导学

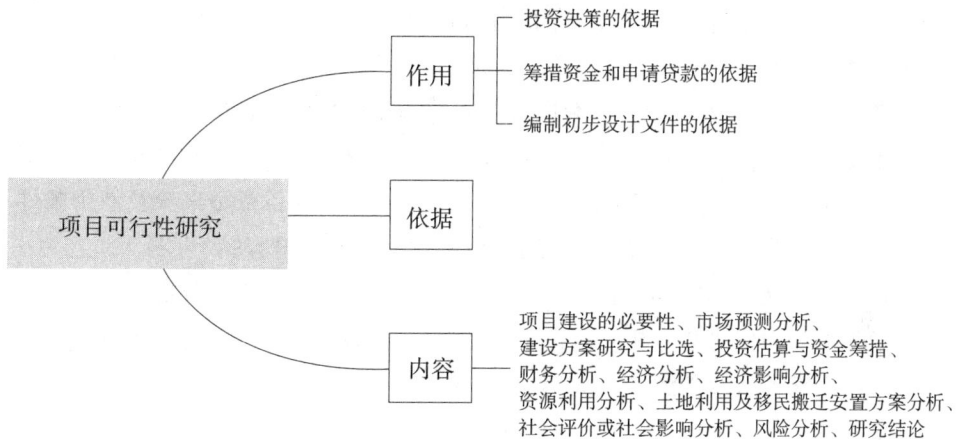

习题汇总

一、可行性研究的作用

1. 关于可行性研究报告作用的说法，正确的有（　　）。

A. 可行性研究报告是政府投资项目的审批决策依据

B. 可行性研究报告是筹措资金和申请贷款的依据

C. 可行性研究报告是编制初步设计文件的依据

D. 可行性研究报告是公众参与项目评价的依据

E. 可行性研究报告是政府环境保护部门核准项目的依据

二、可行性研究的依据

2.（2020—39）下列文件资料中，属于项目可行性研究依据的是（　　）。

A. 经投资主管部门审批的投资概算

B. 经投资各方审定的初步设计方案

C. 建设项目环境影响评价报告书

D. 合资项目各投资方签订的协议书或意向书

三、项目可行性研究的内容

（一）项目建设的必要性

3. 项目可行性研究的重点是（　　）。

A. 研究论证项目建设的必要性和可行性

B. 分析项目的可持续性

C. 从市场分析角度确定产品方案和建设规模

D. 从不确定性角度分析项目面临的各种风险

（二）市场预测分析

4.（2022—41）下列可行性研究内容中，属于市场预测分析的是（　　）。

A. 主要投入物供应现状　　　　　　B. 工艺技术和主要设备方案

C. 项目组织机构和人力资源配置　　D. 项目资金来源及使用条件

5. 下列项目可行性研究内容中，属于市场竞争力分析内容的（　　）。

A. 目标市场选择与结构分析　　　　B. 主要用户分析

C. 产品竞争力优劣势分析　　　　　D. 只要投入物供应现状分析

E. 市场需求现状及预测

（三）建设方案研究与比选

6.（2021—41）下列可行性研究内容中，属于建设方案研究与比选的是（　　）。

A. 产品价格现状及预测　　　　　　B. 筹资方案与资金使用计划

C. 产品竞争力优劣势分析　　　　　D. 产品方案与建设规模

（四）投资估算与资金筹措

1. 投资估算

本部分内容仅做了解即可。

2. 资金筹措

7. 融资成本分析主要分析计算（　　）。

A. 债务资金成本　　　　　　　　　B. 借款成本

C. 权益资金成本　　　　　　　　　D. 债券成本

E. 加权平均资金成本

（五）财务分析

本部分内容仅做了解即可。

（六）经济分析

8. 对于非营利性项目以及基础设施、服务性工程，主要应（　　）。

A. 进行财务生存能力分析　　　　　　B. 分析投资效果

C. 进行财务可持续性分析　　　　　　D. 提出项目持续运行的条件

E. 进行偿债能力分析

（七）经济影响分析

9. 对于行业、区域经济及宏观经济影响较大项目，应从行业影响、区域经济发展、（　　）等角度进行分析。

A. 产业布局及结构调整　　　　　　　B. 区域财政收支、收入分配

C. 产业技术安全　　　　　　　　　　D. 资源供应安全

E. 是否可能导致垄断

（八）资源利用分析

本部分内容仅做了解即可。

（九）土地利用及移民搬迁安置方案分析

本部分内容仅做了解即可。

（十）社会评价或社会影响分析

10. 对于涉及社会公共利益的项目，要在社会调查的基础上，分析（　　），提出需要防范和解决社会问题的方案。

A. 市场环境安全　　　　　　　　　　B. 拟建项目的社会影响

C. 主要利益相关者的需求　　　　　　D. 移民搬迁安置方案

E. 分析项目的社会风险

（十一）风险分析

11. 风险分析的内容包括（　　）。

A. 风险分类　　　　　　　　　　　　B. 风险因素识别

C. 制定风险预测图　　　　　　　　　D. 风险评价

E. 风险对策

（十二）研究结论

本部分内容仅做了解即可。

习题答案及解析

1. ABC　　　2. D　　　3. A　　　4. A　　　5. ABC

6. D　　　7. ACE　　　8. BCD　　　9. ABE　　　10. BCE

11. BDE

【解析】

2. D。可行性研究的依据主要有：（1）项目建议书（初步可行性研究报告），对于政府投资项目还需要项目建议书的批复文件；（2）国家和地方的经济和社会发展规划、行业部门的发展规划，如江河流域开发治理规划、铁路公路路网规划、电力电网规划、森林开发规划，以及企业发展战略规划等；（3）有关法律、法规和政策；（4）有关机构发布的工程建设方面的标准、规范、定额；（5）拟建厂（场）址的自然、经济、社会概况等基础资料；（6）合资、合作项目各方签订的协议书或意向书；（7）与拟建项目有关的各种市场信息资料或社会公众要求等；（8）有关专题研究报告，如：市场研究、竞争力分析、厂址比选、风险分析等。

6. D。建设方案研究与比选主要包括：（1）产品方案与建设规模；（2）工艺技术和主要设备方案；（3）厂（场）址选择；（4）主要原材料、辅助材料、燃料供应；（5）总图运输和土建方案；（6）公用工程；（7）节能、节水措施；（8）环境保护治理措施方案；（9）安全、职业卫生措施和消防设施方案；（10）项目的组织机构与人力资源配置等；（11）对政府投资项目还应包括招标方案和代建制方案等。

9. ABE。对于行业、区域经济及宏观经济影响较大的项目，还应从行业影响、区域经济发展、产业布局及结构调整、区域财政收支、收入分配以及是否可能导致垄断等角度进行分析。对于涉及国家经济安全的项目，还应从产业技术安全、资源供应安全、资本控制安全、产业成长安全、市场环境安全等角度进行分析。

第二节　资金时间价值

知识导学

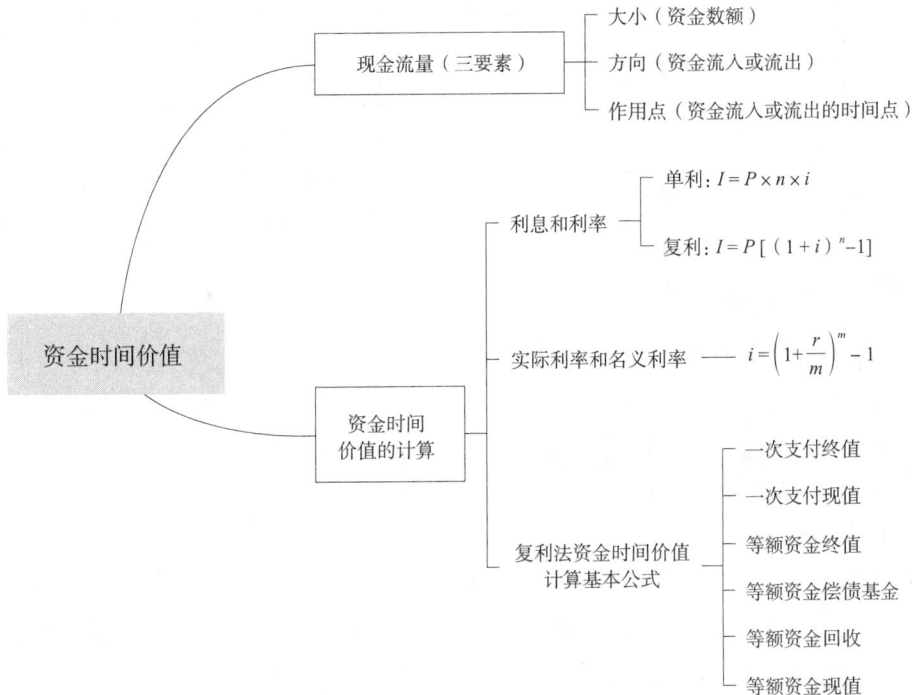

习题汇总

一、现金流量

1. 现金流量的概念

本部分内容仅做了解即可。

2. 现金流量图

1. 关于现金流量图绘制规则的说法，正确的有（　　）。

A. 横轴为时间轴，整个横轴表示所考察的经济系统的计算期

B. 横轴上方的箭线表示现金流出

C. 垂直箭线代表不同时点的现金流量情况

D. 箭线长短应体现各时点现金流量数值的大小

E. 箭线与时间轴的交点即为现金流量发生的时点

2. 如果现金流入或现金流出不是发生在计息周期的期初或期末，而是发生在计息周期的期间，为了简化计算，可采取的处理方法不包括（　　）。

A．期初习惯法   B．期末习惯法

C．均匀分布法   D．期中习惯法

3. 现金流量表

3．（2020—40）某项目现金流量见下表，则第 3 年初的净现金流量为（   ）万元。

时间（年）	1	2	3	4	5
现金流入（万元）	—	100	700	800	800
现金流出（万元）	500	500	400	300	300

A．−500   B．−400

C．300   D．500

二、资金时间价值的计算

（一）资金时间价值的概念

本部分内容仅做了解即可。

（二）资金时间价值计算的种类

本部分内容仅做了解即可。

（三）利息和利率

1. 单利法

4．某企业年初从银行借款 1000 万元，期限 3 年，年利率为 5%，银行要求每年末支付当年利息，则第 3 年末需偿还的本息和是（   ）万元。

A．1050.00   B．1100.00

C．1150.00   D．1157.63

5．某企业以单利计息的方式年初借款 1000 万元，年利率 6%，每年末支付利息，第五年末偿还全部本金，则第三年末应支付的利息为（   ）万元。

A．300.00   B．180.00

C．71.46   D．60.00

2. 复利法

6．（2017—37）某企业年初从金融机构借款 3000 万元，月利率 1%，按季复利计息，年末一次性还本付息，则该企业年末需要向金融机构支付的利息为（   ）万元。

A．360.00   B．363.61

C．376.53   D．380.48

7．（2019—40）某银行给企业贷款 100 万元，年利率为 4%，贷款年限 3 年，到期后企业一次性还本付息，利息按复利每半年计息一次，到期后企业应支付给银行的利息为（   ）万元。

A．12.000   B．12.616

C. 24.000　　　　　　　　　　　　　D. 24.973

（四）实际利率和名义利率

8.（2006—42）某企业向银行借款，甲银行年利率8%，每年计息一次；乙银行年利率7.8%，每季度计息一次，则（　　）。

A. 甲银行实际利率低于乙银行实际利率

B. 甲银行实际利率高于乙银行实际利率

C. 甲乙两银行实际利率相同

D. 甲乙两银行的实际利率不可比

9.（2008—41）现有甲乙两家银行可向借款人提供一年期贷款，均采用到期一次性偿还本息的还款方式。甲银行贷款年利率11%，每季度计息一次；乙银行贷款年利率12%，每半年计息一次。借款人按利率高低作出正确选择后，其贷款年实际利率为（　　）。

A. 11.00%　　　　　　　　　　　　　B. 11.46%

C. 12.00%　　　　　　　　　　　　　D. 12.36%

10.（2016—41）建设单位从银行贷款1000万元，贷款期为2年，年利率6%，每季度计息一次，则贷款的年实际利率为（　　）。

A. 6%　　　　　　　　　　　　　　　B. 6.12%

C. 6.14%　　　　　　　　　　　　　　D. 12%

11. 某公司同一笔资金有如下四种借款方案，均在年末支付利息，则优选的借款方案是（　　）。

A. 年名义利率3.6%，按月计息

B. 年名义利率4.4%，按季度计息

C. 年名义利率5.0%，半年计息一次

D. 年名义利率5.5%，一年计息一次

12.（2021—42）某项两年期借款，年利率为6%，按月复利计息，每季度结息一次，则该项借款的季度实际利率为（　　）。

A. 1.508%　　　　　　　　　　　　　B. 1.534%

C. 1.542%　　　　　　　　　　　　　D. 1.589%

（五）资金时间价值计算的基础概念和符号

本部分内容仅做了解即可。

（六）复利法资金时间价值计算的基本公式

1. 一次支付终值公式

13.（2009—44）某项目建设期为3年。建设期间共向银行贷款1500万元，其中第1年初贷款1000万元，第2年初贷款500万元；贷款年利率6%，复利计息。则该项目的贷款在建设期末的终值为（　　）万元。

A. 1653.60　　　　　　　　　　　　　B. 1702.49

C. 1752.82 　　　　　　　　　　　　D. 1786.52

14.（2016—40）施工单位从银行贷款 2000 万元，月利率为 0.8%，按月复利计息，两月后应一次性归还银行本息共计（　　）万元。

A. 2008.00 　　　　　　　　　　　　B. 2016.00

C. 2016.09 　　　　　　　　　　　　D. 2032.13

2. 一次支付现值公式

15. 某公司计划两年以后购买一台 200 万元的机械设备，拟从银行存款中提取，银行存款年利率为 3%，假设按复利计息，则现应存入银行的资金为（　　）万元。

A. 212.18 　　　　　　　　　　　　B. 188.52

C. 206.00 　　　　　　　　　　　　D. 183.03

3. 等额资金终值公式

16.（2015—41）某人连续 6 年每年末存入银行 50 万元，银行年利率 8%，按年复利计算，第 6 年年末一次性收回本金和利息，则到期可以回收的金额为（　　）万元。

A. 366.80 　　　　　　　　　　　　B. 324.00

C. 235.35 　　　　　　　　　　　　D. 373.48

17.（2018—40）某公司计划在 5 年内每年年末投资 300 万元。年利率为 6%，按复利计息，则 5 年末可一次性回收的本利和为（　　）万元。

A. 1556.41 　　　　　　　　　　　　B. 1253.22

C. 1691.13 　　　　　　　　　　　　D. 1595.40

18.（2022—42）连续三年年初购买 10 万元理财产品，第三年年末一次性兑付本息。该理财产品年利率为 3.5%，按年复利计息，则第 3 年年末累计可兑付本息（　　）万元。

A. 30.70 　　　　　　　　　　　　B. 31.05

C. 31.06 　　　　　　　　　　　　D. 32.15

4. 等额资金偿债基金公式

19. 某公司在第 5 年末应偿还一笔 100 万元的债务，年利率 2.55%，为了使其复本利和正好偿清这笔债务，该公司从现在起连续 5 年每年年末应向银行存入资金（　　）万元。

A. 12.75 　　　　　　　　　　　　B. 19.01

C. 12.41 　　　　　　　　　　　　D. 26.16

5. 等额资金回收公式

20.（2002—33）某公司第一年年初借款 100 万元，年利率为 6%，规定从第 1 年年末起至第 10 年年末止，每年年末等额还本付息，则每年年末应偿还（　　）万元。

A. 7.587 　　　　　　　　　　　　B. 10.000

C. 12.679 　　　　　　　　　　　　D. 13.587

21.（2013—43）某企业用 50 万元购置一台设备，欲在 10 年内将该投资的复本利和全部回收，基准收益率为 12%，则每年均等的净收益至少应为（　　）万元。

A．7.893   B．8.849

C．9.056   D．9.654

6. 等额资金现值公式

22.（2014—41）某项目期初投资额为 500 万元，此后自第 1 年年末开始每年年末的作业费用为 40 万元。方案的寿命期为 10 年，10 年后的净残值为零。若基准收益率为 10%，则该项目总费用的现值是（ ）万元。

A．745.8   B．834.45

C．867.58   D．900.26

习题答案及解析

1．ACDE	2．D	3．B	4．A	5．D
6．C	7．B	8．A	9．B	10．C
11．A	12．A	13．C	14．D	15．B
16．A	17．C	18．D	19．B	20．D
21．B	22．A			

【解析】

3．B。现金流量表中，与时间 t 对应的现金流量表示现金流量发生在当期期末，本题中，第 3 年初的净现金流量也就是第 2 年年末的净现金流量，计算见下表：

时间（年）	1	2	3	4	5
现金流入（万元）	—	100	700	800	800
现金流出（万元）	500	500	400	300	300
净现金流量（万元）	−500	−400	300	500	500

4．A。注意题目考核的是第 3 年还的本息和，所以第 3 年末还的本息和 =1000×5%+1000=1050 万元。

5．D。每年年末支付利息，则第 3 年末应支付利息为：1000×6%=60 万元。

6．C。月利率 1%，年名义利率 =12%，则该企业年末需要向金融机构支付的利息 $I=P[(1+i)^n-1]=3000×[(1+12\%/4)^4-1]=376.53$ 万元。

7．B。因为是按复利每半年计息一次，所以我们首先要计算实际利率，也就是半年利率。半年实际利率 =4%/2=2%。3 年后复本利和 =100×（1+2%)$^{2×3}$=112.616 万元；到期后企业应支付给银行的利息 =112.616−100=12.616 万元。这是按周期实际利率来计算的方法。还有一种方法是按年实际利率来计算：年实际利率 =（1+4%/2)^2−1=4.04%。3 年后复本利和 =100×（1+4.04%)^3=112.616 万元；到期后企业应支付给银行的利息 =112.616−100=12.616 万元。

8．A。甲银行实际利率为 8%；乙银行实际利率为 $i=(1+r/m)^m-1=(1+7.8\%/4)^4-1$ =8.031%。

9．B。

甲银行贷款年实际利率 $=\left(1+\dfrac{11\%}{4}\right)^4-1=11.46\%$；乙银行贷款年实际利率 $=\left(1+\dfrac{12\%}{2}\right)^2-$ $1=12.36\%$。要作出正确的选择就选择甲银行的贷款。

10．C。$i=(1+r/m)^m-1=(1+6\%/4)^4-1=6.14\%$。在 2014 年度的考试中，同样对本题涉及的采分点进行了考查，且提问形式基本与本题一致。

11．A。各选项年实际利率计算如下：A 选项：$(1+3.6\%/12)^{12}-1=3.66\%$；B 选项：$(1+4.4\%/4)^4-1=4.47\%$；C 选项：$(1+5\%/2)^2-1=5.06\%$；D 选项：5.5%；借款应选择年实际利率最低的，故 A 选项正确。

12．A。季度实际利率 $=(1+6\%/12)^3-1=1.508\%$。在 2018 年度的考试中，同样对本题涉及的采分点进行了考查，且提问形式基本与本题一致。

13．C。该项目的贷款在建设期末的终值 $F=1000\times(1+6\%)^3+500\times(1+6\%)^2$ =1752.82 万元。

14．D。一次支付终值公式为：$F=P(1+i)^n$，则两月后应一次性归还银行本息 $=2000\times(1+0.8\%)^2=2032.13$ 万元。在 2003、2004、2007、2011 年度的考试中，同样对本题涉及的采分点进行了考查。

15．B。一次支付现值公式为：$P=F(1+i)^{-n}=200\times(1+3\%)^{-2}=188.52$ 万元。

16．A。等额资金终值公式为：$F=[A(1+i)^n-1]/i$，可知，到期可以回收的金额 $=[50\times(1+8\%)^6-1]/8\%=366.80$ 万元。

17．C。根据公式 $F=A\dfrac{(1+i)^n-1}{i}$，则 5 年末可一次性回收的本利和 $=300\times\dfrac{(1+6)^5-1}{6\%}$ =1691.13 万元。

18．D。等额资金终值计算公式为：$F=A\dfrac{(1+i)^n-1}{i}$，第 3 年年末累计可兑付本息 $=10\times[(1+3.5\%)^3-1]\div3.5\%\times(1+3.5\%)=32.15$ 万元。

19．B。等额资金偿债基金公式为：$A=F\dfrac{i}{(1+i)^n-1}$，该公司从现在起连续 5 年每年年末应向银行存入资金 $=100\times\dfrac{2.55\%}{(1+2.55\%)^5-1}=19.01$ 万元。

20．D。本题的计算为：$A=P\dfrac{i(1+i)^n}{(1+i)^n-1}=100\times\dfrac{6\%\times(1+6\%)^{10}}{(1+6\%)^{10}-1}=13.587$ 万元。

21．B。根据公式：$A=P\dfrac{i(1+i)^n}{(1+i)^n-1}$，可得每年均等的净收益 $=50\times\dfrac{12\%\times(1+12\%)^{10}}{(1+12\%)^{10}-1}=8.849$ 万元。

22．A。现值的计算公式为：$P=A\dfrac{(1+i)^n-1}{i(1+i)^n}$，该项目总费用的等额资金现值 $=500+40\times\dfrac{(1+10\%)^{10}-1}{10\%\times(1+10\%)^{10}}=500+40\times6.145=745.8$ 万元。在 2003 年度的考试中，同样对本题涉及的采分点进行了考查。

第三节　投资估算

知识导学

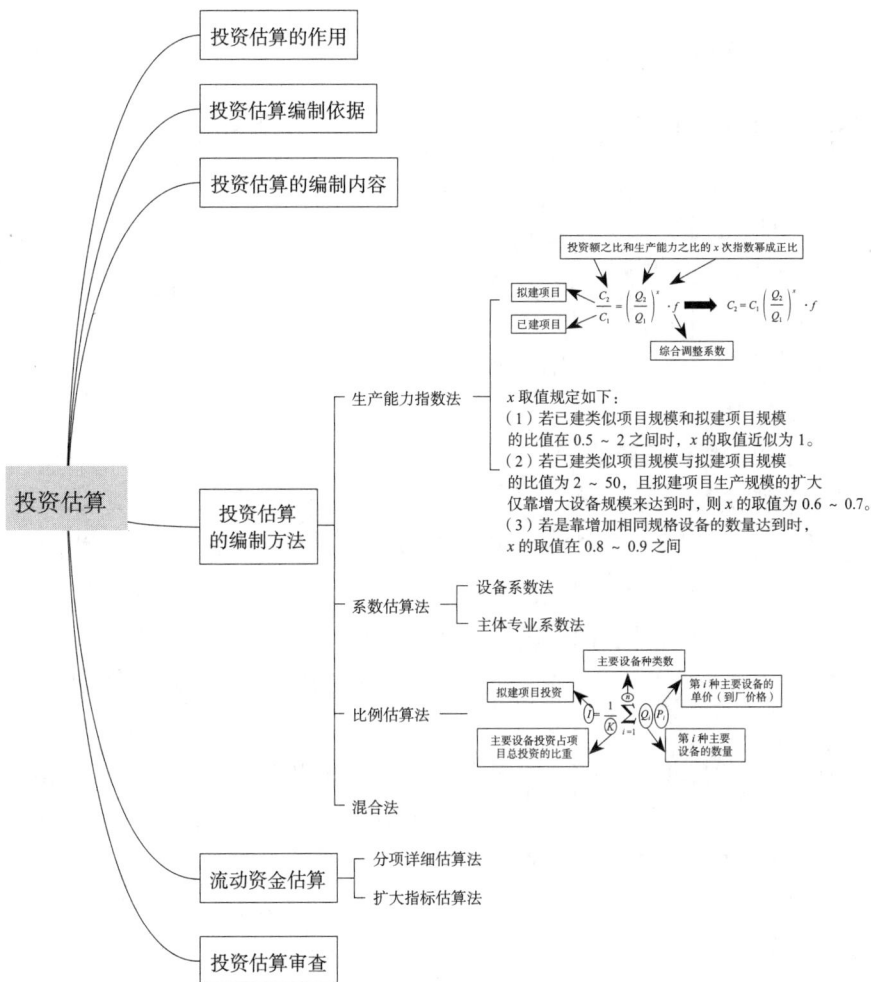

习题汇总

一、投资估算的作用

1. 关于项目投资估算的作用，下列说法中正确的是（　　）。

A. 项目建议书阶段的投资估算，是确定建设投资最高限额的依据

B. 可行性研究阶段的投资估算，是项目投资决策的重要依据，不得突破

C. 投资估算不能作为制订建设贷款计划的依据

D. 投资估算是核算建设项目投资需要额的重要依据

二、投资估算编制依据

本部分内容仅做了解即可。

三、投资估算的编制内容

2. 投资构成分析的内容包括（　　）。

A. 主要单项工程投资占比分析

B. 预备费占建设总投资的比例分析

C. 影响投资的主要因素分析

D. 与国内类似工程项目的比较分析

E. 工程投资比例分析

（一）项目建议书阶段的投资估算

1. 生产能力指数法

3. 某地 2020 年拟建年产 30 万 t 化工产品项目。根据调查，某生产相同产品的已建成项目，年产量为 10 万 t，建设投资为 12000 万元。若生产能力指数为 0.9，综合调整系数为 1.15，则该拟建项目的建设投资是（　　）万元。

A. 28047　　　　　　　　　　　　B. 36578

C. 37093　　　　　　　　　　　　D. 37260

4. 2016 年已建成年产 20 万 t 的某化工厂，2020 年拟建年产 100 万 t 相同产品的新项目，并采用增加相同规格设备数量的技术方案，且拟建项目生产规模的扩大仅靠增大设备规模来达到时，则 x 的取值约为（　　）。

A. 0.4 ~ 0.5　　　　　　　　　　B. 0.6 ~ 0.7

C. 0.8 ~ 0.9　　　　　　　　　　D. ≈ 1

5. （2021—43）采用生产能力指数法估算某拟建项目的建设投资，拟建项目规模为已建类似项目规模的 5 倍，且是靠增加相同规格设备数量达到的，则生产能力指数的合理取值范围是（　　）。

A. 0.2 ~ 0.5　　　　　　　　　　B. 0.6 ~ 0.7

　　C. 0.8 ~ 0.9　　　　　　　　　　　　D. 1.1 ~ 1.5

2. 系数估算法

　　6. 投资估算的编制方法中，以拟建项目的主体工程费为基数，以其他辅助配套工程费与主体工程费的百分比为系数，估算拟建项目投资的方法是（　　）。

　　A. 单位生产能力估算法　　　　　　　　B. 生产能力指数法

　　C. 系数估算法　　　　　　　　　　　　D. 比例估算法

　　7.（2020—41）采用设备系数法估算拟建项目投资时，建筑安装工程费应以拟建项目的设备费为基数，根据（　　）计算。

　　A. 已建成同类项目建筑安装工程费与拟建项目设备费的比率

　　B. 拟建项目建筑安装工程量与已建成同类项目建筑安装工程量的比率

　　C. 已建成同类项目建筑安装工程费占设备价值的百分比

　　D. 已建成同类项目建筑安装工程费占总投资的百分比

　　8. 下列投资估算方法中，以拟建项目中投资比重较大，并与生产能力直接相关的工艺设备投资为基数，根据已建同类项目的有关统计资料，计算出拟建项目各专业工程与工艺设备投资的百分比，据以求出拟建项目各专业投资，然后加总即为拟建项目投资的方法是（　　）。

　　A. 主体专业系数费　　　　　　　　　　B. 生产能力指数法

　　C. 混合法　　　　　　　　　　　　　　D. 比例估算法

（二）可行性研究阶段投资估算方法

　　9. 下列估算方法中，不适用于可行性研究阶段投资估算的有（　　）。

　　A. 生产能力指数　　　　　　　　　　　B. 比例估算法

　　C. 系数估算法　　　　　　　　　　　　D. 指标估算法

　　E. 混合法

1. 建筑工程费的估算

　　10. 单位建筑工程投资估算法，以（　　）计算。

　　A. 单位实物工程量的投资乘以实物工程总量

　　B. 单位建筑工程量投资乘以建筑工程总量

　　C. 按每平方米投资乘以相应的实物工程总量

　　D. 建筑面积或建筑体积为单位

2. 设备及工器具购置费估算

　　11. 关于设备及工器具购置费估算的说法，正确的是（　　）。

　　A. 对于价值高的设备应按类估算

　　B. 价值较小的设备可按单台估算购置费

　　C. 设备购置费应按国产标准设备、国产非标准设备、进口设备分别进行估算

　　D. 设备运杂费、备品备件费不应计入设备费

3. 安装工程费估算

12. 关于安装工程费估算的说法，正确的是（ ）。

A. 工艺设备安装费估算以单项工程为单元，根据相适应的占设备费百分比计算

B. 工艺金属结构和工艺管道估算以单位工程为单元

C. 工业窑炉砌筑根据设计选用的材质、规格，按材料费占比计算

D. 安装工程费应按不同安装类型，以设备费为基数或按相应项目的估算指标分别估算

4. 工程建设其他费用估算

本部分内容仅做了解即可。

5. 基本预备费估算

本部分内容仅做了解即可。

6. 涨价预备费估算

本部分内容仅做了解即可。

7. 建设期利息估算

本部分内容仅做了解即可。

（三）流动资金估算

1. 分项详细估算法

13. 下列利用分项详细估算法计算流动资金的公式中，正确的是（ ）。

A. 预收账款 = 营业收入年金额 / 预收账款周转次数

B. 应收账款 = 年经营成本 / 应收账款周转次数

C. 在产品 = 年经营成本 – 年其他营业费用 / 在产品周转次数

D. 预付账款 = 外购原材料、燃料费用 / 预付账款周转次数

14. 采用分项详细估算法进行流动资金估算时，应计入流动负债的是（ ）。

A. 预收账款   B. 存货

C. 库存资金   D. 应收账款

15. （2022—43）某生产性项目正常生产年份应收账款、预付账款、存货、现金的平均占用额度分别为 100 万元、80 万元、300 万元和 50 万元，应付账款、预收账款的平均余额分别为 90 万元和 120 万元，则该项目估算的流动资金为（ ）万元。

A. 270   B. 320

C. 410   D. 480

16. 流动资产的构成要素一般包括（ ）。

A. 存货   B. 库存现金

C. 应收账款   D. 应付账款

E. 预付账款

17. 流动负债是指在 1 年或者超过 1 年的一个营业周期内，需要偿还的各种债务，包括（ ）。

A. 短期借款　　　　　　　　　　B. 应收账款

C. 应付票据　　　　　　　　　　D. 预付账款

E. 预收账款

2. 扩大指标估算法

18. 关于扩大指标估算法的说法正确的是（　　）。

A. 简单易行

B. 准确度高

C. 适用于可行性研究阶段

D. 需要计算流动资产和流动负债的周转次数

四、投资估算审查

本部分内容仅做了解即可。

习题答案及解析

1. D　　　　2. ABCD　　　3. C　　　　4. B　　　　5. C

6. C　　　　7. C　　　　　8. A　　　　9. ABCE　　10. B

11. C　　　12. D　　　　13. B　　　　14. A　　　　15. B

16. ABCE　17. ACE　　　18. A

【解析】

3. C。本题计算如下：

$$C_2 = C_1 \times \left(\frac{Q_2}{Q_1}\right)^x \times f = 12000 \times \left(\frac{30}{10}\right)^{0.9} \times 1.15 = 37093 \ 万元。$$

15. B。流动资金 = 流动资产 – 流动负债 =（应收账款 + 预付账款 + 存货 + 现金）–（应付账款 + 预收账款）=（100+80+300+50）–（90+120）=320 万元。

17. ACE。流动负债是指在 1 年或者超过 1 年的一个营业周期内，需要偿还的各种债务，包括短期借款、应付票据、应付账款、预收账款、应付工资、应付福利费、应付股利、应交税金、其他暂收应付款、预提费用和 1 年内到期的长期借款等。

第四节　财务和经济分析

知识导学

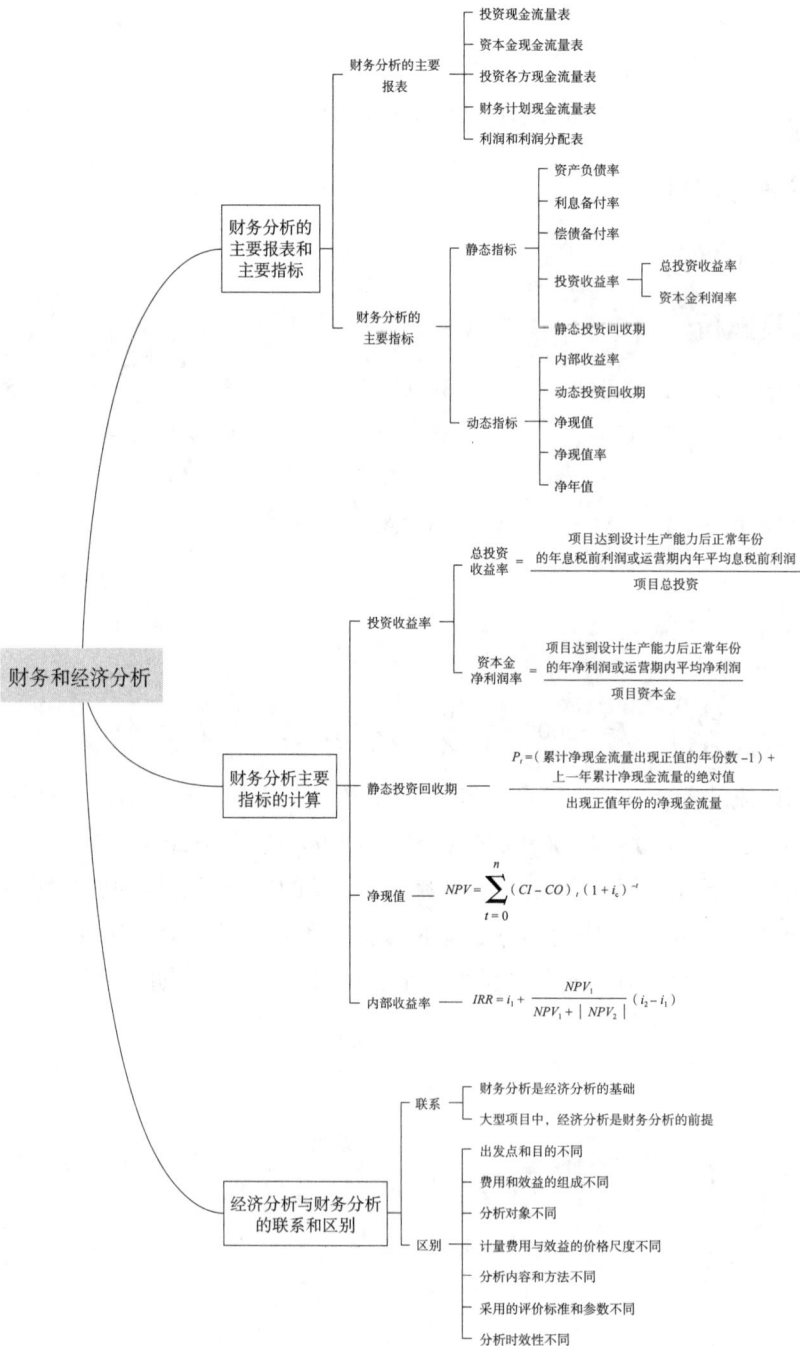

习题汇总

一、财务分析的主要报表和主要指标

（一）财务分析的主要报表

1. 根据财务分析的角度不同，财务分析的主要报表有（　　）。

A. 投资现金流量表
B. 资本金现金流量表
C. 投资各方现金流量表
D. 财务计划现金流量表
E. 投资估算表

1. 投资现金流量表

2. 以项目建设所需的总投资作为计算基础，反映项目在整个计算期内现金流入和流出的报表是（　　）。

A. 资本金现金流量表
B. 投资各方现金流量表
C. 财务计划现金流量表
D. 投资现金流量表

2. 资本金现金流量表

3. 资本金现金流量表是以项目资本金作为计算的基础，站在（　　）的角度编制的。

A. 项目发起人
B. 债务人
C. 项目法人
D. 债权人

3. 投资各方现金流量表

4. 某项目由三个投资者共同投资，若要比较三个投资者的财务内部收益率是否均衡，则适宜采用的报表是（　　）。

A. 投资现金流量表
B. 资本金现金流量表
C. 投资各方现金流量表
D. 财务计划现金流量表

4. 财务计划现金流量表

5. 可据以计算累计盈余资金，分析项目财务生存能力的报表是（　　）。

A. 财务计划现金流量表
B. 投资各方现金流量表
C. 资本金现金流量表
D. 投资现金流量表

5. 利润和利润分配表

6. 反映项目投产以后收入、成本费用和利润形成及利润分配情况的报表，提供项目投资利润及利润分配的数据，计算项目盈利能力、偿债能力、财务生存能力基础的报表是（　　）。

A. 财务计划现金流量表
B. 投资各方现金流量表
C. 资本金现金流量表
D. 利润和利润分配表

（二）财务分析的主要指标

7.（2010—101）下列评价指标中，反映项目偿债能力的有（　　）。

A. 资产负债率
B. 累计盈余资金

C．偿债备付率

D．投资回收期

E．项目资本金净利润率

8．（2017—38）下列投资方案经济评价指标中，属于盈利能力静态评价指标的是（　　）。

A．利息备付率

B．资产负债率

C．净现值率

D．静态投资回收期

9．（2018—41）下列投资方案经济效果评价指标中，属于静态评价指标的是（　　）。

A．资本金净利润率

B．净现值率

C．内部收益率

D．净年值

10．（2018—101）下列投资方案经济评价指标中，属于动态评价指标的有（　　）。

A．内部收益率

B．资本金净利润率

C．资产负债率

D．净现值率

E．总投资收益率

二、财务分析主要指标的计算

1．投资收益率

11．（2012—38）总投资收益率是指项目达到设计能力后正常年份的（　　）与项目总投资的比率。

A．年息税前利润

B．净利润

C．总利润扣除应缴纳的税金

D．总利润扣除应支付的利息

12．（2021—44）某项目建设投资 1200 万元，建设期贷款利息 100 万元，铺底流动资金 90 万元，铺底流动资金为全部流动资金的 30%，项目正常生产年份税前利润 260 万元，年利息 20 万元，则该项目的总投资收益率为（　　）。

A．16.25%

B．17.50%

C．20.00%

D．20.14%

13．某项目总投资 1500 万元，其中资本金 1000 万元，运营期年平均利息 18 万元，年平均所得税 40.5 万元。若项目总投资收益率为 12%，则项目资本金净利润率为（　　）。

A．16.20%

B．13.95%

C．12.15%

D．12.00%

14．关于投资收益率的说法，正确的是（　　）。

A．计算复杂

B．以投资收益率指标作为主要的决策依据不太可靠

C．投资收益率指标充分体现了资金的时间价值

D．投资收益率指标作为主要的决策依据比较客观，不受人为因素影响

2．投资回收期

15．（2005—39）某项目投资方案的现金流量如下图所示，从投资回收期的角度评

价项目，如基准静态投资回收期 P_c 为 7.5 年，则该项目的静态投资回收期（　　）。

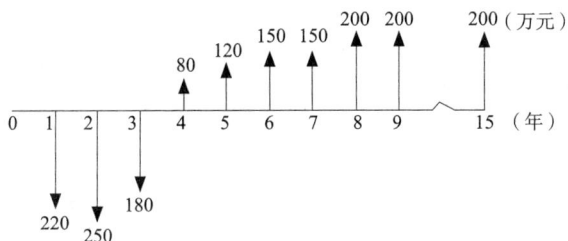

A. $> P_c$，项目不可行

B. $= P_c$，项目不可行

C. $= P_c$，项目可行

D. $< P_c$，项目可行

16.（2014—42）某建设项目，第 1～3 年每年年末投入建设资金 500 万元，第 4～8 年每年年末获得利润 800 万元，则该项目的静态投资回收期为（　　）年。

A. 3.87

B. 4.88

C. 4.90

D. 4.96

17.（2019—101）关于投资回收期的说法，正确的有（　　）。

A. 静态投资回收期就是方案累计现值等于零时的时间（年份）

B. 静态投资回收期是在不考虑资金时间价值的条件下，以项目的净收益回收其全部投资所需要的时间

C. 静态投资回收期可以从项目投产年开始算起，但应予以注明

D. 静态投资回收期可以从项目建设年开始算起，但应予以注明

E. 动态投资回收期一般比静态投资回收期短

3. 净现值

18.（2014—101）确定基准收益率时，应综合考虑的因素包括（　　）。

A. 投资风险

B. 资金限制

C. 资金成本

D. 通货膨胀

E. 投资者意愿

19.（2016—42）关于净现值指标的说法，正确的是（　　）。

A. 该指标全面考虑了项目在整个计算期内的经济状况

B. 该指标未考虑资金的时间价值

C. 该指标反映了项目投资中单位投资的使用效率

D. 该指标直接说明了在项目运营期各年的经营成果

20.（2018—42）已知技术方案的净现金流量见下表。若 $i_c=10\%$，则该技术方案的净现值为（　　）万元。

计算期（年）	1	2	3	4	5	6
净现金流量（万元）	−300	−200	300	700	700	700

A．1399.56　　　　　　　　　　　　　　　　B．1426.83

C．1034.27　　　　　　　　　　　　　　　　D．1095.25

21．某项目各年净现金流量见下表，设基准收益率为10%，则该项目的净现值和静态投资回收期分别为（　　）。

年份	0	1	2	3	4	5
净现金流量（万元）	−160	50	50	50	50	50

A．32.02万元，3.2年　　　　　　　　　　B．32.02万元，4.2年

C．29.54万元，4.2年　　　　　　　　　　D．29.54万元，3.2年

22．（2019—43）关于净现值指标的说法，正确的是（　　）。

A．该指标能够直观地反映项目在运营期内各年的经营成果

B．该指标可直接用于不同寿命期互斥方案的比选

C．该指标小于零时，项目在经济上可行

D．该指标大于等于零时，项目在经济上可行

4．净年值

本部分内容仅做了解即可。

5．内部收益率

23．（2017—39）某常规投资方案，当贷款利率为12%时，净现值为150万元；当贷款利率为14%时，净现值为−100万元，则该方案内部收益率的取值范围为（　　）。

A．< 12%　　　　　　　　　　　　　　　　B．12% ~ 13%

C．13% ~ 14%　　　　　　　　　　　　　　D．> 14%

24．（2020—43）某常规投资项目，在不同收益率下的项目净现值如下表。则采用线性内插法计算的项目内部收益率 IRR 为（　　）。

收益率（i）	8%	10%	11%	12%
项目净现值（万元）	220	50	−20	−68

A．9.6%　　　　　　　　　　　　　　　　B．10.3%

C．10.7%　　　　　　　　　　　　　　　　D．11.7%

25．（2017—44）利用经济评价指标评判项目的可行性时，说法错误的是（　　）。

A．内部收益率≥基准收益率，方案可行

B．静态投资回收期>基准投资回收期，方案可行

C．净现值>0，方案可行

D．总投资收益率≥基准投资收益率，方案可行

26．（2021—101）某具有常规现金流量的投资项目，建设期2年，计算期12年，

总投资 1800 万元，投产后净现金流量如下表。项目基准收益率为 8%，基准动态投资回收期为 7 年，财务净现值为 150 万元，关于该项目财务分析的说法，正确的有（　　）。

年份	3	4	5	6	7	…	12
净现金流量（万元）	200	400	400	400	400	…	…

A．项目内部收益率小于 8%

B．项目静态投资回收期为 7 年

C．用动态投资回收期评价，项目不可行

D．计算期第 5 年投资利润率为 22.2%

E．项目动态投资回收期小于 12 年

27．（2022—44）具有常规现金流量的项目，折现率为 9% 时，项目财务净现值为 120 万元；折现率为 11% 时，项目财务净现值为 –230 万元。若基准收益率为 10%，则关于该项目财务分析指标及可行性的说法，正确的是（　　）。

A．$IRR > 10\%$，$NPV < 0$，项目不可行

B．$IRR > 10\%$，$NPV \geqslant 0$，项目可行

C．$IRR < 10\%$，$NPV < 0$，项目不可行

D．$IRR < 10\%$，$NPV \geqslant 0$，项目可行

28．（2022—101）某项目建设期 2 年，计算期 8 年，总投资为 1100 万元，全部为自有资金投入，计算期现金流量如下表，基准收益率 5%。关于该项目财务分析的说法，正确的有（　　）。

年份	1	2	3	4	5	6	7	8
净现金流量（万元）	–400	–700	100	200	200	200	200	200

A．运营期第 3 年的资本金净利润率为 18.2%

B．项目总投资收益率高于资本金净利润率

C．项目静态投资回收期为 8 年

D．项目内部收益率小于 5%

E．项目财务净现值小于 0

三、项目经济分析

（一）经济分析和财务分析的联系和区别

29．（2021—102）关于项目财务分析和经济分析关系的说法，正确的有（　　）。

A．财务分析的数据资料是经济分析的基础

B．两种分析所站立场和角度相同

C．两种分析的内容和方法相同

D．两种分析的依据和分析结论时效性不同

E．两种分析计量费用和效益的价格尺度不同

30．（2022—102）项目经济分析可采用的参数和指标有（ ）。

A．社会折现率 　　　　　　　　　B．经济净现值

C．投资收益率 　　　　　　　　　D．经济效益费用比

E．累计净现金流量

（二）经济分析的范围

31．下列类型项目应进行经济费用效益分析的有（ ）。

A．具有垄断特征的项目 　　　　　B．产出具有公共产品特征的项目

C．外部效果显著的项目 　　　　　D．农业开发项目

E．涉及国家经济安全的项目

（三）项目经济效益和费用的识别和计算

32．项目经济效益和费用的识别应符合的要求有（ ）。

A．遵循"有无对比"原则

B．对项目所涉及的所有成员及群体的费用和效益作全面分析

C．只需要识别负面外部效果

D．正确识别和调整内部转移支付，根据不同情况区别对待

E．合理确定效益和费用的空间范围和时间跨度

33．项目经济分析中，对于具有市场价格的投入，影子价格的计算公式为（ ）。

A．离岸价 × 影子汇率 + 贸易费用 − 进口费用

B．到岸价 × 影子汇率 + 进口费用

C．离岸价 × 影子汇率 + 国内运杂费 + 进口费用

D．到岸价 × 影子汇率 + 国内运杂费 − 进口费用

34．关于特殊投入物影子价格的说法，错误的是（ ）。

A．项目占用的土地在支付费用时才能计算其影子价格

B．劳动力的影子工资等于劳动力机会成本与因劳动力转移而引起的新增资源消耗之和

C．不可再生自然资源的影子价格应按资源的机会成本计算

D．可再生自然资源的影子价格应按资源再生费用计算

（四）经济费用效益分析参数和指标

35．费用效果分析首先应进行的工作是（ ）。

A．确立项目目标 　　　　　　　　B．构想和建立备选方案

C．识别费用与效果要素 　　　　　D．推荐最佳方案

36．效益难于货币量化项目的费用效果分析方法有（ ）。

A．最小费用法 　　　　　　　　　B．机会成本法

C．最大效果法

D．增量分析法

E．成本分解法

习题答案及解析

1．ABCD	2．D	3．C	4．C	5．A
6．D	7．AC	8．D	9．A	10．AD
11．A	12．B	13．C	14．B	15．A
16．B	17．BC	18．ABCD	19．A	20．D
21．D	22．D	23．C	24．C	25．B
26．BCE	27．C	28．BCDE	29．ADE	30．AB
31．ABCE	32．ABDE	33．B	34．A	35．A
36．ACD				

【解析】

12．B。总投资收益率 = 项目达到设计生产能力后正常年份的年息税前利润或运营期内年平均息税前利润 / 总投资 = （260+20）/（1200+100+90/30%）=17.5%。在2015、2017、2020年度的考试中，同样对本题涉及的采分点进行了考查。

13．C。资本金净利润率 = （1500 × 12% − 40.5 − 18）/1000 × 100%=12.15%。

15．A。累计净现金流量见下表：

计算期	0	1	2	3	4	5	6	7	8	9	10	11	12	13	14	15
现金流入					80	120	150	150	200	200	200	200	200	200	200	200
现金流出		220	250	180												
净现金流量		−220	−250	−180	80	120	150	150	200	200	200	200	200	200	200	200
累计净现金流量		−220	−470	−650	−570	−450	−300	−150	50	250	450	650	850	1050	1250	1450

$$P_t = （8-1）+ \frac{|-150|}{200} = 7.75年 > 7.5 年，所以项目不可行。$$

16．B。建设项目累计净现金流量见下表：

计算期	1	2	3	4	5	6	7	8
净现金流量（万元）	−500	−500	−500	800	800	800	800	800
累计净现金流量（万元）	−500	−1000	−1500	−700	100	900	1700	2500

$$P_t = （累计净现金流量出现正值的年份数 -1）+ \frac{|上一年累计净现金流量|}{出现正值年份的净现金流量}$$

$$= （5-1）+ \frac{|-700|}{800}$$

$$= 4.88 年$$

在 2006、2012 年度的考试中，同样对本题涉及的采分点进行了考查。

20. D。根据公式：$NPV = \sum_{t=0}^{n} (CI-CO)_t (1+i_c)^{-t}$，该技术方案的净现值 = $-300 \times (1+10\%)^{-1} - 200 \times (1+10\%)^{-2} + 300 \times (1+10\%)^{-3} + 700 \times (1+10\%)^{-4} + 700 \times (1+10\%)^{-5} + 700 \times (1+10\%)^{-6} = -272.73 - 165.29 + 225.39 + 478.11 + 434.64 + 395.13 = 1095.25$ 万元。2001、2002、2004、2005、2006、2007、2012 年度的考试中，同样对本题涉及的采分点进行了考查。

21. D。本题的计算如下：

财务净现值的计算：$-160 + 50 \times (1+10\%)^{-1} + 50 \times (1+10\%)^{-2} + 50 \times (1+10\%)^{-3} + 50 \times (1+10\%)^{-4} + 50 \times (1+10\%)^{-5} = 29.54$ 万元。

静态投资回收期的计算：

根据题中表可得：

年份	0	1	2	3	4	5
净现金流量（万元）	-160	50	50	50	50	50
累计净现金流量（万元）	-160	-110	-60	-10	40	90

静态投资回收期 = $(4-1) + \dfrac{|-10|}{50} = 3.2$ 年。

23. C。内插法计算内部收益率的近似值，根据公式：

$$IRR = i_1 + \frac{NPV_1}{NPV_1 + |NPV_2|}(i_2 - i_1)$$
$$= 12\% + \frac{150}{150 + |-100|}(14\% - 12\%)$$
$$= 13.2\%$$

则该方案财务内部收益率的取值范围为 13% ~ 14%。

24. C。内插法求得 IRR 的近似值，其计算公式为：$IRR = i_1 + \dfrac{NPV_1}{NPV_1 + |NPV_2|}(i_2 - i_1)$，为了保证 IRR 的精度，$i_1$ 与 i_2 之间的差距以不超过 2% 为宜，最大不要超过 5%。想要净现值等于零，项目内部收益率 IRR 应在 10% 与 11% 之间，由此排除了 A、D 两项。净现值与内部收益率的关系如下图所示。

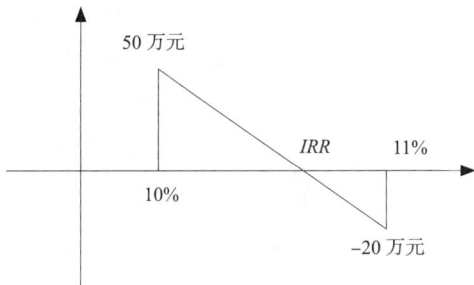

净现值与内部收益率的关系图

项目内部收益率计算如下：

$$IRR = 10\% + \frac{50}{50 + |-20|} \times (11\% - 10\%) = 10.7\%。$$

在 2001、2012 年度考试中，同样对本题涉及的采分点进行了考查。

26．BCE。A 选项错误，项目基准收益率为 8% 时计算的财务净现值为 150 万元，净现值为 0 时的内部收益率要大于净现值为正值时的收益率，即大于 8%；B 选项正确，根据各年的净现金流量，累加到第 7 年的净现金流量 =−1800+200+400+400+400+400=0，所以静态投资回收期为 7 年。C 选项正确，同一项目的动态投资回收期必然大于静态投资回收期，所以该项目的动态投资回收期 >7，同时也大于基准动态投资回收期（7 年），则该项目不可行。D 选项错误，计算期第 5 年的投资利润率 =（200+400+400）÷3÷1800×100%=18.52%。E 选项正确，动态投资回收期是项目累计现值等于零时的时间，第 12 年时净现值已经达到 150 万元，说明在 12 年之前就已经出现了动态回收期，所以项目动态投资回收期小于 12 年。

27．C。IRR 的范围在 9%～11% 之间，可把曲线近似为一条直线，可得出：(IRR−9%)/120=（11%−IRR）/230,则 IRR=9.6857%。如下图所示。当基准收益率为 10% 时，净现值小于 0，即项目不可行。

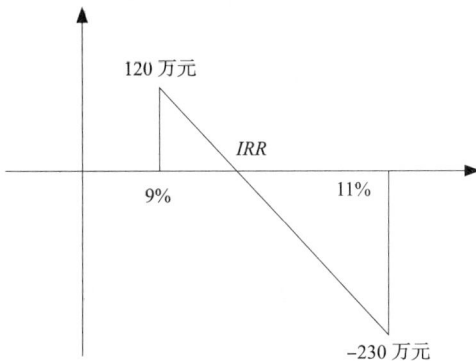

净现值和内部收益率的关系图

28．BCDE。根据题意无法得知净利润为多少，故 A 选项错误。总投资为 1100 万元，全部为自有资金投入，因此资本金 = 总投资，显然项目总投资收益率高于资本金净利润率，故 B 选项正确。第 8 年的累计净现金流量 =$-400-700+100+200+200+200+200+200=0$，因此项目静态投资回收期为 8 年，故 C 选项正确。净现值 =$-400\times(1+5\%)^{-1}-700\times(1+5\%)^{-2}+100\times(1+5\%)^{-3}+200\times(1+5\%)^{-4}+200\times(1+5\%)^{-5}+200\times(1+5\%)^{-6}+200\times(1+5\%)^{-7}+200\times(1+5\%)^{-8}=-181.50$ 万元，小于 0，故 E 选项正确。当基准收益率为 5% 时，净现值小于零，显然当净现值为 0 时对应的收益率小于 5%，即项目内部收益率小于 5%，故 D 选项正确。

第五章
建设工程设计阶段投资控制

第一节　设计方案评选内容和方法

知识导学

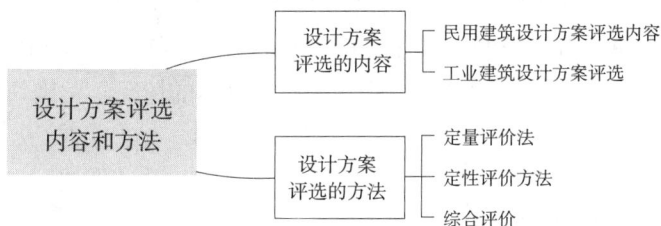

习题汇总

一、设计方案评选的内容

（一）民用建筑设计方案评选内容

1. 建筑与环境关系适用性的评选内容

　　1. 建筑与自然环境关系处理应满足的要求有（　　）。

　　A. 建筑应与地基所处人文环境相协调

　　B. 建筑地基应进行绿化

　　C. 严格控制对自然和生态环境的不利影响

　　D. 建筑地基应选择在地质环境条件安全，且可获得天然采光的地段

　　E. 建筑周围环境的空气、土壤、水体不应构成对人体的危害

2. 工程设计方案适用性的评选内容

　　2.（2020—44）民用建筑工程设计方案适用性评价时，建筑基地内人流、车流和物流是否合理分流，属于（　　）评价的内容。

　　A. 场地设计　　　　　　　　　　B. 建筑物设计

　　C. 规划控制指标　　　　　　　　D. 绿色设计

3.（2021—45）民用建筑设计方案经济性评价追求的目标是（   ）。

A. 规模一定的条件下，工程造价／投资最低

B. 单位面积使用阶段能耗最低，节能效果好

C. 满足结构安全的前提下，主要建筑材料消耗最少

D. 全寿命周期的高性价比

4.（2022—45）对民用建筑设计方案进行绿色设计评审的主要内容是（   ）。

A. 绿地率是否符合控制性规划的要求

B. 建筑物使用空间的自然采光、通风、日照是否符合规定

C. 施工阶段扬尘和对绿地的破坏程度

D. 项目寿命期内建造和使用对资源和环境的影响

（二）工业建筑设计方案评选

本部分内容仅做了解即可。

二、设计方案评选的方法

5. 对方案进行定量评价的工作内容包括：①通过统计检验、解释和鉴别评价的结果；②对数据资料进行统计分类，描述数据分布的形态和特征；③进行相关分析，了解各因素之间的联系；④估计总体参数，从样本推断总体的情况。正确的步骤是（   ）。

A. ③②④①　　　　　　　　　　　B. ②①④③

C. ④②③①　　　　　　　　　　　D. ②④③①

6. 常用的定量评价方法有（   ）。

A. 直接评分法　　　　　　　　　　B. 优缺点列举法

C. 加权评分法　　　　　　　　　　D. 几何平均值评分法

E. 比较价值评分法

7. 设计方案综合评价常用的定性方法有（   ）。

A. 专家意见法　　　　　　　　　　B. 头脑风暴法

C. 用户意见法　　　　　　　　　　D. 费用分析法

E. 比较法

习题答案及解析

1. CDE　　　2. A　　　　　3. D　　　　　4. D　　　　　5. B

6. ACDE　　　7. AC

【解析】

2. A。场地设计方面评价内容包括建筑布局应使建筑基地内的人流、车流与物流合理分流，防止干扰，并应有利于消防、停车、人员集散以及无障碍设施的设置。

3. D。"经济"不能简单的理解为追求造价，不能狭隘地理解为投入少就是经济，而是追求全寿命的经济、高性价比的经济。

第二节　价值工程方法及其应用

知识导学

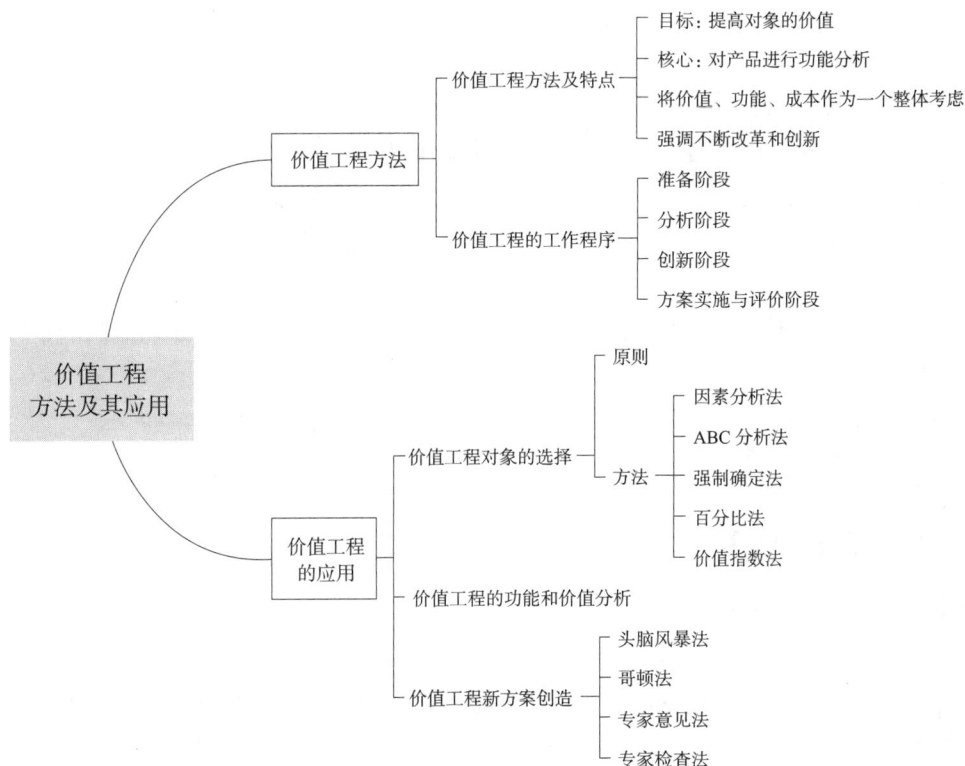

习题汇总

一、价值工程方法

（一）价值工程方法及特点

1.（2006—46）在设计阶段，运用价值工程方法的目的是（　　）。

A. 提高功能
B. 提高价值
C. 降低成本
D. 提高设计方案施工的便利性

2.（2016—43）价值工程的目标是以（　　）实现项目必须具备的功能。

A. 最少的项目投资
B. 最高的项目盈利
C. 最低的寿命周期成本
D. 最低的项目运行成本

3.（2017—101）关于价值工程的说法，正确的有（　　）。

A. 价值工程的核心是对产品进行功能分析

  B．价值工程涉及价值、功能和寿命周期成本三要素

  C．价值工程应以提高产品的功能为出发点

  D．价值工程是以提高产品的价值为目标

  E．价值工程强调选择最低寿命周期成本的产品

（二）价值工程的工作程序

  4．（2015—102）价值工程分析阶段的工作有（ ）。

  A．对象选择   B．收集整理资料

  C．功能定义   D．功能整理

  E．功能评价

  5．价值工程活动中功能评价前应完成的工作有（ ）。

  A．设计方案优化   B．功能整理

  C．方案创造   D．方案评价

  E．功能定义

  6．按照价值工程活动的工作程序，通过功能分析与整理明确必要功能后的下一步工作是（ ）。

  A．功能评价   B．功能定义

  C．方案评价   D．方案创造

二、价值工程的应用

（一）价值工程对象的选择

1．对象选择的一般原则

  7．（2016—98）由多个部件组成的产品，应优先选择（ ）的部件作为价值工程的分析对象。

  A．造价低   B．数量多

  C．体积小   D．加工工序多

  E．废品率高

2．对象选择的方法

  8．（2007—103）强制确定法可用于价值工程活动中的（ ）。

  A．对象选择   B．功能评价

  C．功能定义   D．方案创新

  E．方案评价

  9．（2014—44）根据功能重要程度选择价值工程对象的方法称为（ ）。

  A．因素分析法   B．ABC 分析法

  C．强制确定法   D．价值指数法

  10．（2015—43）应用 ABC 分析法选择价值工程对象，是将（ ）的零部件或工序作为研究对象。

A．生产工艺复杂　　　　　　　　　B．价值系数高

C．成本比重大　　　　　　　　　　D．功能评分值高

11．（2018—102）下列价值工程对象的选择方法中，属于非强制确定方法的有（　　）。

A．应用数理统计分析的方法

B．考虑各种因素凭借经验集体研究确定的方法

C．以功能重要程度来选择的方法

D．寻求价值较低对象的方法

E．按某种费用对某项技术经济指标影响程度来选择的方法

（二）价值工程的功能和价值分析

1．功能定义

本部分内容仅做了解即可。

2．功能整理

12．价值工程活动中，功能整理的主要任务是（　　）。

A．建立功能系统图　　　　　　　　B．分析产品功能特性

C．编制功能关联表　　　　　　　　D．确定产品功能名称

3．功能计量

13．功能的量化方法有（　　）。

A．理论计算法　　　　　　　　　　B．类比类推法

C．强制确定法　　　　　　　　　　D．统计分析法

E．德尔菲法

4．功能评价

14．（2014—45）某产品的目标成本为2000元，该产品某零部件的功能重要性系数是0.32，若现实成本为800元，则该零部件成本需要降低（　　）元。

A．160　　　　　　　　　　　　　　B．210

C．230　　　　　　　　　　　　　　D．240

15．（2021—46）某项目建筑安装工程目标造价2000元/m²，项目四个功能区重要性采用0—1评分法，评分结果如下表，则该项目建筑安装工程在节能方面的投入宜为（　　）元/m²。

功能区	安全	适用	节能	美观
安全	×	0	1	1
适用	1	×	1	1
节能	0	0	×	1
美观	0	0	0	×

A. 340
B. 400
C. 600
D. 660

16. 价值工程功能评价的程序如下图，图中"*"位置应进行的工作是（　　）。

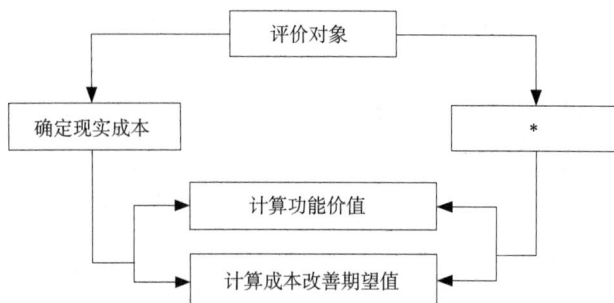

A. 确定功能评价值
B. 整理功能之间的逻辑关系
C. 确定目标成本
D. 确定基本功能

5. 功能价值 V 的计算及分析

17.（2004—47）某工程有 4 个设计方案，方案一的功能系数为 0.61，成本系数为 0.55；方案二的功能系数为 0.63，成本系数为 0.6；方案三的功能系数为 0.62，成本系数为 0.57；方案四的功能系数为 0.64，成本系数为 0.56。根据价值工程原理确定的最优方案为（　　）。

A. 方案一
B. 方案二
C. 方案三
D. 方案四

18.（2015—44）价值工程应用中，如果评价对象的价值系数 $V<1$，则表明（　　）。

A. 评价对象的功能现实成本与实现功能所必需的最低成本大致相当

B. 评价对象的现实成本偏高，而功能要求不高

C. 该部件功能比较重要，但分配的成本较少

D. 评价对象的现实成本偏低

19.（2020—45）某产品 4 个功能区的功能指数和现实成本见下表。若产品总成本保持不变，以成本改进期望值为依据，则应优先作为价值工程改进对象的是（　　）。

产品功能区	F_1	F_2	F_3	F_4
功能指数	0.35	0.25	0.30	0.10
现实成本（万元）	185	155	130	30

A. F_1
B. F_2
C. F_3
D. F_4

20.（2022—46）某项目有甲、乙、丙、丁四个设计方案，均能满足建设目标要求，

经综合评估，各方案功能综合得分及造价如下表。根据价值系数，应选择（　　）为实施方案。

	甲	乙	丙	丁
综合得分	33	33	35	32
造价（元/m²）	3050	3000	3300	2950

A．甲　　　　　　　　　　　　　　B．乙

C．丙　　　　　　　　　　　　　　D．丁

21．关于价值工程中功能的价值系数的说法，正确的是（　　）。

A．价值系数越大越好

B．价值系数大于1表示评价对象存在多余功能

C．价值系数等于1表示评价对象的价值为最佳

D．价值系数小于1表示现实成本较低，而功能要求较高

（三）价值工程新方案创造

22．价值工程中方案创造的理论依据是（　　）。

A．产品功能具有系统性　　　　　　B．功能载体具有替代性

C．功能载体具有排他性　　　　　　D．功能实现程度具有差异性

23．（2019—102）在价值工程的应用中，可用于方案创造的方法有（　　）。

A．因素分析法　　　　　　　　　　B．头脑风暴法

C．强制确定法　　　　　　　　　　D．哥顿法

E．德尔菲法

习题答案及解析

1．B	2．C	3．ABD	4．BCDE	5．BE
6．A	7．BDE	8．ABE	9．C	10．C
11．ABDE	12．A	13．ABDE	14．A	15．B
16．A	17．D	18．B	19．B	20．B
21．C	22．B	23．BDE		

【解析】

11．ABDE。A选项属于ABC分析法；B选项属于因素分析法；C选项属于强制确定法；D选项属于价值指数法；E选项属于百分比分析法。

14．A。功能评价值 $F=2000×0.32=640$ 元。$\Delta C=C-F=800-640=160$ 元。

15．B。功能重要性系数计算见下表。

功能重要性系数计算表

功能区	安全	适用	节能	美观	功能总分	修正得分	功能重要性系数
安全	×	0	1	1	2	3	3/10=0.3
适用	1	×	1	1	3	4	4/10=0.4
节能	0	0	×	1	1	2	2/10=0.2
美观	0	0	0	×	0	1	1/10=0.1
合计					6	10	1

则节能的投入 $=2000 \times 0.2 = 400$ 元 $/m^2$。

17．D。本题的计算为：

$$V_1 = \frac{F_1}{C_1} = \frac{0.61}{0.55} = 1.1091 ; V_2 = \frac{F_2}{C_2} = \frac{0.63}{0.6} = 1.05$$

$$V_3 = \frac{F_3}{C_3} = \frac{0.62}{0.57} = 1.0877 ; V_4 = \frac{F_4}{C_4} = \frac{0.64}{0.56} = 1.1429$$

价值系数最高的为最优方案。在 2003 年度的考试中，同样对本题涉及的采分点进行了考查，且提问形式与本题一致。

19．B。功能指数法表达式如下：

$$第 i 个评价对象的价值指数 V_1 = \frac{第 i 个评价对象的功能指数 F_1}{第 i 个评价对象的成本指数 C_1}$$

$$第 i 个评价对象的成本指数 C_1 = \frac{第 i 个评价对象的成本指数 C_1}{全部成本}$$

成本指数的计算过程为：

$$成本指数 C_1 = \frac{185}{(185+155+130+30)} = 0.37 ;$$

$$成本指数 C_2 = \frac{155}{(185+155+130+30)} = 0.31 ;$$

$$成本指数 C_3 = \frac{130}{(185+155+130+30)} = 0.26 ;$$

$$成本指数 C_4 = \frac{30}{(185+155+130+30)} = 0.06 ;$$

价值指数的计算过程为：价值指数 $V_1 = \frac{0.35}{0.37} = 0.95$；价值指数 $V_2 = \frac{0.25}{0.31} = 0.81$；

价值指数 $V_3 = \frac{0.30}{0.26} = 1.15$；价值指数 $V_4 = \frac{0.10}{0.06} = 1.67$。优先作为价值工程改进对象的是 F_2。

20．B。本题的计算过程如下：

综合得分总和 $=33+33+35+32=133$；

总造价 $=3050+3000+3300+2950=12300$ 元 $/m^2$。

价值系数 = 功能系数 / 成本系数，则：

甲的价值系数 =（33/133）÷（3050/12300）=1.001

乙的价值系数 =（33/133）÷（3000/12300）=1.017

丙的价值系数 =（35/133）÷（3300/12300）=0.981

丁的价值系数 =（32/133）÷（2950/12300）=1.003

乙的价值系数最大，应选择方案乙。

在 2019 年度的考试中，同样对本题涉及的采分点进行了考查。

23．BDE。在 2014 年度的考试中，同样对本题涉及的采分点进行了考查，且提问形式与本题一致。

第三节　设计概算编制和审查

知识导学

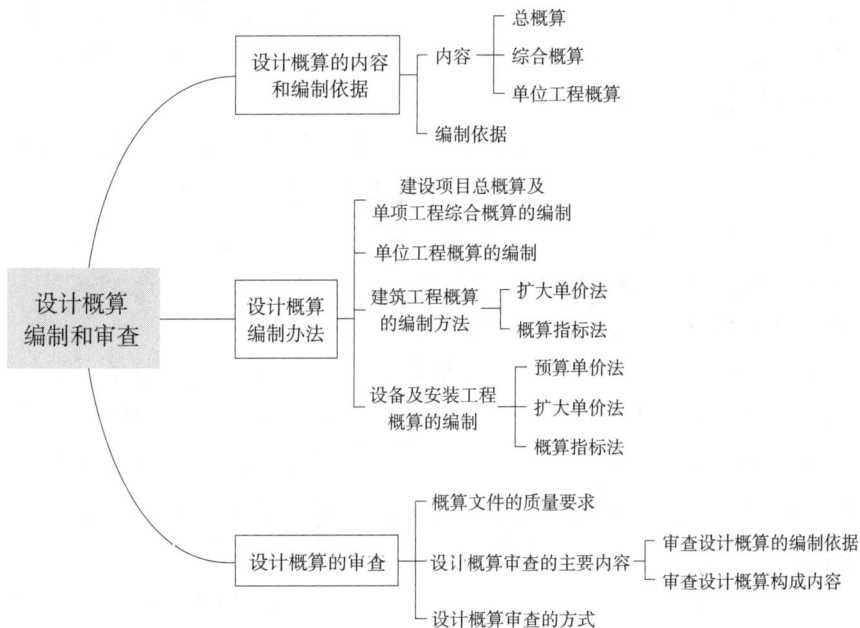

习题汇总

一、设计概算的内容和编制依据

（一）设计概算的内容

1．设计概算的"三级概算"是指（　　）。

A．建筑工程概算、安装工程概算、设备及工器具购置费概算

B．单位工程概算、单项工程综合概算、建设工程项目总概算

C．建设投资概算、建设期利息概算、铺底流动资金概算

D．主要工程项目概算、辅助和服务性工程项目概算、室内外工程项目概算

2．（2002—41）某新建项目装配车间的土建工程概算 100 万元，给水排水和电气照明工程概算 15 万元，设计费 10 万元，装配生产设备及安装工程概算 100 万元，联合试运转费概算 5 万元，则该装配车间单项工程综合概算为（　　）万元。

A．215　　　　　　　　　　　　　　B．220

C．225　　　　　　　　　　　　　　D．230

3．下列单位工程概算中，属于设备及安装工程概算的是（　　）。

A．通风空调工程概算

B．电气照明工程概算

C．弱电工程概算

D．工器具及生产家具购置费用概算

4．（2011—103）某大学新建校区有一实验楼单项工程，下列费用中，应列入实验楼单项工程综合概算的有（　　）。

A．分摊到实验楼的土地征用费　　　　B．实验楼的土建工程费

C．实验楼的给水排水工程费　　　　　D．实验楼的设备及安装工程费

E．分摊到实验楼的建设期利息

5．当建设项目为具有独立性的单项工程时，其设计概算应采用的编制形式是（　　）。

A．单位工程概算、单项工程综合概算和建设项目总概算三级

B．单位工程概算和单项工程综合概算二级

C．单项工程综合概算和建设项目总概算二级

D．单位工程概算和建设项目总概算二级

6．（2017—41）下列费用中，不属于单项工程综合概算内容的是（　　）。

A．单位建筑工程概算　　　　　　　　B．安装工程概算

C．铺底流动资金概算　　　　　　　　D．设备购置费用概算

7．（2020—46）建设项目设计概算文件采用三级概算或二级概算的区别，在于是否单独编制（　　）文件。

A．分部工程概算　　　　　　　　　　B．单位工程概算

C．单项工程综合概算　　　　　　　　D．建设项目总概算

（二）设计概算编制依据

本部分内容仅做了解即可。

二、设计概算编制方法

1．建设项目总概算及单项工程综合概算的编制

8．建设项目总概算书的内容有编制说明和（　　）。

A．单位工程概算表　　　　　　　　　B．分部分项工程概算表

C．单项工程综合概算表　　　　　　　D．工程建设其他费用概算表

E．总概算表

2．单位工程概算的编制

9．（2022—103）编制单位工程概算的正确做法有（　　）。

A．在单位工程概算中列入相应的基本预备费和涨价预备费

B．单位工程概算按构成单位工程的主要分部分项工程编制

C．建筑工程工程量根据施工图及工程量计算规则计算

D．建筑工程概算费用内容及组成按照《建筑安装工程费用项目组成》确定

E．设备及安装工程概算分别采用"设备购置费概算表"和"安装工程概算表"
编制

3．建筑工程概算的编制方法

（1）扩大单价法

10．（2006—47）当初步设计达到一定深度、建筑结构比较明确时，宜采用（　　）
编制建筑工程概算。

A．预算单价法　　　　　　　　　　　B．概算指标法

C．类似工程预算法　　　　　　　　　D．扩大单价法

11．（2012—103）下列工程中，宜采用扩大单价法编制单位工程概算的有（　　）。

A．初步设计较完善的工程　　　　　　B．住宅工程

C．福利工程　　　　　　　　　　　　D．建筑结构较明确的工程

E．附属工程

（2）概算指标法

12．对于一般附属、辅助和服务工程等项目，一级住宅和文化福利工程项目或投
资比较小、比较简单的工程项目，可以采用（　　）编制工程概算。

A．实物量法　　　　　　　　　　　　B．扩大单价法

C．概算指标法　　　　　　　　　　　D．估算指标法

13．（2019—103）建筑工程概算编制的基本方法有（　　）。

A．实物量法　　　　　　　　　　　　B．扩大单价法

C．概算指标法　　　　　　　　　　　D．估算指标法

E．预算单价法

4．设备及安装工程概算的编制

14．（2011—46）当初步设计的设备清单不完备，或仅有成套设备的重量时，应优
先采用（　　）编制设备安装工程概算。

A．综合扩大单价法　　　　　　　　　B．概算指标法

C．修正概算指标法　　　　　　　　　D．预算单价法

15．（2015—45）编制设备安装工程概算时，当初步设计有详细设备清单，宜采用

的编制方法是（   ）。

    A．扩大单价法   B．类似工程预算法

    C．预算单价法   D．概算指标法

16．（2017—102）下列方法中，可用来编制设备安装工程概算的方法有（   ）。

    A．估算指标法   B．概算指标法

    C．扩大单价法   D．预算单价法

    E．百分比分析法

三、设计概算的审查

（一）概算文件的质量要求

17．（2021—47）关于设计概算编制的说法，正确的是（   ）。

    A．应按编制时项目所在地的价格水平编制，不考虑后续价格变动

    B．应按编制时项目所在地的价格水平编制，不考虑施工条件影响

    C．应按编制时项目所在地的价格水平编制，还应按项目合理工期预测建设期价格水平

    D．应按编制时项目所在地的价格水平编制，不考虑建设项目的实际投资

（二）设计概算审查的主要内容

1. 审查设计概算的编制依据

18．（2009—104）审查设计概算编制依据时，应着重审查编制依据是否（   ）。

    A．经过国家或授权机关批准   B．具有先进性和代表性

    C．符合工程的适用范围   D．符合国家有关部门的现行规定

    E．满足建设单位的要求

2. 审查设计概算构成内容

19．（2020—104）单位建筑工程概算工程量审查的主要依据有（   ）。

    A．初步设计图纸   B．施工图设计文件

    C．概算定额   D．概算指标

    E．工程量计算规则

（三）设计概算审查的方式

20．（2021—103）政府投资项目概算批准后，允许调整概算的情形有（   ）。

    A．原设计范围内提高建设标准引起的费用增加

    B．超出原设计范围的重大变更

    C．建设单位提出设计变更引起的费用增加

    D．设计文件重大差错引起的工程费用增加

    E．超出涨价预备费的国家重大政策性调整

21．（2022—47）关于政府投资项目设计概算批准后是否允许调整的说法，正确的是（   ）。

A. 一般不得调整，确需调整的，须另行单独立项

B. 一般不得调整，需要增加投资的，由项目单位自筹

C. 一般不得调整，需调整时，须说明理由并向原批准部门备案

D. 一般不得调整，需调整时，须经原批准部门同意并重新审批

习题答案及解析

1．B	2．A	3．D	4．BCD	5．D
6．C	7．C	8．ACDE	9．BD	10．D
11．AD	12．C	13．BC	14．A	15．C
16．BCD	17．C	18．ACD	19．ACE	20．BE
21．D				

【解析】

2．A。该装配车间单项工程综合概算 =100+15+100=215 万元。

4．BCD。单项工程综合概算包括各单位建筑工程概算和设备及安装工程概算。各单位建筑工程概算有一般土建工程概算、给水排水工程概算、采暖工程概算、通风工程概算、电气照明工程概算、特殊构筑物工程概算。设备及安装工程概算分为机械设备及安装工程概算、电气设备及安装工程概算、器具、工具及生产家具购置费概算。

15．C。在 2008 年度考试中，同样对本题涉及的采分点进行了考查。

17．C。设计概算应按编制时项目所在地的价格水平编制，总投资应完整地反映编制时建设项目的实际投资；设计概算应考虑建设项目施工条件等因素对投资的影响；还应按项目合理工期预测建设期价格水平，以及资产租赁和贷款的时间价值等动态因素对投资的影响；建设项目总投资还应包括铺底流动资金。

第四节　施工图预算编制和审查

知识导学

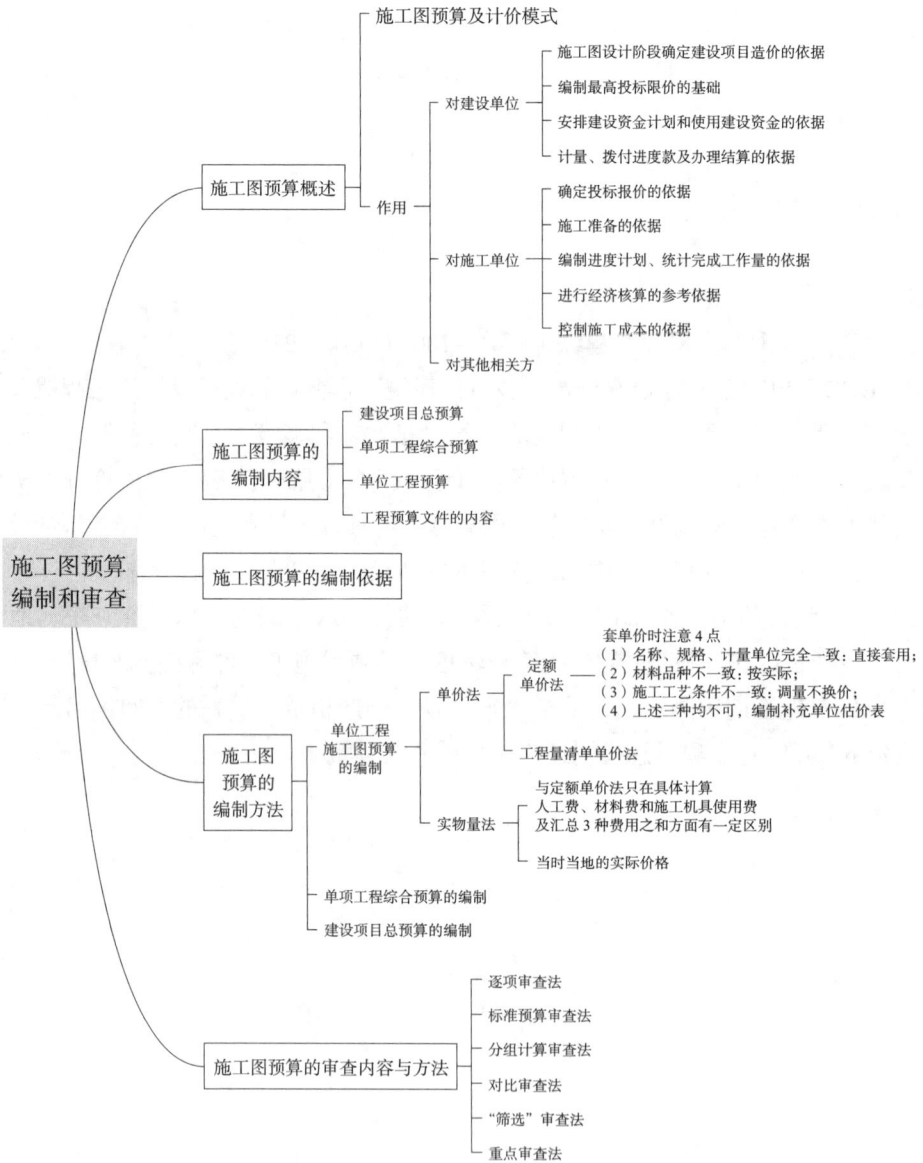

习题汇总

一、施工图预算概述

（一）施工图预算及计价模式

1. 传统计价模式

1. 在传统计价模式下，编制施工图预算的要素价格是根据（　　）确定的。

A. 企业定额 　　　　　　　　　　　B. 市场价格

C. 要素信息价 　　　　　　　　　　D. 预算定额

2. 工程量清单计价模式

2. 工程量清单计价模式是指按照建设工程工程量计算规范规定的工程量计算规则，由招标人提供工程量清单和有关技术说明，投标人根据自身实力，按（　　）进行施工图预算的计价模式。

A. 企业定额 　　　　　　　　　　　B. 施工定额

C. 资源市场单价 　　　　　　　　　D. 概算定额

E. 市场供求及竞争状况

（二）施工图预算的作用

1. 施工图预算对建设单位的作用

3. （2012—104）施工图预算是建设单位（　　）的依据。

A. 确定项目造价 　　　　　　　　　B. 进行施工准备

C. 控制施工成本 　　　　　　　　　D. 监督检查执行定额标准

E. 施工期间安排建设资金

2. 施工图预算对施工单位的作用

4. 关于施工图预算对施工单位作用的说法，正确的有（　　）。

A. 是施工图设计阶段确定建设工程项目造价的依据

B. 是确定投标报价的依据

C. 是组织材料、机具、设备及劳动力供应的依据

D. 是控制施工成本的依据

E. 可以作为拨付工程进度款及办理结算的基础

3. 施工图预算对其他相关方的作用

5. 施工图预算对于工程造价管理部门的作用主要有（　　）。

A. 是项目立项审批的依据

B. 是监督检查执行定额标准的依据

C. 是合理确定工程造价的依据

D. 是审定招标工程标底的依据

E. 是测算造价指数的依据

二、施工图预算的编制内容

6. 关于施工图预算文件的组成，下列说法中错误的是（　　）。

A. 当建设项目有多个单项工程时，应采用三级预算编制形式

B. 三级预算编制形式的施工图预算文件包括综合预算表、单位工程预算表和附件等

C. 当建设项目仅有一个单项工程时，应采用二级预算编制形式

D. 二级预算编制形式的施工图预算文件包括综合预算表和单位工程预算表两个主要报表

7. 某建设项目只有一个单项工程。关于该项目施工图预算编制要求的说法，正确的是（　　）。

A. 应采用三级预算编制形式

B. 应采用二级预算编制形式

C. 不需编制施工图预算

D. 编制建设项目总预算和单项工程综合预算

三、施工图预算的编制依据

8. 施工图预算的编制依据有（　　）。

A. 建设单位的资金到位情况　　　　　B. 施工投标单位的资质等级

C. 施工投标单位的施工组织设计　　　D. 项目的技术复杂程度

E. 批准的施工图设计图纸

四、施工图预算的编制方法

（一）单位工程施工图预算的编制

9. （2014—103）下列方法中，可以用于编制施工图预算的有（　　）。

A. 定额单价法　　　　　　　　　　　B. 工程量清单单价法

C. 扩大单价法　　　　　　　　　　　D. 实物量法

E. 综合单价法

1. 单价法

10. （2018—103）编制施工图预算的过程中，图纸的主要审核内容有（　　）。

A. 审核图纸间相关尺寸是否有误

B. 审核图纸是否有设计更改通知书

C. 审核材料表上的规格是否与图示相符

D. 审核图纸是否已经施工单位确认

E. 审核图纸与现行计量规范是否相符

11. （2020—47）分项工程单位估价表是预算定额法编制施工图预算的重要依据，

分项工程单位估价表中的单价包含完成相应分项工程所需的人工费、材料费和（　　）。

    A．企业管理费   B．施工机具使用费

    C．规费   D．税金

12．（2021—48）采用定额单价法编制施工图预算时，若某分项工程的主要材料品种与预算单价或单位估价表中规定材料不一致，则正确的做法是（　　）。

    A．按实际使用材料价格换算预算单价，再套用换算后的单价

    B．直接套用预算单价，再根据材料价差调整工程费用

    C．改用实物量法编制施工图预算

    D．改用工程量清单单价法编制施工图预算

13．关于采用定额单价法编制施工图预算时套用定额单价的说法，错误的是（　　）。

    A．当分项工程的名称、规格、计量单位与定额单价中所列内容完全一致时，可直接套用定额单价

    B．当分项工程施工工艺条件与定额单价不一致而造成人工、机械的数量增减时，应调价不换量

    C．当分项工程的主要材料品种与定额单价中规定材料不一致时，应按实际使用材料价格换算定额单价

    D．当分项工程不能直接套用定额、不能换算和调整时，应编制补充单位估价表

2．实物量法

14．编制施工图预算时，按各分项工程的工程量套取预算定额中人、料、机消耗量指标，并按类相加求取单位工程人、料、机总消耗量，再采用当时当地的人工、材料和机械台班实际价格计算汇总人、料、机费用的方法是（　　）。

    A．定额单价法   B．实物量法

    C．工程量清单综合单价法   D．全费用综合单价法

15．（2002—43）预算人工、材料、机械台班定额是在正常生产条件下分项工程所需的（　　）标准。

    A．人工、材料、机械台班消耗量   B．人工、材料、机械台班价格

    C．分项工程数量   D．分项工程价格

16．实物量法编制施工图预算时采用的人工、材料、机械的单价应为（　　）。

    A．项目所在地定额基价中的价格   B．预测的项目建设期的市场价格

    C．定额编制时的市场价格   D．当时当地的实际价格

（二）单项工程综合预算的编制

    本部分内容仅做了解即可。

（三）建设项目总预算的编制

17．某建设项目在设计阶段对项目的工程造价做出以下预测：单项建筑工程预算之和为 54000 万元，设备购置费 68000 万元，设备安装费按设备购置费的 15% 计算。建设期贷款利息 4200 万元，工程建设其他费用 9150 万元，基本预备费费率为 5%，涨

价预备费 12000 万元，铺底流动资金 2000 万元。则该项目的总预算为（　）万元。

A. 153350

B. 160417.5

C. 164617.5

D. 166617.5

（四）调整预算的编制

本部分内容仅做了解即可。

五、施工图预算的审查内容与方法

（一）施工图预算审查的基本规定

本部分内容仅做了解即可。

（二）预算的审查内容

18.（2016—97）施工图预算审查的内容包括（　）。

A. 施工图是否符合设计规范

B. 施工图是否满足项目功能要求

C. 施工图预算的编制是否符合相关法律、法规

D. 工程量计算是否准确

E. 施工图预算是否超过概算

19.（2022—48）在审查施工图预算时，除审查工程量计算的准确性外，对预算工程量审查的重点是（　）。

A. 编制施工图预算所依据设计文件的完整性

B. 工程量计算人员是否具备造价工程师资格

C. 预算工程量是否超过概算工程量

D. 工程量计算规则与计算规范规则或定额规则的一致性

（三）施工图预算的审查方法

20.（2018—104）审查施工图预算的方法有（　）。

A. 标准预算审查法

B. 预算指标审查法

C. 预算单价审查法

D. 对比审查法

E. 分组计算审查法

1. 逐项审查法

21.（2015—47）具有全面、细致，审查质量高、效果好，但工作量大，时间较长的施工图预算审查方法是（　）。

A. 分组计算审查法

B. 逐项审查法

C. 对比审查法

D. 标准预算审查法

2. 标准预算审查法

22. 对采用通用图纸的多个工程施工图预算进行审查时，为节省时间，宜采用的审查方法是（　）。

A. 全面审查法

B. 标准预算审查法

C. 筛选审查法 D. 对比审查法

3. 分组计算审查法

23. 分组计算审查法的特点是（　　）。

A. 审查质量高 B. 工作量小

C. 效果好 D. 时间较长

4. 对比审查法

24. 施工图预算审查中，若工程条件相同，用已完工程的预算审查拟建工程的同类工程预算的方法属于（　　）。

A. 标准预算审查法 B. 对比审查法

C. 筛选审查法 D. 分组计算审查法

25. （2017—42）拟建工程与已完工程采用同一施工图，但基础部分和现场施工条件不同，则与已完工程相同的部分可采用（　　）审查施工图预算。

A. 标准预算审查法 B. 对比审查法

C. "筛选"审查法 D. 重点审查法

5. "筛选"审查法

26. 运用筛选审查法审查建筑工程施工图预算时，需要先确定有关分部分项工程的单位建筑面积基本数值指标，其指标包括（　　）。

A. 工程量 B. 单价

C. 能耗 D. 占地

E. 用工量

27. （2019—45）能较快发现问题，审查速度快，但问题出现的原因还需继续审查的施工图预算审查方法是（　　）。

A. 对比审查法 B. 逐项审查法

C. 标准预算审查法 D. "筛选"审查法

6. 重点审查法

28. （2006—104）用重点审查法审查施工图预算时，审查的重点有（　　）。

A. 工程量计算规则的正确性 B. 工程量大的分项工程

C. 单价高的分项工程 D. 各项费用的计取基础

E. 设计标准的合理性

29. （2012—48）采用重点审查法审查施工图预算时，审查的重点是（　　）的分部分项工程。

A. 单价经换算 B. 不易被重视

C. 量大价高 D. 采用补充单位估价

习题答案及解析

1. D 　　　2. ACE 　　　3. AE 　　　4. BCD 　　　5. BCDE

6. D	7. B	8. DE	9. ABD	10. ABC
11. B	12. A	13. B	14. B	15. A
16. D	17. D	18. CDE	19. D	20. ADE
21. B	22. B	23. B	24. B	25. B
26. ABE	27. D	28. BCD	29. C	

【解析】

10. ABC。图纸是编制施工图预算的基本依据。熟悉图纸不但要弄清图纸的内容，还应对图纸进行审核，审核内容包括：（1）图纸间相关尺寸是否有误。（2）设备与材料表上的规格、数量是否与图示相符，详图、说明、尺寸和其他符号是否正确等，若发现错误应及时纠正。（3）图纸是否有设计更改通知（或类似文件）。

12. A。分项工程的主要材料品种与预算单价或单位估价表中规定材料不一致时，不能直接套用预算单价；需要按实际使用材料价格换算预算单价。在2015年度的考试中，同样对本题涉及的采分点进行了考查。

15. A。定额消耗量中的"量"应是符合国家技术规范和质量标准要求、并能反映现行施工工艺水平的分项工程计价所需的人工、材料、施工机具的消耗量。

17. D。设备安装费=68000×15%=10200万元；单项设备与安装工程预算=68000+10200=78200万元；基本预备费=（54000+78200+9150）×5%=7067.5万元；项目总预算=54000+78200+9150+12000+7067.5+4200+2000=166617.5万元。

21. B。施工图预算审查的方法包括：

（1）逐项审查法，其优点是全面、细致，审查质量高、效果好。缺点是工作量大，时间较长。

（2）标准预算审查法，其优点是时间短、效果好、易定案。其缺点是适用范围小。

（3）分组计算审查法，其特点是审查速度快、工作量小。

（4）对比审查法是当工程条件相同时，用已完工程的预算或未完但已经过审查修正的工程预算对比审查拟建工程的同类工程预算。

（5）"筛选"审查法的优点是简单易懂，便于掌握，审查速度快，便于发现问题。

（6）重点审查法的优点是突出重点，审查时间短、效果好。

在2007年度的考试中，同样对本题涉及的采分点进行了考查。

25. B。在2011年度的考试中，同样对本题涉及的采分点进行了考查。

第六章
建设工程招标阶段投资控制

第一节　最高投标限价编制

知识导学

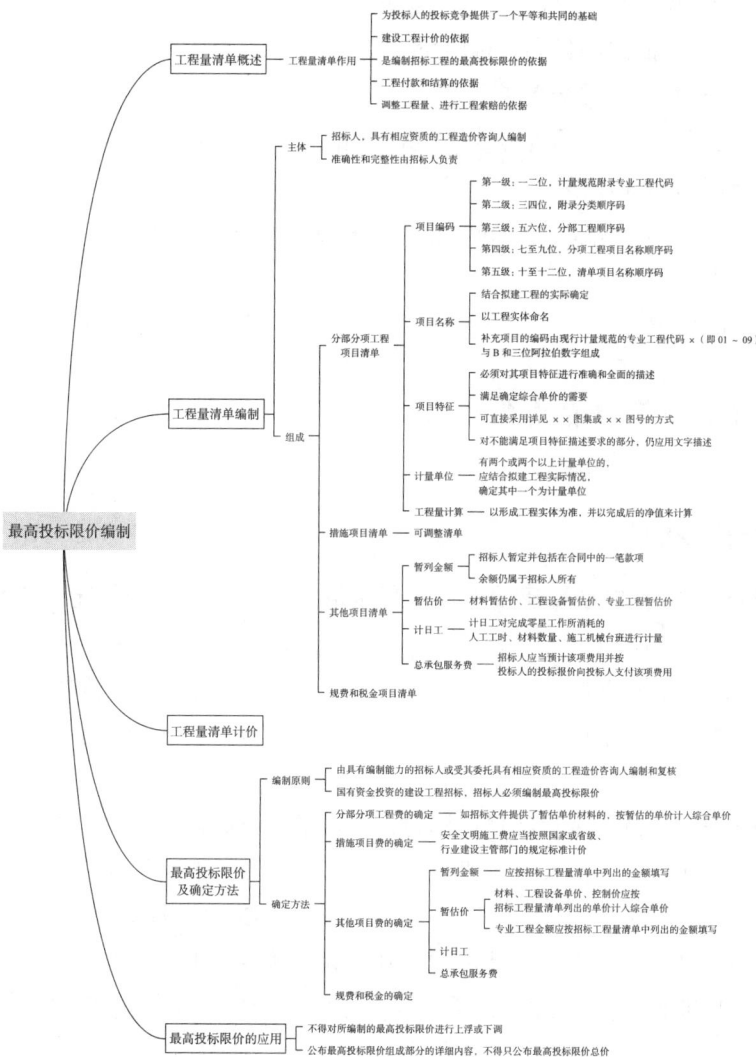

最高投标限价编制

- 工程量清单概述
  - 工程量清单作用
    - 为投标人的投标竞争提供了一个平等和共同的基础
    - 建设工程计价的依据
    - 是编制招标工程的最高投标限价的依据
    - 工程付款和结算的依据
    - 调整工程量、进行工程索赔的依据
- 工程量清单编制
  - 主体
    - 招标人、具有相应资质的工程造价咨询人编制
    - 准确性和完整性由招标人负责
  - 组成
    - 分部分项工程项目清单
      - 项目编码
        - 第一级：一二位，计量规范附录专业工程代码
        - 第二级：三四位，附录分类顺序码
        - 第三级：五六位，分部工程顺序码
        - 第四级：七至九位，分项工程项目名称顺序码
        - 第五级：十至十二位，清单项目名称顺序码
      - 项目名称
        - 结合拟建工程的实际确定
        - 以工程实体命名
        - 补充项目的编码由现行计量规范的专业工程代码×（即01~09）与B和三位阿拉伯数字组成
      - 项目特征
        - 必须对其项目特征进行准确和全面的描述
        - 满足确定综合单价的需要
        - 可直接采用详见××图集或××图号的方式
        - 对不能满足项目特征描述要求的部分，仍应用文字描述
      - 计量单位
        - 有两个或两个以上计量单位的，应结合拟建工程实际情况，确定其中一个为计量单位
      - 工程量计算
        - 以形成工程实体为准，并以完成后的净值来计算
    - 措施项目清单
      - 可调整清单
    - 其他项目清单
      - 暂列金额
        - 招标人暂定并包括在合同中的一笔款项
        - 余额仍属于招标人所有
      - 暂估价
        - 材料暂估价、工程设备暂估价、专业工程暂估价
      - 计日工
        - 计日工对完成零星工作所消耗的人工工时、材料数量、施工机械台班进行计量
      - 总承包服务费
        - 招标人应当预计该项费用并按投标人的投标报价向投标人支付该项费用
    - 规费和税金项目清单
- 工程量清单计价
- 最高投标限价及确定方法
  - 编制原则
    - 由具有编制能力的招标人或受其委托具有相应资质的工程造价咨询人编制和复核
    - 国有资金投资的建设工程招标，招标人必须编制最高投标限价
  - 确定方法
    - 分部分项费的确定
      - 如招标文件提供了暂估单价材料的，按暂估的单价计入综合单价
    - 措施项目费的确定
      - 安全文明施工费应当按照国家或者省级、行业建设主管部门的规定标准计价
    - 其他项目费的确定
      - 暂列金额
        - 应按招标工程量清单中列出的金额填写
      - 暂估价
        - 材料、工程设备单价、控制价应按招标工程量清单中列出的单价计入综合单价
        - 专业工程金额应按招标工程量清单中列出的金额填写
      - 计日工
      - 总承包服务费
    - 规费和税金的确定
- 最高投标限价的应用
  - 不得对所编制的最高投标限价进行上浮或下调
  - 公布最高投标限价组成部分的详细内容，不得只公布最高投标限价总价

习题汇总

一、工程量清单概述

（一）工程量清单

1.（2014—104）按照《建设工程工程量清单计价规范》的分类，工程量清单包括（　　）。

A. 投标前工程量清单 　　　　　B. 中标工程量清单

C. 招标工程量清单 　　　　　　D. 已标价工程量清单

E. 合同工程量清单

（二）工程量清单的作用

2.（2016—103）在工程招标投标阶段，工程量清单的主要作用有（　　）。

A. 为招标人编制投资估算文件提供依据

B. 为投标人投标竞争提供一个平等基础

C. 招标人可据此编制最高投标限价

D. 投标人可据此调整清单工程量

E. 投标人可按其表述的内容填报相应价格

（三）工程量清单的适用范围

3.（2017—103）根据现行计价规范，工程量清单适用的计价活动有（　　）。

A. 设计概算的编制 　　　　　　B. 最高投标限价的编制

C. 投资限额的确定 　　　　　　D. 合同价款的约定

E. 竣工结算的办理

（四）工程量清单计价规范的构成

本部分内容仅做了解即可。

二、工程量清单编制

4.（2006—101）根据《建设工程工程量清单计价规范》的规定，工程量清单包括（　　）。

A. 施工机械使用费清单 　　　　B. 零星工作价格清单

C. 主要材料价格清单 　　　　　D. 措施项目清单

E. 其他项目清单

5.（2016—44）建设工程项目招标时，工程量清单通常由（　　）提供。

A. 造价单位 　　　　　　　　　B. 施工单位

C. 咨询单位 　　　　　　　　　D. 建设单位

6.（2021—49）招标工程量清单的准确性和完整性应由（　　）负责。

A. 招标人和施工图审查机构共同 　　B. 招标代理机构

C. 招标人 　　　　　　　　　　D. 招标人和投标人共同

（一）分部分项工程项目清单

7.（2019—47）下列招标文件所列的工程量清单中，不可调整的闭口清单是（　　）。

A. 分部分项工程量清单 　　　　B. 能计量的措施项目清单

C. 不能计量的措施项目清单 　　D. 其他项目清单

1. 项目编码

8.（2015—48）根据《建设工程工程量清单计价规范》，某分部分项工程的清单编码为 020302004014，该分项工程项目名称顺序码为（　　）。

A. 02 　　　　　　　　　　　　B. 014

C. 03 　　　　　　　　　　　　D. 004

9.（2016—45）现行计量规范的项目编码由十二位数字构成，其中第五至第六位数字为（　　）。

A. 专业工程码 　　　　　　　　B. 附录分类顺序码

C. 分部工程顺序码 　　　　　　D. 清单项目名称顺序码

2. 项目名称

10. 根据《建设工程工程量清单计价规范》，关于分部分项工程量清单中项目名称的说法，正确的是（　　）。

A. 计量规范中的项目名称是分项工程名称，以工程主要材料命名

B. 编制清单时，项目名称应根据计量规范的项目名称结合拟建工程实际确定

C. 计量规范中的项目名称是分部工程名称，以工程实体命名

D. 编制清单时，计量规范中的项目名称不能变化，但应补充项目规格、材质

3. 项目特征

11. 根据《建设工程工程量清单计价规范》，分部分项工程量清单中，确定综合单价的依据是（　　）。

A. 计量单位 　　　　　　　　　B. 项目特征

C. 项目编码 　　　　　　　　　D. 项目名称

4. 计量单位

12. 关于招标工程量清单中分部分项工程项目清单的编制，下列说法中错误的是（　　）。

A. 招标人只负责项目编码、项目名称、计量单位和工程量四项内容的填写

B. 同一招标工程的项目编码不得有重复

C. 清单所列项目应是在单位工程施工过程中以其本身构成该工程实体的分项工程

D. 当清单计价规范附录中有两个计量单位时，应结合实际情况选择其中一个

5. 工程量计算

13.（2016—46）根据现行工程量计量规范，清单项目的工程量应以（　　）为准进行计算。

A．完成后的实际值 　　　　　　B．形成工程实体的净值

C．定额工程量数量 　　　　　　D．对应的施工方案数量

14．（2017—46）根据现行计量规范明确的工程量计算规则，清单项目工程量是以（　　）为准，并以完成的净值来计算的。

A．实际施工工程量 　　　　　　B．形成工程实体

C．返工工程量及其损耗 　　　　D．工程施工方案

（二）措施项目清单编制

15．根据《建设工程工程量清单计价规范》，投标人可以根据拟建工程的实际情况列项的清单是（　　）。

A．措施项目清单 　　　　　　　B．分部分项工程量清单

C．其他项目清单 　　　　　　　D．规费、税金清单

（三）其他项目清单编制

16．（2014—105）根据《建设工程工程量清单计价规范》，其他项目清单内容包括（　　）。

A．规费 　　　　　　　　　　　B．暂列金额

C．暂估价 　　　　　　　　　　D．计日工

E．总承包服务费

17．《建设工程工程量清单计价规范》规定，招标时用于合同约定调整因素出现时的工程材料价款调整的费用应计入（　　）中。

A．材料暂估价 　　　　　　　　B．分部分项综合单价

C．总承包服务费 　　　　　　　D．暂列金额

18．（2019—48）某工程施工过程中发生了一项未在合同中约定的零星工作，增加费用2万元，此费用应列入工程的（　　）中。

A．暂列金额 　　　　　　　　　B．暂估价

C．计日工 　　　　　　　　　　D．总承包服务费

19．（2019—105）根据《建设工程工程量清单计价规范》，其他项目清单中的暂估价包括（　　）。

A．人工暂估价 　　　　　　　　B．材料暂估价

C．工程设备暂估价 　　　　　　D．专业工程暂估价

E．非专业工程暂估价

20．（2022—104）采用工程量清单计价招标的工程，招标工程量清单中可以提出暂估价的有（　　）。

A．地基与基础工程 　　　　　　B．专业工程

C．规费 　　　　　　　　　　　D．工程材料

E．工程设备

（四）规费项目清单编制

本部分内容仅做了解即可。

（五）税金项目清单编制

本部分内容仅做了解即可。

三、工程量清单计价

本部分内容仅做了解即可。

四、最高投标限价及确定方法

（一）最高投标限价的编制原则

21．关于依法必须招标的工程，下列说法中正确的是（　　）。

A．国有资金投资的建筑工程招标可不设最高投标限价

B．由招标人或其委托的有相应资质的工程造价咨询人编制最高投标限价

C．工程造价咨询人接受招标人委托编制最高投标限价，可以就同一工程接受投标人委托编制投标报价

D．由甲级招标机构复核最高投标限价

（二）最高投标限价的编制方法

1．最高投标限价的编制流程

本部分内容仅做了解即可。

2．各项费用及税金的确定方法

22．（2016—47）关于编制最高投标限价的说法，正确的是（　　）。

A．综合单价应包括由招标人承担的费用及风险

B．安全文明施工费按投标人的施工组织设计确定

C．措施项目费应为包括规费、税金在内的全部费用

D．暂估价中材料单价，应按招标工程量清单的单价计入综合单价

23．（2020—48）根据《建设工程工程量清单计价规范》，编制最高投标限价时，总承包服务费应按照（　　）计算。

A．省级或行业建设主管部门规定或参考相关规范

B．国家统一规定或参考相关规范

C．工程所在地同类项目总承包服务费平均水平

D．最高投标限价编制单位咨询潜在投标人的报价

24．关于编制最高投标限价时总承包服务费的可参考标准，下列说法正确的是（　　）。

A．招标人仅要求对分包专业工程进行总承包管理和协调时，按分包专业工程估算造价的0.5%计算

B．招标人仅要求对分包专业工程进行总承包管理和协调时，按分包专业工程估算造价的1%计算

C．招标人要求对分包专业工程进行总承包管理和协调，且要求提供配合服务时，按分包专业工程估算造价的1%~3%计算

D. 招标人要求对分包专业工程进行总承包管理和协调，且要求提供配合服务时，按分包专业工程估算造价的 3%~5% 计算

（三）招标控制价的应用

25. 根据《建设工程工程量清单计价规范》中对最高投标限价的相关规定，下列说法正确的是（　　）。

A. 最高投标限价公布后根据需要可以上浮或下调

B. 招标人可以只公布最高投标限价总价，也可以只公布单价

C. 最高投标限价可以在招标文件中公布，也可以在开标时公布

D. 招标人应将最高投标限价报工程所在地工程造价管理机构备查

习题答案及解析

1. CD	2. BCE	3. BDE	4. DE	5. D
6. C	7. A	8. D	9. C	10. B
11. B	12. A	13. B	14. B	15. A
16. BCDE	17. D	18. C	19. BCD	20. BDE
21. B	22. D	23. A	24. D	25. D

【解析】

6. C。在 2009、2011、2017 年度的考试中，同样对本题涉及的采分点进行了考查。

16. BCDE。在 2010、2011、2014 年度的考试中，同样对本题涉及的采分点进行了考查。

18. C。计日工适用的零星工作一般是指合同约定之外的或者因变更而产生的、工程量清单中没有相应项目的额外工作，尤其是那些时间不允许事先商定价格的额外工作。

第二节　投标报价审核

知识导学

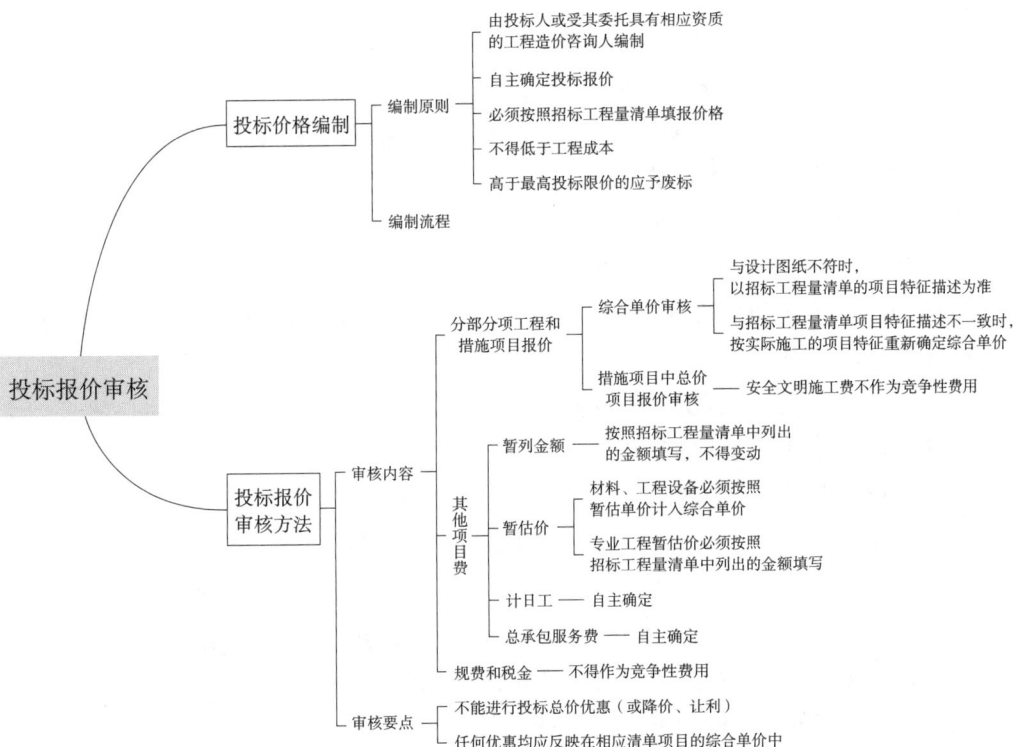

习题汇总

一、投标价格编制

（一）编制原则

1.（2016—104）关于投标报价编制的说法，正确的有（　　）。

A. 投标人可委托有相应资质的工程造价咨询人编制投标价

B. 投标人可依据市场需求对所有费用自主报价

C. 投标人的投标报价不得低于其工程成本

D. 投标人的某一子项目报价高于招标人相应基准价的应予废标

E. 执行工程量清单招标的，投标人必须按照招标工程量清单填报价格

（二）编制流程

本部分内容仅做了解即可。

二、投标报价审核方法

（一）投标报价的审核内容

1. 分部分项工程和措施项目报价的审核

2.（2014—46）下列措施项目中，不作为竞争性费用的是（   ）。

A. 夜间施工增加费

B. 冬雨期施工增加费

C. 安全文明施工费

D. 二次搬运费

3.（2016—105）审核投标报价时，对分部分项工程综合单价的审核内容有（   ）。

A. 综合单价的确定依据是否正确

B. 清单中提供了暂估单价的材料是否按暂估的单价进入综合单价

C. 暂列金额是否按规定纳入综合单价

D. 单价中是否考虑了承包人应承担的风险费用

E. 总承包服务费的计算是否正确

4.（2021—50）招标投标过程中，出现招标工程量清单项目特征描述与设计图纸不符时，投标人的正确做法是（   ）。

A. 以设计图纸的要求为准进行报价并加备注

B. 根据设计单位确认的项目特征报价

C. 以招标工程量清单的项目特征描述和设计图纸分别报价

D. 以招标工程量清单的项目特征描述为准进行报价

5.（2022—50）施工过程中，由于涉及变更导致某分项工程实际施工的特征与招标工程量清单中的项目特征描述不一致时，该分项工程应按（   ）结算价款。

A. 招标工程量清单中的工程量和投标文件中的综合单价

B. 实际施工的工程量和投标文件中的综合单价

C. 招标工程量清单中的工程量和发承包双方重新确定的综合单价

D. 实际施工的工程量和发承包双方重新确定的综合单价

2. 其他项目费的审核

6.（2017—404）在招标投标阶段，投标人不能自主确定其综合单价或费用的有（   ）。

A. 安全文明施工费

B. 暂列金额

C. 给定暂估价的材料

D. 计日工

E. 总承包服务费

7.（2021—104）采用工程量清单计价的招标工程，投标人必须按招标文件中提供的数据或政府主管部门规定的标准计算报价的有（   ）。

A. 总承包服务费

B. 以"项"为单位计价的措施项目

C. 安全文明施工费

D. 提供了暂估价的工程设备

E. 暂列金额

8.（2022—49）某项目投标人认为招标文件中所列措施项目不全时，其投标报价的正确做法是（　　）。

A. 根据企业自身特点对措施项目进行调整并报价

B. 向招标人提出质疑并根据招标人的答复报价

C. 按招标文件中所列项目报价，并准备在施工中发生缺项措施项目时提出索赔

D. 按招标文件中所列项目报价，并准备在施工中发生缺项措施项目时提出变更

3. 规费和税金的审核

9. 根据《建设工程工程量清单计价规范》，建设工程投标报价中，不得作为竞争性费用的是（　　）。

A. 总承包服务费　　　　　　　　B. 夜间施工增加费

C. 分部分项工程费　　　　　　　D. 规费

E. 税金

（二）投标报价审核要点

10. 根据《建设工程工程量清单计价规范》，关于投标报价审核要点的说法，正确的是（　　）。

A. 为降低投标总价，投标人可以将暂列金额降至零

B. 投标人对投标报价的任何优惠均应反映在相应清单项目的综合单价中

C. 投标总价可在分部分项工程费、措施项目费、其他项目费和规费、税金合计金额上作出优惠

D. 竣工结算时，填写单价和合价的项目应重新填写

习题答案及解析

| 1. ACE | 2. C | 3. ABD | 4. D | 5. D |
| 6. ABC | 7. CDE | 8. A | 9. DE | 10. B |

【解析】

3. ABD。分部分项工程和措施项目中综合单价的审核内容包括：（1）综合单价的确定依据；（2）招标工程量清单中提供了暂估单价的材料、工程设备，按暂估的单价进入综合单价；（3）招标文件中要求投标人承担的风险内容和范围，投标人应将其考虑到综合单价中。

4. D。在2015、2020年度的考试中，同样对本题涉及的采分点进行了考查。

第三节　合同价款约定

知识导学

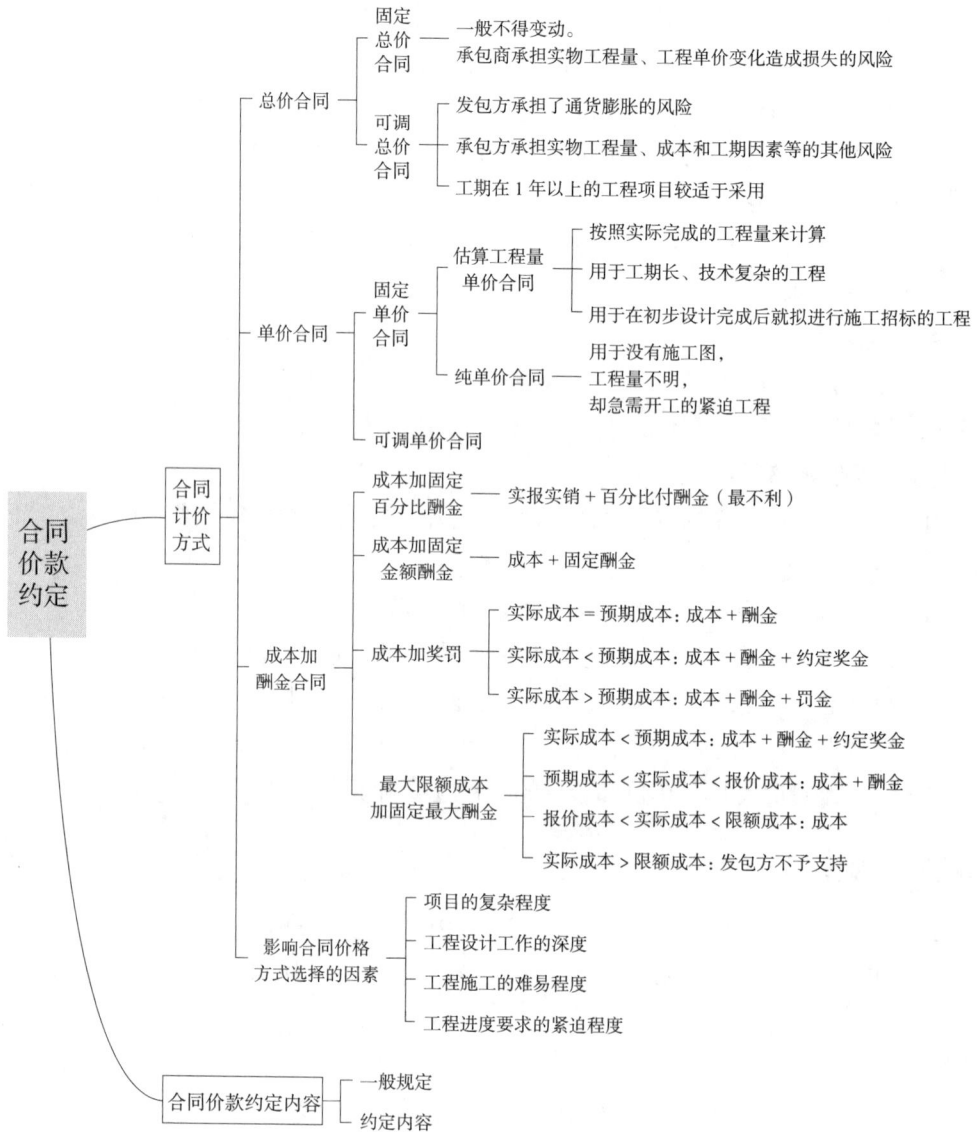

合同价款约定
- 合同计价方式
  - 总价合同
    - 固定总价合同
      - 一般不得变动。
      - 承包商承担实物工程量、工程单价变化造成损失的风险
    - 可调总价合同
      - 发包方承担了通货膨胀的风险
      - 承包方承担实物工程量、成本和工期因素等的其他风险
    - 工期在1年以上的工程项目较适于采用
  - 单价合同
    - 固定单价合同
      - 估算工程量单价合同
        - 按照实际完成的工程量来计算
        - 用于工期长、技术复杂的工程
        - 用于在初步设计完成后就拟进行施工招标的工程
      - 纯单价合同
        - 用于没有施工图，工程量不明，却急需开工的紧迫工程
    - 可调单价合同
  - 成本加酬金合同
    - 成本加固定百分比酬金 —— 实报实销 + 百分比付酬金（最不利）
    - 成本加固定金额酬金 —— 成本 + 固定酬金
    - 成本加奖罚
      - 实际成本 = 预期成本：成本 + 酬金
      - 实际成本 < 预期成本：成本 + 酬金 + 约定奖金
      - 实际成本 > 预期成本：成本 + 酬金 + 罚金
    - 最大限额成本加固定最大酬金
      - 实际成本 < 预期成本：成本 + 酬金 + 约定奖金
      - 预期成本 < 实际成本 < 报价成本：成本 + 酬金
      - 报价成本 < 实际成本 < 限额成本：成本
      - 实际成本 > 限额成本：发包方不予支持
  - 影响合同价格方式选择的因素
    - 项目的复杂程度
    - 工程设计工作的深度
    - 工程施工的难易程度
    - 工程进度要求的紧迫程度
- 合同价款约定内容
  - 一般规定
  - 约定内容

习题汇总

一、合同计价方式

（一）总价合同

1.（2021—51）总价施工合同履行过程中，承包人发现某分项工程在招标文件给出的工程量表中被遗漏，则处理该分项工程价款的方式是（　　）。

A．由发承包双方按单价合同计价方式协商确定结算价

B．由发承包双方另行订立补充协议确定计价方式和价款

C．由发承包双方协商确定一个总价并调整原合同价

D．视为已包含在合同总价中，因而不单独进行结算

1. 固定总价合同

2．（2015—103）某工程采用固定总价合同，除设计变更和工程范围变动外，不调整合同价。承包人工程合同总价为 300 万元，按进度节点分三阶段付款，付款比例为 30%、40%、25%，第一阶段施工期间，主要材料计划用量 300t，预算单价 2000 元 /t，实际消耗 310t，实际单价 2100 元 /t，第一阶段结算时，正确的有（　　）。

A．材料消耗增加不调整合同价款

B．材料价格上涨不调整合同价款

C．应结算和支付工程款 90 万元

D．应结算和支付主要材料消耗增加价款 2 万元

E．应结算和支付主要材料价差 3.1 万元

3．（2016—49）合同总价只有在设计和工程范围发生变更时才能随之作相应调整，除此之外一般不得变更的合同称为（　　）。

A．固定总价合同　　　　　　　　　　B．可调总价合同

C．固定单价合同　　　　　　　　　　D．可调单价合同

4．（2017—48）采用固定总价合同时，发包方承担的风险是（　　）。

A．实物工程量变化　　　　　　　　　B．工程单价变化

C．工期延误　　　　　　　　　　　　D．工程范围变更

5．（2017—50）某建设工程项目，发包方与承包方按固定总价合同签订了工程承包合同。合同实施过程中对合同总价作出相应变更的情况是（　　）。

A．机械费上涨　　　　　　　　　　　B．人工费上涨

C．设计和工程范围发生变更　　　　　D．雨期导致工期延长

6．（2018—105）关于固定总价合同特征的说法，正确的有（　　）。

A．合同总价一笔包死，无特殊情况不作调整

B．合同执行过程中，工程量与招标时不一致的，总价可作调整

C．合同执行过程中，材料价格上涨，总价可作调整

D．合同执行过程中，人工工资变动，总价不作调整

E．固定总价合同的投标价格一般偏高

7．（2019—49）某工程的工作内容和技术经济指标非常明确，工期 10 个月，预计施工期间通货膨胀率低，则该工程较适合采用的合同计价方式是（　　）。

A．固定总价合同　　　　　　　　　　B．可调总价合同

C．固定单价合同　　　　　　　　　　D．可调单价合同

2. 可调总价合同

8.（2011—104）当项目实际工程量与估计工程量没有实质性差别时，由承包人承担工程量变动风险的合同形式有（　　）。

A. 固定总价合同　　　　　　　　　　B. 纯单价合同

C. 成本加奖励合同　　　　　　　　　D. 可调总价合同

E. 成本加固定百分比酬金合同

9.（2014—48）采用可调总价合同时，发包方承担了（　　）风险。

A. 实物工程量　　　　　　　　　　　B. 成本

C. 工期　　　　　　　　　　　　　　D. 通货膨胀

（二）单价合同

10.（2012—49）关于建设项目单价合同特点的说法，正确的是（　　）。

A. 实施项目的工程性质和工程量应在事先确定

B. 实际总价按工程量清单工程量与合同单价确定

C. 承包方在投标报价中不需要考虑风险费用

D. 实际工程价格可能大于也可能小于合同价格

1. 固定单价合同

11.（2002—103）某桥梁因洪水冲毁，急需修复，承包合同宜采用（　　）合同。

A. 固定总价　　　　　　　　　　　　B. 可调总价

C. 估计工程量单价　　　　　　　　　D. 纯单价

E. 成本加酬金

12.（2003—102）对于估算工程量单价合同，下列说法正确的有（　　）。

A. 要求实际完成的工程量与原估计的工程量不能有实质性的变更

B. 适用于工期紧迫、急需开工的项目

C. 适用于工程项目内容、经济指标一时不能明确的项目

D. 当实际工程量与清单中所列工程量超过约定的范围，允许对单价进行调整

E. 可以避免使发包或承包的任何一方承担过大的风险

13.（2011—47）估算工程量单价合同结算工程最终价款的依据是合同中规定的分部分项工程单价和（　　）。

A. 工程量清单中提供的工程量　　　　B. 施工图中的图示工程量

C. 合同双方商定的工程量　　　　　　D. 承包人实际完成的工程量

14.（2011—48）对工程范围明确，但工程量不能准确计算，且急需开工的紧迫工程，应采用（　　）合同形式。

A. 估计工程量单价　　　　　　　　　B. 纯单价

C. 可调总价　　　　　　　　　　　　D. 可调单价

15.（2013—48）某工程合同价的确定方式为：发包方不需对工程量做出任何规定，承包方在投标时只需按发包方给出的分部分项工程项目及工程范围做出报价，而工程

量则按实际完成的数量结算。这种合同属于（　　）。

　　A．纯单价合同　　　　　　　　　　B．可调工程量单价合同

　　C．不可调值单价合同　　　　　　　D．可调值总价合同

　　16．（2015—50）工期长、技术复杂、实施过程中可能会发生各种不可预见因素较多的建设工程一般采用（　　）。

　　A．纯单价合同　　　　　　　　　　B．固定总价合同

　　C．估算工程量单价合同　　　　　　D．可调总价合同

　　17．（2021—105）固定单价合同发包人承担的风险有（　　）。

　　A．通货膨胀导致施工工料成本变动

　　B．工程范围变更引起的工程量变化

　　C．实际完成的工程量与估计工程量的差异

　　D．设计变更导致的已完成工程拆除工程量

　　E．承包人赶工引发质量问题的处理费用

2．可调单价合同

　　本部分内容仅做了解即可。

（三）成本加酬金合同

　　18．（2002—46）对于业主来说，在施工阶段投资控制最难的合同计价形式是（　　）。

　　A．成本加酬金合同　　　　　　　　B．可调总价合同

　　C．估计工程量单价合同　　　　　　D．纯单价合同

　　19．（2017—51）下列工程项目中，适宜采用成本加酬金合同的是（　　）。

　　A．工程结构和技术简单的工程项目

　　B．时间特别紧迫的抢险、救灾工程项目

　　C．工程量小、工期短的工程

　　D．工程量一时不能明确、具体地予以规定的工程

1．成本加固定百分比酬金

　　20．（2008—49）不能促使承包方降低工程成本，甚至还可能"鼓励"承包方增大工程成本的合同形式是（　　）。

　　A．成本加固定金额酬金合同

　　B．成本加固定百分比酬金合同

　　C．成本加奖罚合同

　　D．最高限额成本加固定最大酬金合同

2．成本加固定金额酬金

　　21．虽然不能鼓励承包商关心和降低成本，但从尽快获得全部酬金减少管理投入出发，会有利于缩短工期的合同形式是（　　）。

　　A．成本加固定金额酬金合同

B．成本加固定百分比酬金合同

C．成本加奖罚合同

D．最高限额成本加固定最大酬金合同

3．成本加奖罚

22．（2019—50）采用成本加奖罚合同，当实际成本大于预期成本时，承包人可以得到（　　）。

A．工程成本、酬金和预先约定的奖金

B．工程成本和预先约定的奖金，不能得到酬金

C．工程成本，但不能得到酬金和预先约定的奖金

D．工程成本和酬金，但也可能会处予一笔罚金

23．（2020—105）采用成本加奖罚计价方式的合同实施后，若实际成本小于预期成本，承包商得到的金额由（　　）构成。

A．报价成本和实际成本的差额

B．实际发生的工程成本

C．合同约定的固定金额酬金

D．按成本节约额和合同约定计算的奖金

E．承包商因取得收入应交的税金

24．（2022—51）对于采用成本加奖罚计价方式的合同，在合同订立阶段发承包双方不需要确定的是（　　）。

A．预期成本 　　　　　　　　　　B．限额成本

C．固定酬金 　　　　　　　　　　D．奖罚计算办法

4．最高限额成本加固定最大酬金

25．采用最高限额成本加固定最大酬金合同，当实际成本大于报价成本，小于限额成本时，承包商应得到（　　）。

A．实际发生的工程成本 　　　　　B．实际发生的成本及酬金

C．固定酬金 　　　　　　　　　　D．工程成本及约定的奖金

（四）影响合同价格方式选择的因素

26．（2022—105）选择施工合同计价方式应考虑的因素有（　　）。

A．承包人的资质等级和管理水平 　B．项目监理机构人数和人员资格

C．招标时设计文件已达到的深度 　D．项目本身的复杂程度

E．工程施工的难易程度和进度要求

二、合同价款约定内容

（一）合同价款约定的一般规定

27．（2015—105）关于合同价款及计价方式的说法，正确的有（　　）。

A．实行招标的工程合同价款应在中标通知书发出之日起28日内由发承包双方约定

B．招标文件与投标文件合同价款约定不一致的，应以招标文件为准

C．实行工程量清单计价的工程，应采用单价合同

D．实行招标的工程合同价款应由发承包双方根据招标文件和中标人的投标文件在书面合同中约定

E．不实行招标的工程合同价款，应在发承包双方认可的工程量价款基础上在合同中约定

28．某实行招标的工程，招标文件与中标人投标文件中的合同价款不一致时，签订书面合同时确定合同价款应以（　　）为准。

A．有利于招标人的约定

B．招标人和投标人重新谈判的结果

C．中标人投标文件

D．招标文件

（二）约定内容

29．发承包双方合同中约定的合同价款事项有（　　）。

A．投标保证金的数额、支付方式及时间

B．工程价款的调整因素、方法、程序、支付方式及时间

C．承担计价风险的内容、范围以及超出约定内容、范围的调整方法

D．工程竣工价款结算编制与核对、支付方式及时间

E．违约责任以及发生合同价款争议的解决方法及时间

30．解决合同争执的最基本、最常见和最有效的方法是（　　）。

A．协商　　　　　　　　　　　　　B．调解

C．仲裁　　　　　　　　　　　　　D．诉讼

习题答案及解析

1．D	2．ABC	3．A	4．D	5．C
6．ADE	7．A	8．AD	9．D	10．D
11．DE	12．ACDE	13．D	14．B	15．A
16．C	17．BCD	18．A	19．B	20．B
21．A	22．D	23．BCD	24．B	25．A
26．CDE	27．CDE	28．C	29．BCDE	30．A

【解析】

2．ABC。采用固定总价合同，合同总价只有在设计和工程范围发生变更的情况下才能随之作相应的变更，除此之外，合同总价一般不得变动。因此，采用固定总价合同，承包方要承担合同履行过程中的主要风险，要承担实物工程量、工程单价等变化而可能造成损失的风险。在合同执行过程中，发承包双方均不能以工程量、设备和材料价

格、工资等变动为理由，提出对合同总价调值的要求。第一阶段应结算和支付工程款 =300×30%=90 万元。

5．C。在 2002、2012 年度的考试中，同样对本题涉及的采分点进行了考查。

7．A。固定总价合同的适用范围:（1）工程范围清楚明确，工程图纸完整、详细、清楚，报价的工程量应准确而不是估计数字。（2）工程量小、工期短，在工程过程中环境因素（特别是物价）变化小，工程条件稳定。（3）工程结构、技术简单，风险小，报价估算方便。（4）投标期相对宽裕，承包商可以详细作现场调查，复核工程量，分析招标文件，拟定计划。（5）合同条件完备，双方的权利和义务关系十分清楚。

8．AD。在 2007 年度的考试中，同样对本题涉及的采分点进行了考查。

12．ACDE。B 选项错误，估算工程量单价合同大多用于工期长、技术复杂、实施过程中可能会发生各种不可预见因素较多的建设工程，或发包方为了缩短项目建设周期，如在初步设计完成后就拟进行施工招标的工程。在施工图不完整或当准备招标的工程项目内容、技术经济指标一时尚不能明确和具体予以规定时，往往要采用这种合同计价方式。

13．D。在 2004 年度的考试中，同样对本题涉及的采分点进行了考查。

14．B。在 2006 年度的考试中，同样对本题涉及的采分点进行了考查。

18．A。成本加酬金合同有两个明显缺点：一是发包方对工程总价不能实施有效的控制；二是承包方对降低成本不感兴趣。因此，采用这种合同计价方式，其条款必须非常严格，才能加强对工程投资的控制，否则容易造成不应有的损失。

19．B。成本加酬金合同主要适用于以下情况:（1）招标投标阶段工程范围无法界定，缺少工程的详细说明，无法准确估价。（2）工程特别复杂，工程技术、结构方案不能预先确定。故这类合同经常被用于一些带研究、开发性质的工程项目中。（3）时间特别紧急，要求尽快开工的工程。如抢救，抢险工程。（4）发包方与承包方之间有着高度的信任，承包方在某些方面具有独特的技术、特长或经验。

26．CDE。在 2001、2005、2015 年度的考试中，同样对本题涉及的采分点进行了考查。

第七章 建设工程施工阶段投资控制

第一节　施工阶段投资目标控制

知识导学

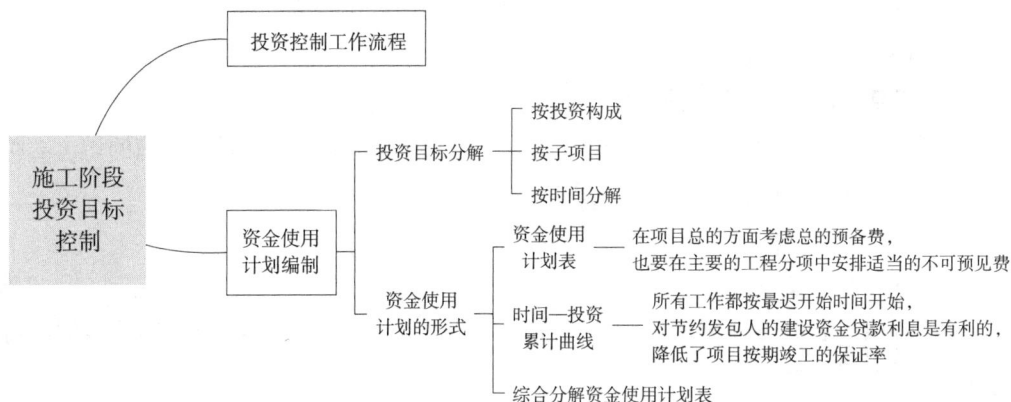

习题汇总

一、投资控制工作流程

本部分内容仅做了解即可。

二、资金使用计划编制

（一）投资目标分解

1.（2002—104）在编制建设项目资金使用计划时，分解投资控制目标的方式有（　　）。

A. 按投资构成分解

B. 按归口部门分解

C. 按子项目分解

D. 按时间分解

E. 按人员分解

1. 按投资构成分解的资金使用计划

2. 将工程项目按建筑安装工程投资、设备及工器具购置投资及工程建设其他投资分解编制而成的资金使用计划称为按（　　）分解的资金使用计划。

A. 投资构成　　　　　　　　　　B. 子项目

C. 时间进度　　　　　　　　　　D. 专业工程

2. 按子项目分解的资金使用计划

3.（2016—52）将项目总投资按单项工程及单位工程等分解编制而成的资金使用计划称为按（　　）分解的资金使用计划。

A. 投资构成　　　　　　　　　　B. 子项目

C. 时间进度　　　　　　　　　　D. 专业工程

3. 按时间进度分解的资金使用计划

4. 在编制按（　　）分解的资金使用计划，在建立网络图时，可以确定完成这项活动所需花费的时间，同时也能确定完成这一活动的合适的投资支出预算。

A. 投资构成　　　　　　　　　　B. 子项目

C. 时间进度　　　　　　　　　　D. 专业工程

（二）资金使用计划的形式

1. 按子项目分解得到的资金使用计划表

5.（2015—51）在编制投资支出计划时，关于考虑预备费的说法，正确的是（　　）。

A. 只针对整个项目考虑总的预备费

B. 只针对部分分项工程考虑预备费

C. 不考虑项目预备费

D. 在项目总的方面考虑总的预备费，也要在主要的工程分项中安排适当的不可预见费

2. 时间—投资累计曲线

6.（2012—53）业主在编制资金使用计划时，若将所有工作都按最早开始时间安排，则（　　）。

A. 不利于节约建设资金，降低按期竣工保证率

B. 不利于节约建设资金，但提高按期竣工保证率

C. 有利于节约建设资金，但降低按期竣工保证率

D. 有利于节约建设资金，提高按期竣工保证率

7. 绘制时间—投资累计曲线的环节有：①计算单位时间的投资；②确定工程项目进度计划；③计算计划累计支出的投资额；④绘制 S 形曲线。正确的绘制步骤是（　　）。

A. ①—②—③—④　　　　　　　　B. ②—①—③—④

C. ①—③—②—④　　　　　　　　D. ②—③—④—①

8. 某工程按月编制的成本计划如下图所示，若 6 月、8 月实际成本为 1000 万元和 700 万元，其余月份的实际成本与计划成本均相同，关于该工程施工成本的说法，

正确的是（　　）。

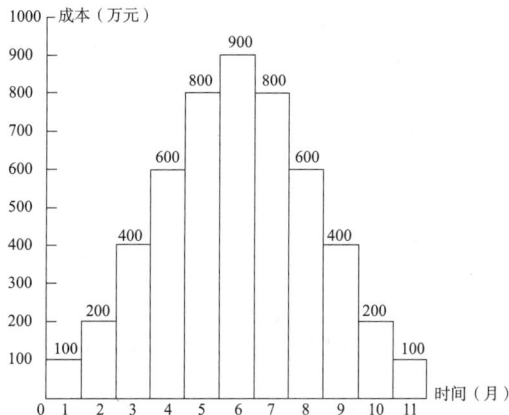

A．第 6 月末计划成本累计值为 3100 万元

B．第 8 月末计划成本累计值为 4500 万元

C．第 6 月末实际成本累计值为 3000 万元

D．第 8 月末实际成本累计值为 4600 万元

3. 综合分解资金使用计划表

本部分内容仅做了解即可。

习题答案及解析

1．ACD　　　　2．A　　　　3．B　　　　4．C　　　　5．D

6．B　　　　7．B　　　　8．D

【解析】

7．B。时间—投资累计曲线的绘制步骤如下：

（1）确定工程项目进度计划，编制进度计划的横道图。

（2）根据每单位时间内完成的实物工程量或投入的人力、物力和财力，计算单位时间（月或旬）的投资，在时标网络图上按时间编制成本支出计划。

（3）计算规定时间 t 计划累计支出的投资额。

（4）按各规定时间的 Q_t 值，绘制 S 形曲线。

8．D。6月末计划成本累计值 =100+200+400+600+800+900=3000 万元，故 A 选项错误。6月末实际成本累计值 =100+200+400+600+800+1000=3100 万元，故 C 选项错误。8月末计划成本累计值 =100+200+400+600+800+900+800+600=4400 万元，故 B 选项错误。8月末实际成本累计值 =100+200+400+600+800+1000+800+700=4600 万元，故 D 选项正确。

第二节 工程计量

知识导学

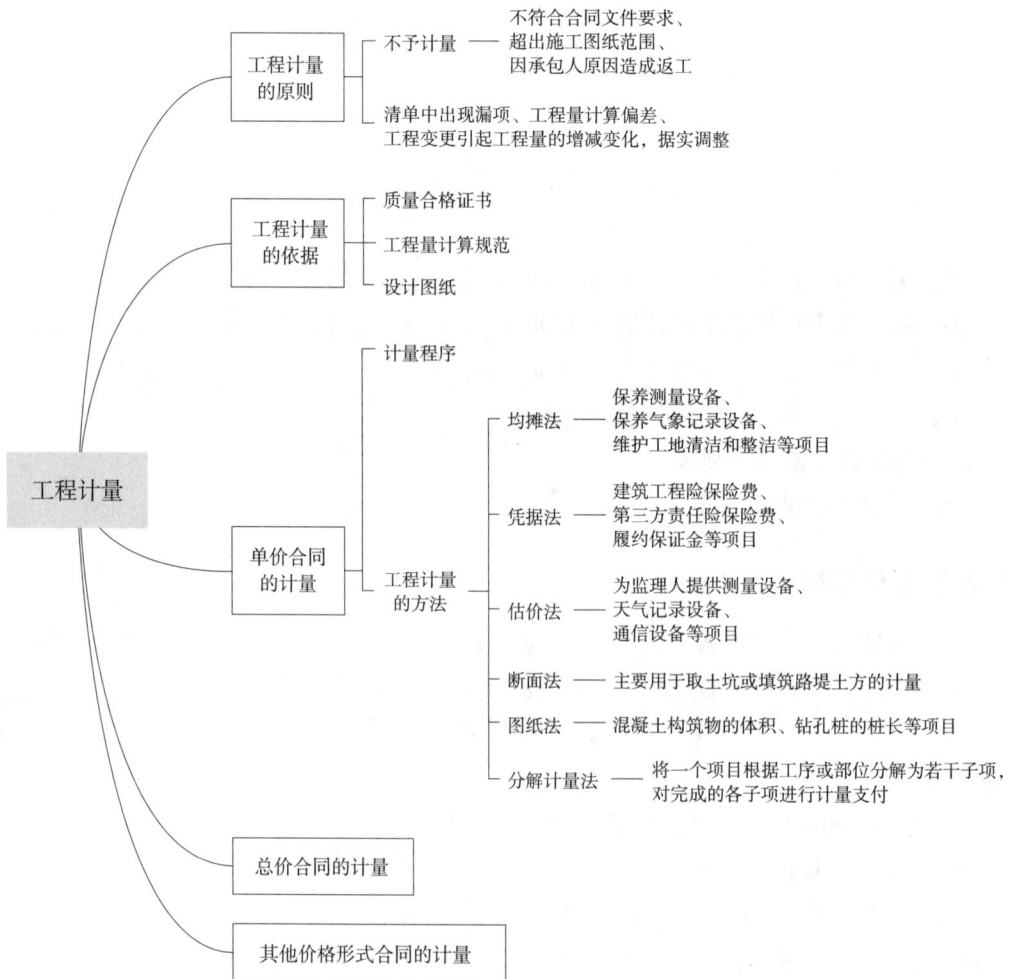

习题汇总

一、工程计量的原则

1.（2010—107）根据《建设工程工程量清单计价规范》，发生下列情况时，应按承包人实际发生的工程款支付的有（　　）。

A. 工程量清单中出现漏项　　　　　　　B. 工程量计算出现偏差

C．为保证工程质量采用了新技术　　　　　　D．工程变更引起工程量增减

E．为加快工程进度采用了新工艺

2．（2020—106）下列工程量中，监理人应予计量的有（　　）。

A．由于工程量清单缺项增加的工程量

B．由于招标文件中工程量计算偏差增加的工程量

C．发包人工程变更增加的工作量

D．承包人为提高施工质量超出设计图纸要求增加的工程量

E．承包人原因造成返工的工程量

3．发生下列工程事项时，发包人应予计量的是（　　）。

A．承包人自行增减的临时工程工程量

B．因监理人抽查不合格返工增加的工程量

C．承包人修复因不可抗力损坏工程增加的工程量

D．承包人自检不合格返工增加的工程量

二、工程计量的依据

4．（2007—107）工程计量的依据包括（　　）。

A．质量合格证书

B．承包商填报的工程款支付申请

C．工程量清单前言

D．技术规范中的"计量支付"条款

E．设计图纸

三、单价合同的计量

（一）计量程序

5．（2021—52）根据《建设工程施工合同（示范文本）》，除专用合同条款另有约定外，按月计量支付的单价合同，监理人应在收到承包人提交的工程量报告后（　　）d内完成审核并报送发包人。

A．5　　　　　　　　　　　　　　　　　　B．7

C．10　　　　　　　　　　　　　　　　　　D．14

6．根据《建设工程施工合同（示范文本）》关于单价合同计量的说法，正确的是（　　）。

A．发包人可以在任何方便的时候计量，其计量结果有效

B．监理人未在收到承包人提交的工程量报表后的7d内完成审核的，则该工程量视为承包人实际完成的工程量

C．承包人收到计量的通知后不派人参加，则发包人的计量结果无效

D．承包人为保证施工质量超出施工图纸范围实施的工程量，应该予以计量

（二）工程计量的方法

7.（2009—52）为解决一些包干项目或较大工程项目的支付时间过长、影响承包商的资金流动等问题，在工程计量时可以采用（ ）。

A. 估价法   B. 分解计量法

C. 均摊法   D. 图纸法

8.（2011—52）建筑工程保险费、履约保证金等项目的工程计量方法适合采用（ ）。

A. 凭据法   B. 估价法

C. 均摊法   D. 分解计量法

9.（2013—51）对于工程量清单中的某些项目，如保养气象记录设备、保养测量设备等，一般采用（ ）进行计量支付。

A. 均摊法   B. 凭证法

C. 估价法   D. 分解计量法

10.（2016—106）在施工阶段，监理工程师应进行计量的项目有（ ）。

A. 工程量清单中的全部项目

B. 各种原因造成返工的全部项目

C. 合同文件中规定的项目

D. 超出合同工程范围施工的项目

E. 工程变更项目

11.（2021—53）工程量清单中，钻孔桩的桩长一般采用的计量方法是（ ）。

A. 均摊法   B. 估价法

C. 断面法   D. 图纸法

12.（2022—53）混凝土构筑物体积的计量一般采用的方法是（ ）。

A. 均摊法   B. 估价法

C. 断面法   D. 图纸法

四、总价合同的计量

13.（2020—51）根据《建设工程施工合同（示范文本）》，除专用合同条款另有约定外，承包人向监理人报送上月 20 日至当月 19 日已完成工程量报告的时间为每月（ ）日。

A. 20   B. 21

C. 25   D. 28

14. 根据《建设工程施工合同（示范文本）》，监理人未收到承包人提交的工程量报表后的（ ）d 内完成复核的，承包人提交的工程量报告中的工程量视为承包人实际完成的工程量。

A. 7   B. 14

C. 21   D. 28

五、其他价格形式合同的计量

本部分内容仅做了解即可。

习题答案及解析

1. ABD	2. ABC	3. C	4. AE	5. B
6. B	7. B	8. A	9. A	10. ACE
11. D	12. D	13. C	14. A	

【解析】

5. B。监理人应在收到承包人提交的工程量报告后 7d 内完成对承包人提交的工程量报表的审核并报送发包人，以确定当月实际完成的工程量。在 2014、2019 年度的考试中，同样对本题涉及的采分点进行了考查。

6. B。承包人应于每月 25 日向监理人报送上月 20 日至当月 19 日已完成的工程量报告，并附具进度付款申请单、已完成工程量报表和有关资料。监理人未在收到承包人提交的工程量报表后的 7d 内完成审核的，承包人报送的工程量报告中的工程量视为承包人实际完成的工程量，据此计算工程价款。承包人未按监理人要求参加复核或抽样复测的，监理人复核或修正的工程量视为承包人实际完成的工程量。所以 A、C 选项错误，B 选项正确。对于不符合合同文件要求的工程，承包人超出施工图纸范围或因承包人原因造成返工的工程量，不予计量。所以 D 选项错误。

8. A。在 2002 年度的考试中，同样对本题涉及的采分点进行了考查。

9. A。在 2005、2006、2009 年度的考试中，同样对本题涉及的采分点进行了考查。

12. D。注意区分 6 种计量方法的适用情形。

> **助记：工程计量的方法**
> 每月均摊、保险凭据、设备估价、土方断面、图纸尺寸、包干分解。

第三节　合同价款调整

知识导学

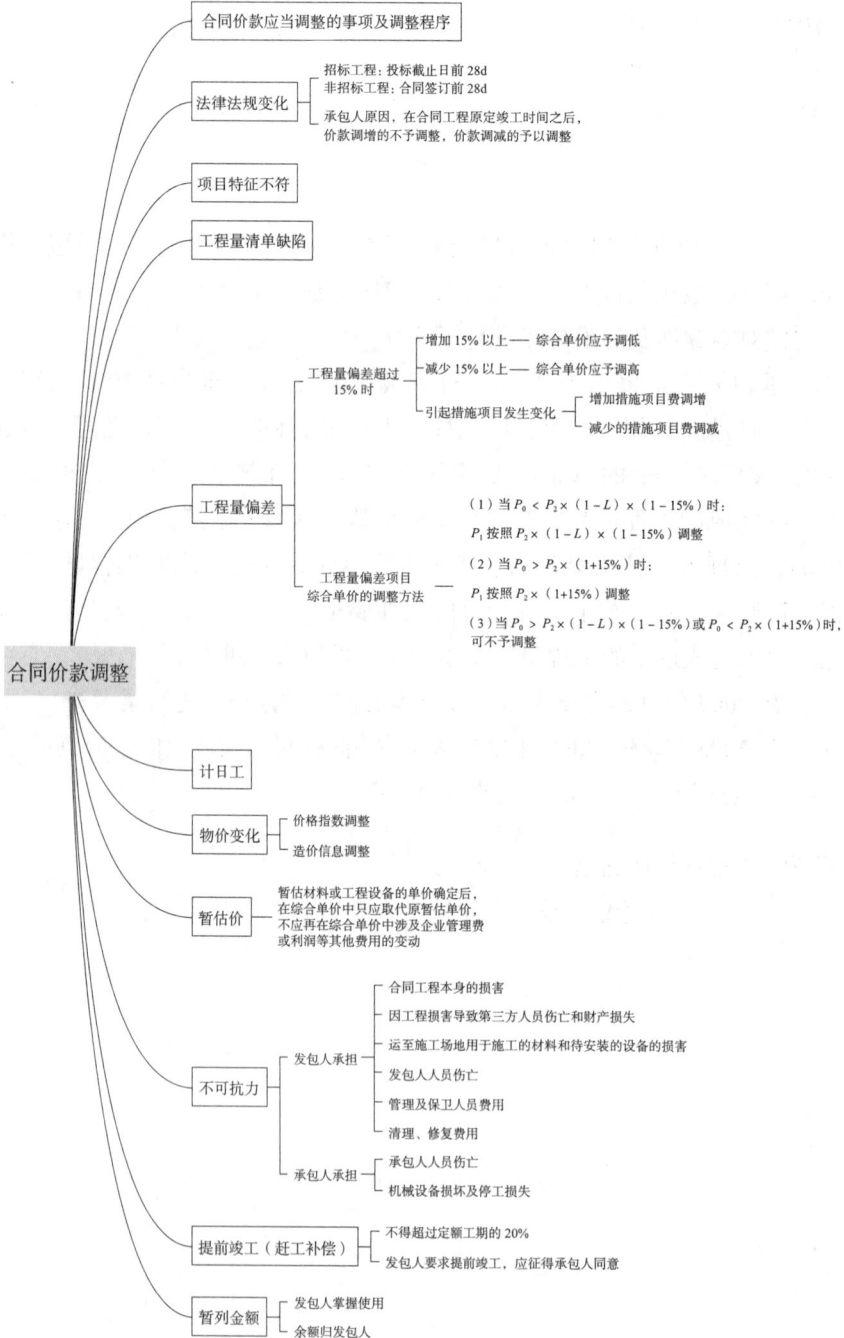

习题汇总

一、合同价款应当调整的事项及调整程序

（一）合同价款应当调整的事项

本部分内容仅做了解即可。

（二）合同价款调整的程序

1.（2017—105）关于工程合同价款调整程序的说法，正确的有（　　）。

A. 出现合同价款调减事项后的 14d 内，承包人应向发包人提交相应报告

B. 出现合同价款调增事项后的 14d 内，承包人应向发包人提交相应报告

C. 发包人收到承包人合同价款调整报告 7d 内，应对其核实并提出书面意见

D. 发包人收到承包人合同价款调整报告 7d 内未确认，视为报告被认可

E. 发承包双方对合同价款调整的意见不能达成一致，且对履约不产生实质影响的，双方应继续履行合同义务

二、法律法规变化

2. 对于实行招标的建设工程，因法律法规政策变化引起合同价款调整的，调价基准日期一般为（　　）。

A. 施工合同签订前的前 28d 　　　　B. 投标截止日前 28d

C. 施工合同签订前 56d 　　　　　　D. 投标截止日前 56d

3.（2017—53）因承包人原因导致工期延误的，在合同工程原定竣工时间之后，合同价款的调整方法是（　　）。

A. 调增、调减的均予以调整

B. 调增的予以调整，调减的不予调整

C. 调增、调减的均不予调整

D. 调增的不予调整，调减的予以调整

4.（2021—54）某工程原定 2019 年 6 月 30 日竣工，因承包人原因，工程延至 2019 年 10 月 30 日竣工，但在 2019 年 7 月因法律法规的变化导致工程造价增加 200 万元，则该工程合同价款的正确处理方法是（　　）。

A. 不予调增 　　　　　　　　　　B. 调增 100 万元

C. 调增 150 万元 　　　　　　　　D. 调增 200 万元

5. 某工程施工时处于当地正常的雨期，导致工期延误，在工期延误期间又出现政策变化。根据《建设工程工程量清单计价规范》，对由此增加的费用和延误的工期，正确的处理方式是（　　）。

A. 费用、工期均由发包人承担

B. 费用由发包人承担，工期由承包人承担

C. 费用、工期均由承包人承担

D. 费用由承包人承担，工期由发包人承担

三、项目特征不符

本部分内容一般不会单独进行考查，仅做了解即可。

四、工程量清单缺项

6. 施工合同履行过程中，导致工程量清单缺项并应调整合同价款的原因有（   ）。

A. 设计变更   B. 施工条件改变

C. 承包人投标漏项   D. 工程量清单编制错误

E. 施工技术进步

7. 根据《建设工程工程量清单计价规范》，在合同履行期间，由于招标工程量清单缺项，新增了分部分项工程量清单项目，关于其合同价款确定的说法，正确的是（   ）。

A. 新增清单项目的综合单价应由监理工程师提出

B. 新增清单项目导致新增措施项目的，承包人应将新增措施项目实施方案提交发包人批准

C. 新增清单项目的综合单价应由承包人提出，但相关措施项目费不能再做调整

D. 新增清单项目应按额外工作处理，承包人可选择做或者不做

五、工程量偏差

8. 根据《建设工程工程量清单计价规范》，若合同未约定，当工程量清单项目的工程量偏差在（   ）以内时，其综合单价不作调整，执行原有的综合单价。

A. 25%   B. 18%

C. 20%   D. 15%

9. （2014—51）某分项工程招标工程量清单数量为1000m³，施工中由于设计变更调整为1200m³，该分项工程最高投标限价单价为300元/m³，投标报价单价为360元/m³，根据《建设工程工程量清单计价规范》，该分项工程的结算款为（   ）元。

A. 420000   B. 429000

C. 431250   D. 432000

10. （2015—52）某土方工程，招标工程量为5000m³，承包人标书中土方工程单价为60元/m³。合同约定：当实际工程量超过估计工程量15%时，超过部分工程量单价调整为55元/m³。工程结束时实际完成并经监理确认的土方工程量为6000m³，则该土方工程款为（   ）元。

A. 275000   B. 360000

C. 330000   D. 358750

11. （2016—53）根据《建设工程工程量清单计价规范》，当实际工程量比招标工

程量清单中的工程量增加 15% 以上时，对综合单价进行调整的方法是（　　）。

    A．增加后整体部分的工程量的综合单价调低

    B．增加后整体部分的工程量的综合单价调高

    C．超出约定部分的工程量的综合单价调低

    D．超出约定部分的工程量的综合单价调高

12．根据《建设工程工程量清单计价规范》，当实际增加的工程量超过清单工程量 15% 以上，且造成相关措施项目发生变化，应将（　　）。

    A．综合单价调高，措施项目调增   B．综合单价调高，措施项目调减

    C．综合单价调低，措施项目调增   D．综合单价调低，措施项目调减

13．（2017—54）某分部分项工程采用清单计价，最高投标限价的综合单价为 350 元，投标报价的综合单价为 280 元，该工程投标报价下浮率为 5%，该分部分项工程合同未确定综合单价调整方法，则综合单价的处理方式是（　　）。

    A．调整为 282.63 元   B．不予调整

    C．下调 20%   D．上浮 5%

14．（2020—53）某土方工程，合同工程量为 1 万 m^3，合同综合单价为 60 元 /m^3。合同约定：当实际工程量增加 15% 以上时，超出部分的工程量综合单价应予调低。施工过程中由于发包人设计变更，实际完成工程量 1.3 万 m^3，监理人与承包人依据合同约定协商后，确定的土方工程变更单价为 56 元 /m^3。该土方工程实际结算价款为（　　）万元。

    A．72.80   B．76.80

    C．77.40   D．78.00

六、计日工

15．根据《建设工程工程量清单计价规范》，关于计日工的说法，正确的有（　　）。

    A．发包人通知承包人以计日工方式实施的零星工作，承包人应予执行

    B．采用计日工计价的任何一项变更工作，承包人都应将相关报表和凭证送发包人复核

    C．发包人在收到承包人提交现场签证报告后的 2d 内，应予以确认计日工记录汇总

    D．计日工是承包人完成合同范围内的零星项目按合同约定的单价计价的一种方式

    E．每个支付期末，承包人应向发包人提交本期间所有计日工记录的签证汇总表

七、物价变化

16．（2011—53）某工程由于承包人原因未在约定的工期内竣工，若该工程在原约定竣工日期后继续施工，则采用价格指数调整其价格差额时，现行价格指数应采用（　　）。

    A．原约定竣工日期的价格指数

B. 实际竣工日期的价格指数

C. 原约定竣工日期和实际竣工日期价格指数中较低的一个

D. 实际竣工日期前 42d 的价格指数

17. 某室内装饰工程根据《建设工程工程量清单计价规范》签订了单价合同，约定采用造价信息调整价格差额方法调整价格；原定 6 月施工的项目因发包人修改设计推迟至当年 12 月；该项目主材为发包人确认的可调价材料，价格由 300 元 /m² 变为 350 元 /m²。关于该工程工期延误责任和主材结算价格的说法，正确的是（　　）。

A. 发包人承担延误责任，材料价格按 300 元 /m² 计算

B. 承包人承担延误责任，材料价格按 350 元 /m² 计算

C. 承包人承担延误责任，材料价格按 300 元 /m² 计算

D. 发包人承担延误责任，材料价格按 350 元 /m² 计算

（一）采用价格指数进行价格调整

18. （2014—52）某分项工程合同价为 6 万元，采用价格指数进行价格调整，可调值部分占合同总价的 70%，可调值部分由 A、B、C 三项成本要素构成，分别占可调值部分的 20%、40%、40%，基准日期价格指数均为 100，结算依据的价格指数分别为 110、95、103，则结算的价款为（　　）万元。

A. 4.83

B. 6.05

C. 6.63

D. 6.90

19. （2020—52）某工程约定采用价格指数法调整合同价款，承包人根据约定提供的数据见下表。本期完成合同价款为 45 万元，其中已按现行价格计算的计日工价款为 5 万元。本期应调整的合同价款差额为（　　）万元。

序号	名称	变值权重	基本价格指数	现行价格指数
1	人工费	0.30	110%	120%
2	钢材	0.25	112%	123%
3	混凝土	0.20	115%	125%
4	定值权重	0.25		
	合计	1		

A. –2.85

B. –2.54

C. 2.77

D. 3.12

20. （2022—54）2021 年 9 月实际完成的某土方工程，按基准日期的价格计算的已完成工程量的金额为 1000 万元，该工程的定值权重为 0.2；除人工费价格指数增长 10% 外，各可调因子均未发生变化；人工费占可调值部分的 40%。按价格调整公式计算，该土方工程需调整的价款为（　　）万元。

A. 32

B. 40

C. 80

D. 100

（二）采用造价信息进行价格调整

21.（2014—53）根据《建设工程工程量清单计价规范》，当承包人投标报价中材料单价低于基准单价时，施工期间材料单价涨幅以（　　）为基础，超过合同约定的风险幅度值的，其超过部分按实调整。

A．投标报价

B．最高投标限价

C．基准单价

D．实际单价

22.（2016—54）某工程采用的预拌混凝土由承包人提供，双方约定承包人承担的价格风险系数 ≤ 5%。承包人投标时对预拌混凝土的投标报价为 308 元 /m^3，招标人的基准价格为 310 元 /m^3，实际采购价为 327 元 /m^3。发包人在结算时确认的单价应为（　　）元 /m^3。

A．308.00

B．309.49

C．310.00

D．327.00

23.（2016—50）承包人应在采购材料前将采购数量和新的材料单价报（　　）核对，确认用于本合同工程时，应确认采购材料的数量和单价。

A．发包人

B．承包人

C．监理单位

D．设计单位

24.（2019—52）根据《建设工程工程量清单计价规范》，当承包人投标报价中材料单价低于基准单价时，施工期间材料单价跌幅以（　　）为基础，超过合同约定的风险幅度值时，其超过部分按实调整。

A．基准单价

B．投标报价

C．定额单价

D．最高投标限价

25.（2020—108）根据《建设工程工程量清单计价规范》，关于合同履行期间物价变化调整合同价格的说法，正确的有（　　）。

A．因非承包人原因导致工期延误的，计划进度日期后续工程的价格，应采用计划进度日期与实际进度日期两者的较高者

B．因承包人原因导致工期延误的，则计划进度日期后续工程的价格，采用计划进度日期与实际进度日期两者的较低者

C．当承包人投标报价中材料单价低于基准单价，施工期间材料单价涨幅或跌幅以基准单价为基础，超过合同约定的风险幅度值时，其超过部分按实调整

D．当承包人投标报价中材料单价高于基准单价，施工期间材料单价涨幅以投标报价为基础，超过合同约定的风险幅度值时，其超过部分按实调整

E．承包人应在采购材料前，将采购数量和新的材料单价报发包人核对，确定用于本合同工程时，发包人应确认采购材料的数量和单价

26.（2022—52）根据《建设工程工程量清单计价规范》，当承包人投标报价中材料单价高于基准单价，施工期间材料单价涨幅以（　　）为基础超过合同约定的风险幅度值时，其超过部分按实调整。

A．定额单价

B．投标报价

C．基准单价

D．最高投标限价

八、暂估价

27．根据《建设工程工程量清单计价规范》，工程量清单计价的某分部分项工程综合单价为 500 元 /m³，其中暂估材料单价 300 元，管理费率 5%，利润率 7%。工程实施后，暂估材料的单价确定为 350 元。结算时该分部分项工程综合单价为（　　）元 /m³。

A．350.00

B．392.00

C．550.00

D．556.18

九、不可抗力

28．（2015—106）施工合同履行期间，关于因不可抗力事件导致合同价款和工期调整的说法，正确的有（　　）。

A．工程修复费用由承包人承担

B．承包人的施工机械设备损坏由发包人承担

C．工程本身的损坏由发包人承担

D．发包人要求赶工的，赶工费用由发包人承担

E．工程所需清理费用由发包人承担

29．（2016—107）在施工阶段，下列因不可抗力造成的损失中，属于发包人承担的有（　　）。

A．在建工程的损失

B．承包人施工人员受伤产生的医疗费

C．施工机具的损坏损失

D．施工机具的停工损失

E．工程清理修复费用

30．下列在施工合同履行期间由不可抗力造成的损失中，应由承包人承担的是（　　）。

A．因工程损害导致的第三方人员伤亡

B．因工程损害导致的承包人人员伤亡

C．工程设备的损害

D．应监理人要求承包人照管工程的费用

31．（2019—53）某工程在施工过程中，因不可抗力造成如下损失：（1）在建工程损失 10 万元；（2）承包人受伤人员医药费和补偿金 2 万元；（3）施工机具损坏损失 1 万元;（4）工程清理和修复费用 0.5 万元。承包人及时向项目监理机构提出了索赔申请，共索赔 13.5 万元。根据《建设工程施工合同（示范文本）》，项目监理机构应批准的索赔金额为（　　）万元。

A．10.0　　　　　　　　　　B．10.5

C．12.5　　　　　　　　　　D．13.5

十、提前竣工（赶工补偿）

32．根据《建设工程工程量清单计价规范》，关于提前竣工的说法，正确的是（　　）。

A．招标人压缩的工期天数不得超过定额工期的 50%

B．工程实施过程中，发包人要求合同工程提前竣工，可以不征求承包人意见

C．发承包双方约定提前竣工每日历天应补偿额度，与结算款一并支付

D．赶工费用包括人工费、材料费、机械费以及履约保函手续费的增加

33．根据《建设工程工程量清单计价规范》，工程实施过程中，发包人要求合同工程提前竣工的，应采取的做法是（　　）。

A．下达变更指令要求承包人必须提前竣工，并支付由此增加的赶工费用

B．增加合同补充条款要求承包人采取加快工程进度措施，不承担赶工费用

C．征得承包人同意后，与承包人商定采取加快工程进度的措施，并承担由此增加的提前竣工费用

D．自行将工期压缩到合同工期的 80% 并要求承包人按期完工

十一、暂列金额

34．（2019—54）已签约合同价中的暂列金额由（　　）负责掌握使用。

A．承包人　　　　　　　　　B．监理人

C．贷款人　　　　　　　　　D．发包人

习题答案及解析

1．BE	2．B	3．D	4．A	5．C
6．ABD	7．B	8．D	9．C	10．D
11．C	12．C	13．A	14．C	15．ABCE
16．C	17．D	18．B	19．C	20．B
21．C	22．B	23．A	24．B	25．ABDE
26．B	27．C	28．CDE	29．AE	30．B
31．B	32．C	33．C	34．D	

【解析】

4．A。因承包人原因导致工期延误的，按规定的调整时间，在合同工程原定竣工时间之后，合同价款调增的不予调整，合同价款调减的予以调整。在 2014 年度的考试中，同样对本题涉及的采分点进行了考查。

9．C。本题的计算过程为：

$360 \div 300 = 1.2$，偏差为 20%；$300 \times （1+15\%）-345$ 元 $/m^3$。

由于 360 元 $/m^3$ 大于 345 元 $/m^3$ 元，该设计变更后的综合单价应调整为 345 元 $/m^3$。

分项工程的结算款 $=1000 \times 1.15 \times 360+（1200-1000 \times 1.15）\times 345=431250$ 元。

10．D。超出 15% 范围的部分，单价按照合同约定调整。计算过程为：$5000 \times （1+15\%）\times 60 + [6000-5000 \times （1+15\%）] \times 55 = 345000 + 13750 = 358750$ 元。

13．A。本题的计算过程如下：

$280 \div 350 = 80\%$，偏差为 20%；

$P_2 \times （1-L）\times （1-15\%）=350 \times （1-5\%）\times （1-15\%）=282.63$ 元。

由于 280 元小于 282.63 元，所以该项目变更后的综合单价按 282.63 元调整。

14．C。实际完成工程量 1.3 万 $m^3 > 1 \times 1.15=1.15$ 万 m^3，根据《建设工程工程量清单计价规范》，当工程量增加 15% 以上时，增加部分的工程量的综合单价应予调低。该土方工程实际结算价款 $=1 \times 1.15 \times 60+（1.3-1.15）\times 56=77.4$ 万元。

18．B。价格调整公式为：

$$\Delta P = P_0 \Big[A+ \Big(B_1 \times \frac{F_{t1}}{F_{01}} + B_2 \times \frac{F_{t2}}{F_{02}} + B_3 \times \frac{F_{t3}}{F_{03}} + \cdots + B_n \times \frac{F_{tn}}{F_{0n}} \Big) -1 \Big]$$

本题的计算过程为：结算的价款 $=6 \times [（1-70\%）+（70\% \times 20\% \times \frac{110}{100}+ 70\% \times 40\% \times \frac{95}{100}+ 70\% \times 40\% \times \frac{103}{100}）]=6.05$ 万元。

19．C。本期应调整的合同价款差额

$$=（45-5）\times \Big[0.25+\Big(0.3 \times \frac{120}{110}+0.25 \times \frac{123}{112}+0.2 \times \frac{125}{115}\Big) -1\Big] = 2.77 \text{ 万元。}$$

20．A。根据价格调整公式，该土方工程需调整的价款 $=1000 \times [0.2+0.8 \times 40\% \times （1+10\%）+0.8 \times 60\% \times 1-1]=32$ 万元。在 2021 年度的考试中，同样对本题涉及的采分点进行了考查，且出题形式与本题基本一致。

22．B。$327 \div 310-1=5.48\% > 5\%$，承包人投标报价低于基准单价，按基准单价算，并且超过合同中约定的风险系数，应予以调整，则 $308+310 \times （5.48\%-5\%）=309.49$ 元 $/m^3$。

27．C。暂估材料或工程设备的单价确定后，在综合单价中只应取代原暂估价，不应再在综合单价中涉及企业管理费或利润等其他费用的变动。暂估材料的单价确定为 350 元，替换原暂估材料单价 300 元，材料单价多出 50 元，则该分部分项工程综合单价 $=500+50=550$ 元 $/m^3$。

31．B。项目监理机构应批准的索赔金额 $=10 + 0.5=10.5$ 万元。在 2014、2018 年度的考试中，同样对本题涉及的采分点进行了考查，且提问形式与本题一致。

第四节　工程变更价款确定

知识导学

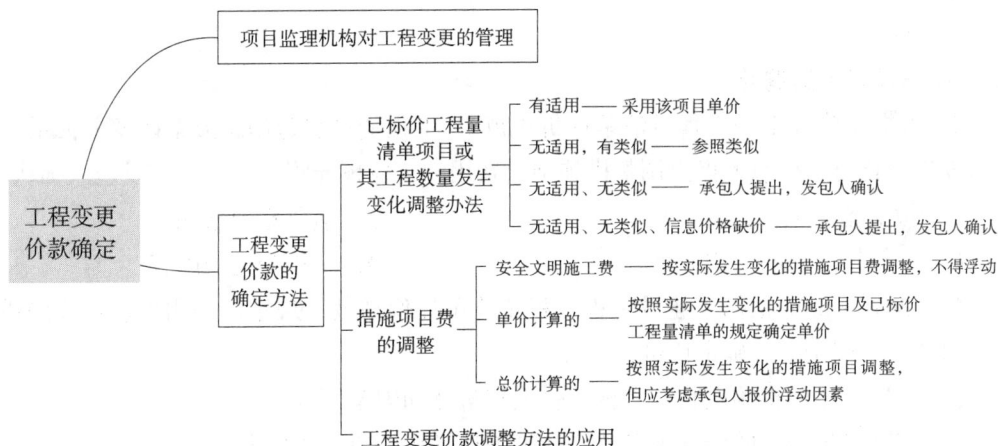

习题汇总

一、项目监理机构对工程变更的管理

1. 根据《建设工程监理规范》，承包人提出工程变更的情形有（　　）。

A. 图纸出现错、漏、碰、缺等缺陷无法施工

B. 图纸不便施工

C. 采用新材料、新产品、新工艺、新技术的需要

D. 承包人考虑自身利益，为索赔费用提出工程变更

E. 施工组织设计考虑不周

2. 根据《建设工程工程量清单计价规范》，如果因发包人原因删减了合同中原定的某项工作，致使承包人发生的费用或（和）得到的收益不能被包括在其他已支付的项目中，也未被包含在任何可替代的工作中，则承包人（　　）。

A. 只能提出费用补偿，不能提出利润补偿

B. 只能提出利润补偿，不能提出费用补偿

C. 有权提出费用及利润补偿

D. 无权要求任何费用和利润补偿

二、工程变更价款的确定方法

（一）已标价工程量清单项目或其工程数量发生变化的调整办法

3. 对某招标工程进行报价分析，在不考虑安全文明施工费的前提下，承包人中标价为1500万元，最高投标限价为1600万元，设计院编制的施工图预算为1550万元，承包人认为的合理报价值为1540万元，则承包人的报价浮动率是（　　）。

A．0.65%

B．6.25%

C．93.75%

D．96.25%

（二）措施项目费的调整

4. 根据《建设工程工程量清单计价规范》，工程变更引起施工方案改变并使措施项目发生变化时，承包人提出调整措施项目费用的，应事先将（　　）提交发包人确认。

A．拟实施的施工方案

B．索赔意向通知

C．拟申请增加的费用明细

D．工程变更的内容

5.（2015—53）根据《建设工程工程量清单计价规范》规定，采用单价计算的措施项目费，按照（　　）确定单价。

A．实际发生的措施项目，考虑承包人报价浮动因素

B．实际发生变化的措施项目及已标价工程量清单项目的规定

C．实际发生变化的措施项目并考虑承包人报价浮动

D．类似的项目单价及已标价工程量清单的规定

6. 因工程变更引起措施项目发生变化时，关于合同价款的调整，下列说法正确的是（　　）。

A．安全文明施工费不予调整

B．按总价计算的措施项目费的调整，不考虑承包人报价浮动因素

C．按单价计算的措施项目费的调整，以实际发生变化的措施项目进行调整确定单价

D．招标清单中漏项的措施项目费的调整，以承包人自行拟定的实施方案为准

（三）工程变更价款调整方法的应用

7. 某工程施工过程中，由于设计变更，新增加轻质材料隔墙1200m²，已标价工程量清单中有此轻质材料隔墙项目综合单价，且新增部分工程量在15%以内，对综合单价正确的处理是（　　）。

A．参考类似项目的综合单价

B．按成本加利润原则确定新的综合单价

C．承发包双方协商确定新的项目单价

D．直接采用该项目综合单价

8. 某工程采用工程量清单计价。施工过程中，业主将屋面防水变更为PE高分子防水卷材（1.5mm）。清单中无类似项目，工程所在地造价管理机构发布该卷材单价为

18 元 /m²，该地区定额人工费为 3.5 元 /m²，机械使用费为 0.3 元 /m²，除卷材外的其他材料费为 0.6 元 /m²，管理费和利润为 1.2 元 /m²。若承包人报价浮动率为 6%，则发承包双方协商确定该项目综合单价的基础为（　　）元 /m²。

A. 25.02 　　　　　　　　　　　　　　B. 23.60

C. 22.18 　　　　　　　　　　　　　　D. 21.06

习题答案及解析

1. ABCD 　　　　2. C 　　　　3. B 　　　　4. A 　　　　5. B

6. C 　　　　7. D 　　　　8. C

【解析】

3. B。实行招标的工程：承包人报价浮动率 L=（1- 中标价 / 最高投标限价）×100%=（1-1500/1600）×100%=6.25%。

4. A。工程变更引起施工方案改变并使措施项目发生变化时，承包人提出调整措施项目费的，应事先将拟实施的方案提交发包人确认，并应详细说明与原方案措施项目相比的变化情况。

8. C。无法找到适用和类似的项目单价时，应采用招标投标时的基础资料和工程造价管理机构发布的信息价格，按成本加利润的原则由发承包双方协商新的综合单价。该项目综合单价 =（3.5+18+0.3+0.6+1.2）×（1-6%）=22.18 元 /m²。

第五节 施工索赔与现场签证

知识导学

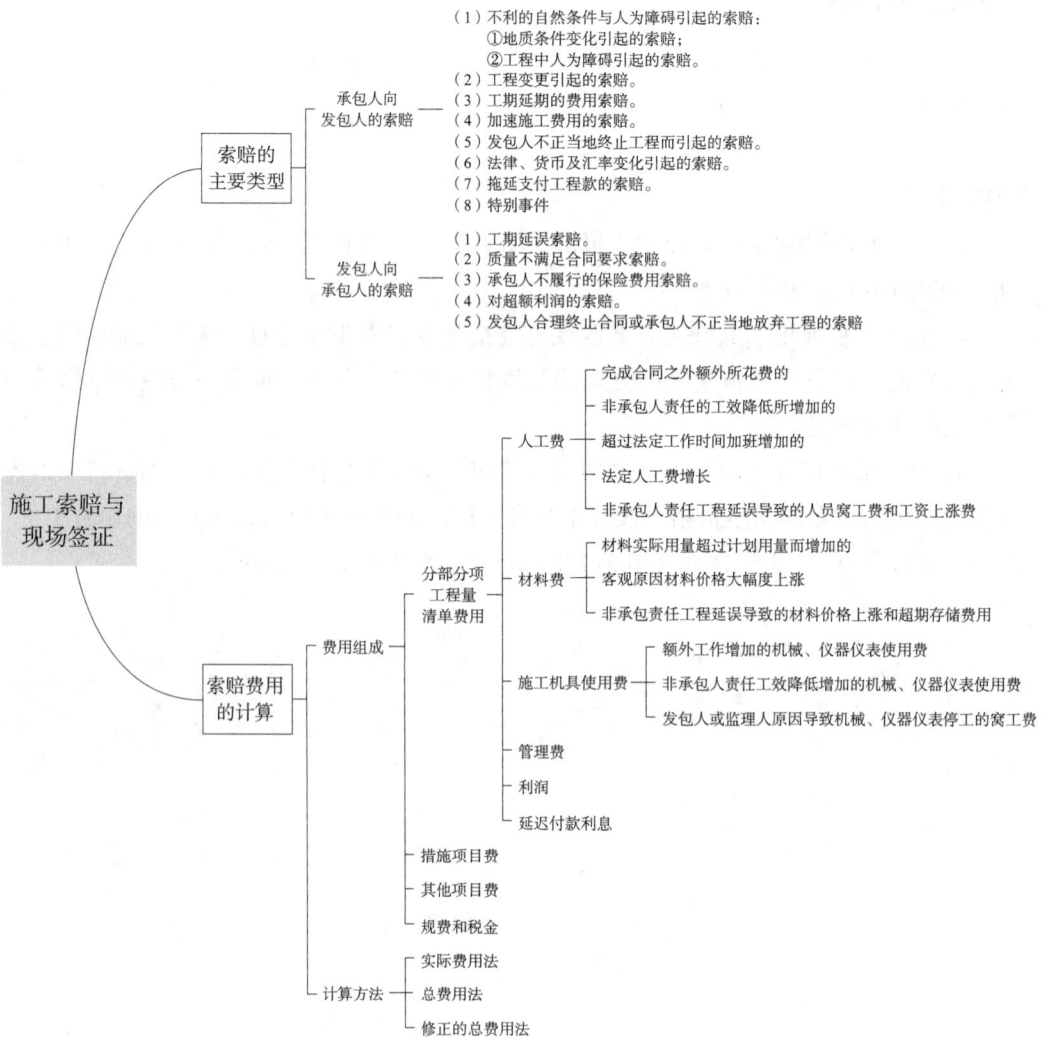

习题汇总

一、索赔的主要类型

（一）承包人向发包人的索赔

1.（2022—55）在施工过程中，遇到有经验的承包人无法合理预见的地质条件变化，导致费用增加，如工期延误时，监理人处理承包人索赔的正确做法是（　　）。

A．可批复增加的费用和延误的工期，不批复利润补偿

B．可批复增加的费用，不批复延误的工期和利润补偿

C．可批复增加的工期，不批复增加的费用和利润补偿

D．可批复增加的费用、延误的工期和利润补偿

2．承包人向发包人的索赔包括（　　）。

A．地质条件变化引起的索赔　　　　　B．工程变更引起的索赔

C．加速施工费用的索赔　　　　　　　D．对超额利润的索赔

E．发包人合理终止合同的索赔

3．（2020—54）在施工过程中发现文物，导致费用增加和工期延误，承包人提出索赔，监理人处理该索赔的正确做法是（　　）。

A．可批复增加的费用、延误的工期和相应利润

B．可批复延误的工期，不批复增加的费用和利润

C．可批复增加的费用，不批复延误的工期和利润

D．可批复增加的费用和延误的工期，不批复利润

4．根据《标准施工招标文件》，下列导致承包人成本增加的情形中，可以同时补偿承包人费用和利润的是（　　）。

A．发包人原因导致的工程缺陷和损失

B．发包人要求向承包人提前交付材料和工程设备

C．异常恶劣的气候条件

D．施工过程中发现文物

5．根据《标准施工招标文件》，承包人可同时索赔增加的费用，延误的工期和相应利润情形有（　　）。

A．发包人提供的工程设备不符合合同要求

B．异常恶劣的气候条件

C．监理人重新检查隐蔽工程后发现工程质量符合合同要求

D．发包人原因造成工期延误

E．施工过程中发现文物

6．（2021—107）根据2017版FIDIC《施工合同条件》，业主应给予承包商工期、费用和利润补偿的情形有（　　）。

A．例外事件　　　　　　　　　　　　B．当地政府造成的延误

C．业主原因暂停工程　　　　　　　　D．非承包商责任的修补工作

E．因法律变化

7．（2022—106）根据《标准施工招标文件》中的通用合同条款，承包人可向发包人索赔工期和费用，但不可要求利润补偿的情形有（　　）。

A．发包人原因造成工期延误　　　　　B．法律变化引起的价格调整

C．施工过程中承包人遇到不利物质条件　　D．发包人要求承包人提前竣工

E. 施工过程中遇到不可抗力影响

（二）发包人向承包人的索赔

8. （2012—107）由于承包人原因造成工程拖期，发包人向承包人提出工程拖期索赔时应考虑的因素有（　　）。

A. 赶工导致施工成本增加　　　　　　B. 工程拖期后物价上涨

C. 工程拖期产生的附加监理费　　　　D. 工程拖期引起的贷款利息增加

E. 工程拖期产生的业主盈利损失

9. （2017—107）下列工程索赔事项中，属于发包人向承包人索赔的有（　　）。

A. 地质条件变化引起的索赔　　　　　B. 施工中人为障碍引起的索赔

C. 加速施工费用的索赔　　　　　　　D. 工期延误的索赔

E. 对超额利润的索赔

二、索赔费用的计算

（一）索赔费用的组成

1. 分部分项工程量清单费用

10. （2007—108）在下列材料费用中，承包商可以获得业主补偿的包括（　　）。

A. 由于索赔事项材料实际用量超过计划用量而增加的材料费用

B. 由于客观原因材料价格大幅度上涨而增加的材料费用

C. 由于非承包商责任工程延误导致的材料价格上涨而增加的材料费用

D. 由于现场承包商仓库被盗而损失的材料费用

E. 承包商为保证混凝土质量选用高强度等级水泥而增加的材料费用

11. （2011—107）下列承包人增加的人工费中，可以向业主索赔的有（　　）。

A. 特殊恶劣气候导致的人员窝工费

B. 法定人工费增长而增加的人工费

C. 由于非承包商责任的工效降低而增加的人工费

D. 监理工程师原因导致工程暂停的人员窝工费

E. 完成合同之外的工作增加的人工费

12. （2013—53）某建设工程项目，承包商在施工过程中发生如下人工费：完成业主要求的合同外工作花费 3 万元；由于业主原因导致工效降低，使人工费增加 2 万元；施工机械故障造成人员窝工损失 0.5 万元。则承包商可索赔的人工费为（　　）万元。

A. 2.0　　　　　　　　　　　　　　B. 3.0

C. 5.0　　　　　　　　　　　　　　D. 5.5

13. （2015—108）下列费用中，承包人可索赔施工机具使用费的有（　　）。

A. 由于完成额外工作增加的机械、仪器仪表使用费

B. 由于施工机械故障导致的机械停工费

C. 由于项目监理机构原因导致的机械窝工费

D．由于发包人要求承包人提前竣工，使工效降低增加的施工机械使用费

E．施工机具保养费用

14．由于监理工程师原因引起承包商向业主索赔施工机械闲置费时，承包商自有设备闲置费一般按设备的（　　）计算。

A．台班费

B．台班折旧费

C．台班费与进出场费用

D．市场租赁价格

15．某建设工程施工过程中，由于发包人提供的材料没有及时到货，导致承包人自有的一台机械窝工 4 个台班，每台班折旧费 500 元，工作时每台班燃油动力费 100 元。另外，承包人租赁的一台机械窝工 3 个台班，台班租赁费为 300 元，工作时每台班燃油动力费 80 元。不考虑其他因素，则承包人可以索赔的费用为（　　）元。

A．3540

B．3300

C．3140

D．2900

16．某工程合同价格为 5000 万元，计划工期 200d，施工期间因非承包人原因导致工期延误 10d，若同期该公司承揽的所有工程合同总价为 2.5 亿元、计划总部管理费为 1250 万元，则承包人可以索赔的总部管理费为（　　）万元。

A．7.5

B．10

C．12.5

D．15

2．措施项目费

本部分内容仅做了解即可。

3．其他项目费

本部分内容仅做了解即可。

4．规费与税金

本部分内容仅做了解即可。

（二）索赔费用的计算方法

1．实际费用法

17．（2020—55）常用的索赔费用计算方法是（　　）。

A．实际费用法

B．单价定额法

C．总费用法

D．修正的总费用法

2．总费用法

18．发生了多起索赔事件后，重新计算该工程的实际费用，再减去原合同价，其差额即为承包人索赔的费用，这种索赔方法称为（　　）。

A．实际费用法

B．单价定额法

C．总费用法

D．修正的总费用法

3．修正的总费用法

19．关于修正总费用法计算索赔的说法，正确的是（　　）。

A．计算索赔款的时段可以是整个施工期

B. 索赔金额为受影响工作调整后的实际总费用减去该项工作的报价费用

C. 索赔款应包括受到影响时段内所有工作所受的损失

D. 索赔款只包括受到影响时段内关键工作所受的损失

三、现场签证

（一）现场签证的情形

本部分内容仅做了解即可。

（二）现场签证的范围

20.（2016—55）下列事件中，需要进行现场签证的是（　　）。

A. 合同范围以内零星工程的确认

B. 修改施工方案引起工程量增减的确认

C. 承包人原因导致设备窝工损失的确认

D. 合同范围以外新增工程的确认

（三）现场签证的程序

21. 发包人在收到承包人签证报告后的（　　）h 内未确认也未提出修改意见的，视为承包人提交的现场签证报告已被发包人认可。

A. 7

B. 14

C. 24

D. 48

22. 现场签证工作完成后的（　　）d 内，承包人应按照现场签证内容计算价款，报送发包人确认后，作为增加合同价款，与进度款同期支付。

A. 7

B. 14

C. 21

D. 28

（四）现场签证费用的计算

本部分内容仅做了解即可。

习题答案及解析

1. A	2. ABC	3. D	4. A	5. ACD
6. CD	7. CE	8. CDE	9. DE	10. ABC
11. BCDE	12. C	13. ACD	14. B	15. D
16. C	17. A	18. C	19. B	20. B
21. D	22. A			

【解析】

6. CD。A 选项错误，例外事件的后果只能索赔工期和费用；B 选项错误，当局造成的延误只能索赔工期；E 选项错误，因法律变化只索赔工期和费用。

7. CE。A 选项，可索赔工期、费用和利润；B 选项只能索赔费用；C 选项只可索赔工期和费用；D 选项只可索赔费用和利润；E 选项只可索赔工期和费用。在 2021 年度的考试中，同样对本题涉及的采分点进行了考查。

8．CDE。发包人在确定误期损害赔偿费的费率时，一般要考虑以下因素：（1）发包人盈利损失；（2）由于工程拖期而引起的贷款利息增加；（3）工程拖期带来的附加监理费；（4）由于工程拖期不能使用，继续租用原建筑物或租用其他建筑物的租赁费。

9．DE。在 2014 年度的考试中，同样对本题涉及的采分点进行了考查。

12．C。承包商可索赔的人工费 =3 ＋ 2=5 万元。

15．D。承包人可以索赔的费用 =4×500+3×300=2900 元。

16．C。施工索赔中总部管理费的计算有以下几种：

（1）按照投标书中总部管理费的比例（3% ～ 8%）计算：

总部管理费 = 合同中总部管理费比率（%）×（人料机索赔款额＋现场管理费索赔款额等）

（2）按照公司总部统一规定的管理费比率计算：

总部管理费 = 公司管理费比率（%）×（人料机索赔款额＋现场管理费索赔款额等）

（3）以工程延期的总天数为基础，计算总部管理费的索赔额，计算步骤如下：

对某一工程提取的管理费 = 同期内公司的总管理费 × 该工程的合同额 / 同期内公司的总合同额

该工程的每日管理费 = 该工程向总部上缴的管理费 / 合同实施天数

索赔的总部管理费 = 该工程的每日管理费 × 工程延期的天数

本题中，延期工程应当分摊的总部管理费 = 1250×5000/25000 = 250 万元；延期工程的日平均总部管理费 = 250/200 = 1.25 万元；索赔的总部管理费 =1.25×10 = 12.5 万元。

第六节　合同价款期中支付

知识导学

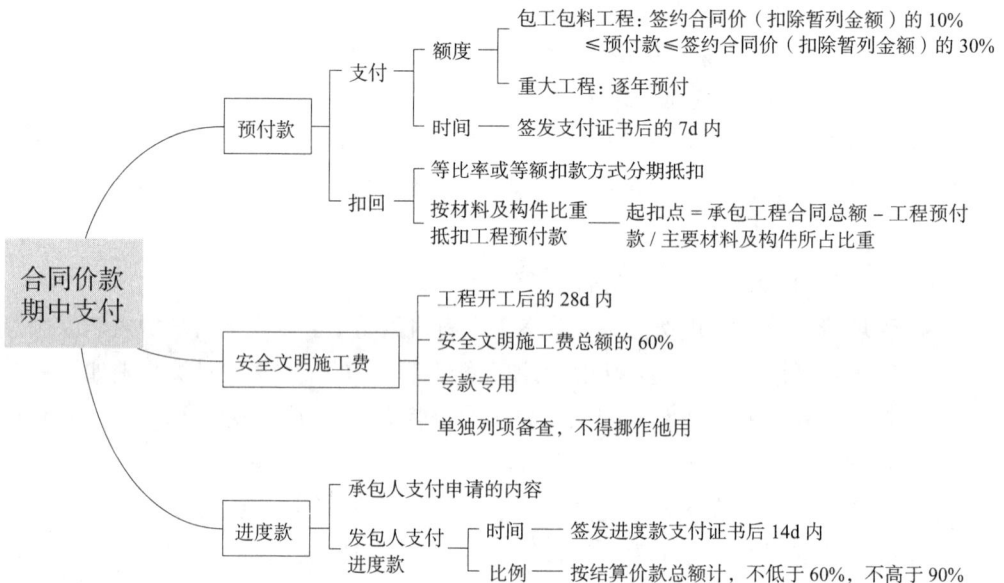

习题汇总

一、预付款

（一）预付款的支付

1. 包工包料工程的预付款的支付下限为（　　）。

A. 不得低于签约合同价（扣除暂列金额）的10%

B. 不得低于签约合同价（扣除暂列金额）的20%

C. 不得低于签约合同价（扣除暂列金额）的30%

D. 不得低于签约合同价（扣除暂列金额）的40%

2. 发包人应在收到支付申请的7d内进行核实后向承包人发出预付款支付证书，并在签发支付证书后的（　　）d内向承包人支付预付款。

A. 7　　　　　　　　　　　　　B. 14

C. 21　　　　　　　　　　　　D. 28

（二）预付款的扣回

3.（2017—55）某工程合同总额750万元，工程预付款为合同总额的20%，主要材料及构件占合同总额的60%，则工程预付款的起扣点为（　　）万元。

A. 250 B. 450

C. 500 D. 600

4. 在用起扣点计算法扣回预付款时，起扣点计算公式为 $T = P - \dfrac{M}{N}$，则式中 N 是指（　　）。

A. 工程预付款总额 B. 工程合同总额

C. 主要材料及构件所占比重 D. 累计完成工程金额

5. 采用起扣点计算法扣回预付款的正确做法是（　　）。

A. 从已完工程的累计合同额相当于工程预付款数额时起扣

B. 从未完工程所需的主要材料及构件的价值相当于工程预付款数额时起扣

C. 从已完工成所用的主要材料及构件的价值相当于工程预付款数额时起扣

D. 从未完工程的剩余合同额相当于工程预付款数额时起扣

二、安全文明施工费

6. 发包人应当开始支付不低于当年施工进度计划的安全文明施工费总额 60% 的期限是工程开工后的（　　）d 内。

A. 7 B. 14

C. 21 D. 28

7. 关于安全文明施工费的说法，正确的有（　　）。

A. 发包人应在开工后 28d 内预付不低于当年施工进度计划的安全文明施工费总额的 60%

B. 承包人对安全文明施工费应专款专用，不得挪作他用

C. 承包人应将安全文明施工费在财务账目中单独列项备查

D. 发包人没有按时支付安全文明施工费的，承包人可以直接停工

E. 发包人在付款期满后 7d 内仍未支付安全文明施工费的，若发生安全事故，发包人承担全部责任

三、进度款

（一）承包人支付申请的内容

8.（2022—108）承包人在每个计量周期向发包人提交的已完工程进度款支付申请应包括的内容有（　　）。

A. 签约合同价 B. 累计已完成的合同价款

C. 本周期合计完成的合同价款 D. 本周期合计应扣减的金额

E. 本周期实际应支付的合同价款

（二）发包人支付进度款

9. 发包人应在收到通知后的（　　）d 内，按照承包人支付申请的金额向承包人支

付进度款。

A. 7

B. 14

C. 21

D. 28

10. 关于施工合同履行期间期中支付的说法，正确的是（　　）。

A. 对重大工程项目，预付款的支付比例不得低于签约合同价（扣除暂列金额）的 15%

B. 进度款的支付比例按期中结算总额计，不低于 50%，不高于 80%

C. 进度款支付申请中应包括累计已完成的合同价款

D. 本周期实际支付的合同额为本期完成的合同价款合计

习题答案及解析

1. A   2. A   3. C   4. C   5. B

6. D   7. ABC   8. BC   9. B   10. C

【解析】

3. C。工程预付款起扣点 = 承包工程合同总额 − 工程预付款数额 / 主要材料及构件所占比重 =750−750×20%/60%=500 万元。在 2015 年度的考试中，同样对本题涉及的采分点进行了考查。

7. ABC。D、E 选项错误，发包人没有按时支付安全文明施工费的，承包人可催告发包人支付；发包人在付款期满后的 7d 内仍未支付的，若发生安全事故，发包人应承担相应责任。

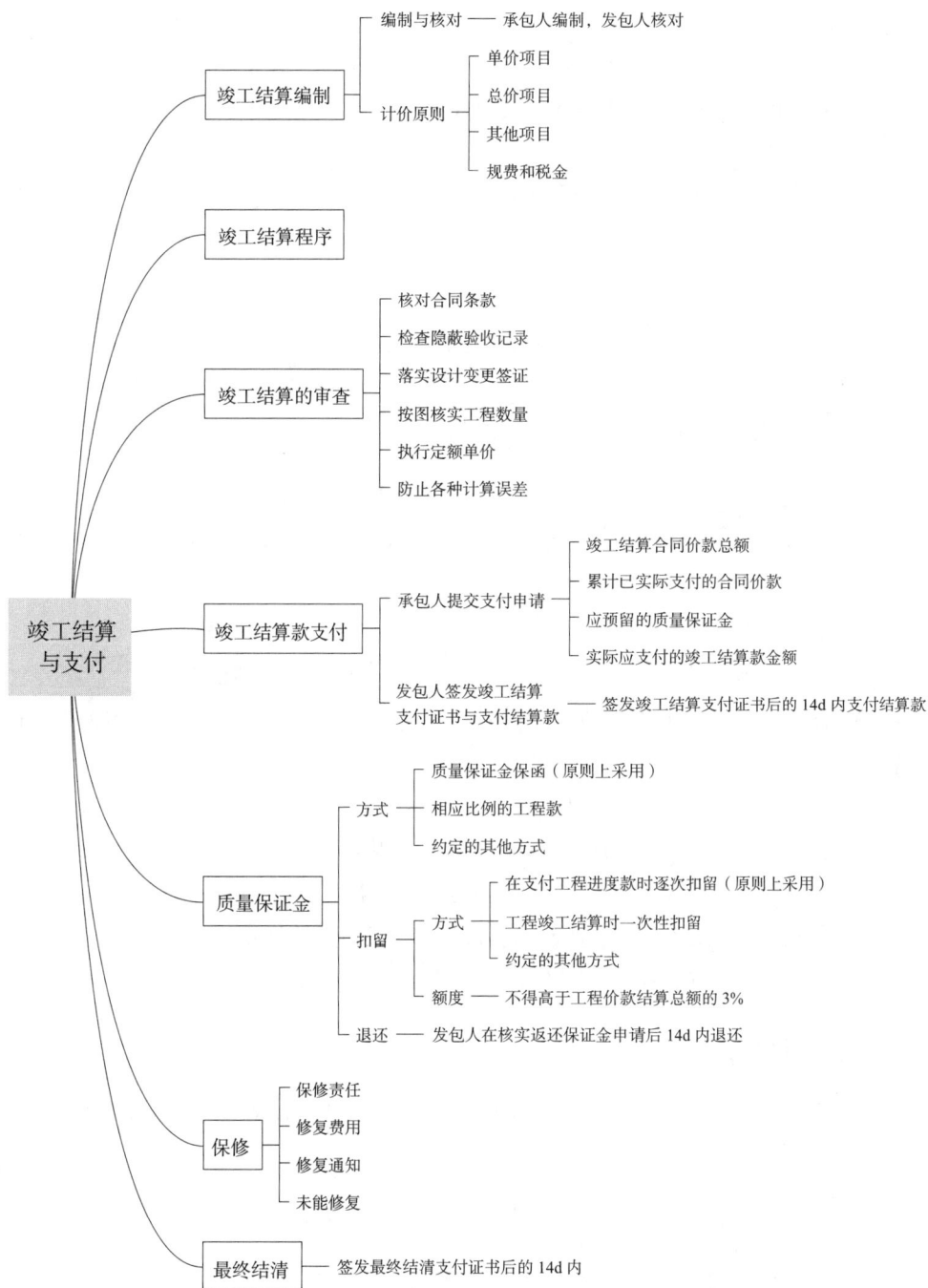

第七节 竣工结算与支付

知识导学

```
竞工结算
与支付
├─ 竣工结算编制 ─┬─ 编制与核对 ── 承包人编制，发包人核对
│                └─ 计价原则 ─┬─ 单价项目
│                            ├─ 总价项目
│                            ├─ 其他项目
│                            └─ 规费和税金
├─ 竣工结算程序
├─ 竣工结算的审查 ─┬─ 核对合同条款
│                  ├─ 检查隐蔽验收记录
│                  ├─ 落实设计变更签证
│                  ├─ 按图核实工程数量
│                  ├─ 执行定额单价
│                  └─ 防止各种计算误差
├─ 竣工结算款支付 ─┬─ 承包人提交支付申请 ─┬─ 竣工结算合同价款总额
│                  │                      ├─ 累计已实际支付的合同价款
│                  │                      ├─ 应预留的质量保证金
│                  │                      └─ 实际应支付的竣工结算款金额
│                  └─ 发包人签发竣工结算
│                     支付证书与支付结算款 ── 签发竣工结算支付证书后的14d内支付结算款
├─ 质量保证金 ─┬─ 方式 ─┬─ 质量保证金保函（原则上采用）
│              │        ├─ 相应比例的工程款
│              │        └─ 约定的其他方式
│              ├─ 扣留 ─┬─ 方式 ─┬─ 在支付工程进度款时逐次扣留（原则上采用）
│              │        │        ├─ 工程竣工结算时一次性扣留
│              │        │        └─ 约定的其他方式
│              │        └─ 额度 ── 不得高于工程价款结算总额的3%
│              └─ 退还 ── 发包人在核实返还保证金申请后14d内退还
├─ 保修 ─┬─ 保修责任
│        ├─ 修复费用
│        ├─ 修复通知
│        └─ 未能修复
└─ 最终结清 ── 签发最终结清支付证书后的14d内
```

习题汇总

一、竣工结算编制

1. 工程竣工结算书编制与核对的责任分工是（   ）。

A. 发包人编制，承包人核对

B. 承包人编制，发包人核对

C. 监理人编制，发包人核对

D. 工程造价咨询机构编制，承包人核对

（一）工程竣工结算编制依据

2. 根据《建设工程工程量清单计价规范》的规定，编制工程竣工结算的主要依据有（   ）。

A. 工程合同

B. 建设工程设计文件及相关资料

C. 投标文件

D. 已确认的工程量及其结算的合同价款

E. 设计概算

（二）工程竣工结算的计价原则

3. 编制竣工结算文件时，应按国家、省级或行业建设主管部门的规定计价的是（   ）。

A. 劳动保险费   B. 总承包服务费

C. 安全文明施工费   D. 现场签证费

4. 根据《建设工程工程量清单计价规范》，关于工程竣工结算的计价原则，下列说法正确的有（   ）。

A. 计日工按发包人实际签证确认的事项计算

B. 总承包服务费依据合同约定金额计算，不得调整

C. 暂列金额应减去工程价款调整金额计算，余额归发包人

D. 规费和税金应按国家或省级、行业建设主管部门的规定计算

E. 总价措施项目应依据合同约定的项目和金额计算，不得调整

二、竣工结算程序

5. 发包人在收到承包人竣工结算文件后的 28d 内，不核对竣工结算或未提出核对意见的，应（   ）。

A. 视为承包人提交的竣工结算文件不合格

B. 催告发包人限期完成核对

C. 视为承包人提交的竣工结算文件已被发包人认可

D. 应办理不完全竣工结算

三、竣工结算的审查

6.（2010—108）对承包单位提交的竣工结算资料进行审查的内容包括（　　）。

A. 进度款是否按规定程序支付

B. 竣工工程内容是否符合合同条件

C. 隐蔽验收记录是否手续完整

D. 预付款支付额度是否符合合同约定

E. 设计变更审查、签证手续是否齐全

四、竣工结算款支付

（一）承包人提交竣工结算款支付申请

7. 承包人应根据办理的竣工结算文件，向发包人提交竣工结算款支付申请。申请单的内容应包括（　　）。

A. 竣工结算合同价款总额　　　　　　B. 已经处理完的索赔资料

C. 发包人已支付承包人的款项　　　　D. 应预留的质量保证金

E. 发包人应支付承包人的合同价款

（二）发包人签发竣工结算支付证书与支付结算款

8. 按照《建设工程工程量清单计价规范》规定，发包人应在收到承包人提交竣工结算款支付申请后 7d 内予以核实，向承包人签发竣工结算支付证书，并在签发竣工结算支付证书后的（　　）d 内支付结算款。

A. 7　　　　　　　　　　　　　　　　B. 14

C. 21　　　　　　　　　　　　　　　 D. 28

9. 发包人未按规定程序支付竣工结算款项的，承包人可以（　　）。

A. 催发包人支付　　　　　　　　　　B. 获得延迟支付利息的权利

C. 直接将工程折价　　　　　　　　　D. 直接将工程拍卖

E. 就工程拍卖价获得优先受偿权

五、质量保证金

（一）承包人提供质量保证金的方式

10. 根据《建设工程施工合同（示范文本）》，承包人提供质量保证金的方式原则上应为（　　）。

A. 相应比例的工程款　　　　　　　　B. 质量保证金保函

C. 相应额度的担保物　　　　　　　　D. 相应额度的现金

（二）质量保证金的扣留

11. 根据《建设工程施工合同（示范文本）》，除专用合同条款另有约定的外，质量保证金的扣留原则上采用（　　）。

    A．在支付工程进度款时逐次扣留

    B．在工程竣工前三个月按比例扣留质量保证金

    C．工程竣工时一次性扣留质量保证金

    D．双方约定的其他方式

（三）质量保证金的退还

12．发包人在接到承包人返还保证金申请后，应在规定的时间对合同约定的内容进行核实。对于返还期限没有约定的，发包人应在核实后的（　　）内将保证金返还给承包人。

    A．48h   B．7h

    C．14d   D．42d

13．（2021—108）下列关于质量保证金的说法，正确的有（　　）。

    A．质量保证金预留的总额不得高于工程价款结算总额的6%

    B．工程竣工前承包人已提供履约担保的，发包人不得同时预留工程质量保证金

    C．质量保证金原则上采用保函方式

    D．质量保证金可以在工程竣工结算时一次性扣留

    E．质量保证金可以在支付工程进度款时逐次扣留

六、保修

1．保修责任

14．工程保修期从（　　）之日起算。

    A．监理工程师在竣工验收记录上签字   B．业主支付竣工结算款

    C．承包人提交竣工验收报告   D．工程竣工验收合格

2．修复费用

15．保修期内，因发包人使用不当造成工程的缺陷、损坏，可以委托承包人修复，修复的费用应由（　　）承担。

    A．承包人   B．发包人

    C．设计单位   D．监理单位

3．修复通知

16．在保修期内，发包人在使用过程中，发现已接收的工程存在缺陷或损坏的，需要立即修复缺陷或损坏，发包人可以口头通知承包人，但应在口头通知后（　　）内书面确认。

    A．2h   B．24d

    C．48h   D．2d

4．未能修复

本部分内容仅做了解即可。

七、最终结清

17. 发包人收到承包人提交的最终结清申请后的 14d 内予以核实，并应向承包人签发（　　）。

A. 工程接收证书　　　　　　　　　B. 竣工结算支付证书

C. 缺陷责任期终止证书　　　　　　D. 最终结清支付证书

习题答案及解析

1. B	2. ABCD	3. C	4. ACD	5. C
6. BCE	7. ACDE	8. B	9. ABE	10. B
11. A	12. C	13. BCDE	14. D	15. B
16. C	17. D			

【解析】

4. ACD。计日工应按发包人实际签证确认的事项计算。故 A 选项正确。总承包服务费应依据合同约定金额计算，如发生调整的，以发承包双方确认调整的金额计算。故 B 选项错误。暂列金额应减去工程价款调整（包括索赔、现场签证）金额计算，如有余额归发包人。故 C 选项正确。规费和税金应按照国家或省级、行业建设主管部门的规定计算。故 D 选项正确。措施项目中的总价项目应依据合同约定的项目和金额计算；如发生调整的，以发承包双方确认调整的金额计算，其中安全文明施工费必须按照国家或省级、行业建设主管部门的规定计算。故 E 选项错误。

9. ABE。发包人在竣工结算支付证书签发后或者在收到承包人提交的竣工结算款支付申请规定时间内仍未支付的，除法律另有规定外，承包人可与发包人协商将该工程折价，也可直接向人民法院申请将该工程依法拍卖。承包人就该工程折价或拍卖的价款优先受偿。故 C、D 选项错误。

第八节　投资偏差分析

知识导学

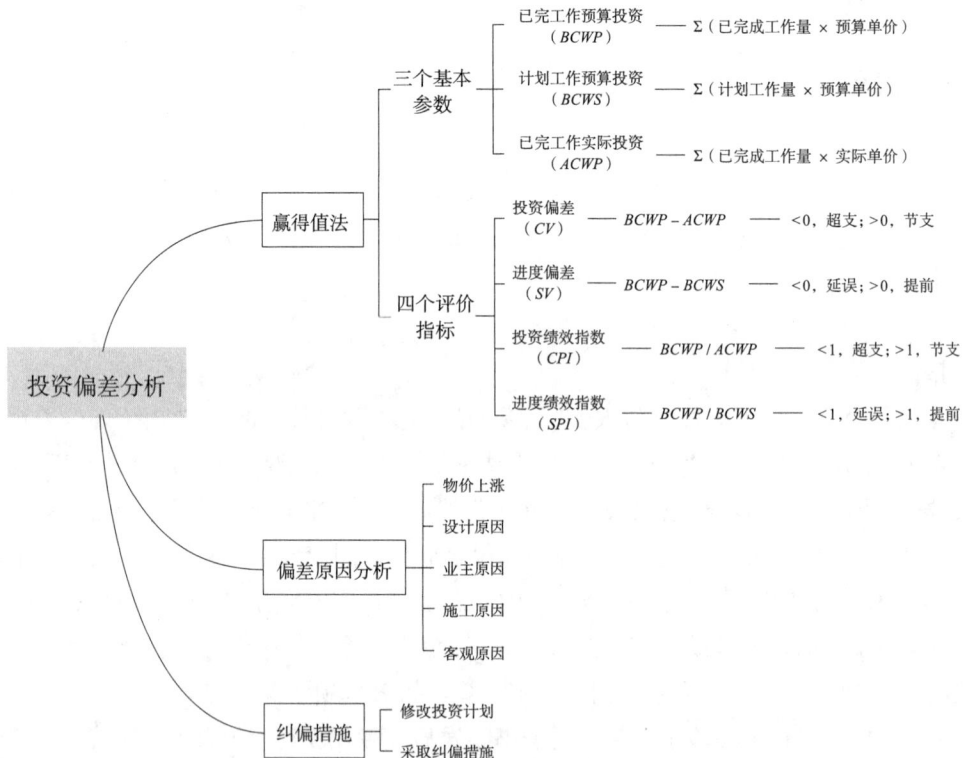

习题汇总

一、赢得值法

（一）赢得值法的三个基本参数

1. 某工程主要工作是混凝土浇筑，中标的综合单价是 400 元 /m³，计划工程量是 8000m³。施工过程中因原材料价格提高使实际单价为 500 元 /m³，实际完成并经监理工程师确认的工程量是 9000m³。若采用赢得值法进行综合分析，正确的结论有（　　）。

A. 已完工作预算投资为 360 万元

B. 已完工作实际投资为 450 万元

C. 计划工作预算投资为 320 万元

D. 投资偏差为 –90 万元，项目运行节支

E. 进度偏差为 40 万元，进度提前

2. 某分项工程某月计划工程量为 3200m²，计划单价为 15 元 /m²，月底核定承包

商实际完成工程量为 2800m²，实际单价为 20 元 /m²，则该工程的已完工作实际投资（$ACWP$）为（ ）元。

A. 56000   B. 42000

C. 48000   D. 64000

（二）赢得值法的四个评价指标

3.（2017—108）赢得值法的评价指标有（ ）。

A. 已完工作预算投资   B. 计划工作预算投资

C. 投资绩效指数   D. 进度绩效指数

E. 进度偏差

1. 投资偏差

4.（2019—56）某工程施工至 2019 年 3 月底，经统计分析：已完工作预算投资为 700 万元，已完工作实际投资为 780 万元，计划工作预算投资为 750 万元。该工程此时的投资偏差为（ ）万元。

A. −80   B. −50

C. 30   D. 50

5.（2021—56）某地下工程，计划到 5 月份累计开挖土方 1.2 万 m³，预算单价为 90 元 /m³。经确认，到 5 月份实际累计开挖土方 1 万 m³，实际单价为 95 元 /m³，该工程此时的投资偏差为（ ）万元。

A. −18   B. −5

C. 5   D. 18

2. 进度偏差

6.（2014—56）某工程施工至 2013 年 12 月底，经分析，已完工作预算投资为 100 万元，已完工作实际投资为 115 万元，计划工作预算投资为 110 万元，则该工程的进度偏差为（ ）。

A. 超前 15 万元   B. 延误 15 万元

C. 超前 10 万元   D. 延误 10 万元

7.（2017—57）在投资偏差分析中，进度偏差等于（ ）。

A. 已完工作预算投资与已完工作实际投资之间的差值

B. 计划工作预算投资与已完工作实际投资之间的差值

C. 已完工作实际投资与已完工作预算投资之间的差值

D. 已完工作预算投资与计划工作预算投资之间的差值

8.（2018—55）某工程施工至 2018 年 3 月底，经统计分析：已完工作预算投资为 580 万元，已完工作实际投资为 570 万元，计划工作预算投资为 600 万元，该工程此时的进度偏差为（ ）万元。

A. −30   B. −20

C. −10   D. 10

3. 投资绩效指数

9.（2015—56）某地下工程，5月计划工程量为2500m³，预算单价为25元/m³；到5月底时已完成工程量为3000m³，实际单价为28元/m³。若运用赢得值法分析，正确的是（　）。

A. 已完工作实际投资为75000元

B. 已完工作预算投资为62500元

C. 进度偏差为 –9000元，表明项目运行超出预算投资

D. 投资绩效指标 <1，表明实际投资高于预算投资

10.（2018—56）某工程施工至2017年12月底，经统计分析：已完工作预算投资为480万元，已完工作实际投资为510万元，计划工作预算投资为450万元，该工程此时的投资绩效指数为（　）。

A. 0.88　　　　　　　　　　B. 0.94

C. 1.06　　　　　　　　　　D. 1.07

11.（2020—56）某工程施工至2020年6月底，经统计分析：已完工作预算投资2500万元，已完工作实际投资2800万元，计划工作预算投资2600万元。该工程此时的投资绩效指数为（　）。

A. 0.89　　　　　　　　　　B. 0.96

C. 1.04　　　　　　　　　　D. 1.12

4. 进度绩效指数

12. 某施工企业进行土方开挖工程，按合同约定3月份的计划工程量为2400m³，计划单价是12元/m³；到月底检查时，确认承包商实际完成的工程量为2000m³，实际单价为15元/m³。则该工程的进度偏差（SV）和进度绩效指数（SPI）分别为（　）。

A. –0.6万元，0.83　　　　　B. –0.48万元，0.83

C. 0.6万元，0.80　　　　　　D. 0.48万元，0.80

13.（2016—56）关于赢得值法及其应用的说法，正确的是（　）。

A. 赢得值法有四个基本参数和三个评价指标

B. 投资（进度）绩效指数反映的是绝对偏差

C. 投资（进度）偏差仅适合对同一项目作偏差分析

D. 进度偏差为正值，表示进度延误

14.（2022—56）某地下工程，计划到11月份累计开挖土方2万m³，预算单价95元/m³，经确认，到11月份实际累计开挖土方2.5万m³，实际单价90元/m³，该工程此时的进度绩效指数为（　）。

A. 0.80　　　　　　　　　　B. 0.95

C. 1.06　　　　　　　　　　D. 1.25

（三）偏差分析的表达方法

15. 某项目地面铺贴的清单工程量为1000m²，预算单价60元/m²，计划每天施工

100m²。第 6 天检查时发现，实际完成 800m²，实际单价为 5 万元。根据上述情况，预计项目完工时的费用偏差（*ACV*）是（   ）元。

A. -2000   B. -2500

C. 2000   D. 2500

二、偏差原因分析

16.（2022—107）下列产生投资偏差的原因中，属于业主原因的有（   ）。

A. 材料代用   B. 基础处理

C. 未及时提供场地   D. 施工方案不当

E. 增加工程内容

17. 下列费用偏差原因中，属于施工原因的有（   ）。

A. 建设手续不全   B. 协调不佳

C. 未及时提供场地   D. 施工方案不当

E. 材料代用

18. 某工程基坑开挖恰逢雨期，造成承包商雨期施工增加费用超支，产生此费用偏差的原因是（   ）。

A. 业主原因   B. 设计原因

C. 施工原因   D. 客观原因

19. 某工程实施过程中，因国家消防设计规范变化导致出现费用偏差，从偏差产生原因来看属于（   ）。

A. 设计原因   B. 客观原因

C. 施工原因   D. 业主原因

三、纠偏措施

20. 在确定纠偏的主要对象之后，就要采取有针对性的纠偏措施。纠偏可以采用（   ）。

A. 组织措施   B. 经济措施

C. 技术措施   D. 合同措施

E. 法律措施

习题答案及解析

1. ABCE	2. A	3. CDE	4. A	5. B
6. D	7. D	8. B	9. D	10. B
11. A	12. B	13. C	14. D	15. B
16. CE	17. DE	18. D	19. B	20. ABCD

【解析】

1. ABCE。已完工作预算投资 =9000×400=3600000 元 =360 万元。计划工作预算投资 =8000×400=3200000 元 =320 万元。已完工作实际投资 =9000×500=4500000 元 =450 万元。投资偏差 =360－450=－90 万元，项目运行超出预算投资。进度偏差 =360－320=40 万元，进度提前。

4. A。投资偏差 =700－780=－80 万元。

5. B。投资偏差 = 已完成工作量 × 预算单价 – 已完成工作量 × 实际单价 = 1×90－1×95=－5 万元。

6. D。进度偏差（SV）= 已完工作预算投资（BCWP）– 计划工作预算投资（BCWS）=100－110=－10 万元，当进度偏差 SV 为负值时，表示进度延误，实际进度落后于计划进度；当进度偏差 SV 为正值时，表示进度提前，实际进度快于计划进度。故该工程的进度偏差延误 10 万元。

8. B。进度偏差（SV）=580－600=－20 万元。

9. D。已完工作实际投资 = 已完成工作量 × 实际单价 =3000×28=84000 元，故 A 选项错误。已完工作预算投资 = 已完成工作量 × 预算单价 =3000×25 =75000 元，故 B 选项错误。计划工作预算投资 = 计划工作量 × 预算单价 =2500×25=62500 元，进度偏差 = 已完工作预算投资 – 计划工作预算投资 =75000－62500=12500 元，表示进度提前，实际进度快于计划进度。故 C 选项错误。

10. B。投资绩效指数（CPI）= 已完工作预算投资（BCWP）/ 已完工作实际投资（ACWP）=480/510=0.94。

11. A。投资绩效指数（CPI）= 2500/2800=0.89。

12. B。已完工作预算投资 = 200×12=2.4 万元，计划工作预算投资 = 2400×12=2.88 万元，进度偏差 =2.4－2.88=－0.48 万元，进度绩效指数 =2.4/2.88=0.83。

14. D。进度绩效指数（SPI）= 已完工作预算投资（BCWP）/ 计划工作预算投资（BCWS）=（2.5×95）/（2×95）=1.25。

助记：赢得值法 4 个评价指标

指标	计算	记忆	评价	记忆
投资偏差（CV）	BCWP－ACWP	两"已完"相减，预算减实际	<0，超支；>0，节支	得负不利，得正有利
进度偏差（SV）	BCWP－BCWS	两"预算"相减，已完减计划	<0，延误；>0，提前	
投资绩效指数（CPI）	BCWP/ACWP	—	<1，超支；>1，节支	大于 1 有利；小于 1 不利
进度绩效指数（SPI）	BCWP/BCWS	—	<1，延误；>1，提前	

15．B。本题的计算过程如下：

项目完工预算（BAC）= 完工的计划工程量 × 预算价 =1000×60=60000 元

预测的项目完工估算（EAC）= 工程量 × 预测的价格（实际单价）

实际的价格 =50000/800=62.5 元 /m^2

EAC =1000×62.5=62500 元

预测项目完工时的投资偏差（ACV）=BAC−EAC=60000−62500=−2500 元。

《建设工程进度控制》

第一章 / 建设工程进度控制概述

第一节　建设工程进度控制的概念

知识导学

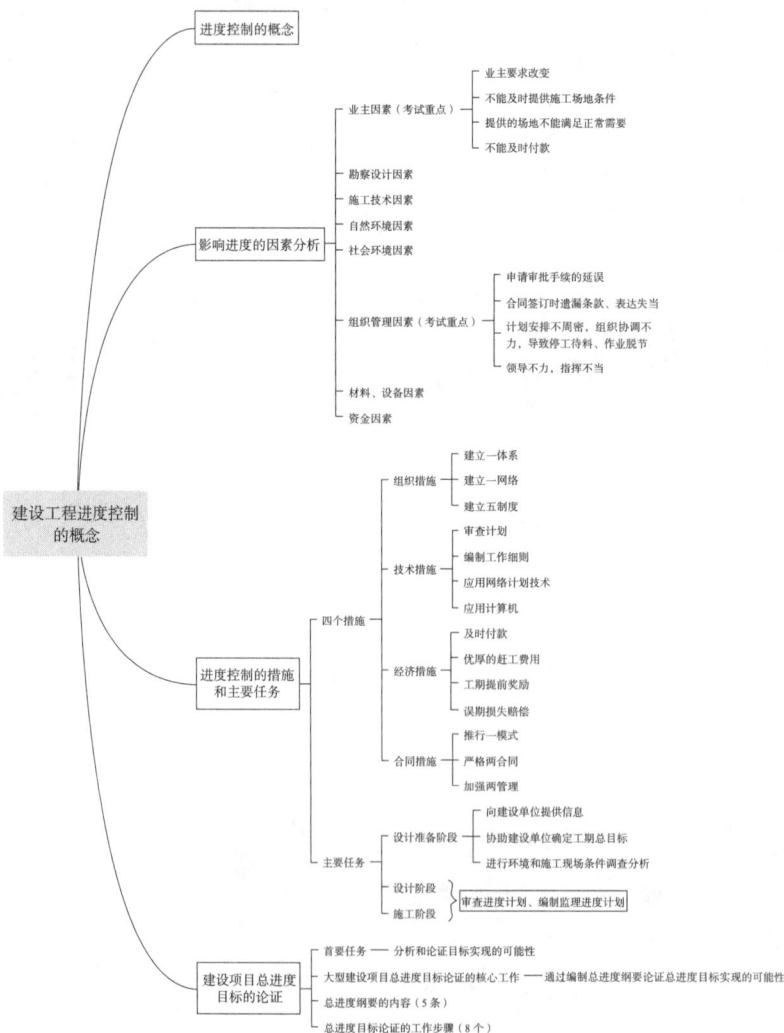

建设工程进度控制的概念
- 进度控制的概念
- 影响进度的因素分析
  - 业主因素（考试重点）
    - 业主要求改变
    - 不能及时提供施工场地条件
    - 提供的场地不能满足正常需要
    - 不能及时付款
  - 勘察设计因素
  - 施工技术因素
  - 自然环境因素
  - 社会环境因素
  - 组织管理因素（考试重点）
    - 申请审批手续的延误
    - 合同签订时遗漏条款、表达失当
    - 计划安排不周密、组织协调不力，导致停工待料、作业脱节
    - 领导不力，指挥不当
  - 材料、设备因素
  - 资金因素
- 进度控制的措施和主要任务
  - 四个措施
    - 组织措施
      - 建立一体系
      - 建立一网络
      - 建立五制度
    - 技术措施
      - 审查计划
      - 编制工作细则
      - 应用网络计划技术
      - 应用计算机
    - 经济措施
      - 及时付款
      - 优厚的赶工费用
      - 工期提前奖励
      - 误期损失赔偿
    - 合同措施
      - 推行一模式
      - 严格两合同
      - 加强两管理
  - 主要任务
    - 设计准备阶段
      - 向建设单位提供信息
      - 协助建设单位确定工期总目标
      - 进行环境和施工现场条件调查分析
    - 设计阶段
    - 施工阶段
      - 审查进度计划、编制监理进度计划
- 建设项目总进度目标的论证
  - 首要任务——分析和论证目标实现的可能性
  - 大型建设项目总进度目标论证的核心工作——通过编制总进度纲要论证总进度目标实现的可能性
  - 总进度纲要的内容（5条）
  - 总进度目标论证的工作步骤（8个）

习题汇总

一、进度控制的概念

1. 为了有效地控制工程建设进度，进度控制人员必须（　　）。

A. 进行项目风险因素分析

B. 进行实际进度与设计进度的动态比较

C. 确定进度协商工作制度

D. 分解项目并建立编码体系

2. （2005—57）建设工程进度控制是监理工程师的主要任务之一，其最终目的是确保建设项目（　　）。

A. 在实施过程中应用动态控制原理

B. 按预定的时间动用或提前交付使用

C. 进度控制计划免受风险因素的干扰

D. 各方参建单位的进度关系得到协调

二、影响进度的因素分析

3. （2020—57）下列影响工程进度的因素中，属于业主因素的是（　　）。

A. 汇率浮动和通货膨胀

B. 不明的水文气象条件

C. 提供的场地不能满足工程正常需要

D. 合同签订时遗漏条款、表述失当

4. 在建设工程实施过程中，影响工程进度的勘察设计因素是（　　）。

A. 临时停水、停电

B. 合同签订时遗漏条款或表达失当

C. 未考虑设计在施工中实现的可能性

D. 施工设备不配套、选型失当

5. 下列对工程进度造成影响的因素中，属于施工技术因素的有（　　）。

A. 不能及时向施工承包单位付款　　　　B. 不明的水文气象条件

C. 施工安全措施不当　　　　　　　　　D. 不能及时提供施工场地条件

E. 施工工艺错误

6. 在工程建设过程中，影响实际进度的自然环境因素是（　　）。

A. 材料供应时间不能满足需要

B. 不能及时提供施工场地条件

C. 不明的水文气象条件

D. 计划安排不周密，组织协调不力

7．（2021—57）下列影响工程进度的因素中，属于组织管理因素的是（　　）。

A．资金不到位 　　　　　　　　　　B．计划安排不周密

C．外单位临近工程施工干扰 　　　　D．业主使用要求改变

三、进度控制的措施和主要任务

（一）进度控制的措施

1．组织措施

8．（2013—58）下列建设工程进度控制措施中，属于组织措施的是（　　）。

A．采用 CM 承发包模式 　　　　　　B．审查承包商提交的进度计划

C．办理工程进度款支付手续 　　　　D．建立工程变更管理制度

9．（2022—57）建立工程进度报告制度及进度信息沟通网络，属于工程进度控制的（　　）措施。

A．组织 　　　　　　　　　　　　　B．经济

C．技术 　　　　　　　　　　　　　D．合同

2．技术措施

10．（2004—57）为确保建设工程进度控制目标的实现，监理工程师必须认真制定进度控制措施。进度控制的技术措施主要有（　　）。

A．对应急赶工给予优厚的赶工费用

B．建立图纸审查、工程变更和设计变更管理制度

C．审查承包商提交的进度计划，使承包商能在合理的状态下施工

D．推行 CM 承发包模式，并协调合同工期与进度计划之间的关系

11．（2020—60）下列建设工程进度控制措施中，属于技术措施的是（　　）。

A．审查承包商提交的进度计划

B．及时办理工程预付款及进度款支付手续

C．协调合同工期与进度计划之间的关系

D．建立工程进度报告制度及信息沟通网络

12．（2021—58）监理工程师控制工程进度应采取的技术措施是（　　）。

A．编制进度控制工作细则 　　　　　B．建立工程进度报告制度

C．建立进度协调工作制度 　　　　　D．加强工程进度风险管理

3．经济措施

13．下列建设工程进度控制措施中，属于经济措施的有（　　）。

A．采用网络计划技术等计划方法

B．审查承包商提交的进度计划

C．加强合同风险管理

D．及时办理工程预付款及进度款支付手续

E．对工期提前给予奖励

4. 合同措施

14.（2012—58）下列建设工程进度控制措施中，属于合同措施的是（　　）。

A. 建立进度协调会议制度

B. 编制进度控制工作细则

C. 对应急赶工给予优厚的赶工费

D. 推行 CM 承发包模式

15.（2019—57）推行 CM 承发包模式，对建设工程实行分段设计、分段发包和分段施工的措施，属于进度控制的（　　）。

A. 组织措施

B. 技术措施

C. 经济措施

D. 合同措施

（二）建设工程实施阶段进度控制的主要任务

1. 设计准备阶段进度控制的任务

16.（2018—110）下列建设工程进度控制任务中，属于设计准备阶段进度控制任务的有（　　）。

A. 编制工程项目总进度计划

B. 编制详细的出图计划

C. 进行工期目标和进度控制决策

D. 进行环境及施工现场条件的调查和分析

E. 编制工程年、季、月实施计划

17.（2022—58）监理工程师在工程设计准备阶段进度控制的任务是（　　）。

A. 编制详细的出图计划

B. 编制施工总进度计划

C. 调查分析施工现场条件

D. 审查设计工作进度计划

2. 设计阶段进度控制的任务

18.（2000—110）在建设工程设计阶段，进度控制的主要任务包括（　　）。

A. 确定工程总目标

B. 编制项目总进度计划

C. 编制设计总进度控制计划

D. 编制阶段性设计进度计划

E. 编制详细的出图计划

3. 施工阶段进度控制的任务

19.（2009—58）在施工阶段，为了确保进度控制目标的实现，监理工程师需要编制（　　）。

A. 工程项目总进度计划

B. 周（旬）施工作业计划

C. 监理进度计划

D. 分部分项工程施工进度计划

20.（2021—59）工程施工阶段进度控制的任务是（　　）。

A. 调查分析环境及施工现场条件

B. 编制详细的设计出图计划

C. 进行工期目标和进度控制决策

D. 编制施工总进度计划

21.（2008—57）监理单位接受建设单位委托实施工程项目全过程监理时，需要（　　）。

A. 编制设计和施工总进度计划

B．审查设计单位和施工单位提交的进度计划

C．编制单位工程施工进度计划

D．编制详细的出图计划并控制其执行

22．（2011—58）下列任务中，属于建设工程实施阶段监理工程师进度控制任务的是（　　）。

A．审查施工总进度计划
B．编制单位工程施工进度计划

C．编制详细的出图计划
D．确定建设工期总目标

23．（2017—109）项目监理机构在设计阶段和施工阶段进度控制的任务有（　　）。

A．编制工程项目总进度计划
B．编制监理进度计划

C．审查设计进度计划
D．审查施工进度计划

E．确定工期总目标

四、建设项目总进度目标的论证

1. 总进度目标论证的工作内容

24．某工程采用建设项目工程总承包的模式，则项目总进度目标的控制是（　　）的任务。

A．业主方与监理方
B．监理方与工程总承包方

C．业主方与工程总承包方
D．工程总承包方与设计方

25．（2014—58）在进行建设项目总进度目标控制前，建设单位对项目总进度管理的首要任务是（　　）。

A．收集和整理比较详细的设计资料

B．比较和分析各项技术方案的合理性

C．分析和论证进度目标实现的可能性

D．提出和改进设计、施工的进度控制措施

26．在项目的实施阶段，项目总进度包括（　　）。

A．可行性研究工作进度
B．设计工作进度

C．招标工作进度
D．设备安装进度

E．用户管理工作进度

27．（2016—58）大型建设项目总进度目标论证的核心工作是通过编制（　　），论证总进度目标实现的可能性。

A．总进度纲要
B．施工组织总设计

C．总进度规划
D．各子系统进度规划

28．（2022—109）建设工程项目总进度纲要的内容包括（　　）。

A．总进度规划
B．总进度目标实现的条件

C．项目实施的总体部署
D．项目总体结构分析

E．总进度目标体系编码

2. 总进度目标论证的工作步骤

29.（2018—58）按照建设项目总进度目标论证的工作步骤，项目结构分析后紧接着需要进行的工作是（　　）。

A. 调查研究和收集资料　　　　　　B. 项目的工作编码

C. 编制各层进度计划　　　　　　　D. 进度计划系统的结构分析

30. 建设工程项目总进度目标论证的工作包括：①编制各层进度计划；②项目结构分析；③编制总进度计划；④项目的工作编码。其正确的工作程序是（　　）。

A. ④—③—②—①　　　　　　　　B. ②—④—①—③

C. ②—④—③—①　　　　　　　　D. ④—②—①—③

31. 建设工程项目总进度目标论证时，在进行项目的工作编码前应完成的工作有（　　）。

A. 编制各层进度计划　　　　　　　B. 协调各层进度计划的关系

C. 调查研究和收集资料　　　　　　D. 进度计划系统的结构分析

E. 项目结构分析

习题答案及解析

1. B	2. B	3. C	4. C	5. CE
6. C	7. B	8. D	9. A	10. C
11. A	12. A	13. DE	14. D	15. D
16. ACD	17. C	18. CDE	19. C	20. D
21. B	22. A	23. BCD	24. C	25. C
26. BCD	27. A	28. ABC	29. D	30. B
31. CDE				

【解析】

3. C。A选项属于资金因素；B选项属于自然环境因素；D选项属于组织管理因素。在2009、2012、2013、2016、2019年度的考试中，同样对本题涉及的采分点进行了考查。

7. B。A选项属于资金因素；C选项属于社会环境因素；D选项属于业主因素。在2005、2010、2014、2018年度的考试中，同样对本题涉及的采分点进行了考查。

8. D。A选项属于合同措施；B选项属于进度措施；C选项属于经济措施。在2003、2008、2009、2011年度的考试中，提问形式与本题基本一致。

9. A。在2005、2006年度的考试中，同样对本题涉及的采分点进行了考查。

11. A。B选项属于经济措施；C选项属于合同措施；D选项属于组织措施。在2014、2016年度的考试中，同样对本题涉及的采分点进行了考查。

12. A。在2011、2018年度的考试中，提问形式与本题基本一致。

14．D。A选项属于组织措施；B选项属于技术措施；C选项属于经济措施。在2000、2002、2003、2007年度的考试中，同样对本题涉及的采分点进行了考查。

15．D。在2010年度的考试中，提问形式与本题基本一致。进度控制的措施内容，按以下关键词记忆。

组织措施：体系、人员、职责和制度，这些都是组织的构成要素。

技术措施：审查、编制、计算机。

经济措施：费用、工程款、奖励与赔偿。

合同措施：承发包、合同工期、合同变更、风险、索赔。

进度控制的措施是每年的必考考点，考试时四个措施会相互作为干扰选项出现。考试题型有两种：一是题干中给出采取的具体进度控制措施，判断属于哪类措施。二是题干中给出措施类型，判断备选项中符合这类型的措施。这种题型是考查重点。

16．ACD。B选项属于设计阶段的控制任务。E选项属于施工阶段进度控制的任务。在2006、2007、2010、2012年度考试中，同样对本题涉及的采分点进行了考查。

22．A。在设计阶段和施工阶段，监理工程师不仅要审查设计单位和施工单位提交的进度计划，更要编制监理进度计划。在2004年度的考试中，同样对本题涉及的采分点进行了考查。

23．BCD。A选项属于设计准备阶段进度控制的任务；E选项的正确说法是协助建设单位确定工期总目标。在2006年度的考试中，同样对本题涉及的采分点进行了考查。

28．ABC。在2020年度的考试中，同样对本题涉及的采分点进行了考查。

第二节　建设工程进度控制计划体系

知识导学

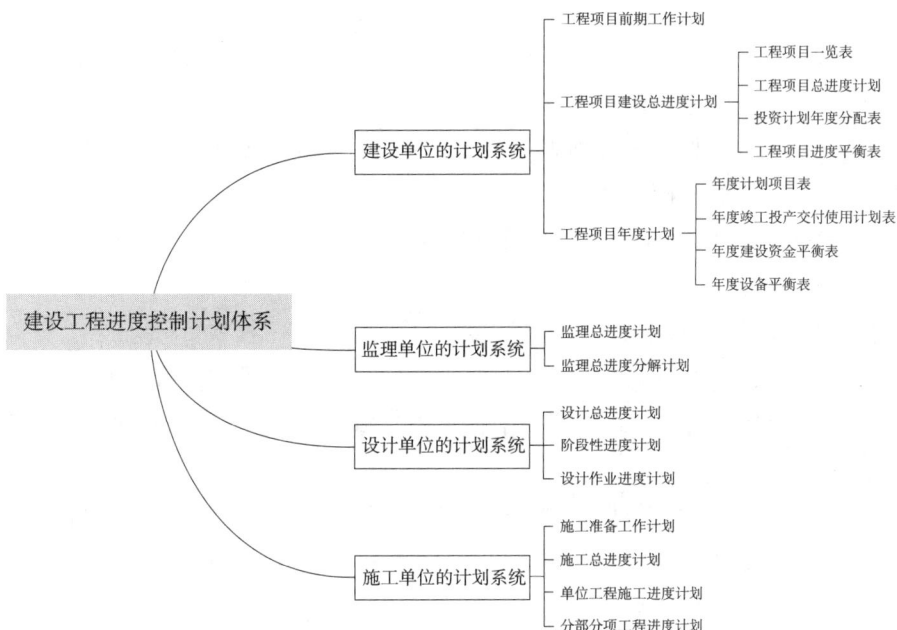

习题汇总

一、建设单位的计划系统

1.（2002—110）在工程项目进度控制计划系统中，由建设单位负责编制的计划表包括（　）。

A. 工程项目进度平衡表　　　　　　B. 年度计划形象进度表

C. 年度建设资金平衡表　　　　　　D. 项目动用前准备工作计划表

E. 工程项目总进度计划表

2.（2020—58）下列进度计划中，属于建设单位计划系统的是（　）。

A. 工程项目年度计划　　　　　　　B. 设计总进度计划

C. 施工准备工作计划　　　　　　　D. 物资采购、加工计划

（一）工程项目前期工作计划

3. 对工程项目可行性研究、项目评估及初步设计的工作进度安排，可使工程项目前期决策阶段各项工作的时间得到控制的计划是（　）。

A. 工作项目前期工作计划　　　　　B. 工程项目建设总进度计划

    C．工程项目年度计划　　　　　　　　　D．施工总进度计划

（二）工程项目建设总进度计划

4．（2006—110）在建设单位的进度计划系统中，工程项目年度计划的编制依据有（　　）。

    A．工程项目建设总进度计划　　　　　　B．综合进度控制计划

    C．批准的设计文件　　　　　　　　　　D．设计总进度计划

    E．施工图设计工作进度计划

5．（2007—58）对工程项目从开始建设至竣工投产进行统一部署的工程项目建设总进度计划，其内容包括（　　）。

    A．施工图设计工作进度计划表　　　　　B．年度建设资金平衡表

    C．工程项目进度平衡表　　　　　　　　D．分部分项工程施工进度计划表

6．（2008—58）依据工程项目建设总进度计划和批准的设计文件编制的工程项目年度计划的内容包括（　　）。

    A．投资计划年度分配表　　　　　　　　B．工程项目一览表

    C．工程项目进度平衡表　　　　　　　　D．年度建设资金平衡表

7．（2011—110）为保证工程建设中各个环节相互衔接，工程项目进度平衡表中需明确的内容包括（　　）。

    A．各种设计文件交付日期　　　　　　　B．主要设备交货日期

    C．施工单位进场日期　　　　　　　　　D．工程材料进场日期

    E．水、电及道路接通日期

8．（2017—58）根据批准的初步设计安排单位工程的开竣工日期，属于建设工程进度计划体系中（　　）内容。

    A．工程项目前期工作计划　　　　　　　B．单位工程施工进度计划

    C．工程项目总进度计划　　　　　　　　D．工程项目年度进度计划

9．（2017—110）下列进度计划表中，属于建设单位计划系统中工程项目建设总进度计划的有（　　）。

    A．工程项目一览表　　　　　　　　　　B．投资计划年度分配表

    C．年度设备平衡表　　　　　　　　　　D．工程项目进度平衡表

    E．年度建设资金平衡表

10．（2021—60）建设单位计划系统中，用来明确各种设计文件交付日期、主要设备交货日期、施工单位进场日期、水电及道路接通日期等的计划表是（　　）。

    A．施工总进度计划表　　　　　　　　　B．投资计划年度平衡表

    C．工程项目进度平衡表　　　　　　　　D．工程建设总进度计划表

11．（2022—59）工程进度计划体系中，根据初步设计中确定的建设工期和工艺流程，具体安排单位工程开工日期和竣工日期的计划是（　　）。

    A．工程项目进度平衡计划　　　　　　　B．年度竣工投产交付使用计划

C．年度建设资金平衡计划   D．工程项目总进度计划

（三）工程项目年度计划

12．（2002—59）在工程项目进度控制计划系统中，用以确定项目年度投资额、年末进度和阐明建设条件落实情况的进度计划表是（ ）。

A．工程项目进度平衡表   B．年度建设资金平衡表

C．投资计划年度分配表   D．年度计划项目表

13．在工程项目进度控制计划系统中，阐明各单位工程的建筑面积、投资额、新增固定资产、新增生产能力等建筑总规模及本年计划完成情况，并阐明其竣工日期的进度计划表是（ ）。

A．年度建设资金平衡表   B．年度竣工投产交付使用计划表

C．年度计划项目表   D．工程项目进度平衡表

14．（2015—110）工程项目年度计划的内容包括（ ）。

A．投资计划年度分配表   B．年度计划项目表

C．年度设备平衡表   D．年度设计出图计划表

E．年度竣工投产交付使用计划表

二、监理单位的计划系统

（一）监理总进度计划

15．（2019—110）在对建设工程实施全过程监理的情况下，监理单位总进度计划的编制依据有（ ）。

A．施工单位的施工总进度计划   B．工程项目建设总进度计划

C．设计单位的设计总进度计划   D．工程项目可行性研究报告

E．工程项目前期工作计划

（二）监理总进度分解计划

1．按工程进展阶段分解

16．按工程进度阶段分解，监理总进度分解计划包括（ ）。

A．施工阶段进度计划   B．设计总进度计划

C．设计阶段进度计划   D．动用前准备阶段进度计划

E．设计准备阶段工作计划

2．按时间分解

17．按时间分解，监理总进度分解计划包括（ ）。

A．年度进度计划   B．季度进度计划

C．月度进度计划   D．总进度计划

E．前期工作计划

三、设计单位的计划系统

18.（2014—59）在建设工程进度控制计划体系中，属于设计单位计划系统的是（　　）。

A. 分部分项工程进度计划
B. 阶段性设计进度计划
C. 工程项目年度计划
D. 年度建设资金计划

（一）设计总进度计划

19. 在建设工程进度控制计划体系中，主要用来安排自设计准备开始至施工图设计完成的总设计时间内所包含的各阶段工作的开始时间和完成时间，从而确保设计进度控制总目标实现的计划是（　　）。

A. 设计总进度计划
B. 设计准备工作进度计划
C. 施工图设计工作进度计划
D. 设计作业进度计划

（二）阶段性设计进度计划

20. 阶段性设计进度计划包括（　　）。

A. 设计作业进度计划

B. 设计准备工作进度计划

C. 季度作业进度计划

D. 初步设计（技术设计）工作进度计划

E. 施工图设计工作进度计划

（三）设计作业进度计划

21.（2013—109）编制建设工程设计作业进度计划的依据有（　　）。

A. 规划设计条件和设计基础资料
B. 施工图设计工作进度计划
C. 单位工程设计工日定额
D. 初步设计审批文件
E. 所投入的设计人员数

四、施工单位的计划系统

22. 在建设工程进度控制计划体系中，属于施工单位计划系统的有（　　）。

A. 施工准备工作计划
B. 施工总进度计划
C. 单位工程施工进度计划
D. 分部分项工程进度计划
E. 项目动用准备工作进度计划

（一）施工准备工作计划

23. 施工准备的工作内容通常包括（　　）。

A. 技术准备
B. 物资准备
C. 安全措施准备
D. 劳动组织准备
E. 施工现场准备和施工场外准备

（二）施工总进度计划

24. 在建设工程进度控制计划体系中，（　　）是根据施工部署中施工方案和工程项目的开展程序，对全工地所有单位工程做出时间上的安排。

A. 施工准备工作计划　　　　　　　　B. 施工总进度计划

C. 单位工程施工进度计划　　　　　　D. 分部分项工程进度计划

（三）单位工程施工进度计划

25. 在既定施工方案的基础上，根据规定的工期和各种资源供应条件，遵循各施工过程的合理施工顺序，对单位工程中的各施工过程做出时间和空间上的安排，并以此为依据，确定施工作业所必需的劳动力、施工机具和材料供应计划是（　　）。

A. 单位工程施工进度计划

B. 分部分项工程进度计划

C. 年度作业进度计划

D. 初步设计（技术设计）工作进度计划

（四）分部分项工程进度计划

26. 下列分部分项工程中，需要编制分部分项工程进度计划的是（　　）。

A. 零星土石方工程　　　　　　　　　B. 场地平整

C. 混凝土垫层工程　　　　　　　　　D. 大型桩基础工程

习题答案及解析

1. ACE　　2. A　　3. A　　4. AC　　5. C

6. D　　7. ABCE　　8. C　　9. ABD　　10. C

11. D　　12. D　　13. B　　14. BCE　　15. BDE

16. ACDE　　17. ABC　　18. B　　19. A　　20. BDE

21. BCE　　22. ABCD　　23. ABDE　　24. B　　25. A

26. D

【解析】

2. A。B 选项属于设计单位的计划系统；C 选项属于施工单位的计划系统；D 选项属于物资供应计划。在 2016 年度的考试中，提问形式与本题基本一致。

8. C。在 2004 年度的考试中，同样对本题涉及的采分点进行了考查。

9. ABD。在 2000、2005 年度的考试中，同样对本题涉及的采分点进行了考查。

10. C。在 2003、2019 年度的考试中，同样对本题涉及的采分点进行了考查。

11. D。在 2004、2009 年度的考试中，同样对本题涉及的采分点进行了考查。

14. BCE。在 2010、2012 年度的考试中，同样对本题涉及的采分点进行了考查。

第三节　建设工程进度计划的表示方法和编制程序

知识导学

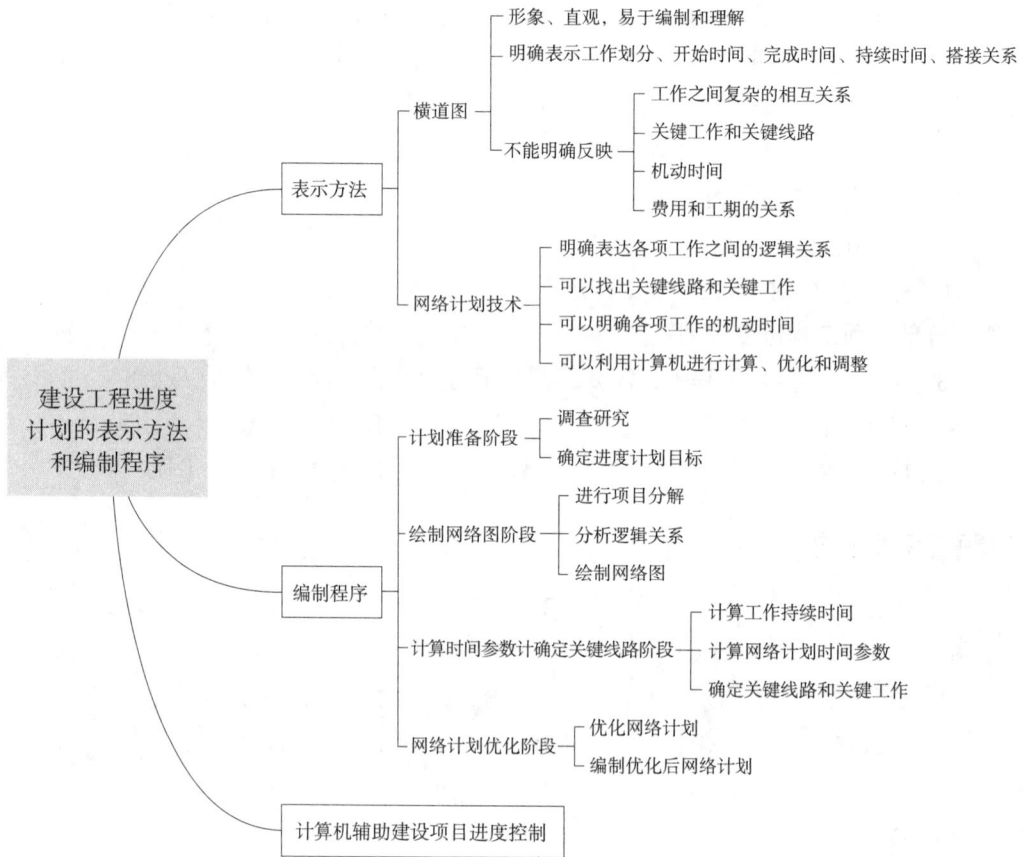

习题汇总

一、建设工程进度计划的表示方法

（一）横道图

1.（2013—110）采用横道图表示工程进度计划的缺点有（　　）。

A. 不能反映工程费用与工期之间的关系

B. 不能计算各项工作的持续时间

C. 不能反映影响工期的关键工作和关键线路

D. 不能明确反映各项工作之间的逻辑关系

E. 不能进行进度计划的优化和调整

2．（2016—59）采用横道图表示建设工程进度计划的优点是（　　）。

A．能够明确反映工作之间的逻辑关系

B．易于编制和理解进度计划

C．便于优化调整进度计划

D．能够直接反映影响工期的关键工作

（二）网络计划技术

1．网络计划的种类

3．网络计划分为确定型和非确定型两类。下列属于非确定型网络计划的有（　　）。

A．计划评审技术　　　　　　　　　　B．图示评审技术

C．双代号网络计划　　　　　　　　　D．时标网络计划

E．决策关键线路法

2．网络计划的特点

4．（2003—109）横道图和网络图是建设工程进度计划的常用表示方法。与横道计划相比，单代号网络计划的特点包括（　　）。

A．形象直观，能够直接反映出工程总工期

B．通过计算可以明确各项工作的机动时间

C．不能明确地反映出工程费用与工期之间的关系

D．通过计算可以明确工程进度的重点控制对象

E．明确地反映出各项工作之间的相互关系

5．（2019—109）关于建设工程网络计划技术特征的说法，正确的有（　　）。

A．计划评审技术（PERT）、图示评审技术（GERT）、风险评审技术（VERT）、关键线路法（CPM）均属于非确定型网络计划

B．网络计划能够明确表达各项工作之间的逻辑关系

C．通过网络计划时间参数的计算，可以找出关键线路和关键工作

D．通过网络计划时间参数的计算，可以明确各项工作的机动时间

E．网络计划可以利用电子计算机进行计算、优化和调整

6．（2021—109）与横道计划相比，工程网络计划的优点有（　　）。

A．能够直观表示各项工作的进度安排

B．能够明确表达各项工作之间的逻辑关系

C．可以明确各项工作的机动时间

D．可以找出关键线路和关键工作

E．可以直观表达各项工作之间的搭接关系

二、建设工程进度计划的编制程序

7．（2019—59）应用网络计划技术编制建设工程进度计划的主要工作如下：①分析逻辑关系；②优化网络计划；③确定进度计划目标；④确定关键线路和关键工作；

⑤计算工作持续时间；⑥进行项目分解；⑦绘制网络图。其编制程序正确的是（　　）。

A. ③—⑥—⑤—①—②—④—⑦ 　　B. ⑥—①—③—⑤—④—②—⑦

C. ③—①—⑥—④—⑤—⑦—② 　　D. ③—⑥—①—⑦—⑤—④—②

（一）计划准备阶段

8.（2014—61）建设工程进度计划的编制程序中，属于计划准备阶段应完成的工作是（　　）。

A. 分析工作之间的逻辑关系 　　B. 计算工作持续时间

C. 进行项目分解 　　D. 确定进度计划目标

（二）绘制网络图阶段

9.（2017—59）应用网络计划技术编制建设工程进度计划时，绘制网络图的前提是（　　）。

A. 计算时间参数 　　B. 进行项目分解

C. 计算工作持续时间 　　D. 确定关键线路

10.（2020—59）下列建设工程进度计划编制工作中，属于绘制网络图阶段工作内容的是（　　）。

A. 确定进度计划目标

B. 安排劳动力、原材料和施工机具

C. 确定关键线路和关键工作

D. 分析各项工作之间的逻辑关系

（三）计算时间参数及确定关键线路阶段

11. 建设工程进度计划的编制程序中，属于计算时间参数及确定关键线路阶段应完成的工作是（　　）。

A. 计算工作持续时间 　　B. 调查研究

C. 确定时间目标 　　D. 进行项目分解

（四）网络计划优化阶段

12. 根据网络计划的优化结果，便可绘制优化后的网络计划，同时应（　　）。

A. 编制正式网络计划 　　B. 编制网络计划说明书

C. 调整网络计划 　　D. 调整有关进度控制的组织结构

三、计算机辅助建设项目进度控制

13. 计算机辅助建设项目网络计划编制的意义在于（　　）。

A. 解决当网络计划计算量大，而手工计算难以承担的困难

B. 确保网络计划计算的准确性

C. 有利于网络计划及时调整

D. 确保工程网络计划的按时完成

E. 有利于编制资源需求计划

习题答案及解析

1. ACD　　2. B　　　3. ABE　　4. BDE　　5. BCDE

6. BCD　　7. D　　　8. D　　　9. B　　　10. D

11. A　　12. B　　13. ABCE

【解析】

1. ACD。在 2005、2008、2011、2012 年度的考试中，提问形式与本题基本一致。

2. B。在 2007、2009、2014 年度的考试中，提问形式与本题基本一致。

6. BCD。在 2006、2010 年度的考试中，同样对本题涉及的采分点进行了考查。

7. D。建设工程进度计划编制程序见下表：

建设工程进度计划编制程序

编制阶段	编制步骤	编制阶段	编制步骤
Ⅰ. 设计准备阶段	1. 调查研究	Ⅲ. 计算时间参数及确定关键线路阶段	6. 计算工作持续时间
	2. 确定进度计划目标		7. 计算网络计划时间参数
Ⅱ. 绘制网络图阶段	3. 进行项目分解		8. 确定关键线路和关键工作
	4. 分析逻辑关系	Ⅳ. 网络计划优化阶段	9. 优化网络计划
	5. 绘制网络图		10. 编制优化后网络计划

第二章
流水施工原理

第一节 基本概念

知识导学

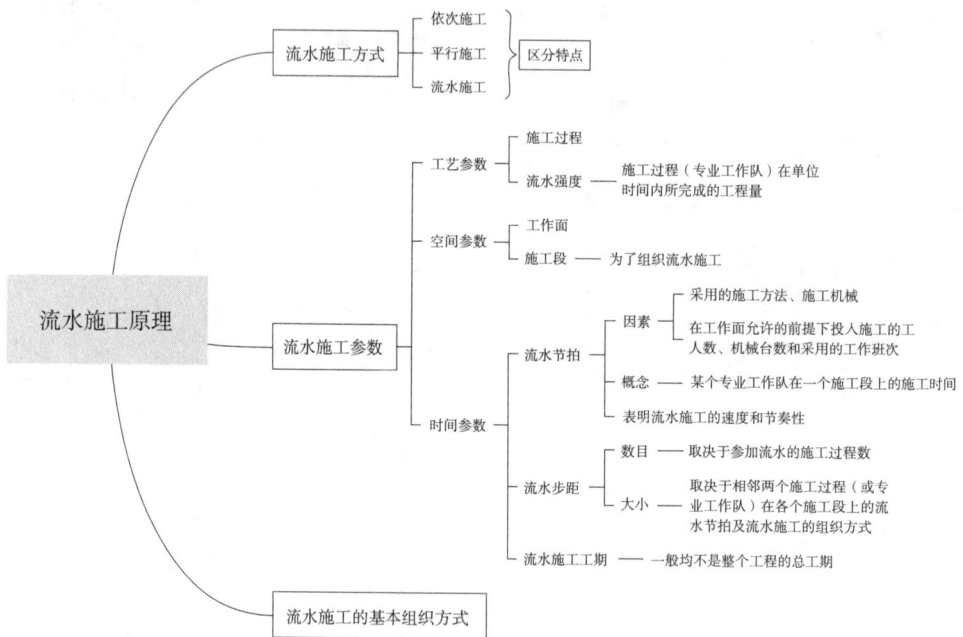

习题汇总

一、流水施工方式

（一）组织施工的方式

1. 依次施工

1.（2020—110）建设工程采用依次施工方式组织施工的特点有（   ）。

A. 没有充分利用工作面且工期较长

B. 劳动力及施工机具等资源得到均衡使用

C. 按专业成立的工作队不能连续作业

D. 单位时间内投入的劳动力、机具和材料增加

E. 施工现场的组织和管理比较复杂

2. 平行施工

2.（2017—60）关于平行施工组织方式的说法，正确的是（　　）。

A. 专业工作队能够保持连续施工

B. 单位时间内投入的资源量较均衡

C. 能充分利用工作面且工期短

D. 专业工作队能够最大限度地搭接施工

3.（2019—63）在有足够工作面和资源的前提下，施工工期最短的施工组织方式是（　　）。

A. 依次施工   B. 搭接施工

C. 平行施工   D. 流水施工

4.（2021—61）建设工程采用平行施工方式的特点是（　　）。

A. 充分利用工作面进行施工   B. 施工现场组织管理简单

C. 专业工作队能够连续施工   D. 有利于实现专业化施工

3. 流水施工

5. 尽可能地利用工作面进行施工，各工作队能够连续施工的施工方式是（　　）。

A. 依次施工   B. 搭接施工

C. 平行施工   D. 流水施工

6.（2003—59）建设工程施工通常按流水施工方式组织，是因其具有（　　）的特点。

A. 单位时间内所需用的资源量较少

B. 使各专业工作队能够连续施工

C. 施工现场的组织、管理工作简单

D. 同一施工过程的不同施工段可以同时施工

7.（2022—110）与依次施工、平行施工方式相比，流水施工方式的特点有（　　）。

A. 施工现场组织管理简单

B. 有利于实现专业化施工

C. 相邻专业工作队的开工时间能最大限度地搭接

D. 单位时间内投入的资源量较为均衡

E. 施工工期最短

（二）流水施工的表达方式

1. 流水施工的横道图表示法

8. 横道图表示流水施工的特点之一是（　　）。

A. 绘图复杂   B. 使用不方便

  C．时间和空间状况形象直观   D．施工过程不易表达清楚

2．流水施工的垂直图表示法

  9．垂直图表示流水施工，其特点包括（　　）。

  A．施工过程表达比较清楚

  B．直观地表示出各施工过程的进展速度

  C．时间和空间状况不直观

  D．施工先后顺序表达比较清楚

  E．编制简单

二、流水施工参数

  10．（2019—111）下列各类参数中，属于流水施工参数的有（　　）。

  A．工艺参数   B．定额参数

  C．空间参数   D．时间参数

  E．机械参数

（一）工艺参数

1．施工过程

  11．（2003—110）某城市立交桥工程在组织流水施工时，需要纳入施工进度计划中的施工过程包括（　　）。

  A．桩基础灌制   B．梁的现场预制

  C．商品混凝土的运输   D．钢筋混凝土构件的吊装

  E．混凝土构件的采购运输

  12．（2010—61）用来表达流水施工在施工工艺方面进展状态的参数是（　　）。

  A．施工过程   B．施工段

  C．流水步距   D．流水节拍

  13．（2012—111）下列施工过程中，由于占用施工对象的空间而直接影响工期，必须列入流水施工进度计划的有（　　）。

  A．砂浆制备过程   B．墙体砌筑过程

  C．商品混凝土制备过程   D．设备安装过程

  E．外墙面装饰过程

  14．（2015—60）在组织流水施工时，运输类与制备类施工过程一般不占有施工对象的工作面，只有当其（　　）时，才列入施工进度计划之中。

  A．占有施工对象的工作面而影响工期

  B．造价超过一定范围

  C．对后续安全影响较大

  D．需要按照专业工种分解成施工工序

2．流水强度

15. （2013—61）下列流水施工参数中，用来表达流水施工在施工工艺方面进展状态的是（　　）。

A．流水步距　　　　　　　　　　　　B．流水段

C．流水强度　　　　　　　　　　　　D．流水节拍

16. （2014—63）流水强度是指某专业工作队在（　　）。

A．一个施工段上所完成的工程量

B．单位时间内所完成的工程量

C．一个施工段上所需要某种资源的数量

D．单位时间内所需某种资源的数量

17. （2016—111）建设工程组织流水施工时，影响施工过程流水强度的因素有（　　）。

A．投入的施工机械台数和人工数

B．专业工种工人或施工机械活动空间人数

C．相邻两个施工过程相继开工的间隔时间

D．施工过程中投入资源的产量定额

E．施工段数目

18. （2022—60）建设工程组织流水施工时，某施工过程在单位时间内完成的工程量称为（　　）。

A．流水节拍　　　　　　　　　　　　B．流水强度

C．流水步距　　　　　　　　　　　　D．流水定额

（二）空间参数

1. 工作面

19. 下列流水施工参数中，供某专业工种的工人或某种施工机械进行施工的活动空间是指（　　）。

A．流水段　　　　　　　　　　　　　B．工作面

C．流水节拍　　　　　　　　　　　　D．流水步距

2. 施工段

20. （2021—62）下列流水施工参数中，用来表达流水施工在空间布置上开展状态的参数是（　　）。

A．施工过程和流水强度　　　　　　　B．流水强度和工作面

C．流水段和施工过程　　　　　　　　D．工作面和流水段

21. 划分施工段的目的是（　　）。

A．组织流水施工　　　　　　　　　　B．可增加更多的专业队

C．缩短施工工艺与组织间歇时间　　　D．为了适应工程进度

22. （2021—110）建设工程组织流水施工时，划分施工段的原则有（　　）。

A．每个施工段需要有足够工作面

B．施工段数要满足合理组织流水施工要求

C．施工段界限要尽可能与结构界限相吻合

D．同一专业工作队在不同施工段劳动量必须相等

E．施工段必须在同一平面内划分

（三）时间参数

1．流水节拍

23．（2011—111）在组织流水施工时，确定流水节拍应考虑的因素有（   ）。

A．所采用的施工方法和施工机械

B．相邻两个施工过程相继开始施工的最小间隔时间

C．施工段数目

D．在工作面允许的前提下投入的劳动量和机械台班数量

E．专业工作队的工作班次

24．（2015—111）流水节拍是流水施工的主要参数之一，同一施工过程中流水节拍的决定因素有（   ）。

A．所采用的施工方法

B．所采用的施工机械类型

C．投入施工的工人数和工作班次

D．施工过程的复杂程度

E．工作的熟练程度

25．（2019—60）关于流水节拍及其特征的说法，正确的是（   ）。

A．流水节拍的数目取决于参加流水的施工过程数

B．流水节拍是相邻两个施工过程相继开始施工的最小间隙时间

C．流水节拍小，其流水速度快，节奏感强

D．流水节拍是流水施工工艺参数的重要指标

2．流水步距

26．（2019—61）在组织流水施工过程中，流水步距的大小主要取决于相邻两个施工过程在各个施工段上的（   ）。

A．流水强度

B．技术间歇

C．搭接时间

D．流水节拍

27．（2020—61）组织建设工程流水施工时，相邻两个施工过程相继开始施工的最小间隔时间称为（   ）。

A．流水节拍

B．时间间隔

C．间歇时间

D．流水步距

3．流水施工工期

28．下列流水施工参数中，用来表达流水施工在时间安排上所处状态的参数是（   ）。

A．施工过程

B．施工段

C．流水施工工期

D．流水强度

29.（2010—111）下列关于流水施工参数的说法中，正确的有（　　）。

A. 流水步距的数目取决于参加流水的施工过程数

B. 流水强度表示工作队在一个施工段上的施工时间

C. 划分施工段的目的是为组织流水施工提供足够的空间

D. 流水节拍可以表明流水施工的速度和节奏性

E. 流水步距的大小取决于流水节拍

30.（2022—61）下列流水施工参数中，用来表达流水施工在时间安排上所处状态的参数是（　　）。

A. 流水强度和流水段数　　　　　　　　B. 流水段数和流水步距

C. 流水步距和流水节拍　　　　　　　　D. 流水节拍和流水强度

三、流水施工的基本组织方式

本部分内容仅做了解即可。

习题答案及解析

1. AC	2. C	3. C	4. A	5. D
6. B	7. BCD	8. C	9. ABD	10. ACD
11. ABD	12. A	13. BDE	14. A	15. C
16. B	17. AD	18. B	19. B	20. D
21. A	22. ABC	23. ADE	24. ABC	25. C
26. D	27. D	28. C	29. ACDE	30. C

【解析】

1. AC。在2004、2005年度的考试中，同样对本题涉及的采分点进行了考查。

3. C。在2014年度的考试中，同样对本题涉及的采分点进行了考查。

4. A。在2005、2006、2007、2011、2016、2018年度的考试中，同样对本题涉及的采分点进行了考查。

7. BCD。组织施工方式及特点比较见下表。

组织施工方式及特点比较

施工方式	工作面利用	工期长短	能否连续施工	能否实现专业化	单位时间投入的资源量	现场组织管理
依次	没有充分	长	否	否	较少	比较简单
平行	充分	短	各个施工段同时施工，而非由专业队在各施工段间连续施工	否	成倍增加	比较复杂
流水	尽可能	较短	能	能	较均衡	有利于可持续管理、文明施工

在 2008、2010、2012、2013 年度的考试中，同样对本题涉及的采分点进行了考查。

13．BDE。在 2009 年度的考试中，同样对本题涉及的采分点进行了考查。

15．C。在 2005、2006 年度的考试中，同样对本题涉及的采分点进行了考查。

18．B。在 2008、2011、2017 年度的考试中，同样对本题涉及的采分点进行了考查。

20．D。在 2007、2008、2009 年度的考试中，提问形式与本题基本一致。

22．ABC。在 2004 年度的考试中，同样对本题涉及的采分点进行了考查。

27．D。在 2015 年度的考试中，同样对本题涉及的采分点进行了考查。

28．C。在 2007 年度的考试中，提问形式与本题基本一致。

29．ACDE。考试还会考查关于流水施工参数的综合表述题目。在 2006、2007 年度的考试中，提问形式与本题基本一致。

30．C。在 2012、2014 年度的考试中，同样对本题涉及的采分点进行了考查。

第二节　有节奏流水施工

知识导学

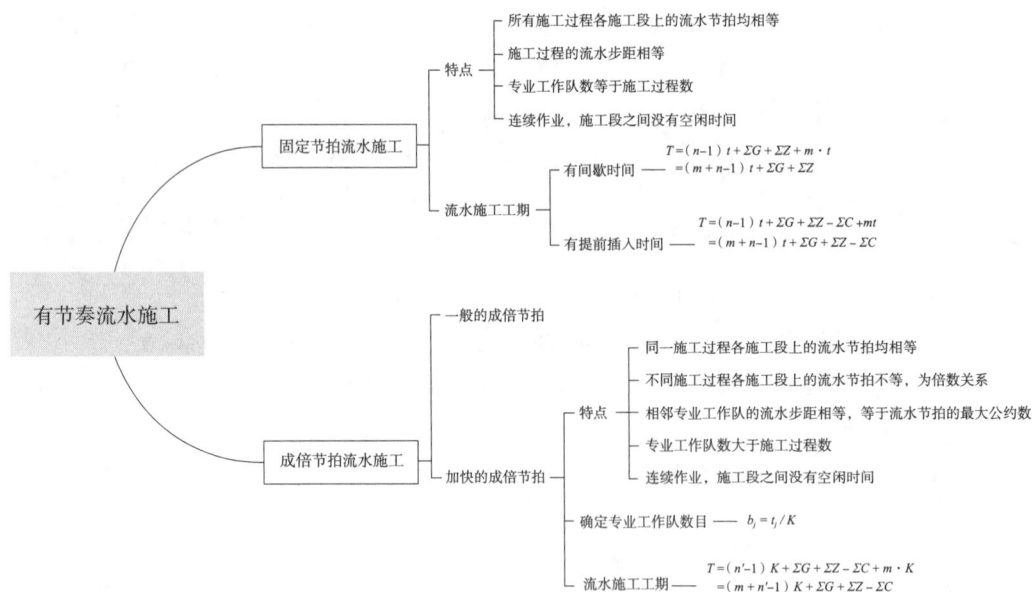

习题汇总

一、固定节拍流水施工

（一）固定节拍流水施工的特点

1．（2006—61）建设工程组织流水施工时，相邻专业工作队之间的流水步距相等，且施工段之间没有空闲时间的是（　　）。

　　A．非节奏流水施工和加快的成倍节拍流水施工

　　B．一般的成倍节拍流水施工和非节奏流水施工

　　C．固定节拍流水施工和加快的成倍节拍流水施工

　　D．一般的成倍节拍流水施工和固定节拍流水施工

　　2．（2008—111）下列关于固定节拍流水施工特点的说法中，正确的有（　　）。

　　A．所有施工过程在各个施工段上的流水节拍均相等

　　B．相邻专业工作队之间的流水步距不尽相等

　　C．专业工作队的数量等于施工过程的数量

　　D．各施工段之间没有空闲时间

　　E．流水施工工期等于施工段数与流水节拍的乘积

　　3．（2009—61）固定节拍流水施工与加快的成倍节拍流水施工相比较，共同的特点是（　　）。

　　A．相邻专业工作队的流水步距相等

　　B．专业工作队数等于施工过程数

　　C．不同施工过程的流水节拍均相等

　　D．专业工作队数等于施工段数

　　4．（2021—111）建设工程组织固定节拍流水施工的特点有（　　）。

　　A．专业工作队数等于施工过程数

　　B．施工过程数等于施工段数

　　C．各施工段上的流水节拍相等

　　D．有的施工段之间可能有空闲时间

　　E．相邻施工过程之间的流水步距相等

（二）固定节拍流水施工工期

　　5．（2011—62）某工程由5个施工过程组成，分为3个施工段组织固定节拍流水施工。在不考虑提前插入时间的情况下，要求流水施工工期不超过42d，则流水节拍的最大值为（　　）d。

　　A．4　　　　　　　　　　　　　　　　　B．5

　　C．6　　　　　　　　　　　　　　　　　D．8

1．有间歇时间的固定节拍流水施工

　　6．（2017—62）某工程有5个施工过程，划分为3个施工段组织固定节拍流水施工，流水节拍为2d，施工过程之间的组织间歇合计为4d。该工程的流水施工工期是（　　）d。

　　A．12　　　　　　　　　　　　　　　　B．18

　　C．20　　　　　　　　　　　　　　　　D．26

　　7．（2020—62）某分部工程有8个施工过程，分为3个施工段组织固定节拍流水施工。各施工过程的流水节拍均为4d，第三与第四施工过程之间工艺间歇为5d，该

工程工期是（　　）d。

 A．27   B．29

 C．40   D．45

8．（2021—63）某工程有 3 个施工过程，分 3 个施工段组织固定节拍流水施工，流水节拍为 2d。各施工过程之间存在 2d 的工艺间歇时间，则流水施工工期为（　　）d。

 A．10   B．12

 C．14   D．16

9．（2022—62）某工程有 4 个施工过程，分 5 个施工段组织固定节拍流水施工，流水节拍为 3d。其中，第 2 个施工过程与第 3 个施工过程之间有 2d 的工艺间歇，则该工程流水施工工期为（　　）d。

 A．24   B．26

 C．27   D．29

2．有提前插入时间的固定节拍流水施工

10．（2005—61）建设工程组织流水施工时，如果存在间歇时间和提前插入时间，则（　　）。

 A．间歇时间会使流水施工工期延长，而提前插入时间会使流水施工工期缩短

 B．间歇时间会使流水施工工期缩短，而提前插入时间会使流水施工工期延长

 C．无论是间歇时间还是提前插入时间，均会使流水施工工期延长

 D．无论是间歇时间还是提前插入时间，均会使流水施工工期缩短

11．（2014—64）某分部工程的 4 个施工过程（Ⅰ、Ⅱ、Ⅲ、Ⅳ）组成，分为 6 个施工段，流水节拍均为 3d，无组织间歇时间和工艺间歇时间，但施工过程Ⅳ需提前 1d 插入施工，该分部工程的工期为（　　）d。

 A．21   B．24

 C．26   D．27

二、成倍节拍流水施工

（一）加快的成倍节拍流水施工的特点

12．（2022—63）建设工程组织加快的成倍节拍流水施工时，所具有的特点是（　　）。

 A．专业工作队数等于施工过程数

 B．相邻施工过程的流水节拍相等

 C．相邻施工段之间可能有空闲时间

 D．各专业工作队能够在施工段上连续作业

（二）加快的成倍节拍流水施工工期

13．（2006—62）某分部工程有 3 个施工过程，各分为 4 个流水节拍相等的施工段，各施工过程的流水节拍分别为 6d、4d、4d。如果组织加快的成倍节拍流水施工，则专

业工作队数和流水施工工期分别为（　　）。

A．3个和20d
B．4个和25d

C．5个和24d
D．7个和20d

14．（2007—62）某分部工程有4个施工过程，各分为3个施工段组织加快的成倍节拍流水施工。各施工过程在各施工段上的流水节拍分别为6d、4d、6d、4d，则专业工作队数应为（　　）个。

A．3
B．4

C．6
D．10

15．（2009—62）某分部工程有3个施工过程，各分为5个流水节拍相等的施工段组织加快的成倍节拍流水施工，已知各施工过程的流水节拍分别为4d、6d、4d，则流水步距和专业工作队数分别为（　　）。

A．6d和3个
B．4d和4个

C．4d和3个
D．2d和7个

16．（2015—62）某分项工程有4个施工过程，分为3个施工段组织加快的成倍节拍流水施工，各施工过程的流水节拍分别为4d、8d、2d和4d，则应组织（　　）个专业工作队。

A．4
B．6

C．9
D．12

17．某分部工程有甲、乙、丙3个施工过程，流水节拍分别为4d、6d、2d，施工段数为6，且甲乙间工艺间歇为1d，乙丙间提前插入时间为2d，现组织等步距的成倍节拍流水施工，则计算工期为（　　）d。

A．23
B．22

C．21
D．19

18．（2019—62）某分部工程有3个施工过程，分为4个施工段组织加快的成倍节拍流水施工，各施工过程流水节拍分别是6d、6d、9d，则该分部工程的流水施工工期是（　　）d。

A．24
B．30

C．36
D．54

习题答案及解析

1．C　　　2．ACD　　　3．A　　　4．ACE　　　5．C

6．B　　　7．D　　　8．C　　　9．B　　　10．A

11．C　　　12．D　　　13．D　　　14．D　　　15．D

16．C　　　17．C　　　18．B

【解析】

4. ACE。在 2012、2016 年年度的考试中，提问形式与本题基本一致。

5. C。流水节拍的最大值 $=42 \div（5+3-1）=6d$。

6. B。该工程的流水施工工期 $=（5+3-1）\times 2+4=18d$。

7. D。固定节拍流水施工工期 $T=（3+8-1）\times 4+5=45d$。

8. C。流水施工工期 $=（3+3-1）\times 2+2 \times 2=14d$。注意题干中是各施工过程之间存在 2d 间歇时间。

9. B。有间歇时间的固定节拍流水施工工期 $=（m+n-1）t+\sum G+\sum Z$，则该工程流水施工工期 $=（5+4-1）\times 3+2=26d$。

11. C。分部工程的工期 $=（6＋4-1）\times 3＋0＋0-1=26d$。

12. D。在 2003、2011、2013、2017、2020 年度的考试中，同样对本题涉及的采分点进行了考查。

13. D。首先确定流水步距 $K=$ 各施工过程流水节拍的最大公约数，即 $K=\min\{6，4，4\}=2d$；各施工过程的专业工作队数分别为：$b_1=6/2＝3$ 个，$b_2=4/2＝2$ 个，$b_3=4/2＝2$ 个，专业工作队总和 $＝7$ 个；则流水施工工期 $T=（m＋n'-1）\cdot K=（4＋7-1）\times 2＝20d$。

14. D。流水步距等于流水节拍的最大公约数，即：$K=\min\{6，4，6，4\}=2$，则：$b_1=6/2＝3$，$b_2=4/2＝2$，$b_3=6/2＝3$，$b_4=4/2＝2$。参与该工程流水施工的专业工作队总数 $=3+2+3+2=10$。

15. D。流水步距 $=\min\{4，6，4\}=2d$；专业工作队数 $=4/2+6/2+4/2=7$ 个。在 2005 年度的考试中，提问形式基本与本题一致。

16. C。根据题意可得：流水步距 $=\min\{4，8，2，4\}=2d$；专业工作队 $=4/2+8/2+2/2+4/2=9$ 个。在 2008、2010、2012、2013 年度的考试中，提问形式基本与本题一致。

17. C。流水步距等于流水节拍的最大公约数，即：$K=\min\{4，6，2\}=2d$，流水施工工期 $=（6+4/2+6/2+2/2-1）\times 2+1-2=21d$。

18. B。计算专业工作队数目首先应计算流水步距，流水步距等于流水节拍的最大公约数，即：$K=\min\{6，6，9\}=3$；专业工作队数目 $=$ 流水节拍 / 流水步距 $=6/3+6/3+9/3=7$。则流水施工工期 $=（4＋7-1）\times 3＝30d$。在 2016 年度的考试中，提问形式基本与本题一致。

第三节　非节奏流水施工

知识导学

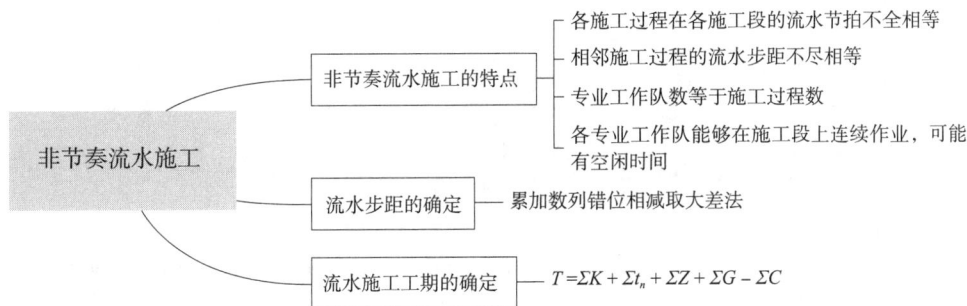

非节奏流水施工
- 非节奏流水施工的特点
  - 各施工过程在各施工段的流水节拍不全相等
  - 相邻施工过程的流水步距不尽相等
  - 专业工作队数等于施工过程数
  - 各专业工作队能够在施工段上连续作业，可能有空闲时间
- 流水步距的确定 —— 累加数列错位相减取大差法
- 流水施工工期的确定 —— $T = \Sigma K + \Sigma t_n + \Sigma Z + \Sigma G - \Sigma C$

习题汇总

一、非节奏流水施工的特点

1.（2010—112）下列关于流水施工的说法中，反映建设工程非节奏流水施工特点的有（　）。

A. 专业工作队数大于施工过程数

B. 各个施工段上的流水节拍相等

C. 有的施工段之间可能有空闲时间

D. 各个专业工作队能够在施工段上连续作业

E. 相邻施工过程的流水步距不尽相等

2.（2022—111）建设工程组织非节奏流水施工的特点有（　）。

A. 流水步距等于流水节拍的最大公约数

B. 各施工段的流水节拍不全相等

C. 专业工作队数等于施工过程数

D. 相邻施工过程的流水步距相等

E. 有的施工段之间可能有空闲时间

二、流水步距的确定

3.（2005—63）某分部工程有两个施工过程，分为 4 个施工段组织流水施工，流水节拍分别为 2d、4d、3d、5d 和 3d、5d、4d、4d，则流水步距和流水施工工期分别为（　）d。

A. 2 和 17   B. 3 和 17

C. 3 和 19　　　　　　　　　　　D. 4 和 19

4.（2011—63）某建筑物基础工程的施工过程、施工段划分及流水节拍（单位：d）见下表，如果组织非节奏流水施工，则基础二浇筑完工时间为（　　）d。

施工过程	施 工 段			
	基础一	基础二	基础三	基础四
开挖	3	4	2	5
浇筑	4	2	6	8
回填	2	3	7	5

A. 9　　　　　　　　　　　　　　B. 11

C. 14　　　　　　　　　　　　　D. 15

5.（2012—63）某基础工程包括开挖、支模、浇筑混凝土及回填四个施工过程，分3个施工段组织流水施工，流水节拍见下表（单位：d），则该基础工程的流水施工工期为（　　）d。

施工过程 \ 施工段 流水节拍	I	II	III
开挖	4	5	3
支模	3	3	4
浇筑混凝土	2	4	3
回填	4	4	3

A. 17　　　　　　　　　　　　　B. 20

C. 23　　　　　　　　　　　　　D. 24

6.（2016—62）建设工程组织非节奏流水施工时，计算流水步距的基本步骤是（　　）。

A. 取最大值错位相减累加数列　　　　B. 错位相减累加数列取最大值

C. 累加数列错位相减取最大值　　　　D. 累加数列取最大值错位相减

7.（2016—63）某分部工程有两个施工过程，分为3个施工段组织非节奏流水施工，各施工过程的流水节拍分别为3d、5d、5d和4d、4d、5d，则两个施工过程之间的流水步距是（　　）d。

A. 2　　　　　　　　　　　　　　B. 3

C. 4　　　　　　　　　　　　　　D. 5

8. 某工程由4个施工过程组成，分为4个施工段进行流水施工，其流水节拍（d）见下表，则施工过程 A 与 B、B 与 C、C 与 D 之间的流水步距分别为（　　）。

施工过程	施工段				施工过程	施工段			
	①	②	③	④		①	②	③	④
A	2	3	2	1	C	4	2	4	2
B	3	2	4	3	D	3	3	2	2

A．2d、3d、4d
B．3d、2d、4d
C．3d、4d、1d
D．1d、3d、5d

9．（2017—63）某工程组织非节奏流水施工，两个施工过程在4个施工段上的流水节拍分别为5d、8d、4d、4d和7d、2d、5d、3d，则该工程的流水施工工期是（　　）d。

A．16
B．21
C．25
D．28

10．（2020—63）某分部工程有2个施工过程，分为5个施工段组织非节奏流水施工。各施工过程的流水节拍分别为5d、4d、3d、8d、6d和4d、6d、7d、2d、5d。第二个施工过程第三施工段的完成时间是第（　　）天。

A．17
B．19
C．24
D．26

习题答案及解析

1．CDE　　2．BCE　　3．C　　4．A　　5．C
6．C　　7．D　　8．A　　9．C　　10．C

【解析】

2．BCE。在2003、2004、2005、2009、2014、2018年同样对本题涉及的采分点进行了考查。

3．C。在非节奏流水施工中，通常采用累加数列错位相减取大差法计算流水步距：

（1）求各施工过程流水节拍的累加数列：

施工过程Ⅰ：2，6，9，14；施工过程Ⅱ：3，8，12，16；

（2）错位相减得差数列为：{2，3，1，2，−16}；

（3）流水步距$K=\max\{2，3，1，2，−16\}=3d$；

（4）施工工期$T=\sum k+\sum t_n=3+（3+5+4+4）=19d$。

在2004年度的考试中，提问形式基本与本题一致。

4．A。各施工过程流水节拍累加数列错位相减求得差数列：

开挖与浇筑：

$$3，7，9，14$$
$$-)\ \ \ \ 4，6，12，20$$
$$\overline{3，3，3，2，−20}$$

开挖与浇筑之间的流水步距 =max{3，3，3，3，-20}=3d。

基础二浇筑完工时间 =3+4+2=9d。

5．C。该基础工程的流水施工工期的计算如下：

开挖与支模：　　　　4　　9　　12
－)　　　　　3　　6　　10
　　　　　　　　　4　　6　　6　　-10

支模与浇筑混凝土：　　　3　　6　　10
－)　　　　2　　6　　9
　　　　　　　　　　3　　4　　4　　-9

浇筑混凝土与回填：　　　2　　6　　9
－)　　　　4　　8　　11
　　　　　　　　　　2　　2　　1　　-11

开挖与支模 =max{4，6，6，-10}=6d;

支模与浇筑混凝土 =max{3，4，4，-9}=4d;

浇筑混凝土与回填 =max{2，2，1，-11}=2d;

则该基础工程的流水施工工期 =6+4+2+4+4+3=23d。

7．D。本题的计算过程为：

（1）各施工过程流水节拍的累加数列：

施工过程Ⅰ：3，8，13

施工过程Ⅱ：4，8，13

（2）错位相减求得差数列：

　　3，8，13
－)　　4，8，13
　　3，4，5，-13

（3）在差数列中取最大值求得流水步距：两个施工过程之间的流水步距 $K_{I,II}=$ max {3，4，5，-13} = 5。

在 2007、2009 年度的考试中，提问形式基本与本题一致。

8．A。本题的计算过程为：

A 与 B：

　　2，5，7，8
－)　　3，5，9，12
　　2，2，2，-1，-12

施工过程 A 与 B 之间的流水步距：$K_{A, B}$= max{2，2，2，-1，-12}=2d；

B 与 C：

$$
\begin{array}{r}
3，5，9，12 \\
-)\quad 4，6，10，12 \\
\hline
3，1，3，2，-12
\end{array}
$$

施工过程 B 与 C 之间的流水步距：$K_{B, C}$= max{3，1，3，2，-12}=3d；

C 与 D：

$$
\begin{array}{r}
4，6，10，12 \\
-)\quad 3，6，8，10 \\
\hline
4，3，4，4，-10
\end{array}
$$

施工过程 C 与 D 之间的流水步距：$K_{C, D}$= max{4，3，4，4，-10}=4d。

9．C。本题的计算过程如下：

（1）求各施工过程流水节拍的累加数列：

施工过程 1：5，13，17，21

施工过程 2：7，9，14，17

（2）错位相减求得差数列：

施工过程 1 与施工过程 2：

$$
\begin{array}{r}
5，13，17，21 \\
-)\quad 7，9，14，17 \\
\hline
5，6，8，7，-17
\end{array}
$$

（3）在差数列中取最大值求得流水步距：

施工过程 1 与施工过程 2 的流水步距：$K_{1, 2}$= max{5，6，8，7，-17}=8d。

（4）流水施工工期 =7+2+5+3+8=25d。

在 2006、2010、2013、2015 年度的考试中，提问形式基本与本题一致。

10．C。本题的计算过程为：

（1）各施工过程流水节拍的累加数列：

施工过程 1：5，9，12，20，26

施工过程 2：4，10，17，19，24

（2）错位相减求得差数列：

$$
\begin{array}{r}
5，9，12，20，26 \\
-)\quad 4，10，17，19，24 \\
\hline
5，5，2，3，7，-24
\end{array}
$$

（3）取最大值求得流水步距：

施工过程 1 与施工过程 2 之间的流水步距：$K_{1,2} = \max\{5, 5, 2, 3, 7, -24\} = 7d$。

第二个施工过程第三施工段的完成时间 $= 7+4+6+7 = 24d$。

总结：

1 个公式 +1 个方法计算各类流水施工的流水步距与施工工期

【1 个公式】流水施工工期 $= \sum$流水步距 $+ \sum$最后一个施工过程的流水节拍 $+ \sum$间歇时间 $- \sum$插入时间

——主要在于计算流水步距，在"加快的成倍节拍流水施工"中，流水步距 $= \min[$ 所有施工过程的流水节拍 $]$，工作队数 $= \sum$（所有施工过程的流水节拍的比例）。

其他类型的流水施工的流水步距，采用"累加数列错位相减取大差法"计算。

【1 个方法】累加数列错位相减取大差法（分 3 步）：第 1 步：累加数列；第 2 步：错位相减；第 3 步：取大差。

第三章 网络计划技术

第一节 基本概念

知识导学

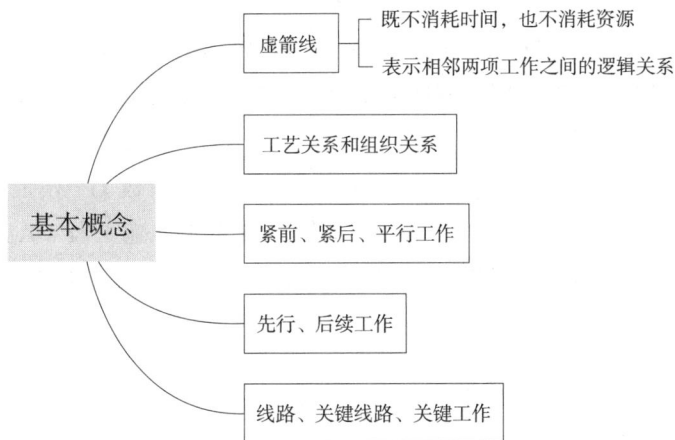

习题汇总

一、网络图的组成

1.（2016—64）双代号网络图中虚工作的特征是（   ）。

A. 不消耗时间，但消耗资源
B. 不消耗时间，也不消耗资源
C. 只消耗时间，不消耗资源
D. 既消耗时间，也消耗资源

2.（2019—64）双代号网络计划中虚工作的含义是指（   ）。

A. 相邻工作间的逻辑关系，只消耗时间
B. 相邻工作间的逻辑关系，只消耗资源
C. 相邻工作间的逻辑关系，消耗资源和时间
D. 相邻工作间的逻辑关系，不消耗资源和时间

3. 各工作间逻辑关系表及相应双代号网络图见下图，图中虚箭线的作用是（　　）。

工作	A	B	C	D
紧前工作	—	—	A	A、B

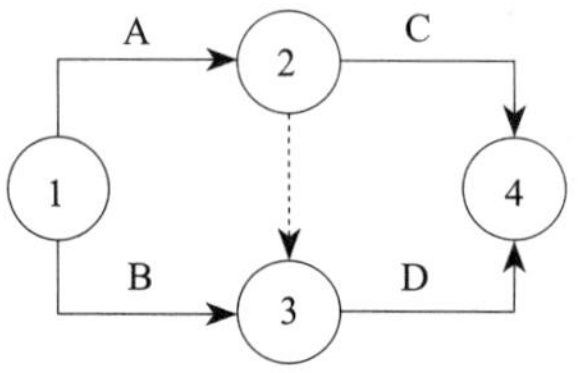

A. 联系
B. 区分
C. 断路
D. 指向

二、工艺关系和组织关系

（一）工艺关系

4.（2017—64）某工程有 3 个施工过程，依次为：钢筋→模板→混凝土，划分为Ⅰ和Ⅱ施工段编制工程网络进度计划。下列工作逻辑关系中，属于正确工艺关系的是（　　）。

A. 模板Ⅰ→混凝土Ⅰ
B. 模板Ⅰ→钢筋Ⅰ
C. 钢筋Ⅰ→钢筋Ⅱ
D. 模板Ⅰ→模板Ⅱ

5.（2020—64）某工程有 A、B 两项工作，分为 3 个施工段（$A_1A_2A_3$，$B_1B_2B_3$）进行流水施工，对应的双代号网络计划如下图所示，相邻两项工作属于工艺关系的是（　　）。

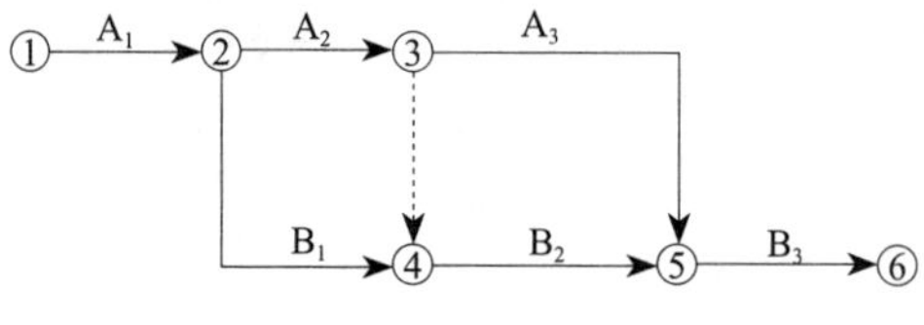

A. A_1A_2
B. A_2B_2
C. B_1B_2
D. B_1A_3

（二）组织关系

6. 在下列双代号网络图中，相邻两项工作属于组织关系的是（　　）。

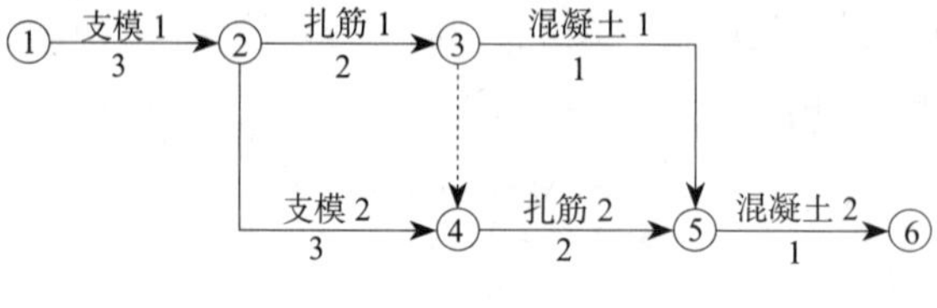

A. 支模 1→扎筋 1   B. 扎筋 1→混凝土 1

C. 支模 1→支模 2   D. 支模 2→扎筋 2

7.（2022—64）工程网络计划中，工作之间因资源调配需要而确定的先后顺序关系属于（ ）关系。

A. 组织   B. 搭接

C. 工艺   D. 平行

三、紧前工作、紧后工作和平行工作

（一）紧前工作

8. 某工程施工进度计划如图所示，下列说法中，正确的有（ ）。

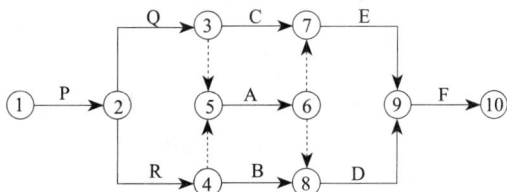

A. R 的紧后工作有 A、B   B. E 的紧前工作只有 C

C. D 的紧后工作只有 F   D. P 没有紧前工作

E. A、B 的紧后工作都有 D

（二）紧后工作

9. 某工程工作逻辑关系见下表，C 工作的紧后工作有（ ）。

工作	A	B	C	D	E	F	G	H
紧前工作	—	—	A	A、B	C	B、C	D、E	C、F、G

A. 工作 D   B. 工作 E

C. 工作 F   D. 工作 G

E. 工作 H

（三）平行工作

10.（2011—113）在下列双代号网络图中，互为平行工作的有（ ）。

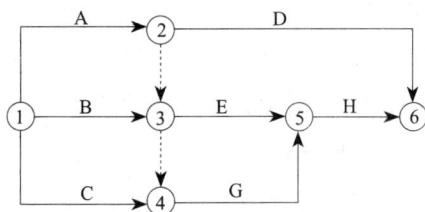

A. 工作 A 和工作 B   B. 工作 A 和工作 E

C. 工作 A 和工作 G   D. 工作 B 和工作 G

E. 工作 B 和工作 C

四、先行工作和后续工作

（一）先行工作

11. 在下列双代号网络图中，混凝土 1 的先行工作有（ ）。

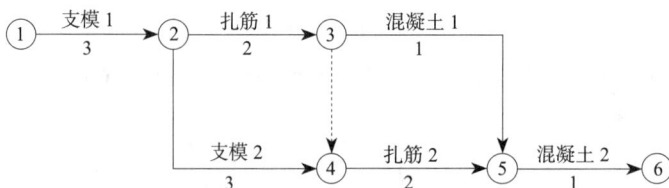

A. 支模 1   B. 扎筋 1

C. 支模 2   D. 扎筋 2

E. 混凝土 2

（二）后续工作

12. （2012—113）某工程双代号网络计划如下图所示，工作 B 的后续工作有（ ）。

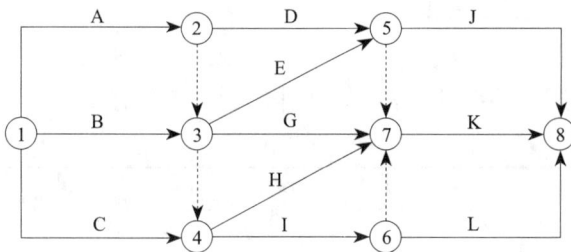

A. 工作 D   B. 工作 E

C. 工作 J   D. 工作 K

E. 工作 L

五、线路、关键线路和关键工作

（一）线路

本部分内容一般不会单独进行考查。

（二）关键线路和关键工作

13. （2012—64）关于工程网络计划的说法，正确的是（ ）。

A. 关键线路上的工作均为关键工作

B. 关键线路上工作的总时差均为零

C. 一个网络计划中只有一条关键线路

D. 关键线路在网络计划执行过程中不会发生转移

习题答案及解析

1. B	2. D	3. A	4. A	5. B
6. C	7. A	8. ACDE	9. BCE	10. AE
11. AB	12. BCDE	13. A		

【解析】

4. A。生产性工作之间由工艺过程决定的、非生产性工作之间由工作程序决定的先后顺序关系称为工艺关系。钢筋Ⅰ→模板Ⅰ→混凝土Ⅰ。

第二节　网络图的绘制

知识导学

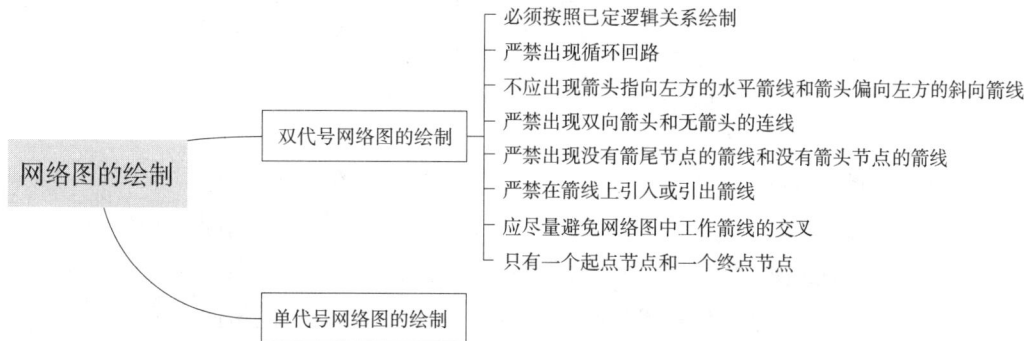

习题汇总

一、双代号网络图的绘制

（一）绘图规则

1.（2014—113）下列网络图的绘制错误有（　　）。

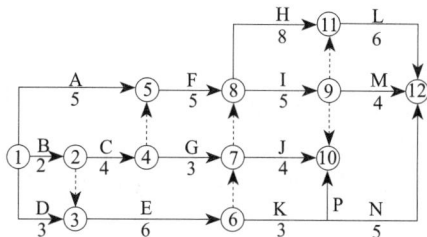

A．多个起点   B．多个终点

C．有循环回路   D．节点编号有误

E．从箭线上引出工作

2．（2015—113）分部工程双代号网络图如下图所示，图中错误有（   ）。

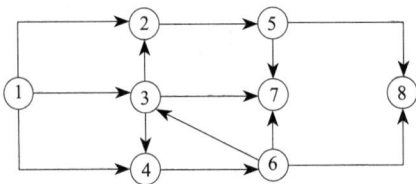

A．多个终点节点   B．多个起点节点

C．工作代号重复   D．节点编号有误

E．存在循环回路

3．（2016—113）某双代号网络图如下图所示，绘图错误有（   ）。

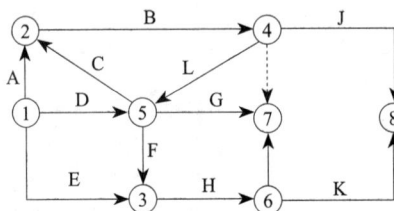

A．多个起点节点   B．存在循环回路

C．节点编号有误   D．多个终点节点

E．工作箭头逆向

4．（2018—113）某工程双代号网络计划如下图所示，其绘图错误有（   ）。

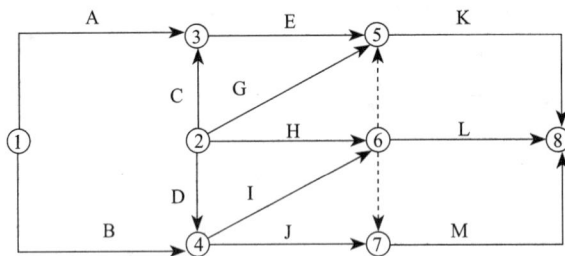

A．多个起点节点   B．节点编号有误

C．存在循环回路   D．工作代号重复

E．多个终点节点

5．（2019—113）某工程网络图如下图所示，根据网络图的绘图规则，图中存在的错误有（   ）。

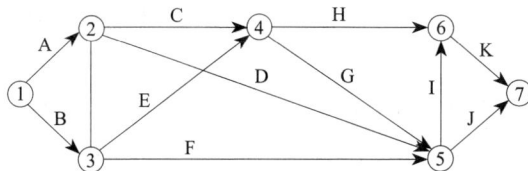

A. 存在循环回路　　　　　　　　　　B. 存在无箭头的连线

C. 箭线交叉处理有误　　　　　　　　D. 存在多起点节点

E. 节点编号有误

6.（2020—112）某工程双代号网络图如下图所示，其绘图错误有（　　）。

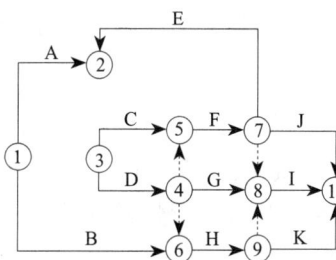

A. 多个起点节点　　　　　　　　　　B. 循环回路

C. 无箭头的工作箭线　　　　　　　　D. 多个终点节点

E. 工作箭线逆向

7.（2021—112）某工程双代号网络计划如下图，存在的错误有（　　）。

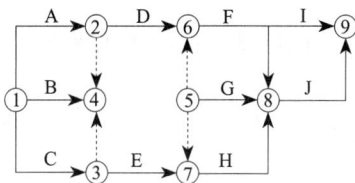

A. 多个起点节点　　　　　　　　　　B. 多个终点节点

C. 存在循环回路　　　　　　　　　　D. 箭线上引出箭线

E. 存在无箭头的工作

8. 某双代号网络计划如下图所示，存在的不妥之处是（　　）。

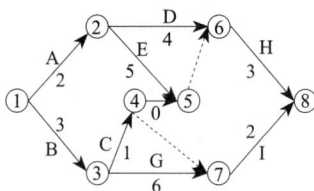

A. 节点编号不连续   B. 有多余时间参数

C. 工作表示方法不一致   D. 有多个起点节点

9.（2022—112）某工程双代号网络计划如下图所示，图中出现的错误有（   ）。

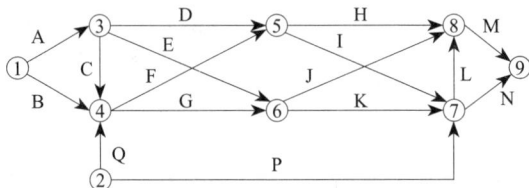

A. 节点编号有误   B. 多个起点节点

C. 多个终点节点   D. 箭线交叉表达有误

E. 存在循环回路

10. 关于网络图绘图规则的说法，正确的有（   ）。

A. 双代号网络图只能有一个起点节点，单代号网络图可以有多个

B. 双代号网络图箭线不宜交叉，单代号网络图箭线适宜交叉

C. 网络图中均严禁出现循环回路

D. 双代号网络图中，母线法可用于任意节点

E. 网络图中节点编号可不连续

（二）绘图方法

本部分内容仅做了解即可。

二、单代号网络图的绘制

11. 关于单代号网络计划绘图规则的说法，正确的有（   ）。

A. 必须正确表达已定的逻辑关系   B. 严禁出现循环回路

C. 严禁出现双向箭头或无箭头的连线   D. 箭线可以交叉

E. 严禁出现没有箭尾节点的箭线和没有箭头节点的箭线

习题答案及解析

1. BE	2. ADE	3. BCDE	4. AB	5. BC
6. ADE	7. ABD	8. C	9. BD	10. CE
11. ABCE				

【解析】

1. BE。本题存在⑩两个终点节点；在⑥→⑫箭线上引出箭线。

2. ADE。⑦、⑧两个终点节点；节点编号有误③→②；存在循环回路③→④→⑥→③。

3．BCDE。图中包括⑦、⑧两个终点节点；存在循环回路②→④→⑤→②；存在节点编号错误、工作箭头逆向⑤→③、⑤→②。

4．AB。该网络图共有两处错误：有多个起点节点，①和②；节点编号有误，⑥⑤节点编号应该由小指向大。

5．BC。②与③之间没有箭头。应尽量避免网络图中工作箭线的交叉。当交叉不可避免时，可以采用过桥法或指向法处理。

6．ADE。存在两个起点节点①、③。存在两个终点节点②、⑩。⑦→②箭线错误。

7．ABD。节点①、⑤都是起点节点；节点④、⑨都是终点节点；箭线⑥→⑨引出了指向节点⑧的箭头。

8．C。选项C错误，节点1→节点3、节点7→节点8与其他节点的表示方法不一致。

9．BD。存在①、②两个起点节点；③→⑥、④→⑤、⑤→⑦、⑥→⑧箭线交叉表达有误。

双代号网络图的绘制规则几乎每年都会考查，上述仅列出近几年的考试题目。从历年考试情况来看，考查以多项选择题为主。当然，本考点也可能会考查单项选择题。

第三节　网络计划时间参数的计算

知识导学

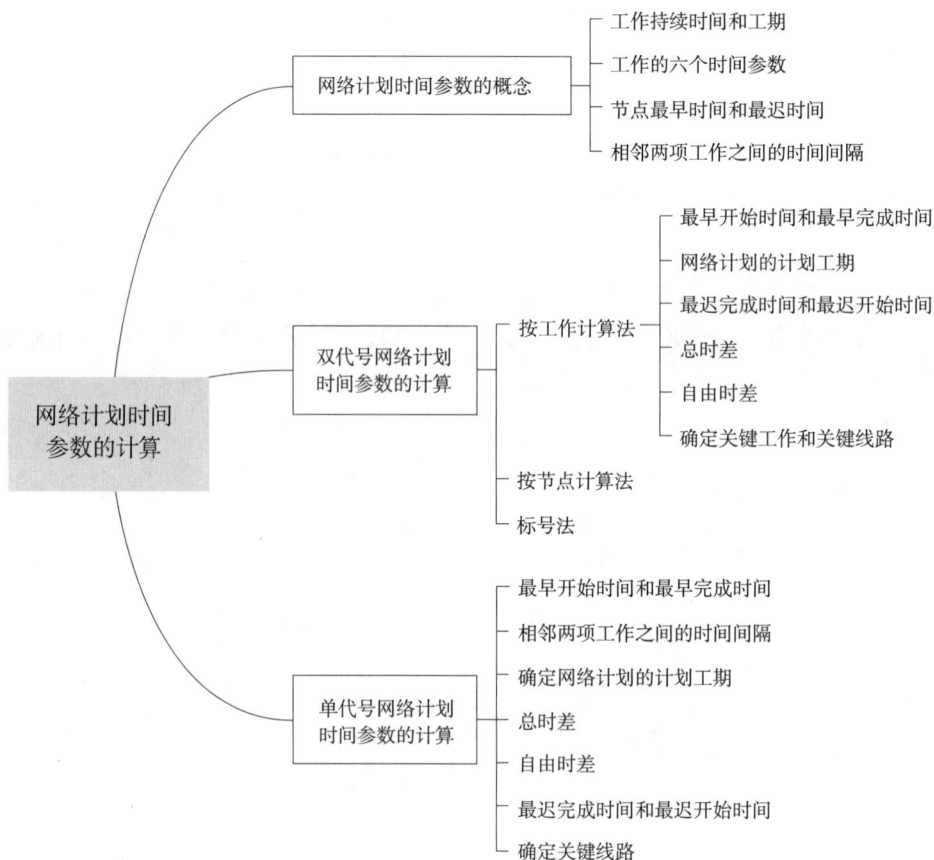

习题汇总

一、网络计划时间参数的概念

（一）工作持续时间和工期

1. 工作持续时间

本部分内容仅做了解即可。

2. 工期

1.（2019—65）根据网络计划时间参数计算得到的工期称之为（　　）。

A. 计划工期

B. 计算工期

C. 要求工期

D. 合理工期

（二）工作的六个时间参数

1. 最早开始时间和最早完成时间

2. 工程网络计划中，工作的最早完成时间是指（　　），本工作有可能开始的最早时刻。

A. 在其所有紧前工作全部完成后

B. 不影响紧前工作最迟开始的前提下

C. 不影响整个任务按期完成

D. 不影响所有后续工作机动时间的前提下

2. 最迟完成时间和最迟开始时间

3.（2020—66）工程网络计划中，工作的最迟开始时间是指在不影响（　　）的前提下，本工作有可能开始的最迟时刻。

A. 紧后工作最早开始时间　　　　　　　B. 紧前工作最迟开始时间

C. 整个任务按期完成　　　　　　　　　D. 所有后续工作机动时间

3. 总时差和自由时差

4. 在工程网络计划执行过程中，如果某项工作实际进度拖延的时间超过其自由时差，则该工作（　　）。

A. 必定影响其紧后工作的最早开始　　　B. 必定变为关键工作

C. 不会影响其后续工作的正常进行　　　D. 不会影响工程总工期

5. 在工程网络计划执行过程中，如果某项工作实际进度拖延的时间等于其总时差，则该工作（　　）。

A. 不会影响其紧后工作的最迟开始

B. 不会影响其后续工作的正常进行

C. 必定影响其紧后工作的最早开始

D. 必定影响其后续工作的正常进行

6.（2012—66）工程网络计划中，某项工作的总时差为零时，则该工作的（　　）必然为零。

A. 时间间隔　　　　　　　　　　　　　B. 时距

C. 间歇时间　　　　　　　　　　　　　D. 自由时差

7.（2013—65）在工程网络计划中，某项工作的自由时差不会超过该工作的（　　）。

A. 总时距　　　　　　　　　　　　　　B. 持续时间

C. 间歇时间　　　　　　　　　　　　　D. 总时差

8.（2014—66）工作的总时差是指在不影响（　　）的前提下，本工作所具有的机动时间。

A. 本工作最早完成时间　　　　　　　　B. 紧后工作最早完成时间

C. 网络计划总工期　　　　　　　　　　D. 紧后工作最早开始时间

9.（2019—66）网络计划中，工作总时差是本工作可以利用的机动时间，但其前提是（　　）。

A．不影响紧后工作最迟开始　　　　　B．不影响紧后工作最早开始

C．不影响紧后工作最早完成　　　　　D．不影响后续工作最早完成

10．（2020—65）某工程单代号网络计划如下图所示，图中工作 B 的总时差是指在不影响（　　）的前提下所具有的机动时间。

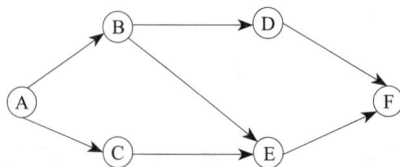

A．工作 D 最迟开始时间　　　　　　B．工作 E 最早开始时间

C．工作 D、E 最迟开始时间　　　　　D．工作 D、E 最早开始时间

11．（2021—64）某工程合同工期为 13 个月，绘制的工程网络计划计算工期为 10 个月。经综合分析确定的计划工期为 11 个月，则工程网络计划中关键工作的总时差是（　　）个月。

A．0　　　　　　　　　　　　　　　B．1

C．2　　　　　　　　　　　　　　　D．3

（三）节点最早时间和最迟时间

本部分内容仅做了解即可。

（四）相邻两项工作之间的时间间隔

12．在工程网络计划中，本工作的最早完成时间与其紧后工作最早开始时间存在的差值称为（　　）。

A．时间间隔　　　　　　　　　　　　B．搭接时距

C．自由时差　　　　　　　　　　　　D．总时差

二、双代号网络计划时间参数的计算

（一）按工作计算法

1．计算工作的最早开始时间和最早完成时间

13．（2005—66）在工程网络计划中，如果某项工作的最早开始时间和最早完成时间分别为 3d 和 8d，则说明该工作实际上最早应从开工后（　　）。

A．第 3 天上班时刻开始，第 8 天下班时刻完成

B．第 3 天上班时刻开始，第 9 天下班时刻完成

C．第 4 天上班时刻开始，第 8 天下班时刻完成

D．第 4 天上班时刻开始，第 9 天下班时刻完成

14．（2011—64）某工程双代号网络计划如下图所示，其中工作 G 的最早开始时间为（　　）。

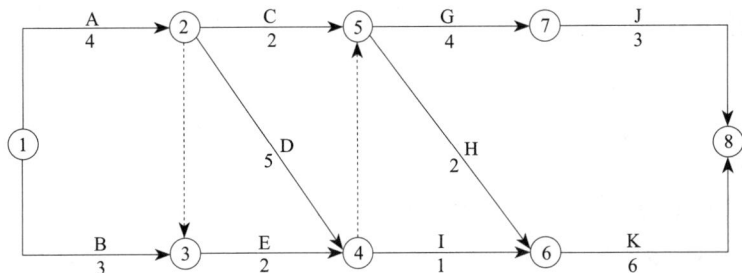

A. 6
B. 9

C. 10
D. 12

15.（2011—65）某工程网络计划中工作 B 的持续时间为5d，其两项紧前工作的最早完成时间分别为第6天和第8天，则工作 B 的最早完成时间为第（　）天。

A. 6
B. 8

C. 11
D. 13

2. 确定网络计划的计划工期

16.（2000—61）已知工程网络计划中，工作 M、N、P 无紧后工作，则该网络计划的计算工期应等于这三项工作的（　）。

A. 最早完成时间的最大值
B. 最迟完成时间的最大值

C. 最早完成时间的最小值
D. 最迟完成时间的最小值

3. 计算工作的最迟完成时间和最迟开始时间

17.（2010—64）在工程网络计划中，工作的最迟开始时间等于本工作的（　）。

A. 最迟完成时间与其时间间隔之差

B. 最迟完成时间与其持续时间之差

C. 最早开始时间与其持续时间之和

D. 最早开始时间与其时间间隔之和

18.（2014—68）某工程双代号网络计划如下图所示（时间单位：d），其中 E 工作的最早开始时间和最迟开始时间是（　）。

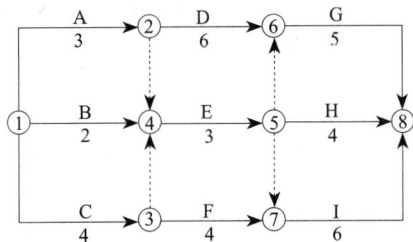

A. 3 和 5
B. 3 和 6

C. 4 和 5
D. 4 和 6

19.（2016—65）某工程网络计划中，工作 M 的持续时间为 4d，工作 M 的三项紧后工作的最迟开始时间分别为第 21 天、第 18 天和第 15 天，则工作 M 的最迟开始时间是第（　　）天。

A. 11

B. 14

C. 15

D. 17

20.（2019—67）某工程网络计划如下图所示（时间单位：d），图中工作 E 的最早完成时间和最迟完成时间分别是（　　）d。

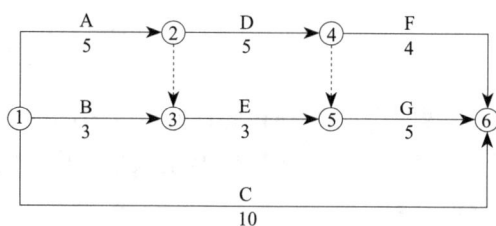

A. 8 和 10

B. 5 和 7

C. 7 和 10

D. 5 和 8

21.（2020—67）某工程双代号网络计划如下图所示（时间单位为周），图中工作 F 的最早完成时间和最迟完成时间分别是第（　　）周。

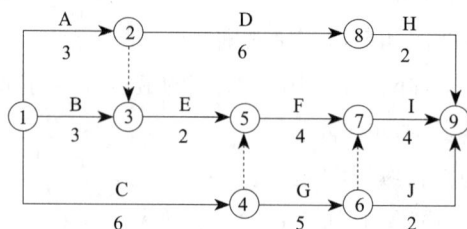

A. 10 和 11

B. 9 和 11

C. 10 和 13

D. 9 和 13

22.（2021—65）某工程双代号网络计划如下图所示，工作 E 最早完成时间和最迟完成时间分别是（　　）。

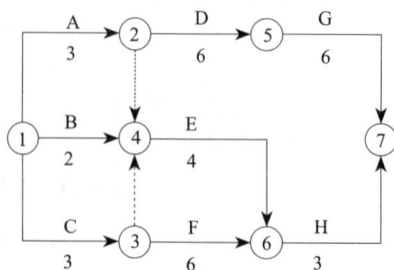

A. 6 和 8   B. 6 和 12

C. 7 和 8   D. 7 和 12

23.（2022—65）某工程双代号网络计划如下图所示，工作 D 的最早开始时间和最迟开始时间分别是（ ）。

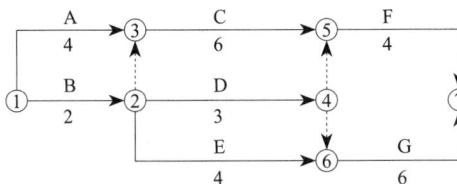

A. 2 和 5   B. 4 和 5

C. 2 和 7   D. 4 和 7

4. 计算工作的总时差和自由时差

24. 双代号网络计划中，某工作最早第 3 天开始，工作持续时间 2d，有且仅有 2 个紧后工作，紧后工作最早开始时间分别是第 5 天和第 6 天，对应总时差是 4d 和 2d。该工作的总时差和自由时差分别是（ ）。

A. 3d，0d   B. 0d，0d

C. 4d，1d   D. 2d，2d

25. 在某工程双代号网络计划中，工作 N 的最早开始时间和最迟开始时间分别为第 20 天和第 25 天，其持续时间为 9d。该工作有两项紧后工作，它们的最早开始时间分别为第 32 天和第 34 天，则工作 N 的总时差和自由时差分别为（ ）d。

A. 3 和 0   B. 3 和 2

C. 5 和 0   D. 5 和 3

26.（2010—65）在工程网络计划中，某项工作的最迟开始时间与最早开始时间的差值为该工作的（ ）。

A. 时间间隔   B. 搭接时距

C. 自由时差   D. 总时差

27.（2013—66）某工程网络计划中，工作 E 的持续时间为 6d，最迟完成时间为第 28 天。该工作有三项紧前工作，其最早完成时间分别为第 16 天、第 19 天和第 20 天，则工作 E 的总时差是（ ）d。

A. 1   B. 2

C. 3   D. 6

28. 网络计划中，某项工作的持续时间是 4d，最早第 2 天开始，两项紧后工作分别最早在第 8 天和第 12 天开始。该项工作的自由时差是（ ）d。

A. 4   B. 6

C. 8   D. 2

29.（2014—67）当本工作有紧后工作时，其自由时差等于所有紧后工作最早开始时间与本工作（　　）。

A．最早开始时间之差的最大值　　　　B．最早开始时间之差的最小值

C．最早完成时间之差的最大值　　　　D．最早完成时间之差的最小值

30.（2019—68）某工程网络计划如下图所示（时间单位：d），图中工作 D 的自由时差和总时差分别是（　　）d。

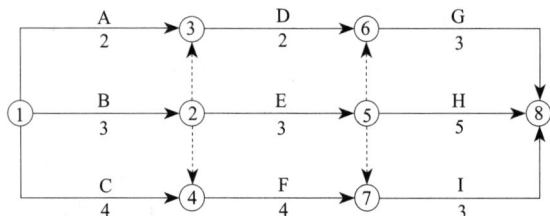

A．0 和 3　　　　　　　　　　　　　B．1 和 0

C．1 和 1　　　　　　　　　　　　　D．1 和 3

31.（2021—66）某工程双代号网络计划如下图所示，工作 G 的自由时差和总时差分别是（　　）。

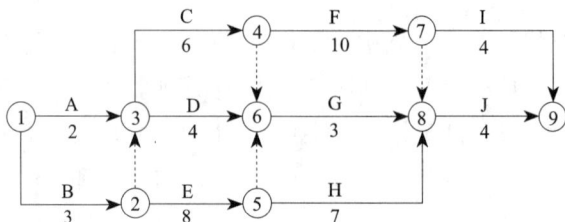

A．0 和 4　　　　　　　　　　　　　B．4 和 4

C．5 和 5　　　　　　　　　　　　　D．5 和 6

32.（2022—66）某工程双代号网络计划如下图所示，工作 E 的自由时差和总时差分别是（　　）。

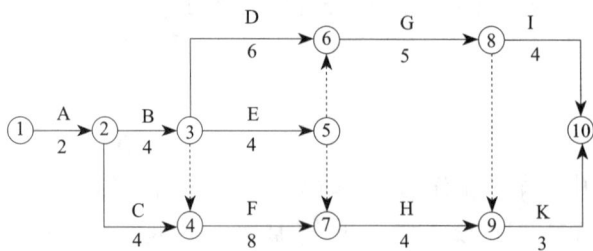

A．1 和 2　　　　　　　　　　　　　B．2 和 2

C. 3 和 4   D. 4 和 4

5. 确定关键工作

33.（2014—70）某工程双代号网络计划如下图所示，其关键工作有（   ）。

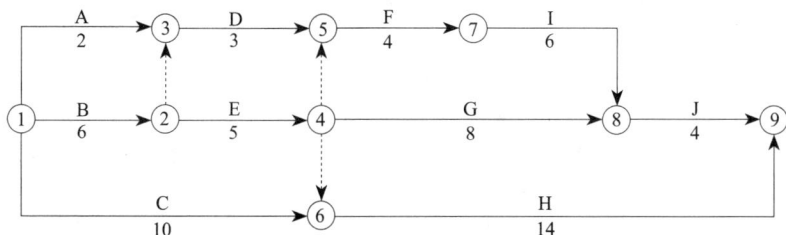

A. 工作 B、E、F、I   B. 工作 D、F、I、J

C. 工作 B、E、G   D. 工作 C、H

34.（2016—68）在工程网络计划中，关键工作的特点是（   ）。

A. 关键工作一定在关键线路上   B. 关键工作的持续时间最长

C. 关键工作的总时差最小   D. 关键工作的持续时间最短

35.（2017—70）关于双代号网络计划中关键工作的说法，正确的是（   ）。

A. 关键工作的最迟开始时间与最早开始时间的差值最小

B. 以关键节点为开始节点和完成节点的工作必为关键工作

C. 关键工作与其紧后工作之间的时间间隔必定为零

D. 自始至终由关键工作组成的线路总持续时间最短

36.（2020—69）工程网络计划中，关键工作是指（   ）的工作。

A. 自由时差为零   B. 持续时间最长

C. 总时差最小   D. 与后续工作的时间间隔为零

6. 确定关键线路

37.（2012—68）某工程双代号网络计划如下图所示，关键线路有（   ）条。

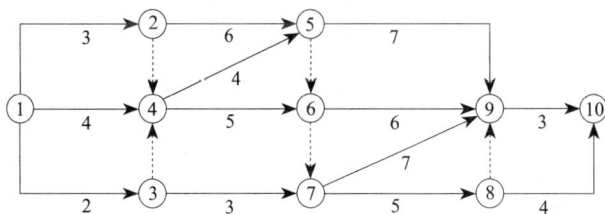

A. 1   B. 2

C. 3   D. 5

38.（2016—114）某工程双代号网络计划如下图所示，其中关键线路有（   ）。

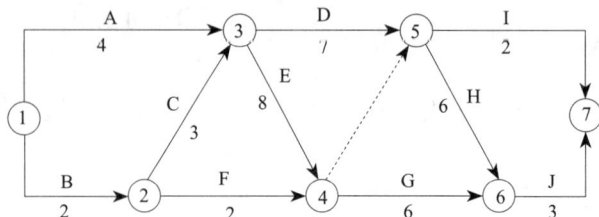

A. ①→②→④→⑤→⑦   B. ①→②→③→④→⑤→⑥→⑦

C. ①→③→④→⑤→⑥→⑦   D. ①→③→④→⑤→⑦

E. ①→②→③→④→⑥→⑦

39.（2020—114）关于工程网络计划中关键线路的说法，正确的有（   ）。

A. 关键线路是工作持续时间之和最大的线路

B. 关键线路上的节点均为关键节点

C. 相邻两项工作之间的时间间隔为零的线路为关键线路

D. 关键工作均在关键线路上

E. 关键线路可能有多条

（二）按节点计算法

1. 计算节点的最早时间和最迟时间

本部分内容一般不会单独进行考查。

2. 根据节点的最早时间和最迟时间判定工作的六个时间参数

40.（2012—114）某工程双代号网络计划如下图所示，图中已标出每个节点的最早时间和最迟时间，该计划表明（   ）。

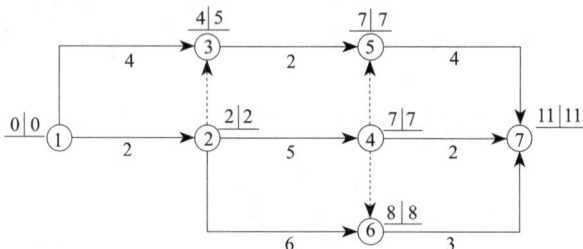

A. 工作 1—2 为关键工作   B. 工作 1—3 的总时差为 1

C. 工作 3—5 为关键工作   D. 工作 4—7 的总时差为 0

E. 工作 5—7 的总时差为 0

41.（2013—114）某工程双代号网络计划如下图所示，图中已标明每项工作的最早开始时间和最迟开始时间，该计划表明（   ）。

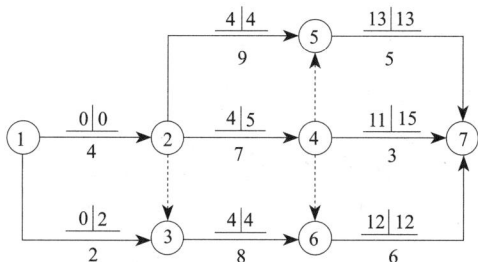

A．工作1—3的自由时差为2   B．工作2—5为关键工作

C．工作2—4的自由时差为1   D．工作3—6的总时差为零

E．工作4—7为关键工作

42．（2015—114）某工程双代号网络计划中各节点的最早时间与最迟时间如下图所示，图中表明（   ）。

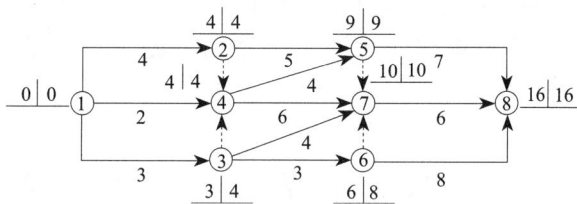

A．工作1—4为关键工作   B．工作4—7为关键工作

C．工作1—3的自由时差为0   D．工作3—7的总时差为3

E．关键线路有3条

43．（2018—114）某工程双代号网络计划中各个节点的最早时间和最迟时间如下图所示，图中表明（   ）。

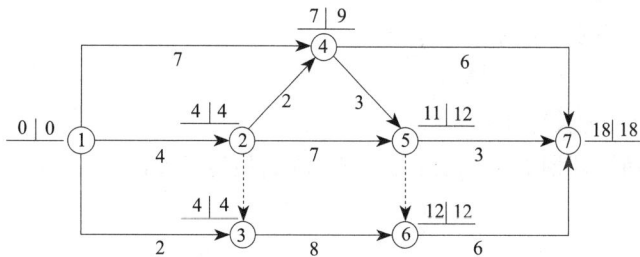

A．工作1—3为关键工作   B．工作2—4的总时差为2

C．工作2—5的总时差为1   D．工作3—6为关键工作

E．工作5—7的自由时差为4

44．（2019—114）某工程进度计划如下图所示（时间单位：d），图中的正确信息有（   ）。

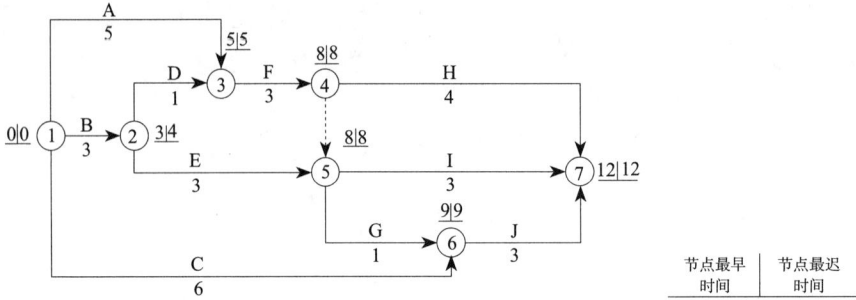

A. 关键节点组成的线路 1 → 3 → 4 → 5 → 7 为关键线路

B. 关键线路有两条

C. 工作 E 的自由时差为 2d

D. 工作 E 的总时差为 2d

E. 开始节点和结束节点为关键节点的工作 A、工作 C 为关键工作

45.（2021—113）某工程双代号网络计划如下图所示，图中表明的正确信息有（　　）。

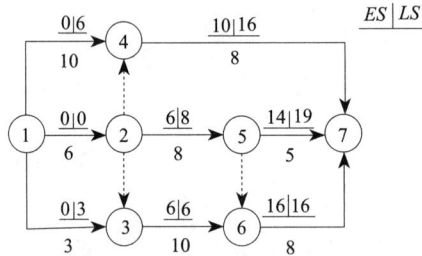

A. 工作①→③的总时差等于自由时差

B. 工作①→④的总时差等于自由时差

C. 工作②→⑤的自由时差为零

D. 工作⑤→⑦为关键工作

E. 工作⑥→⑦为关键工作

46. 某工程网络计划如下图所示，工作 D 的最迟开始时间是第（　　）天。

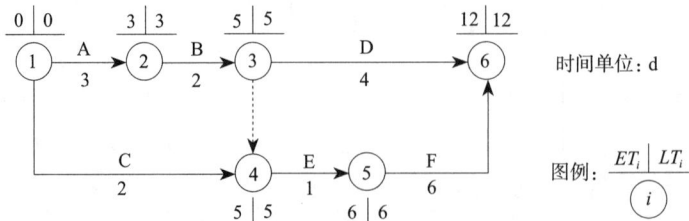

A. 3

B. 5

C. 6

D. 8

3. 关键节点的特性

47. 在某工程双代号网络计划中，如果以某关键节点为完成节点的工作有 3 项，则该 3 项工作（　　）。

　　A．全部为关键工作　　　　　　　　B．至少有一项为关键工作

　　C．自由时差相等　　　　　　　　　D．总时差相等

48.（2010—66）在双代号网络计划中，当计划工期等于计算工期时，如果某项工作的开始节点和完成节点均为关键节点，则该工作的（　　）相等。

　　A．总时差与自由时差　　　　　　　B．最早开始时间与最迟开始时间

　　C．最早完成时间与最迟完成时间　　D．时间间隔与自由时差

49.（2021—114）双代号网络计划中，关于关键节点的说法，正确的有（　　）。

　　A．以关键节点为完成节点的工作必为关键工作

　　B．两端为关键节点的工作不一定是关键工作

　　C．关键节点必然处于关键线路上

　　D．关键节点的最迟时间与最早时间的差值最小

　　E．由关键节点组成的线路不一定是关键线路

50.（2022—113）双代号网络计划的计算工期等于计划工期时，关于关键节点和关键工作的说法，正确的有（　　）。

　　A．关键工作两端节点必为关键节点

　　B．两端为关键节点的工作必为关键工作

　　C．完成节点为关键节点的工作必为关键工作

　　D．两端为关键节点的工作的总时差等于自由时差

　　E．开始节点为关键节点的工作必为关键工作

（三）标号法

本部分内容仅做了解即可。

三、单代号网络计划时间参数的计算

（一）计算工作的最早开始时间和最早完成时间

51.（2016—66）某工程单代号网络计划如下图所示，工作 E 的最早开始时间是（　　）。

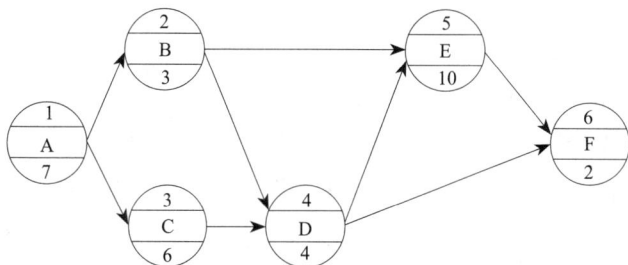

A. 10

B. 13

C. 17

D. 27

52.（2020—113）某工程单代号网络计划如下图所示，时间参数正确的有（　　）。

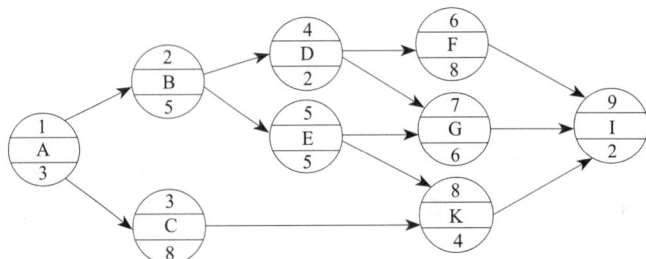

A. 工作 G 的最早开始时间为 10

B. 工作 G 的最迟开始时间为 13

C. 工作 E 的最早完成时间为 13

D. 工作 E 的最迟完成时间为 15

E. 工作 D 的总时差为 1

（二）计算相邻两项工作之间的时间间隔

53.（2019—69）某工程的网络计划如下图所示（时间单位：d），图中工作 B 和 E 之间、工作 C 和 E 之间的时间间隔分别是（　　）d。

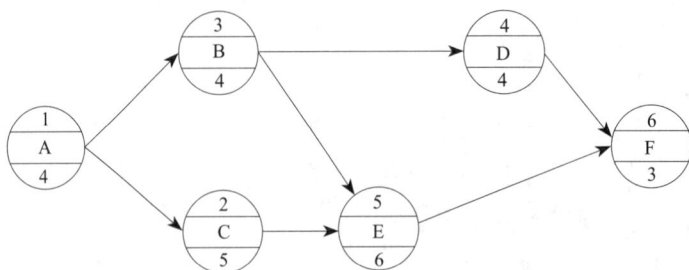

A. 1 和 0

B. 5 和 4

C. 0 和 0

D. 4 和 4

54.（2021—68）某工程单代号网络计划中，工作 E 的最早完成时间和最迟完成时间分别是 6 和 8，紧后工作 F 的最早开始时间和最迟开始时间分别是 7 和 10，工作 E 和 F 之间的时间间隔是（　　）。

A. 1

B. 2

C. 3

D. 4

（三）确定网络计划的计划工期

本部分内容一般不会单独进行考查。

（四）计算工作的总时差

55. 某分部工程的单代号网络计划如下图所示（时间单位：d），正确的有（　　）。

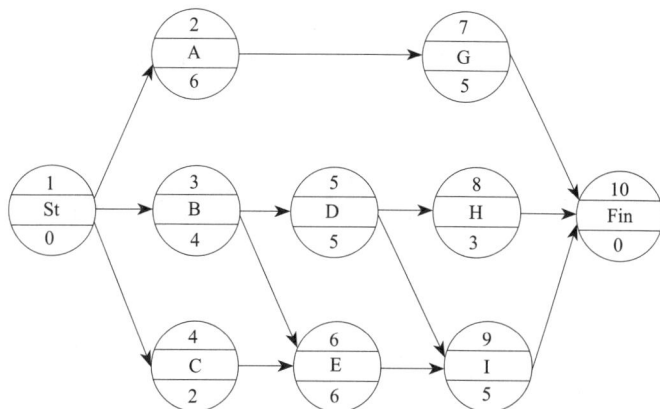

A．有两条关键线路

B．计算工期为 15

C．工作 G 的总时差和自由时差均为 4

D．工作 D 和 I 之间的时间间隔为 1

E．工作 H 的自由时差为 2

（五）计算工作的自由时差

56．（2020—68）工作 A 有 B、C 两项紧后工作，A、B 之间的时间间隔为 3d，A、C 之间的时间间隔为 2d，则工作 A 的自由时差是（　　）d。

A．1   B．2

C．3   D．5

（六）计算工作的最迟完成时间和最迟开始时间

57．单代号网络计划中，工作 C 的已知时间参数（单位：d）标注如下图所示，则该工作的最迟开始时间、最早完成时间和总时差分别是（　　）d。

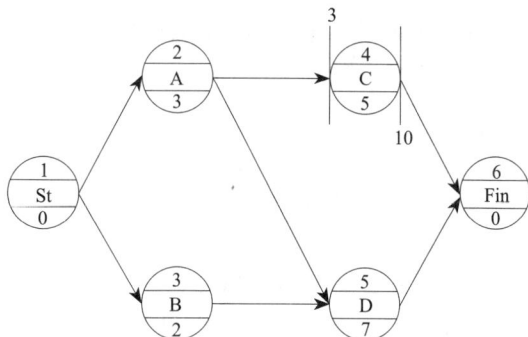

A．3、10、5   B．3、8、5

C．5、10、2   D．5、8、2

58．某单代号网络计划如下图所示（时间单位：d），工作 5 的最迟完成时间是（　　）。

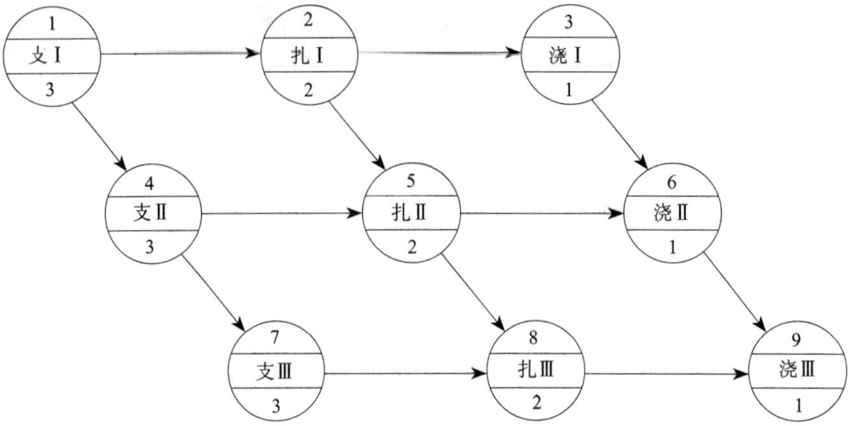

A. 10   B. 9

C. 8   D. 7

（七）确定网络计划的关键线路

59.（2011—115）某工程单代号网络计划如下图所示，其中关键工作有（　　）。

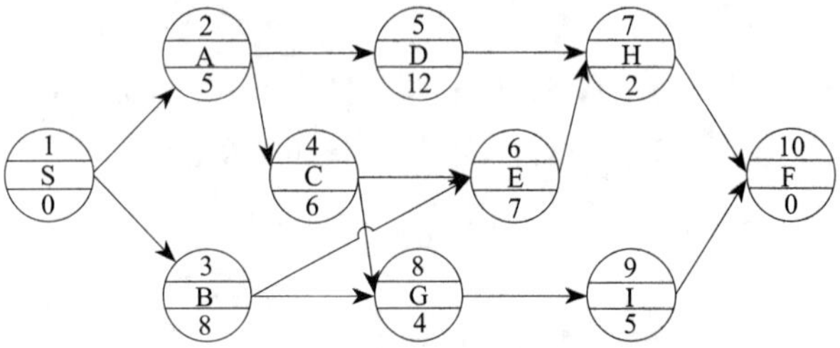

A. 工作 A   B. 工作 B

C. 工作 C   D. 工作 D

E. 工作 E

60.（2017—114）某工程单代号网络计划如下图所示（图中节点上方数字为节点编号），其中关键线路有（　　）。

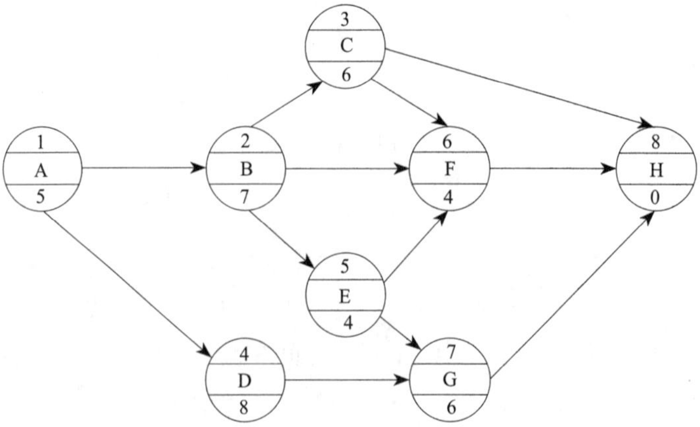

A. 1→2→3→8　　　　　　　　　　B. 1→2→3→6→8

C. 1→2→5→6→8　　　　　　　　　D. 1→2→5→7→8

E. 1→4→7→8

61.（2018—115）工程网络计划中，关键线路是指（　　）的线路。

A. 单代号搭接网络计划中时间间隔全部为零

B. 双代号时标网络计划中没有波形线

C. 双代号网络计划中没有虚工作

D. 双代号网络计划中工作持续时间总和最大

E. 单代号网络计划中由关键工作组成

62.（2022—67）某工程单代号网络计划如下图所示，箭线上的数值为相邻工作之间的时间间隔，则关键线路是（　　）。

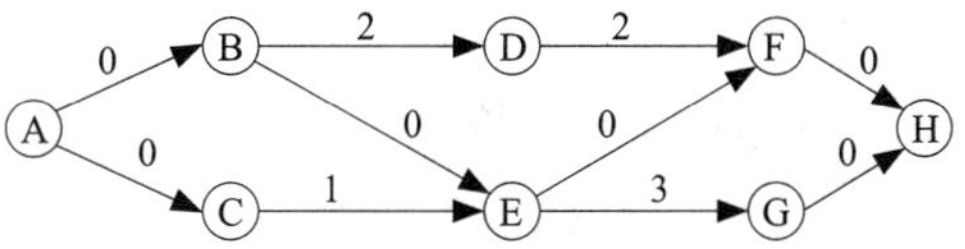

A. A→B→D→F→H　　　　　　　　B. A→C→E→F→H

C. A→B→E→F→H　　　　　　　　D. A→B→E→G→H

63.（2022—114）工程网络计划中，关键线路是指（　　）。

A. 双代号时标网络计划中无波形线

B. 单代号网络计划中时间间隔均为零

C. 双代号网络计划中由关键节点组成

D. 单代号网络计划中由关键工作组成

E. 双代号时代网络计划中无虚箭线

习题答案及解析

1. B	2. A	3. C	4. A	5. A
6. D	7. D	8. C	9. A	10. C
11. B	12. A	13. C	14. B	15. D
16. A	17. B	18. C	19. A	20. A
21. A	22. D	23. A	24. A	25. D
26. D	27. B	28. D	29. D	30. D
31. C	32. B	33. A	34. C	35. A
36. C	37. C	38. BE	39. ABCE	40. ABE
41. ABD	42. BCD	43. CDE	44. BCD	45. ACE
46. D	47. B	48. A	49. BCDE	50. AD

51. C	52. BCE	53. A	54. A	55. BCD
56. B	57. D	58. B	59. ACE	60. BD
61. ABD	62. C	63. AB		

【解析】

网络计划时间参数是考试重点，是每年的必考考点，上述只列出了部分真题题目以及还可能会考查的题型，考生要学会解题思路。

1. B。在 2014 年度的考试中，同样对本题涉及的采分点进行了考查，且提问形式与选项设置基本与本题一致。

13. C。如果某项工作的最早开始时间和最早完成时间分别为 3d 和 8d，则说明该工作实际上最早应从开工后第 4 天上班时刻开始，第 8 天下班时刻完成。

14. B。工作 G 是最早开始时间 =max{（4+2），（4+5），（4+2），（3+2）}=9。

15. D。工作 B 的最早完成时间 =max{（6+5），（8+5）}=13d。

16. A。工作 M、N、P 无紧后工作，说明它们的完成节点为网络计划的终点节点。网络计划的计算工期应等于以网络计划终点节点为完成节点的工作的最早完成时间。则该网络计划的计算工期应等于这三项工作的最早完成时间的最大值。

18. C。网络计划起点节点代表的工作，当未规定其最早开始时间时，其最早开始时间为零。其他工作的最早开始时间应等于其紧前工作最早完成时间的最大值。工作的最迟开始时间 $LS_{i-j} = LF_{i-j} - D_{i-j}$。故工作 E 的最早开始时间 =max{$EF_A$，$EF_B$，$EF_C$}= max{3，2，4}=4d；本题的关键线路为 A→D→G 和 C→F→I，计算工期为 14，工作 E 的最迟完成时间为 8，工作 E 的最迟开始时间为 8-3=5d。

19. A。工作的最迟完成时间应等于其紧后工作最迟开始时间的最小值，则工作 M 的最迟完成时间 =min{21，18，15}=15d；工作的最迟开始时间等于工作的最迟完成时间减去工作的持续时间，即工作 M 的最迟开始时间 =15-4=11d。

20. A。工作 E 的最早完成时间 =5+3=8d。计算工期为 15，工作 E 的最迟完成时间 =15-5=10d。

21. A。工作的最早完成时间等于本工作的最早开始时间与持续时间之和。以网络计划起点节点为开始节点的工作，当未规定其最早开始时间时，其最早开始时间为零；其他工作的最早开始时间应等于其紧前工作最早完成时间的最大值。本题中，工作 F 的最早开始时间 =max{（3+2），（3+2），6}=6，则其最早完成时间 =6+4=10，即第 10 周。以网络计划终点节点为完成节点的工作，其最迟完成时间等于网络计划的计划工期；其他工作的最迟完成时间应等于其紧后工作最迟开始时间的最小值。工作的最迟完成时间和最迟开始时间应从网络计划的终点节点开始，逆着箭线方向依次进行。本题中关键线路为 C→G→I，工期为 6+5+4=15，工作 I 的最迟开始时间 =15-4=11，工作 F 的最迟完成时间即为第 11 周。

22. D。本题的关键线路：①→②→⑤→⑦，最早开始时间 =max{（3+4），（2+4），

（3+4）}=7，最迟完成时间 =15–3=12。

23．A。本题关键线路是 A→C→F，总工期是 14d，工作 B 结束后就可以进行工作 D，所以工作 D 的最早开始时间是第 2 天结束，也就是第 3 天开始。最迟开始时间等于工作的最迟完成时间减工作的持续时间；最迟完成时间等于其紧后工作最迟开始时间的最小值。工作 D 的紧后工作包括工作 F、G，则其最迟完成时间 =min{（14–4），（14–6）}=8，所以工作 D 的最迟开始时间 =8–3=5。

24．A。总时差等于其最迟开始时间减去最早开始时间，或等于最迟完成时间减去最早完成时间。最迟完成时间各紧后工作的最迟开始间的最小值，则本工作的最迟完成时间 =min{（3+5），（3+6）}=8。工作的最早完成时间等于最早开始时间加上其持续时间，则本工作的最早完成时间 =3+2=5。所以本工作的总时差 =8–5=3d。当有紧后工作时，自由时差等于紧后工作最早开始时间减本工作的最早完成时间，所以本工作的自由时差 =5–5=0d。

25．D。工作的总时差等于该工作最迟完成时间与最早完成时间之差，或该工作最迟开始时间与最早开始时间之差，即总时差 =25–20=5d。对于有紧后工作的工作，其自由时差等于本工作之紧后工作最早开始时间减本工作最早完成时间所得之差的最小值，即：32–20–9=3d。

26．D。在 2009 年度的考试中，同样对本题涉及的采分点进行了考查，且提问形式与选项设置基本与本题一致。

27．B。工作的总时差等于该工作最迟完成时间与最早完成时间之差，或该工作最迟开始时间与最早开始时间之差。工作 E 的最早开始时间 =max{16，19，20}=20d；工作 E 的最迟开始时间 =28–6=22d，因此，工作 E 的总时差 =22–20=2d。

28．D。当工作有紧后工作时，自由时差为紧后工作的最早开始时间减去该工作最早完成时间的最小值。该工作的最早完成时间 = 最早开始时间 + 持续时间 =2+4=6，自由时差 =min{（8–6），（12–6）}=2d。

30．D。工作 D 的自由时差 =（3+3）–（3+2）=1d。工作 D 的总时差 =11–3–2–3=3d。

31．C。关键线路是①→②→③→④→⑦→⑧→⑨和①→②→③→④→⑦→⑨，工作 G 的完成节点为关键节点，所以其自由时差 = 总时差 =6+10–8–3=5。

32．B。对于有紧后工作的工作，其自由时差等于本工作之紧后工作最早开始时间减本工作最早完成时间所得之差的最小值。工作的总时差等于该工作最迟完成时间与最早完成时间之差，或该工作最迟开始时间与最早开始时间之差。则工作 E 的自由时差 =min{12–10，14–10}=2；工作 E 的最迟开始时间 =12–4=8，总时差 =8–（2+4）=2。

总结：双代号网络计划时间参数的计算

（1）最早看紧前，多个取最大，紧前未知可顺推。

（2）最迟看紧后，多个取最小，紧后未知可顺推。

（3）总时差的计算方法——取最小值法

一找——找出经过该工作的所有线路。注意一定要找全，如果找不全，可能会出现错误。

一加——计算各条线路中所有工作的持续时间之和。

一减——分别用计算工期减去各条线路的持续时间之和。

取小——取相减后的最小值就是该工作的总时差。

33．A。工作的持续时间总和最大的线路为关键线路，关键线路上的工作为关键工作。本题的关键线路为：①→②→④→⑤→⑦→⑧→⑨；①→②→④→⑥→⑨。所以关键工作为工作 B、E、F、I、J。

34．C。在 2015 年度的考试中，同样对本题涉及的采分点进行了考查。

36．C。在 2002、2003、2004、2005、2006、2007、2009、2010、2012、2013 年度的考试中，同样对本题涉及的采分点进行了考查。

37．C。双代号网络计划图中，关键线路分别为①→②→⑤→⑨→⑩；①→②→⑤→⑥→⑦→⑩；①→④→⑥→⑦→⑩。

39．ABCE。在 2002、2003、2005、2006、2007、2009、2012、2013 年度的考试中，同样对本题涉及的采分点进行了考查。

40．ABE。图中，关键线路为①→②→⑤→⑦或者①→②→⑥→⑦，故工作 1—2 为关键工作。工作的总时差等于该工作最迟完成时间与最早完成时间之差，或该工作最迟开始时间与最早开始时间之差，即 $TF_{1-3}=1$、$TF_{6-7}=0$、$TF_{5-7}=0$。

41．ABD。工作 1—3 的自由时差 $=4-0-2=2$；图中的关键线路为①→②→⑤→⑦，①→②→③→⑥→⑦，所以工作 2—5 为关键工作，工作 4—7 为非关键工作；工作 2—4 的自由时差 $=\{（13-4-7），（11-4-7），（12-4-7）\}=0$；工作 3—6 的总时差 $=12-4-8=0$。

42．BCD。本题中的关键线路为①→②→⑤→⑧、①→②→④→⑦→⑧，共两条，关键工作包括①—②、②—⑤、④—⑦、⑤—⑧、⑦—⑧，故 A、E 选项错误，B 选项正确。工作 1—3 的自由时差 $=3-3=0$，故 C 选项正确；工作 3—7 的总时差 $=10-4-3=3$，故 D 选项正确。

43．CDE。A 选项错误，工作 1—3 为非关键工作；B 选项错误，工作 2—4 的总时差为 $9-4-2=3$。

44．BCD。关键线路为 1→3→4→7 和 1→3→4→5→6→7 两条。工作 E 的自由时差 $=8-（3＋3）=2d$。工作 E 的总时差 $=8-6=2d$。工作 C 不是关键工作。

45．ACE。本题中关键线路为①→②→③→⑥→⑦，所以工作⑤→⑦为非关键工作，工作⑥→⑦为关键工作。故 D 选项错误，故选项 E 正确。工作①→③的总时差 = 自由时差 $=6-3=3$。故 A 选项正确。工作①→④的自由时差为 0，总时差为 6。故 B 选项错误。工作②→⑤的自由时差为 0。故 C 选项正确。

46．D。工作 D 的紧后工作的最迟开始时间为 12，即工作 D 的工作最迟完成时间为 12，工作 D 的最迟开始时间 = 最迟完成时间 − 持续时间 =12−4=8。

48. A。在 2007、2009 年度的考试中，同样对本题涉及的采分点进行了考查。

49. BCDE。在 2016 年度的考试中，同样对本题涉及的采分点进行了考查。

51. C。工作的最早开始时间应等于其紧前工作最早完成时间的最大值。工作 E 的紧前工作有工作 B 和工作 D，工作 B 的最早开始时间为 7，最早完成时间 =7+3=10。工作 D 的紧前工作有工作 B 和工作 C，工作 C 的最早开始时间为 7，最早完成时间 =7+6=13；工作 D 的最早时间 =13，最早完成时间 =13+4=17。所以工作 E 的最早开始时间 =max{10，17}=17。

52. BCE。工作的最早完成时间等于本工作的最早开始时间与其持续时间之和。起点节点的最早开始时间在未规定时取值为零，其他的最早开始时间等于其紧前工作最早完成时间的最大值。工作的最迟完成时间等于本工作的最早完成时间预期总时差之和；工作的最迟开始时间等于本工作的最早开始时间预期总时差之和。其他工作的总时差等于本工作与其各紧后工作之间的时间间隔加紧后工作的总时差所得之和的最小值。本题中各工作的最早开始时间、最早完成时间、最迟开始时间、最迟完成时间如下图所示。

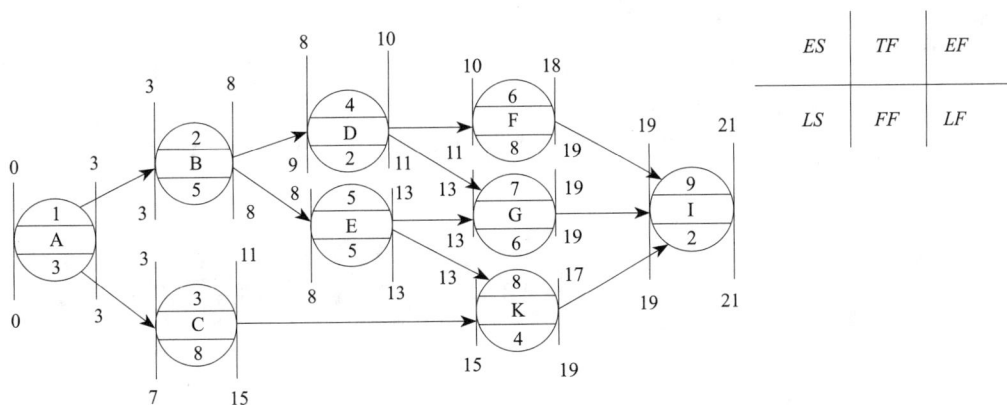

本题的关键线路为 A→B→E→G→I。

工作 G 的紧前工作有工作 D、E，工作 G 的最早开始时间 =max{（3+5+2），（3+5+5）}=13，所以 A 选项错误。

工作 G 的最迟开始时间 =13+0=13，所以 B 选项正确。

工作 E 只有一项紧前工作，所以其最早开始时间 =3+5=8，最早完成时间 =8+5=13，所以选项 C 正确。

工作 E 的最迟完成时间 =13+0=13，所以 D 选项错误。

工作 D 的总时差 =min{（10−10）+1，（11−10）+0}=1，所以 E 选项正确。

53. A。相邻两项工作之间的时间间隔 $LAG_{i,j}$ 是指其紧后工作的最早开始时间与本工作最早完成时间的差值。

最早完成时间 EF_i 等于本工作的最早开始时间与其持续时间之和。

其他工作的最早时间 ES_i 等于其紧前工作最早完成时间的最大值。

本题的计算过程如下：

（1）$ES_A=0$，$EF_A=0+4=4$。

（2）$ES_B=4$，$EF_B=4+4=8$。

（3）$ES_C=4$，$EF_C=4+5=9$。

（4）$ES_D=8$，$EF_D=8+4=12$。

（5）$ES_E=\max\{EF_B，EF_C\}=\max\{8，9\}=9$，$EF_E=9+6=15$。

由此可知，$LAG_{B,E}=ES_E-EF_B=9-8=1$；$LAG_{C,E}=ES_E-EF_C=9-9=0$。

54．A。相邻两项工作之间的时间间隔是指本工作的最早完成时间与其紧后工作最早开始时间之间可能存在的差值。工作 E 和 F 之间的时间间隔 =7-6=1。

55．BCD。本题的计算过程如下图所示。

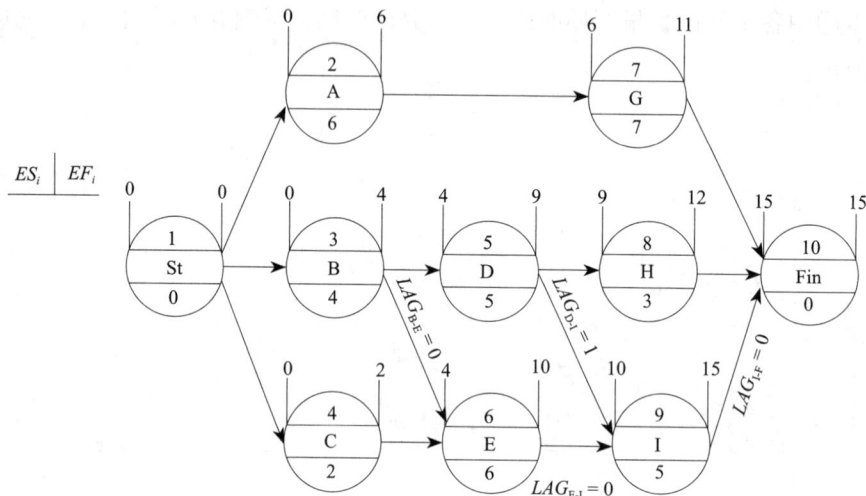

由图可知关键线路为 B→E→I，只有一条，计算工期为 15。故 A 选项错误，B 选项正确。工作 G 的总时差 =0+15-11=4，工作 G 的自由时差 =15-11=4。故 C 选项正确。工作 D 和 I 之间的时间间隔 =10-9=1，故 D 选项正确。工作 H 的自由时差 =15-12=3，故 E 选项错误。

56．B。网络计划终点节点所代表的工作的自由时差等于计划工期与本工作的最早完成时间之差；其他工作的自由时差等于本工作与其紧后工作之间时间间隔的最小值。工作 A 的自由时差 =min{2，3}=2d。

57．D。工作 C 的最早开始时间 =3d。工作 C 的最早完成时间 =3+5=8d。工作 C 的最迟完成时间为 10d，则总时差 =10-8=2d。工作 C 的最迟开始时间 =3+2=5d。

58．B。由于工作的最早完成时间应等于本工作的最早开始时间与其持续时间之和，依次类推得出工作 5 的最早开始时间为 6，最早完成时间为 6+2=8。

相邻两项工作之间的时间间隔是指其紧后工作的最早开始时间与本工作最早完成时间的差值。故 $LAG_{5,6}=8-8=0d$，$LAG_{5,8}=9-8=1d$，$LAG_{6,9}=11-9=2d$，$LAG_{8,9}=11-11=0d$。

网络计划终点节点所代表的工作的总时差应等于计划工期与计算工期之差，当计划工期等于计算工期时，该工作的总时差为零。故工作 9 的总时差为 0。

其他的总时差应等于本工作与其各紧后工作之间的时间间隔加该紧后工作的总时差所得之和的最小值。工作 6 的总时差 =2+0=2d，工作 8 的总时差为 0。

工作 5 的总时差 =min{（0+2），（1+0）}=1d。工作的最迟完成时间等于本工作的最早完成时间与其总时差之和，故工作 5 的最迟完成时间 =8+1=9d。

59．ACE。从网络计划的终点节点开始，逆着箭线方向依次找出相邻两项工作之间时间间隔为零的线路就是关键线路。关键线路上的工作为关键工作，本题中的关键线路为：A→C→E→H。

60．BD。单代号网络计划中，从网络计划的终点节点开始，逆着箭线方向依次找出相邻两项工作之间时间间隔为零的线路就是关键线路。本题中，工作 A 的最早开始时间为 0，最早完成时间为 0+5=5；工作 B 的最早开始时间为 5，最早完成时间为 5+7=12；工作 C 的最早开始时间为 12，最早完成时间为 12+6=18；工作 D 的最早开始时间为 5，最早完成时间为 5+8=13；工作 E 的最早开始时间为 12，最早完成时间为 12+4=16；工作 F 的最早开始时间为 max{12，16，18}=18，最早完成时间为 18+4=22；工作 G 的最早开始时间为 16，最早完成时间为 16+6=22；工作 H 的最早开始时间为 22，最早完成时间为 16+6=22。$LAG_{A,B}=0$，$LAG_{B,E}=0$，$LAG_{E,G}=0$，$LAG_{G,H}=0$，$LAG_{B,C}=0$，$LAG_{C,F}=0$，$LAG_{F,H}=0$。关键线路为：1→2→3→6→8、1→2→5→7→8。

61．ABD。在 2010、2013 年度的考试中，同样对本题涉及的采分点进行了考查。

第四节　双代号时标网络计划

知识导学

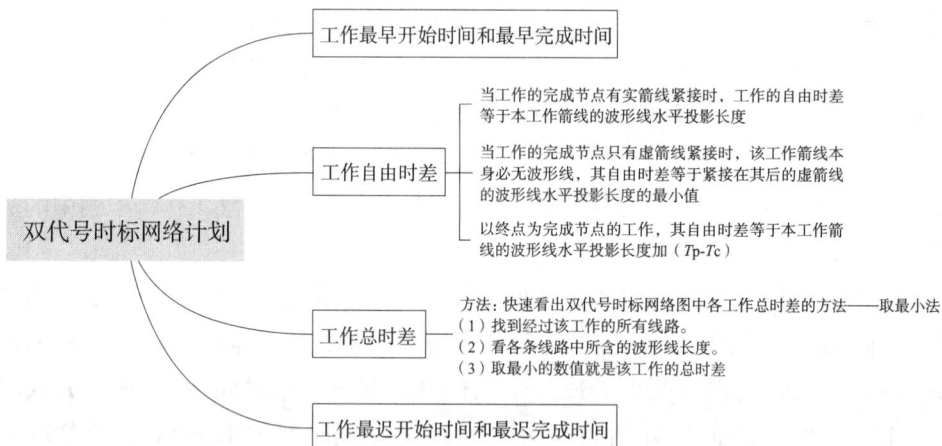

习题汇总

1.（2019—115）关于双代号时标网络计划特点的说法，正确的有（　　）。

A．无虚箭线的线路为关键线路

B．无波形线的线路为关键线路

C．波形线的长度为相邻工作之间的时间间隔

D．工作的总时差等于本工作至终点线路上波形线长度之和

E．工作的最早开始时间等于工作开始节点对应的时标刻度值

2.（2021—69）双代号时标网络计划中，波形线表示（　　）。

A．工作的总时差

B．工作与其紧后工作之间的时间间隔

C．工作的自由时差

D．工作与其紧后工作之间的时距

一、时标网络计划的编制方法

本部分内容仅做了解即可。

二、时标网络计划中时间参数的判定

（一）关键线路和计算工期的判定

1. 关键线路的判定

3.（2000—65）某工程时标网络计划中，若某工作箭线上没有波形线，且该工作

的完成节点为关键节点，则说明该工作（　　）。

　　A．总时差大于零　　　　　　　　　　B．自由时差小于总时差

　　C．与紧后工作之间的时间间隔为零　　D．为关键工作

　　4．（2001—63）在双代号时标网络计划中，关键线路是指（　　）。

　　A．没有虚工作的线路　　　　　　　　B．由关键节点组成的线路

　　C．没有波形线的线路　　　　　　　　D．持续时间最长工作所在的线路

2．计算工期的判定

　　本部分内容一般不会单独进行考查。

（二）相邻两项工作之间时间间隔的判定

　　本部分内容一般不会单独进行考查。

（三）工作六个时间参数的判定

　　5．（2005—115）下列关于双代号时标网络计划的表述中，正确的有（　　）。

　　A．工作箭线左端节点中心所对应的时标值为该工作的最早开始时间

　　B．工作箭线中波形线的水平投影长度表示该工作与其紧后工作之间的时距

　　C．工作箭线中实线部分的水平投影长度表示该工作的持续时间

　　D．工作箭线中不存在波形线时，表明该工作的总时差为零

　　E．工作箭线中不存在波形线时，表明该工作与其紧后工作之间的时间间隔为零

1．工作最早开始时间和最早完成时间的判定

　　6．（2017—115）某工程双代号时标网络计划如下图所示，正确的结论有（　　）。

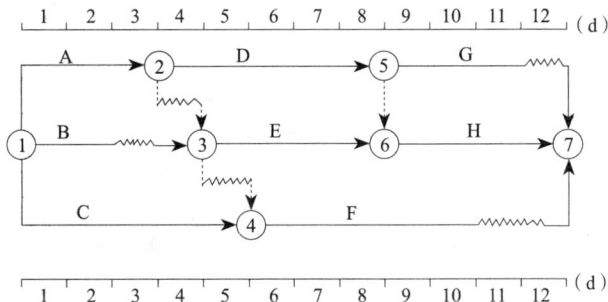

　　A．工作 A 为关键工作

　　B．工作 B 的自由时差为 2d

　　C．工作 C 的总时差为零

　　D．工作 D 的最迟完成时间为第 8 天

　　E．工作 E 的最早开始时间为第 2 天

2．工作总时差的判定

　　7．（2012—69）某工程双代号时标网络计划如下图所示，其中工作 A 的总时差为（　　）d。

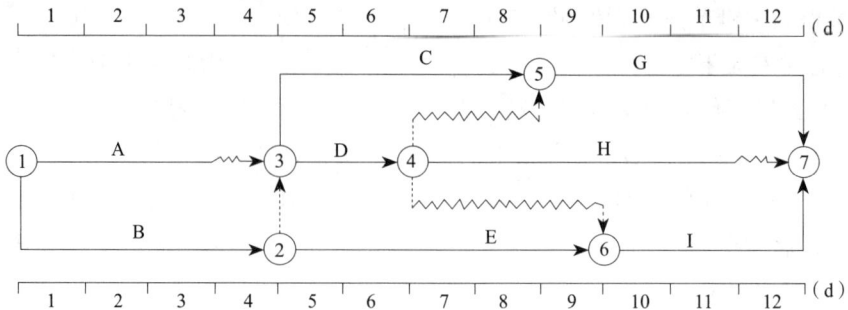

A. 1　　　　　　　　　　　　B. 2

C. 3　　　　　　　　　　　　D. 4

8.（2013—69）某工程双代号时标网络计划如下图所示，因工作 B、D、G 和 J 共用一台施工机械而必须顺序施工，在合理安排下，该施工机械在现场闲置（　　）d。

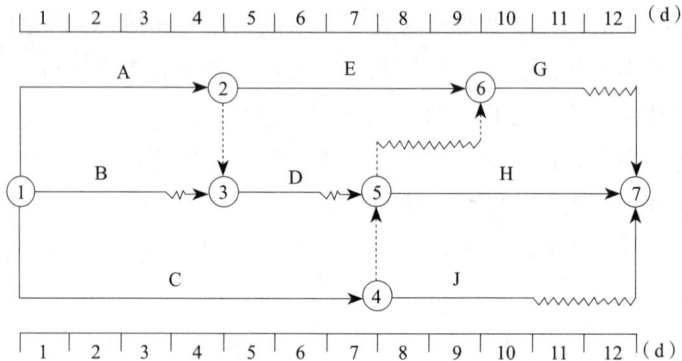

A. 0　　　　　　　　　　　　B. 1

C. 2　　　　　　　　　　　　D. 3

3. 工作自由时差的判定

9.（2014—114）某工程双代号时标网络计划如下图所示，该计划表明（　　）。

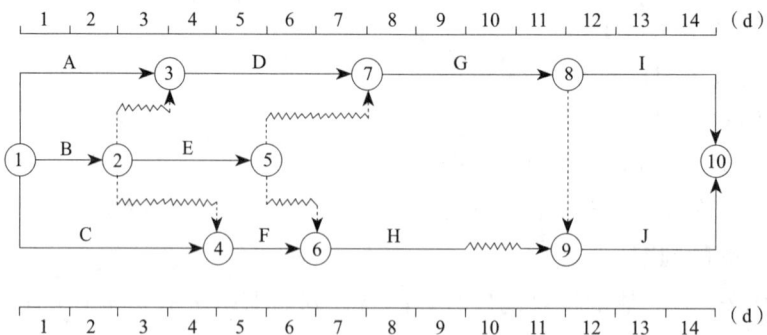

A. G 工作为关键工作　　　　　　　B. E 工作的总时差为 3d

C. B 工作的总时差为 1d　　　　　　D. F 工作为关键工作

E. C 工作的总时差为 2d

10. （2016—115）某工程双代号时标网络计划如下图所示（单位：d），关于时间参数的说法正确的有（　　）。

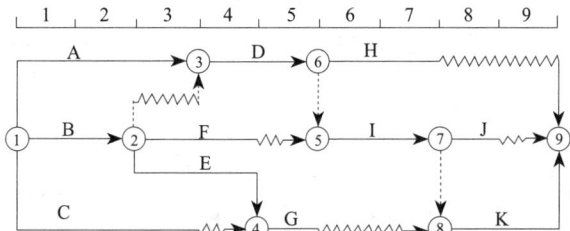

A. 工作 B 总时差为 0　　　　　　　B. 工作 E 最早开始时间为第 4 天

C. 工作 D 总时差为 0　　　　　　　D. 工作 I 自由时差为 1d

E. 工作 G 总时差为 2d

11. （2021—67）某工程双代号时标网络计划如下图所示，图中表明的正确信息是（　　）。

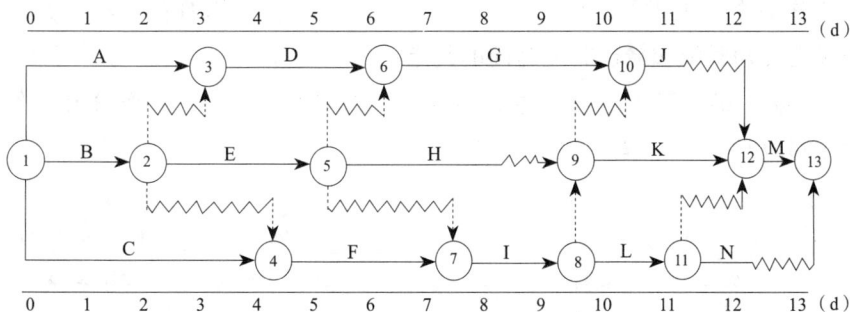

A. 工作 D 的自由时差为 1d

B. 工作 E 的总时差等于自由时差

C. 工作 F 的总时差为 1d

D. 工作 H 的总时差为 1d

12. （2020—115）双代号时标网络计划如下图所示，关于时间参数及关键线路的说法，正确的有（　　）。

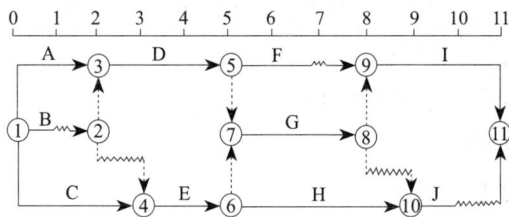

A．A 工作的总时差为 1，自由时差为 0

B．C 工作的总时差为 0，自由时差为 0

C．B 工作的总时差为 1，自由时差为 1

D．H 工作的最早完成时间为 9，最迟完成时间为 9

E．①→②→④→⑥→⑦→⑧→⑨→⑪是关键线路

13.（2022—68）某工程双代号时标网络计划如下图所示，图中表明的正确信息是（   ）。

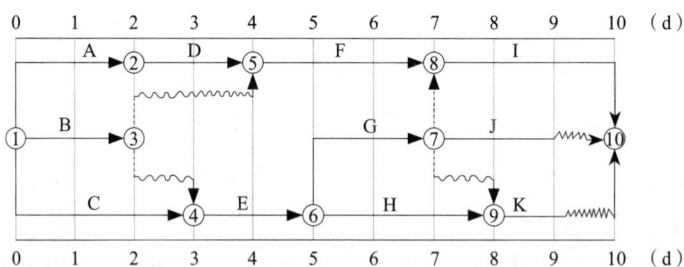

A．工作 B 的自由时差为 1d   B．工作 C 的自由时差为 1d

C．工作 G 的总时差为 1d   D．工作 H 的总时差为零

4. 工作最迟开始时间和最迟完成时间的判定

14.（2003—67）某工程双代号时标网络计划如下图所示，工作 B 和工作 D 的最迟完成时间分别为（   ）周。

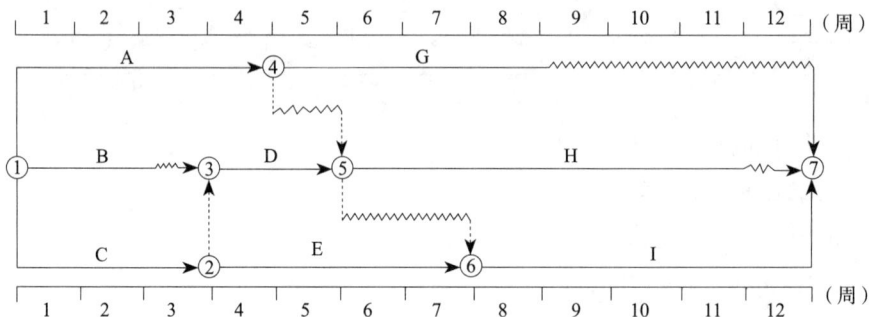

A．第 2 周和第 5 周   B．第 3 周和第 5 周

C．第 3 周和第 6 周   D．第 4 周和第 6 周

15.（2011—116）某工程双代号时标网络计划如下图所示，该计划表明（   ）。

A．工作 C 的自由时差为 2d

B．工作 E 的最早开始时间为第 4 天

C．工作 D 为关键工作

D．工作 H 的总时差为零

E．工作 B 的最迟完成时间为第 1 天

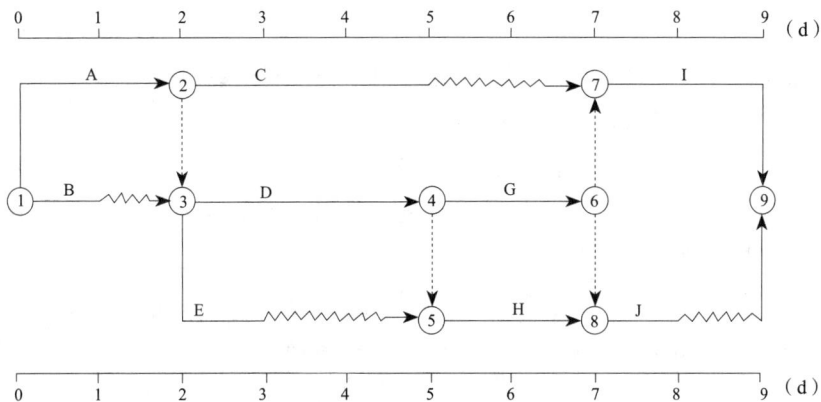

三、时标网络计划的坐标体系

16．时标网络计划的坐标体系不包括（　　）。

A．计算坐标体系
B．工作日坐标体系
C．日历坐标体系
D．时间坐标体系

四、进度计划表

本部分内容仅做了解即可。

习题答案及解析

1．BCE	2．B	3．B	4．C	5．AC
6．ABD	7．A	8．A	9．ACE	10．CE
11．D	12．BC	13．A	14．D	15．AC
16．D				

【解析】

双代号时标网络计划时间参数的计算是考试的重点内容，上述仅列出近几年的考试题目。考生要全面掌握。

6．ABD。本题中关键线路为 A→D→H，工作 A 为关键工作故 A 选项正确。时标网络计划中，以终点节点为完成节点的工作，其自由时差应等于计划工期与本工作最早完成时间之差，其他工作的自由时差就是该工作箭线中波形线的水平投影长度。但当工作之后只紧接虚工作时，则该工作箭线上一定不存在波形线，而其紧接的虚箭线中波形线水平投影长度的最短者为该工作的自由时差。工作 B 的自由时差为 2d，故 B 选项正确。工作 C 的总时差 =12−（5+5）=2d，故 C 选项错误。工作 D 的最迟完成时间为第 8 天,故 D 选项正确。工作 E 的紧前工作为工作 A、B,其最早开始时间为第 4 天，

故 E 选项错误。

7. A。根据题意可得工作 A 的总时差 =12−11=1。

8. A。工作 B、D、G 和 J 共用一台施工机械而顺序施工的顺序是 B、D、J 和 G，在不影响工作 H 最早开始的情况下，该施工机械可以晚进场 2d，该施工机械在现场闲置 =12−（3+2+3+2）−2=0d。

9. ACE。本题的关键线路为 A→D→G→I，A→D→G→J。所以工作 G 为关键工作，工作 F 为非关键工作。双代号网络计划中，以终点节点为完成节点的工作，其总时差应等于计划工期与本工作最早完成时间之差。其他工作的总时差等于其紧后工作的总时差加本工作与该紧后工作之间的时间间隔所得之和的最小值。故工作 E 的总时差 =min{（0+2），（2+1）}=2d，工作 B 的总时差 =min{（0+1），（2+0），（2+2）}=1d；工作 C 的总时差 =2d。

10. CE。工作的总时差等于其紧后工作的总时差加本工作与该紧后工作之间的时间间隔所得之和的最小值，即工作 B 的总时差 =min{（0+1），（1+0），（2+0）}=1d，故 A 选项错误。工作 E 的紧前工作只有工作 B，则其最早开始时间为第 3 天，故 B 选项错误。工作 D 为关键工作，总时差为 0，故 C 选项正确。工作的自由时差就是该工作箭线中波形线的水平投影长度。工作 I 的自由时差 =0，故 D 选项错误。工作 G 的总时差 =2d，故 E 选项正确。

11. D。关键线路是①→④→①→⑧→⑨→⑫→⑬。选项，工作 D 的自由时差为 0d；B 选项，工作 E 的总时差等于 1d，自由时差等于 0d；C 选项，工作 F 的总时差为 0d。

12. BC。本题的关键线路为：①→③→⑤→⑦→⑧→⑨→⑪（A→D→G→I）、①→④→⑥→⑦→⑧→⑨→⑪（C→E→G→I），所以选项 E 错误。工作 A 为关键工作，总时差、自由时差均为 0，故 A 选项错误。工作 C 为关键工作，总时差、自由时差均为 0，故 B 选项正确。工作的总时差 =min{0+1，0+2}=1，自由时差 =1，故 C 选项正确。H 工作的最早完成时间 9，最迟完成时间 =10，故 D 选项错误。

13. A。本题关键线路是 A→D→F→I 和 C→E→G→I，工作 B 的自由时差为 1d，故 A 选项正确，工作 C 为关键工作，自由时差为 0，故 B 选项错误。工作 G 在关键线路上，总时差为 0，故 C 选项错误。工作 H 的总时差是 1d，故 D 选项错误。

14. D。工作 B 的最迟完成时间 =2+2=4，工作 D 的最迟完成时间 =5+1=6。

15. AC。因为工作 C 箭线中波形线的水平投影长度为 2d，所以自由时差为 2d。工作 E 的最早开始时间为第 2 天，其最迟开始时间为第 4 天。该网络计划中的关键线路包括工作 A、D、G、I。工作 H 的总时差 =9−8=1d。工作 B 的最迟完成时间 =1+1=2d。

第五节 网络计划的优化

知识导学

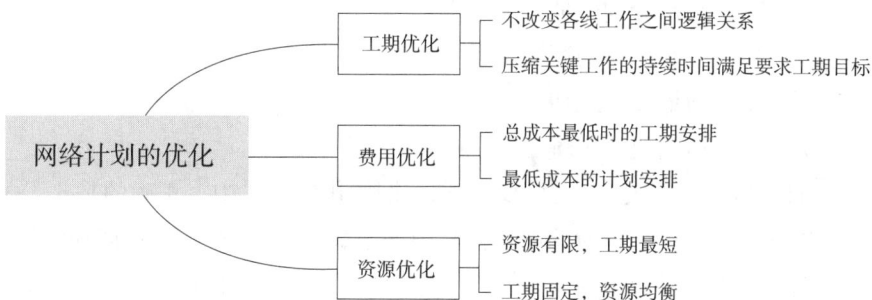

习题汇总

一、工期优化

1.（2003—69）在工程网络计划工期优化过程中，当出现两条独立的关键线路时，在考虑对质量和安全影响差别不大的基础上，应选择的压缩对象是分别在这两条关键线路上的两项（　　）的工作组合。

A．直接费用率之和最小　　　　　　　B．资源强度之和最小

C．持续时间总和最大　　　　　　　　D．间接费用率之和最小

2.（2003—115）为满足要求工期，在对工程网络计划进行工期优化时应（　　）。

A．在多条关键线路中选择直接费用率最小的一项关键工作缩短其持续时间

B．按经济合理的原则将所有的关键线路的总持续时间同时缩短

C．在满足资源限量的前提条件下，寻求工期最短的计划安排方案

D．在缩短工期的同时，尽可能地选择对质量和安全影响小，并使所需增加费用最少的工作

E．在满足资源需用均衡的前提条件下，寻求工作最短的计划安排方案

3.（2006—70）当工程网络计划的工期优化过程中出现多条关键线路时，必须（　　）。

A．将持续时间最长的关键工作压缩为非关键工作

B．压缩各条关键线路上直接费最小的工作的持续时间

C．压缩各条关键线路上持续时间最长的工作的持续时间

D．将各条关键线路的总持续时间压缩相同数值

4.（2007—69）工程网络计划的工期优化是通过（　　）。

A. 改变关键工作间的逻辑关系而使计算工期满足要求工期

B. 改变关键工作间的逻辑关系而使计划工期满足要求工期

C. 压缩关键工作的持续时间而使要求工期满足计划工期

D. 压缩关键工作的持续时间而使计算工期满足要求工期

5.（2010—70）网络计划工期优化的前提是（　　）。

A. 计算工期不满足计划工期

B. 不改变各项工作之间的逻辑关系

C. 计划工期不满足计算工期

D. 将关键工作压缩成非关键工作

6.（2011—67）下列关于工程网络计划工期优化的说法中，正确的是（　　）。

A. 当出现多条关键线路时，应选择其中一条最优线路缩短其持续时间

B. 应选择直接费率最小的非关键工作作为缩短持续时间的对象

C. 工期优化的前提是不改变各项工作之间的逻辑关系

D. 工期优化过程中须将关键工作压缩成非关键工作

7.（2017—116）关于工程网络计划工期优化的说法，正确的有（　　）。

A. 应分析调整各项工作之间的逻辑关系

B. 应有步骤地将关键工作压缩成非关键工作

C. 应将各条关键线路的总持续时间压缩相同数值

D. 应考虑质量、安全和资源等因素选择压缩对象

E. 应压缩非关键线路上自由时差大的工作

8.（2019—70）当网络计划的计算工期大于要求工期时，为满足工期要求，可采用的调整方法是压缩（　　）的工作的持续时间。

A. 持续时间最长　　　　　　　　　　B. 自由时差为零

C. 总时差为零　　　　　　　　　　　D. 时间间隔最小

9.（2021—70）工程网络计划工期优化的基本方法是通过（　　）来达到优化目标。

A. 组织关键工作流水作业　　　　　　B. 组织关键工作平行作业

C. 压缩关键工作的持续时间　　　　　D. 压缩非关键工作的持续时间

10.（2022—115）工程网络计划工期优化中，应选择（　　）的关键工作作为压缩对象。

A. 资源强度最小

B. 所需资源种类最少

C. 有充足备用资源

D. 缩短持续时间所需增加费用最少

E. 缩短持续时间对质量和安全影响不大

二、费用优化

11.（2011—69）工程网络计划费用优化的目标是（　　）。

A．在工期延长最少的条件下使资源需用量尽可能均衡

B．在满足资源限制的条件下使工期保持不变

C．在工期最短的条件下使工程总成本最低

D．寻求工程总成本最低时的工期安排

（一）费用和时间的关系

1．工程费用与工期的关系

12.（2011—68）下列关于工程费用与工期关系的说法中，正确的是（　　）。

A．直接费会随着工期的缩短而增加

B．直接费率会随着工期的增加而减小

C．间接费会随着工期的缩短而增加

D．间接费率会随着工期的增加而减小

13.（2019—72）工程总费用由直接费和间接费组成，随着工期的缩短，直接费和间接费的变化规律是（　　）。

A．直接费减少，间接费增加 　　　　　　B．直接费和间接费均增加

C．直接费增加，间接费减少 　　　　　　D．直接费和间接费均减少

2．工作直接费与持续时间的关系

14．下列关于工程直接费与持续时间关系的说法，正确的是（　　）。

A．直接费率会随着持续时间的增加而减小

B．直接费率会随着持续时间的增加而增加

C．直接费会随着持续时间的缩短而缩短

D．直接费会随着持续时间的缩短而增加

（二）费用优化方法

15.（2002—114）工程网络计划费用优化的目的是寻求（　　）。

A．满足要求工期的条件下使总成本最低的计划安排

B．使资源强度最小时的最短工期安排

C．使工程总费用最低时的资源均衡安排

D．使工程总费用最低时的工期安排

E．工程总费用固定条件下的最短工期安排

三、资源优化

（一）"资源有限，工期最短"的优化

16．工程网络计划资源优化的目的是通过改变（　　），使资源按照时间的分布符合优化目标。

A．工作间逻辑关系
B．工作的持续时间
C．工作的开始时间和完成时间
D．工作的资源强度

17．（2018—116）工程网络计划的优化是指寻求（　　）的过程。

A．工程总成本不变条件下资源需用量最少

B．工程总成本最低时的工期安排

C．资源有限条件下最短工期安排

D．工期不变条件下资源均衡安排

E．工期固定条件下资源强度最小

18．（2020—70）工程网络计划优化中的资源优化是指（　　）的优化。

A．资源有限，工期最短
B．资源均衡，费用最少
C．资源有限，工期固定
D．资源均衡，资源需用量最少

19．（2012—116）工程网络计划资源优化的目的为（　　）。

A．使该工程的资源需用量尽可能均衡

B．使该工程的资源强度最低

C．使该工程的资源需用量最少

D．使该工程的资源需用量满足资源限制条件

E．使该工程的资源需求符合正态分布

（二）"工期固定，资源均衡"的优化

20．（2015—70）网络计划的资源优化分为两种，其中"工期固定，资源均衡"的优化是指（　　）。

A．在工期不变的条件下，使资源投入最少

B．在满足资源限制条件下，使工期延长最少

C．在工期不变的条件下，使工程总费用低

D．在工期不变的条件下，使资源需用量尽可能均衡

21．（2010—70）下列资源安排的方式中，目的是寻求工程网络计划资源优化的是（　　）。

A．资源使用量最小条件下的合理工期安排

B．资源均衡使用条件下的最短工期安排

C．工程总成本最低条件下的资源均衡安排

D．工期固定条件下的资源均衡安排

22．（2021—115）工程网络计划优化的目的有（　　）。

A．使计算工期满足要求工期

B．按要求工期寻求资源需用量最小的计划安排

C．工期不变条件下资源强度最小

D．寻求工程总成本最低时的工期安排

E．工期不变条件下资源需用量尽可能均衡

23．（2022—69）工程网络计划优化的目的是寻求（　　）。

A. 最短工期条件下费用最少的计划安排

B. 工程总成本最低时的工期安排

C. 资源需用量最小时的工期安排

D. 工期固定前提下资源需用量最少的计划安排

习题答案及解析

1. A	2. BD	3. D	4. D	5. B
6. C	7. CD	8. C	9. C	10. CDE
11. D	12. A	13. C	14. D	15. AD
16. C	17. BCD	18. A	19. AD	20. D
21. D	22. ADE	23. B		

【解析】

1. A。在 2001、2002 年度的考试中，同样对本题涉及的采分点进行了考查。

8. C。工期优化是指网络计划的计算工期不满足要求工期时，通过压缩关键工作的持续时间以满足要求工期目标的过程。不管在什么情况下，总时差为零的工作一定是关键工作。

9. C。在 2003、2005、2008、2012、2013 年度的考试中，同样对本题涉及的采分点进行了考查，且提问形式基本与本题一致。

10. CDE。在 2000、2004、2016、2019 年度的考试中，同样对本题涉及的采分点进行了考查。

11. D。在 2005、2006、2007、2009 年度的考试中，同样对本题涉及的采分点进行了考查。

13. C。在 2000 年度的考试中，同样对本题涉及的采分点进行了考查。

15. AD。在 2000 年度的考试中，同样对本题涉及的采分点进行了考查，且提问形式基本与本题一致。

17. BCD。在 2007 年度的考试中，同样对本题涉及的采分点进行了考查。

19. AD。在 2001、2002、2004、2008、2009 年度的考试中，同样对本题涉及的采分点进行了考查，且提问形式基本与本题一致。

22. ADE。在 2001、2004、2013 年度的考试中，同样对本题涉及的采分点进行了考查，且提问形式基本与本题一致。

第六节　单代号搭接网络计划和多级网络计划系统

知识导学

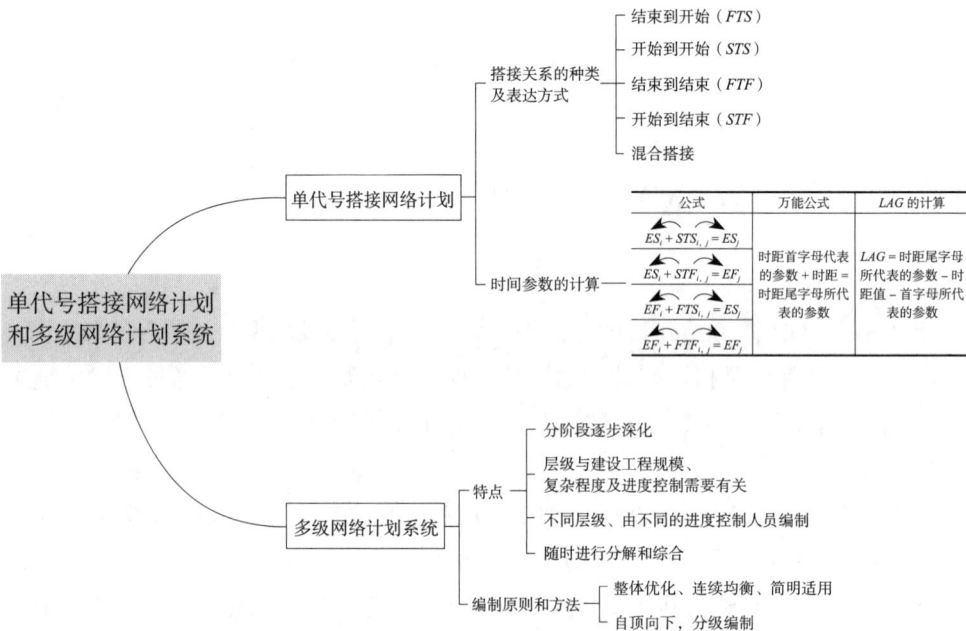

习题汇总

一、单代号搭接网络计划

（一）搭接关系的种类及表达方式

1.（2020—71）单代号搭接网络计划中，时距是指相邻两项工作之间的（　　）。

A. 时间间隔 B. 时间差值

C. 机动时间 D. 搭接时间

1. 结束到开始（FTS）的搭接关系

2.（2015—71）某分部工程由 A、B 工作组成，其中 A 工作结束 4d 后，B 工作开始。则 A、B 工作之间的搭接关系是（　　）。

A. 从开始到结束 B. 从结束到结束

C. 从结束到开始 D. 从开始到开始

2. 开始到开始（STS）的搭接关系

3. 在道路工程中，当路基铺设工作开始一段时间为路面浇筑工作创造一定条件之后，路面浇筑工作即可开始，路基铺设工作的开始时间与路面浇筑工作的开始时间之间的差值就是（　　）时距。

A. *FTS*　　　　　　　　　　　　　B. *STS*

C. *FTF*　　　　　　　　　　　　　D. *STF*

3. 结束到结束（*FTF*）的搭接关系

4. 在道路工程中，如果路基铺设工作的进展速度小于路面浇筑工作的进展速度时，须考虑为路面浇筑工作留有充分的工作面。路基铺设工作的完成时间与路面浇筑工作的完成时间之间的差值就是（　　）时距。

A. *FTS*　　　　　　　　　　　　　B. *STS*

C. *FTF*　　　　　　　　　　　　　D. *STF*

4. 开始到结束（*STF*）的搭接关系

5. 下图所示的搭接关系是（　　）。

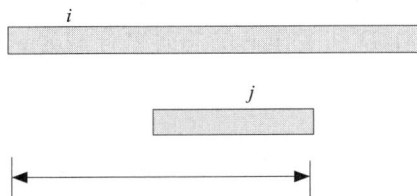

A. *FTS*　　　　　　　　　　　　　B. *STS*

C. *FTF*　　　　　　　　　　　　　D. *STF*

5. 混合搭接关系

本部分内容仅做了解即可。

（二）搭接网络计划示例

1. 计算工作的最早开始时间和最早完成时间

6.（2014—71）某工程单代号搭接网络计划如下图所示，其中 B 和 D 工作的最早开始时间是（　　）。

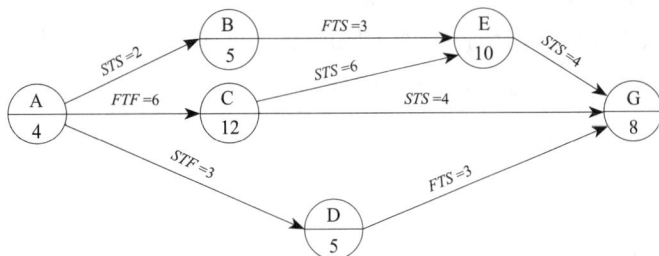

A. 4 和 4　　　　　　　　　　　　B. 6 和 7

C. 2 和 0　　　　　　　　　　　　D. 2 和 2

2. 计算相邻两项工作之间的时间间隔

7. 某工程单代号搭接网络计划如下图所示，节点中下方数字为该工作的持续时间，则工作 B 与工作 E 之间的时间间隔为（　　）。

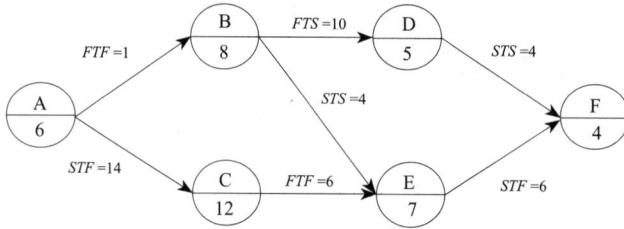

A．0	B．4
C．7	D．9

3．计算工作的时差

8．（2011—70）某工程单代号搭接网络计划中工作 B、D、E 之间的搭接关系和时间参数如下图所示，工作 D 和工作 E 的总时差分别为 6d 和 2d，则工作 B 的总时差为（　　）d。

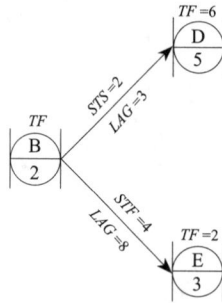

A．3	B．8
C．9	D．12

4．计算工作的最迟完成时间和最迟开始时间

9．某工程单代号搭接网络计划如下图所示，节点中下方数字为工作的持续时间，则工作 B 的最迟完成时间和最迟开始时间分别是（　　）。

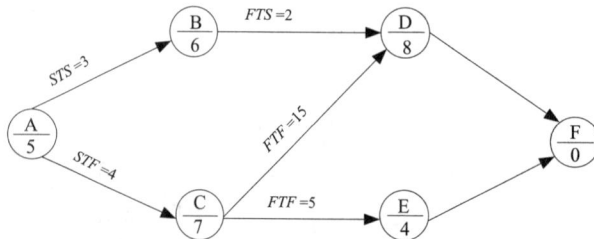

A．9，3	B．12，6

C. 11, 5   D. 12, 9

5. 确定关键线路

10. 某工程单代号搭接网络计划如下图所示，其中关键线路为（   ）。

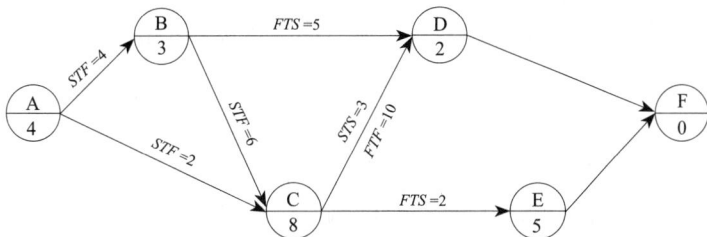

A. S→C→D→F   B. A→B→C→E→F

C. S→B→D→F   D. A→B→C→D→F

11.（2013—71）某工程单代号搭接网络计划如下图所示，其中关键工作是（   ）。

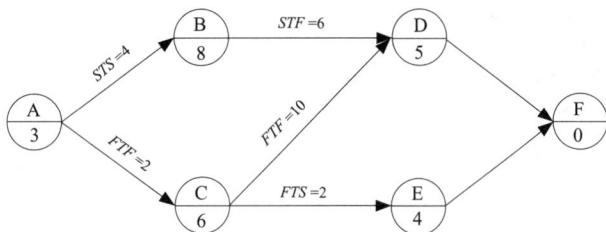

A. 工作 A 和工作 D   B. 工作 C 和工作 D

C. 工作 A 和工作 E   D. 工作 C 和工作 E

12.（2022—70）单代号搭接网络计划中，关键线路是指（   ）的线路。

A. 自始至终由关键节点组成   B. 自始至终由关键工作组成

C. 相邻两项工作之间时间间隔为零   D. 相邻两项工作之间时距为零

二、多级网络计划系统

13.（2016—116）关于建设工程多级网络计划系统的说法，正确的有（   ）。

A. 计划系统由不同层次网络计划组成

B. 处于同一层级的网络计划相互关联和搭接

C. 能够使用一个网络图来表达工程的所有工作内容

D. 进度计划通常采用自顶向下，分级编制的方法

E. 能够保证建设工程所需资源的连续性

（一）多级网络计划系统的特点

14. 多级网络计划系统除具有一般网络计划的功能和特点以外，还具有的特点有（   ）。

A. 多级网络计划系统应分阶段逐步深化

B. 多级网络计划系统可以随时进行分解和综合

C. 多级网络计划系统中的层级与建设工程规模、复杂程度及进度控制的需要有关

D. 不同层级的网络计划，应由一个人负责编制

E. 在多级网络计划系统中，不同层级的网络计划，应由不同层级的进度控制人员编制

（二）多级网络计划系统的编制原则和方法

1. 编制原则

15. 根据多级网络计划系统的特点，编制时应遵循（　　）原则。

A. 整体优化
B. 资源均衡

C. 连续均衡
D. 综合管理

E. 简明适用

2. 编制方法

16. 多级网络计划系统的编制必须采用（　　）的方法。

A. 自下而上，逐级编制

B. 应力求减少层级，简化网络计划

C. 先局部，后整体

D. 自顶向下、分级编制

习题答案及解析

1. B	2. C	3. B	4. C	5. D
6. C	7. D	8. C	9. B	10. A
11. B	12. C	13. ADE	14. ABCE	15. ABCE
16. D				

【解析】

6. C。工作最早开始时间和最早完成时间的计算应从网络计划的起点节点开始，顺着箭线方向依次进行。单代号搭接网络计划中的起点节点的最早开始时间为零，最早完成时间应等于其最早开始时间与持续时间之和。其他工作的最早开始时间和最早完成时间应根据时距进行计算。当某项工作的最早开始时间出现负值时，应将该工作与起点节点用虚箭线相连后，重新计算该工作的最早开始时间和最早完成时间。本题的计算过程如下图所示。相邻时距为 FTS 时，$ES_j=EF_i+FTS_{i,j}$；相邻时距为 STS 时，$ES_j=ES_i+STS_{i,j}$；相邻时距为 FTF 时，$EF_j=EF_i+FTF_{i,j}$；相邻时距为 STF 时，$EF_j=ES_i+STF_{i,j}$，$EF_j=ES_j+D_j$，$ES_j=EF_j-D_j$。

工作 B 的最早开始时间 $ES_B=ES_A+STS_{A,B}=0+2=2$；工作 A 与工作 D 之间的时距为 STF，所以 $EF_D=ES_A+STF_{A,D}=0+3=3$，$ES_D=EF_D-D_D=3-5=-2$，工作 D 的最早开始时间

出现负值，显然是不合理的，所以工作 D 的最早开始时间 $ES_D=0$，$EF_D=0+5=5$。

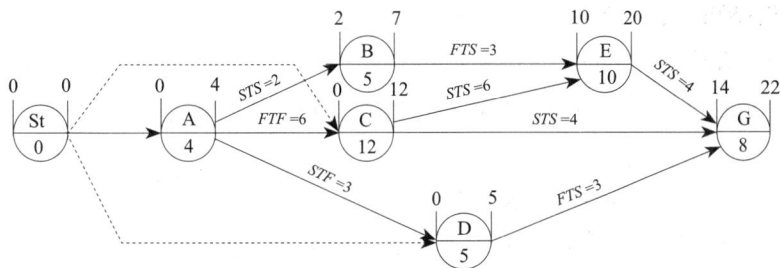

7. D。本题中各工作的最早开始时间、最早完成时间的计算如下：

（1）工作 A 的最早开始时间 =0，最早完成时间 =0+6=6。

（2）工作 B 的最早完成时间 =6+1=7，最早开始时间 =7-8=-1，出现负值，显然是不合理，应将该工作与起点节点用虚箭线相连，重新计算该工作的最早开始时间和最早完成时间，则工作 B 的最早开始时间 =0，最早完成时间 =0+8=8。

（3）工作 C 的最早完成时间 =0+14=14，最早开始时间 =14-12=2。

（4）工作 D 的最早开始时间 =8+10=18，最早完成时间 =18+5=23。

（5）工作 E 有两种搭接关系，应分别计算，并取最大值。STS 搭接时：工作 E 的最早开始时间 =0+4=4，最早完成时间 =4+7=11；FTF 搭接时：工作 E 的最早完成时间 =14+6=20，最早开始时间 =20-7=13；由此可以得出：工作 E 的最早完成时间 =20，最早开始时间 =13。

（6）工作 F 有两种搭接关系，应分别计算，并取最大值。STS 搭接时：工作 F 的最早开始时间 =18+4=22，最早完成时间 =22+4=26；STF 搭接时：工作 F 的最早完成时间 =13+6=19，最早开始时间 =19-4=15；由此可以得出：工作 F 的最早开始时间 =22，最早完成时间 =26。

计算结果如下图所示：

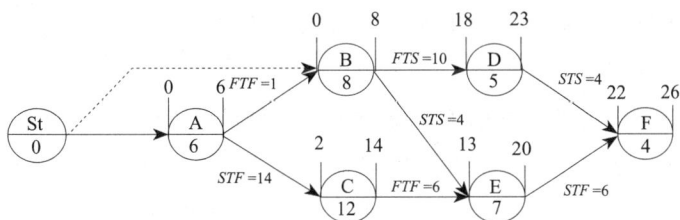

计算出最早开始时间、最早完成时间，再来计算时间间隔：

$LAG_{A-B}=8-1-6=1$；$LAG_{B-D}=18-10-8=0$；$LAG_{A-C}=14-14-0=0$；$LAG_{B-E}=13-4-0=9$；$LAG_{C-E}=20-6-14=0$；$LAG_{E-F}=26-6-13=7$；$LAG_{D-F}=22-4-18=0$。

8. C。工作 B 的总时差 =min{（3+6），（8+2）}=9d。

9. B。首先计算最早开始时间和最早完成时间，计算过程如下：

$ES_A=0$，$EF_A=0+5=5$。

$ES_B=ES_A+STS_{A,B}=0+3=3$，$EF_B=ES_B+D_B=3+6=9$。

$EF_C=ES_A+STF_{A,C}=0+4=4$，$ES_C=EF_C-D_C=4-7=-3$；出现负值，显然是不合理的，应将该工作与起点节点用虚箭线相连后，重新计算该工作的最早开始时间和最早完成时间。所以 $ES_C=0$，$EF_C=0+7=7$。

$EF_E=EF_C+FTF_{C,E}=7+5=12$；$ES_E=EF_E-D_E=12-4=8$。

工作 D 有两项紧前工作，两种时距关系，应分别计算：

（1）时距为 FTS：$ES_D=EF_B+FTS_{B,D}=9+2=11$，$EF_D=ES_D+D_D=11+8=19$；

（2）时距为 FTF：$EF_D=EF_C+FTF_{C,D}=7+15=22$，$ES_D=EF_D-D_D=22-8=14$；

取大值，则 $ES_D=14$，$EF_D=22$。

计算相邻两项工作之间的时间间隔，计算过程如下：

$LAG_{A,B}=ES_B-ES_A-STS_{A,B}=3-0-3=0$；

$LAG_{B,D}=ES_D-EF_B-FTS_{B,D}=14-9-2=3$；

$LAG_{A,C}=EF_C-ES_A-STF_{A,C}=7-0-4=3$；

$LAG_{C,D}=EF_D-EF_C-FTF_{C,D}=22-7-15=0$；

$LAG_{C,E}=EF_E-EF_C-FTF_{C,E}=12-7-5$；

$LAG_{E,F}=10$，$LAG_{D,F}=0$。

工作 D 总时差 $=3+0=3$，则工作 B 的最迟完成时间 $=9+3=12$；工作 B 的最迟开始时间 $=3+3=6$。

10. A。本题的计算过程如下：

（1）$ES_A=0$，$EF_A=4$；

（2）$EF_B=ES_A+STF_{A,B}=4$；$ES_B=EF_B-D_B=4-3=1$；

（3）工作 C 同时有两项紧前工作 A 和 B，应根据工作 C 与工作 A 和工作 B 之间的搭接关系分别计算期最早开始时间，然后从中取最大值。$F_C=\max\{(ES_A+STF_{A,C})$，$(ES_B+STF_{B,C})\}=\max\{(0+2)，(1+6)\}=7$，$ES_C=7-8=-1$，工作 C 的最早开始时间出现负值，这显然是不合理的，将工作 C 与虚拟工作 S（起点节点）用虚线箭相连，所以 $ES_C=0$，$EF_C=8$；

（4）工作 D 不仅有两项紧前工作 B 和 C，而且在该工作与其紧前工作 C 之间存在着两种搭接关系。这时，应分别计算后取其中的最大值。首先，根据工作 B 与工作 D 之间的 FTS 时距，$ES_D=EF_B+FTS_{B,D}=4+5=9$，$EF_D=9+2=11$；其次，根据工作 C 与工作 D 之间的 STS 时距，$ES_D=ES_C+STS_{C,D}=0+3=3$，$EF_D=3+2=5$；第三，根据工作 C 与工作 D 之间的 FTF 时距，$EF_D=EF_C+FTF_{C,D}=8+10=18$，$ES_D=EF_D-D_D=18-2=16$；因此 $ES_D=16$，$EF_D=18$；

（5）$ES_E=EF_C+FTS_{C,E}=8+2=10$，$EF_E=10+5=15$；

（6）$LAG_{A,B}=EF_B-ES_A-STF_{A,B}=4-0-4=0$，$LAG_{A,C}=EF_C-ES_A-STF_{A,C}=8-2-0=6$，

$LAG_{B,C}=EF_C-ES_B-STF_{B,C}=8-6-1=1$，$LAG_{B,D}=ES_D-EF_B-FTS_{B,D}=16-4-5=7$，$LAG_{C,D}=$ $\min\{(ES_D-ES_C-STS_{C,D}),(EF_D-EF_C-FTF_{C,D})\}=\min\{(16-0-3),(18-8-10)\}=0$，$LAG_{C,E}=ES_E-EF_C-FTS_{C,E}=10-8-2=0$。

由此可知，关键线路为 S→C→D→F。

11．B。本题中工作 A 的最早开始时间就等于零，即：$ES_A=0$。其他工作的最早开始时间和最早完成时间计算如下：

（1）$ES_B=ES_A+STS_{A,B}=0+4=4$；$EF_B=ES_B+D_B=4+8=12$。

（2）$EF_C=ES_A+FTF_{A,C}=3+2=5$，$ES_C=EF_C-D_C=5-6=-1$，工作 C 的最早开始时间出现负值，显然是不合理的。为此，应将工作 C 与虚拟工作 S（起点节点）用虚箭线相连，重新计算工作 C 的最早开始时间和最早完成时间得：$ES_C=0$，$EF_C=ES_C+D_C=0+6=6$。

（3）工作 D 同时有两项紧前工作 B 和 C，应根据工作 D 与工作 B 和工作 C 之间的搭接关系分别计算其最早开始时间，然后从中取最大值。首先，根据工作 D 与工作 B 之间的搭接关系，得：$EF_D=ES_B+STF_{B,D}=4+6=10$，$ES_D=EF_D-D_D=10-5=5$；其次，根据工作 D 与工作 C 之间的搭接关系，得：$EF_D=EF_C+FTF_{C,D}=6+10=16$，$ES_D=EF_D-D_D=16-5=11$。

（4）$ES_E=EF_C+FTS_{C,E}=6+2=8$，$EF_E=ES_C+D_E=8+4=12$。由此可得：$LAG_{A,C}=EF_C-EF_A-FTF_{A,C}=6-3-2=1$；$LAG_{A,B}=ES_B-ES_A-STS_{A,B}=4-0-4=0$；$LAG_{B,D}=EF_D-ES_B-STF_{B,D}=16-4-6=6$；$LAG_{C,D}=EF_D-EF_C-FTF_{C,D}=16-6-10=0$；$LAG_{C,E}=ES_E-EF_C-FTS_{C,E}=8-2-6=0$；关键线路为 S→C→D→F，所以关键工作为工作 C、工作 D。

在 2003、2004、2005、2006、2007、2008、2009、2010、2011、2012 年度的考试中，同样对本题涉及的采分点进行了考查。

12．C。在 2004、2006、2016、2019 年度的考试中，同样对本题涉及的采分点进行了考查。

第四章
建设工程进度计划实施中的监测与调整

第一节　实际进度监测与调整的系统过程

知识导学

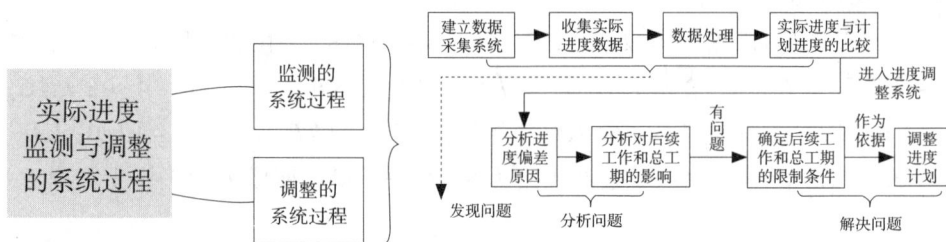

习题汇总

一、进度监测的系统过程

（一）进度计划执行中的跟踪检查

1.（2003—71）在建设工程进度计划的实施过程中，监理工程师控制进度的关键步骤是（　　）。

A．加工处理收集到的实际进度数据

B．调查分析进度偏差产生的原因

C．实际进度与计划进度的对比分析

D．跟踪检查进度计划的执行情况

2．在建设工程进度监测过程中，计划执行信息的主要来源，进度和调整的依据是（　　）。

A．实际进度与计划进度的对比分析　　　B．对实际进度数据的加工处理

C．对进度计划执行情况进行跟踪检查　　　D．对实际进度数据的统计分析

3．（2016—74）下列工作内容中，属于进度监测系统过程的是（　　）。

A．分析进度偏差产生的原因　　　　　　B．提出调整进度计划的措施

C．现场实施检查工程进展情况　　　　　D．分析进度偏差对总工期的影响

4．（2006—72）在建设工程进度监测过程中，定期召开现场会议属于（　　）的主要方式。

A．实际进度与计划进度的对比分析　　　B．实际进度数据的加工处理

C．进度计划执行中的跟踪检查　　　　　D．实际进度数据的统计分析

（二）实际进度数据的加工处理

5．（2018—78）下列工作中，属于建设工程进度监测系统过程中工作内容的是（　　）。

A．分析进度偏差产生的原因

B．实际进度数据的加工处理

C．确定后续工作和总工期的限制条件

D．分析进度偏差对后续工作的影响

（三）实际进度与计划进度的对比分析

6．（2021—71）下列工作中，属于建设工程进度监测系统过程中工作内容的是（　　）。

A．分析进度偏差产生的原因　　　　　　B．分析进度偏差对工期的影响

C．确定工期的限制条件　　　　　　　　D．比较实际进度与计划进度

7．（2004—73）在建设工程进度计划实施中，进度监测的系统过程包括以下工作内容：①实际进度与计划进度的比较；②收集实际进度数据；③数据整理、统计、分析；④建立进度数据采集系统；⑤进入进度调整系统。其正确的顺序是（　　）。

A．①—③—④—②—⑤　　　　　　　　B．④—③—②—①—⑤

C．④—②—③—①—⑤　　　　　　　　D．②—④—③—①—⑤

8．（2012—117）建设工程进度监测系统过程中的工作内容有（　　）。

A．分析进度偏差产生的原因

B．收集实际进度数据

C．实际进度与计划进度的比较

D．分析进度偏差对后续工作的影响

E．实际进度数据的加工处理

二、进度调整的系统过程

（一）分析进度偏差产生的原因

9．在建设工程进度调整的系统过程中，首先应进行的工作是（　　）。

A．分析产生进度偏差的原因

B．分析进度偏差对后续工作及总工期的影响

C．采取措施调整进度计划

D．确定工期和后续工作的限制条件

（二）分析进度偏差对后续工作和总工期的影响

10.（2005—72）在建设工程进度调整的系统过程中，当分析进度偏差产生的原因之后，首先需要（　　）。

A. 确定后续工作和总工期的限制条件

B. 采取措施调整进度计划

C. 实施调整后的进度计划

D. 分析进度偏差对后续工作和总工期的影响

11.（2014—72）进度计划实施过程中，一旦发现进度偏差，应采取措施对进度计划进行调整，下列工作中属于进度调整系统过程的是（　　）。

A. 对实际进度数据进行加工处理

B. 将实际进度与计划进度进行对比分析

C. 计算进度偏差

D. 分析进度偏差对后续工作和总工期的影响

12.（2022—71）下列工作中，属于建设工程进度调整系统过程中工作内容的是（　　）。

A. 分析实际进度偏差对总工期的影响　　B. 整理实际进度数据

C. 实际进度与计划进度的对比分析　　D. 采集实际进度数据

（三）确定后续工作和总工期的限制条件

13.（2010—72）下列工作中，属于建设工程进度调整过程中实施内容的是（　　）。

A. 确定后续工作和总工期的限制条件　　B. 加工处理实际进度数据

C. 现场实地检查工程进展情况　　D. 定期召开现场会议

（四）采取措施调整进度计划

14.（2007—72）在建设工程进度调整的系统过程中，采取措施调整进度计划时，应当以（　　）为依据。

A. 本工作及后续工作的总时差　　B. 本工作及后续工作的自由时差

C. 非关键工作所拥有的机动时间　　D. 总工期和后续工作的限制条件

（五）实施调整后的进度计划

15.（2015—117）建设工程进度调整系统过程的主要过程有（　　）。

A. 实际进度与计划进度的对比分析　　B. 现场实地检查工程进展情况

C. 采取措施调整进度计划　　D. 分析偏差产生的原因

E. 确定后续工作和总工期的限制条件

习题答案及解析

1. D	2. C	3. C	4. C	5. B
6. D	7. C	8. BCE	9. A	10. D
11. D	12. A	13. A	14. D	15. CDE

【解析】

5．B。在 2011 年度的考试中，同样对本题涉及的采分点进行了考查，且提问形式与选项设置基本与本题一致。

6．D。在 2020 年度的考试中，同样对本题涉及的采分点进行了考查。

15．CDE。在 2009、2013 度的考试中，同样对本题涉及的采分点进行了考查，且提问形式与选项设置基本与本题一致。

第二节　实际进度与计划进度的比较方法

知识导学

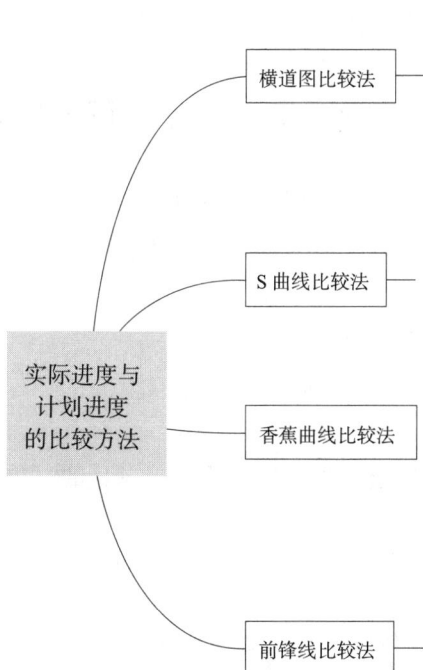

横道图比较法
（1）粗线右端落在左侧，表明实际进度拖后。
（2）粗线右端落在右侧，表明实际进度超前。
（3）粗线右端与检查日期重合，表明实际进度与计划进度一致。
（4）上方累计百分比 > 下方累计百分比：拖欠任务量为二者差。
（5）上方累计百分比 < 下方累计百分比：超前任务量为二者差。
（6）上方累计百分比 = 下方累计百分比：表明实际进度与计划进度一致

S 曲线比较法

实际进展点	结论	两者间距离	两者间距离的含义
在计划 S 曲线右侧	实际进度落后	竖直	拖欠的任务量
		水平	落后的时间
在计划 S 曲线左侧	实际进度超前	竖直	超额的任务量
		水平	超前的时间
与 S 曲线延长线相交	实际进度落后	延长的水平	工期拖延预测值 ΔT

实际进度与计划进度的比较方法

香蕉曲线比较法

前锋线比较法

直观反映	表明关系		预测影响	
实际进展位置点	实际进度	拖后或超前时间	对后续工作影响	对总工期影响
落在检查日左侧	拖后	检查时刻 - 位置点时刻	超过自由时差就影响，超几天就影响几天	超过总时差就影响，超几天就影响几天
与检查日重合	一致	0	不影响	不影响
落在检查日右侧	超前	位置点时刻 - 检查时刻	需结合其他工作分析	需结合其他工作分析

习题汇总

一、横道图比较法

（一）匀速进展横道图比较法

1．（2001—69）当采用匀速进展横道图比较工作实际进度与计划进度时，如果表示实际进度的横道线右端点落在检查日期的左侧，该端点与检查日期的距离表示工作（　　）。

  A．拖欠的任务量   B．实际少投入的时间

  C．进度超前的时间   D．实际多投入的时间

  2．（2002—69）当采用匀速进展横道图比较工作实际进度与计划进度时，如果表示实际进度的横道线右端点落在检查日期的右侧，则该端点与检查日期的距离表示工作（　　）。

  A．实际多投入的时间   B．进度超前的时间

  C．实际少投入的时间   D．进度拖后的时间

  3．（2003—72）当采用匀速进展横道图比较法比较工作实际进度与计划进度时，如果表示工作实际进度的横道线右端点落在检查日期的左侧，则检查日期与该横道线右端点的差距表示（　　）。

  A．进度超前的时间   B．超额完成的任务量

  C．进度拖后的时间   D．尚待完成的任务量

（二）非匀速进展横道图比较法

  4．（2006—73）采用非匀速进展横道图比较法比较工作实际进度与计划进度时，涂黑粗线的长度表示该工作的（　　）。

  A．计划完成任务量   B．实际完成任务量

  C．实际进度偏差   D．实际投入的时间

  5．采用非匀速进展横道图比较法比较工作实际进度与计划进度时，如果同一时刻横道线上方累计百分比大于横道线下方累计百分比，表明（　　）。

  A．实际进度提前   B．实际进度拖后

  C．超前的任务量   D．实际投入的时间

  6．（2013—72）某混凝土工程计划进度与实际进度如下图所示，以总量的百分比计，该图表明本工程（　　）。

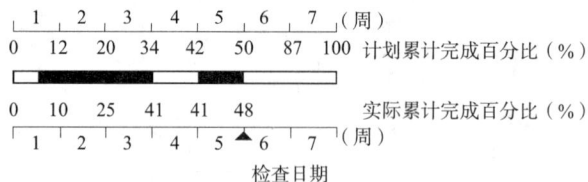

```
    ├─1─┼─2─┼─3─┼─4─┼─5─┼─6─┼─7─┤(周)
    0   12  20  34  42  50  87  100  计划累计完成百分比（%）
    ├───┼■■■┼■■■┼───┼■■■┼───┼───┤
    0   10  25  41  41  48       实际累计完成百分比（%）
    ├─1─┼─2─┼─3─┼─4─┼─5─┼▲6─┼─7─┤(周)
                          检查日期
```

  A．第1周内实际进度超前5%

  B．第3周内实际进度超前2%

  C．第4周内实际进度拖后1%

  D．第5周内实际进度拖后2%

  7．（2014—115）某分项工程的计划进度与4月底检查的实际进度如下图所示，从图中获得的正确信息有（　　）。

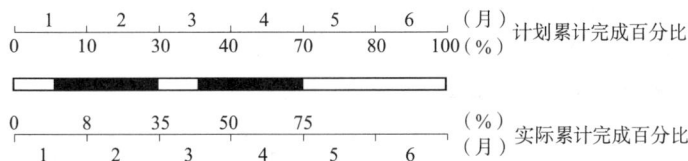

A. 第 1 月实际进度拖后 2%

B. 第 2 月实际进度超前，当月超前 5%

C. 第 3 月实际进度超前，当月超前 5%

D. 第 4 月实际进度拖后，当月拖后 5%

E. 到 4 月底实际进度累计超前 5%

8.（2017—117）某工作计划进度与实际进度如下图所示，由此可得正确的结论有（ ）。

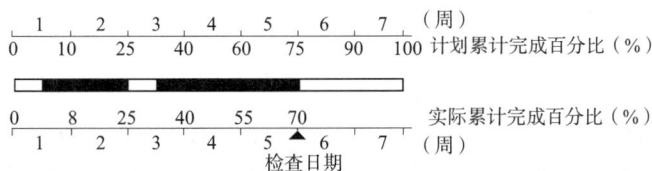

A. 第 1 周后连续工作没有中断

B. 在第 2 周内按计划正常进行

C. 在第 3 周后半周末按计划进行

D. 截至第 4 周末拖欠 5% 的任务量

E. 截至检查日期实际进度拖后

9.（2018—118）某分项工程的计划进度与 1 ~ 6 月检查的实际进度如下图所示，从图中资料可知正确的有（ ）。

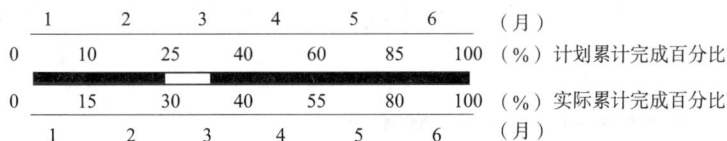

A. 第 1 月实际进度拖后 5%   B. 第 2 月实际进度超前 5%

C. 第 3 月实际进度与计划进度相同   D. 第 4 月实际进度拖后 5%

E. 5 月底实际进度累计拖后 5%

10.（2019—117）某项工作的计划进度、实际进度横道图如下图所示，检查时间为第 6 周末。图中正确的信息有（ ）。

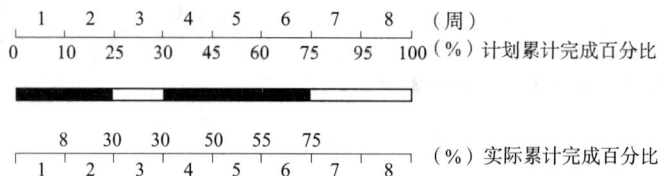

A．第 1 周末进度正常　　　　　　　　　B．第 2 周末进度拖延 5%

C．第 3 周没有作业　　　　　　　　　　D．第 5 周末进度超前 5%

E．检查日的进度正常

11．（2020—73）某工作计划进度和实际进度横道图如下图所示，图中表明的正确信息是（　　）。

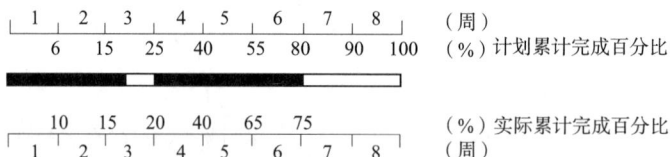

A．前 6 周连续施工　　　　　　　　　　B．第 2 周进度正常

C．第 4 周末进度正常　　　　　　　　　D．第 6 周进度正常

12．（2021—72）某工程横道计划如下图所示，图中表明的正确信息是（　　）。

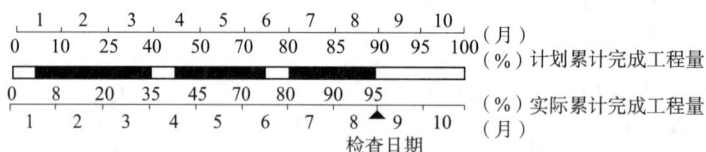

A．截至检查日期，进度超前　　　　　　B．前 3 个月连续施工，进度正常

C．第 4 个月中断施工，进度拖后　　　　D．前 6 个月连续施工，进度正常

13．某工作计划进度与实际进度如下图所示，从图中可获得的正确信息有（　　）。

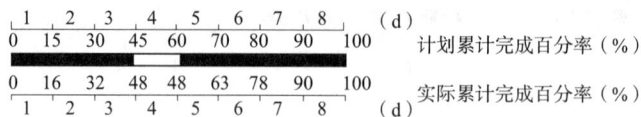

A．前 3d 实际进度和计划进度均为匀速进展

B．第 6 天计划工作量大于实际完成工作量

C．实际施工时间与计划施工时间相同

D．第 4 天实际停工 1d

E．第 5 天至第 6 天实际进度为匀速进展

14．（2022—72）某工程横道计划如下图所示，图中表明的正确信息是（　　）。

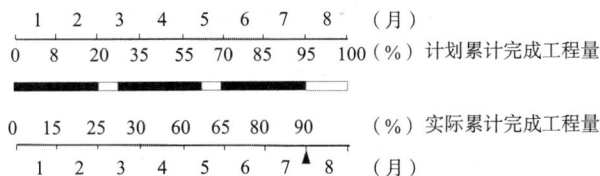

```
     1    2    3    4    5    6    7    8    (月)
     0    8   20   35   55   70   85   95  100 (%) 计划累计完成工程量

     0   15   25   30   60   65   80   90      (%) 实际累计完成工程量

     1    2    3    4    5    6    7    8    (月)
```

A. 第 2 个月连续施工，进度超前

B. 第 3 个月连续施工，进度拖后

C. 第 5 个月中断施工，进度超前

D. 前 2 个月连续施工，进度超前

二、S 曲线比较法

15.（2005—73）当利用 S 曲线比较实际进度与计划进度时，如果检查日期实际进展点落在计划 S 曲线的左侧，则该实际进展点与计划 S 曲线在纵坐标方向的距离表示工程项目（　）。

A. 实际进度超前的时间
B. 实际进度拖后的时间
C. 实际超额完成的任务量
D. 实际拖欠的任务量

16.（2007—73）当利用 S 曲线比较实际进度与计划进度时，如果检查日期实际进展点落在计划 S 曲线的右侧，则该实际进展点与计划 S 曲线在横坐标方向的距离表示工程项目（　）。

A. 实际进度超前的时间
B. 实际进度拖后的时间
C. 实际超额完成的任务量
D. 实际拖欠的任务量

17.（2008—73）当利用 S 曲线比较工程项目的实际进度与计划进度时，如果检查日期实际进展点落在计划 S 曲线的左侧，则该实际进展点与计划 S 曲线在水平方向的距离表示工程项目（　）。

A. 实际超额完成的任务量
B. 实际拖欠的任务量
C. 实际进度拖后的时间
D. 实际进度超前的时间

18.（2009—73）已知某钢筋工程每周计划完成的工程量和第 1～4 周实际完成的工程量见下表，则截至第 4 周末工程实际进展点落实在计划 S 曲线的（　）。

时间（周）	1	2	3	4	5	6	7
每周计划工程量（t）	160	210	250	260	200	160	100
每周实际工程量（t）	200	220	210	200	—	—	—

A. 左侧，表明此时实际进度比计划进度拖后 60t

B. 右侧，表明此时实际进度比计划进度超前 60t

C. 左侧，表明此时实际进度比计划进度超前 50t

D. 右侧，表明此时实际进度比计划进度拖后 50t

19.（2010—73）在利用 S 曲线比较建设工程实际进度与计划进度时，如果检查日期实际进展点落在计划 S 曲线的右侧，则该实际进展点与计划 S 曲线在纵坐标方向的距离表示该工程（   ）。

A．实际进度超前的时间   B．实际超额完成的任务量

C．实际进度拖后的时间   D．实际拖欠的任务量

20.（2012—72）某混凝土工程计划累计完成工程量的 S 曲线和每天实际完成工程量如下图和下表所示，则第 4 天下班时刻该工程累计拖欠的工程量为（   ）m³。

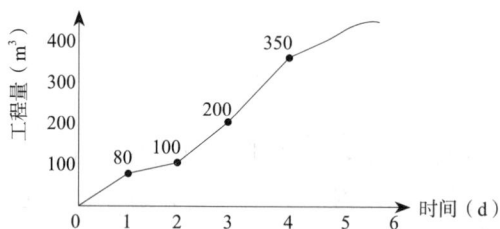

时间（d）	1	2	3	4	…
每天实际完成工程量（m³）	90	20	80	100	…

A．20   B．50

C．60   D．150

21.（2013—118）某钢筋工程计划进度和实际进度 S 曲线如下图所示，从图中可以看出（   ）。

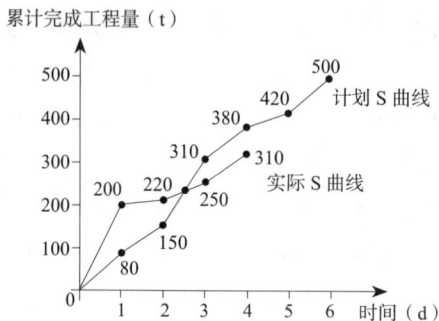

A．第 1 天末该工程实际拖欠的工程量为 120t

B．第 2 天末实际进度比计划进度超前 1d

C．第 3 天末实际拖欠的工程量 60t

D．第 4 天末实际进度比计划进度拖后 1d

E．第 4 天末实际拖欠工程量 70t

22.（2018—73）某分项工程月计划工程累计曲线（单位：万 m³）如下图所示，该

工程 1 ～ 4 月份实际工程量分别为 6 万 m³、7 万 m³、8 万 m³ 和 15 万 m³，则通过比较获得的正确结论是（　　）。

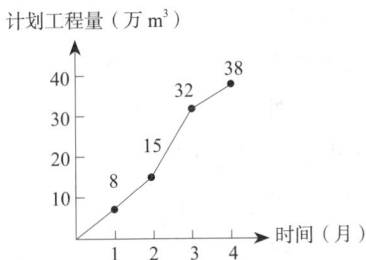

A．第 1 月实际工程量比计划工程量超额 2 万 m³

B．第 2 月实际工程量比计划工程量超额 2 万 m³

C．第 3 月实际工程量比计划工程量拖欠 2 万 m³

D．4 月底累计实际工程量比计划工程量拖欠 2 万 m³

23．（2019—73）某工作实施过程中的 S 曲线如下图所示，图中 a 和 b 两点的进度偏差状态是（　　）。

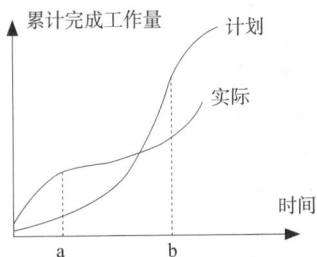

A．a 点进度拖后和 b 点进度拖后　　　　B．a 点进度拖后和 b 点进度超前

C．a 点进度超前和 b 点进度拖后　　　　D．a 点进度超前和 b 点进度超前

24．（2021—116）采用 S 曲线比较工程实际进度与计划进度，可获得的信息有（　　）。

A．工程实际拥有的总时差

B．工程实际进展情况

C．工程实际进度超前或拖后的时间

D．工程实际超额或拖欠完成的任务量

E．后期工程进度预测值

三、香蕉曲线比较法

（一）香蕉曲线比较法的作用

25．采用香蕉曲线比较法的主要作用有（　　）。

A. 详细分析项目进展情况　　　　B. 合理安排工程项目进度计划

C. 后期工程进度的预测　　　　　D. 预测后期工程进展趋势

E. 定期比较工程项目的实际进度与计划进度

26. 采用香蕉曲线比较工程实际进度与计划进度，如果工程实际进展点落在 *ES* 曲线的左侧，表明此刻实际进度比各项工作（　　）。

A. 按最早开始时间安排的计划进度拖后

B. 按最迟开始时间安排的计划进度拖后

C. 按最早开始时间安排的计划进度超前

D. 按最迟开始时间安排的计划进度超前

27. 采用香蕉曲线比较工程实际进度与计划进度，如果工程实际进展点落在 *ES* 曲线的右侧，表明此刻实际进度比各项工作（　　）。

A. 按其最早开始时间安排的计划进度拖后

B. 按其最迟开始时间安排的计划进度拖后

C. 按其最早开始时间安排的计划进度超前

D. 按其最迟开始时间安排的计划进度超前

（二）香蕉曲线的绘制方法

28.（2016—72）用来比较实际进度与计划进度的香蕉曲线法中，组成香蕉曲线的两条线分别是按各项工作的（　　）安排绘制的。

A. 最早开始时间和最迟开始时间

B. 最迟开始时间和最迟完成时间

C. 最早开始时间和最早完成时间

D. 最早开始时间和最迟完成时间

四、前锋线比较法

29.（2011—73）下列方法中，既能比较工作的实际进度与计划进度，又能分析工作的进度偏差对工程总工期影响程度的是（　　）。

A. 匀速进展横道图比较法　　　　B. S 曲线比较法

C. 非匀速进展横道图比较法　　　D. 前锋线比较法

30.（2011—118）某工程双代号时标网络计划进行到第 6 周末和第 10 周末时，检查其实际进度如下图前锋线所示，由图可以看出（　　）。

A. 第 6 周末检查时，工作 A 拖后 2 周，不影响总工期

B. 第 6 周末检查时，工作 E 进展正常，不影响总工期

C. 第 6 周末检查时，工作 G 尚未开始，不影响总工期

D. 第 10 周末检查时，工作 H 拖后 1 周，不影响总工期

E. 第 10 周末检查时，工作 J 拖后 1 周，不影响总工期

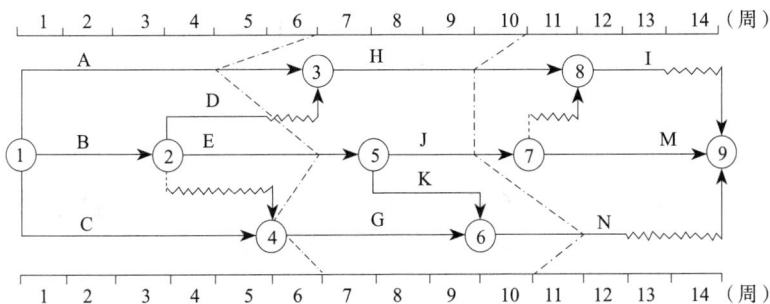

31.（2013—73）某工程双代号时标网络计划执行到第 5 周末时，实际进度前锋线如下图所示。从图中可以看出（ ）。

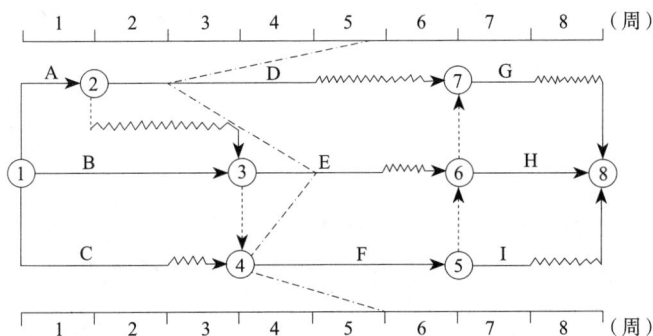

A．工作 D 拖延 2 周，不影响工期

B．工作 E 拖延 1 周，影响工期 1 周

C．工作 F 拖延 2 周，影响工期 2 周

D．工作 D 拖延 3 周，不影响后续工作

32.（2016—118）某工程双代号时标网络计划执行至第 20 天和第 60 天时，检查实际进度如下图前锋线所示，由图可以得出的结论有（ ）。

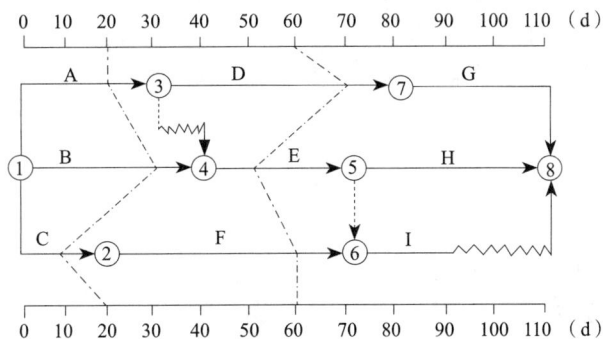

A．第 20 天检查时，工作 A 进度正常，不影响总工期

B．第 20 天检查时，工作 B 拖后 10d，影响总工期

C．第 20 天检查时，工作 C 拖后 10d，不影响总工期

D．第 60 天检查时，工作 D 提前 10d，不影响总工期

E．第 60 天检查时，工作 E 拖后 10d，影响总工期

33．（2017—118）某工程双代号时标网络计划进行到第 30 天和第 70 天时，检查其实际进度绘制的前锋线如下图所示，由此可得正确的结论有（　　）。

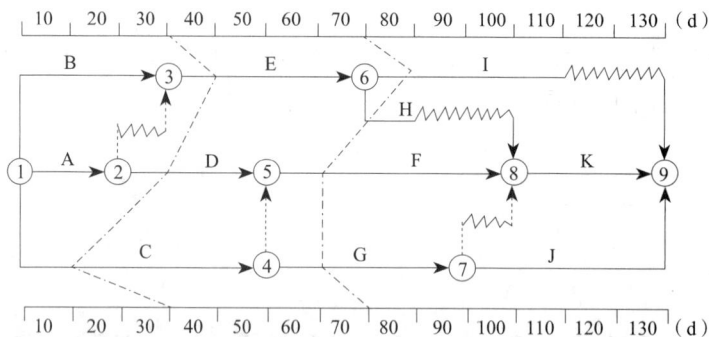

A．第 30 天检查时，工作 C 实际进度提前 10d，不影响总工期

B．第 30 天检查时，工作 D 实际进度正常，不影响总工期

C．第 70 天检查时，工作 G 实际进度拖后 10d，影响总工期

D．第 70 天检查时，工作 F 实际进度拖后 10d，不影响总工期

E．第 70 天检查时，工作 H 实际进度正常，不影响总工期

34．（2018—117）某工程双代号时标网络计划执行到第 5 周和第 11 周时，检查其实际进度如下图前锋线所示，由图可以得出的正确结论有（　　）。

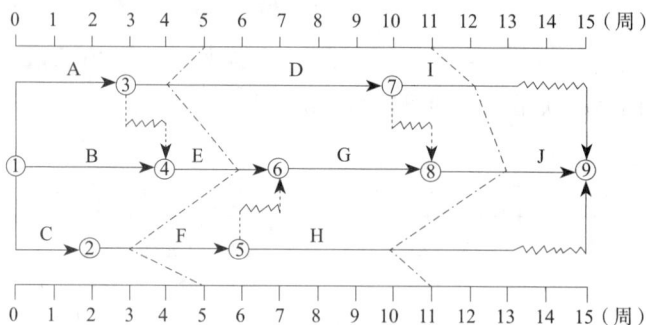

A．第 5 周检查时，工作 D 拖后 1 周，不影响总工期

B．第 5 周检查时，工作 E 提前 1 周，影响总工期

C．第 5 周检查时，工作 F 拖后 2 周，不影响总工期

D．第 11 周检查时，工作 J 提前 2 周，影响总工期

E．第 11 周检查时，工作 H 拖后 1 周，不影响总工期

35.（2019—118）某双代号时标网络计划执行过程中的实际进度前锋线如下图所示，计划工期为 12 周，图中正确的信息有（ ）。

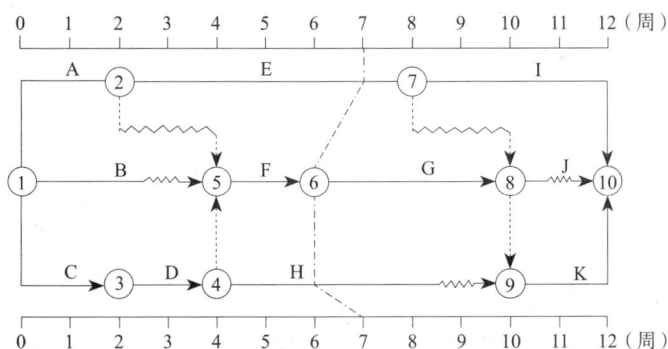

A．工作 E 进度正常，不影响总工期

B．工作 G 进度拖延 1 周，影响总工期 1 周

C．工作 H 进度拖延 1 周，影响总工期 1 周

D．工作 I 最早开始时间调后 1 周，计算工期不变

E．根据第 7 周末的检查结果，压缩工作 K 的持续时间 1 周，计划工期不变

36.（2020—117）某工程时标网络计划实施至第 7 周末检查绘制的实际进度前锋线如下图所示，前锋线上各项工作实际进度及其影响程度正确的有（ ）。

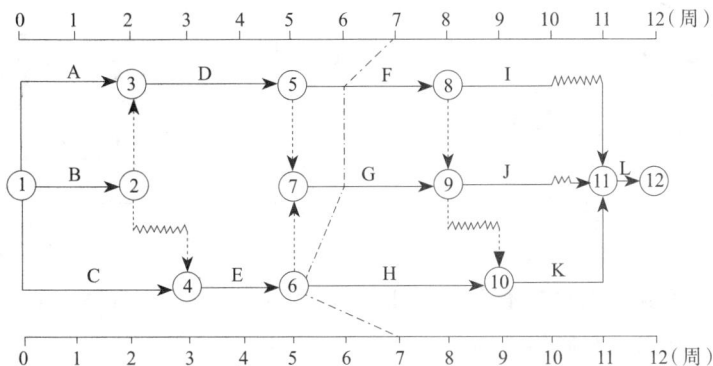

A．F 工作拖延 1 周，影响 I 工作 1 周

B．F 工作拖延 1 周，影响总工期 1 周

C．G 工作正常，不影响后续工作及总工期

D．H 工作拖延 2 周，影响 K 工作 2 周

E．H 工作拖延 2 周，影响总工期 2 周

37.（2021—117）某工程进度计划执行到第 6 月底和第 9 月底绘制的实际进度前锋线如下图所示，图中表明的正确信息有（ ）。

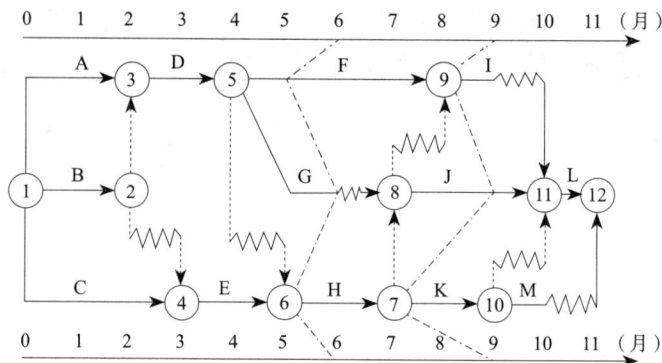

A．工作 F 在第 6 月底检查时拖后 1 个月，不影响工期

B．工作 G 在第 6 月底检查时进度正常，不影响工期

C．工作 H 在第 6 月底检查时拖后 1 个月，不影响工期

D．工作 I 在第 9 月底检查时拖后 1 个月，不影响工期

E．工作 K 在第 9 月底检查时拖后 2 个月，影响工期 1 个月

38．某工程进度计划执行到第 4 月底和第 8 月底的前锋线如下图所示，图中表明的正确信息有（　　）。

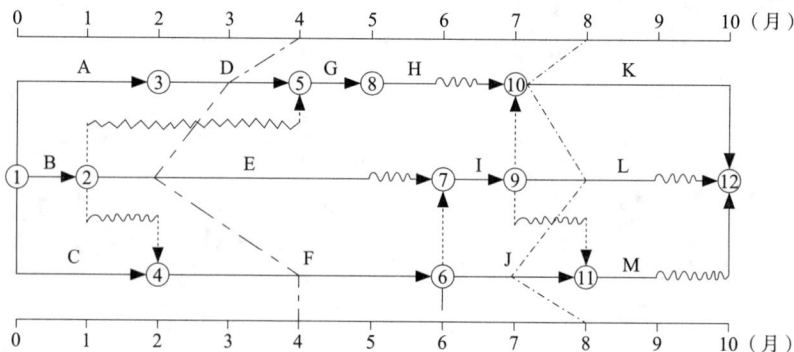

A．工作 D 在第 4 月底检查时拖后 1 个月，影响工期 1 个月

B．工作 E 在第 4 月底检查时拖后 2 个月，不影响工期

C．工作 F 在第 4 月底检查时进度正常，不影响工期

D．工作 K 在第 8 月底检查时拖后 1 个月，影响工期 1 个月

E．工作 J 在第 8 月底检查时拖后 1 个月，影响工期 1 个月

五、列表比较法

39．采用列表比较法进行实际进度与计划进度的比较，如果工作尚有总时差大于原有总时差，说明（　　）。

A．该工作实际进度超前

B．该工作实际进度拖后

C．实际进度偏差不影响总工期

D．实际进度偏差不影响后续工作

40．采用列表比较法进行实际进度与计划进度的比较，如果工作尚有总时差小于原有总时差，且仍为非负值，说明（　　）。

A．该工作实际进度超前

B．该工作实际进度拖后

C．实际进度偏差影响总工期

D．实际进度偏差不影响后续工作

41．采用列表比较法进行实际进度与计划进度的比较，如果工作尚有总时差小于原有总时差，且为负值，说明（　　）。

A．该工作实际进度超前

B．该工作实际进度拖后

C．实际进度偏差影响总工期

D．实际进度偏差不影响后续工作

E．原进度计划可以不做调整

42．（2022—116）建设工程实际进度与计划进度比较方法中，只能从工程整体进度角度比较分析实际进度与计划进度的方法有（　　）。

A．S曲线比较法　　　　　　　　　　B．前锋线比较法

C．横道图比较法　　　　　　　　　　D．香蕉曲线比较法

E．列表比较法

习题答案及解析

1．A	2．B	3．C	4．D	5．B
6．B	7．ACDE	8．CDE	9．DE	10．CE
11．C	12．A	13．ADE	14．D	15．C
16．B	17．D	18．D	19．D	20．C
21．CDE	22．D	23．C	24．BCDE	25．BDE
26．C	27．B	28．A	29．D	30．BCD
31．C	32．ACE	33．BCE	34．ABDE	35．ABE
36．ADE	37．ABDE	38．CD	39．A	40．B
41．BC	42．AD			

【解析】

横道图比较法和前锋线比较法是每年的必考考点，每年都会有一道单项选择题或者多项选择题，上述仅列出了部分真题题目，考生要掌握解题方法。

6. B。在横道线上方标出混凝土工程工作每周计划累计完成任务量的百分比，分别为12%、20%、34%、42%、50%；在横道线下方标出第1周至第5周每周实际累计完成任务量的百分比，分别为10%、25%、41%、41%、48%；从图中可以看出，该工作在第1周内实际进度比计划进度拖后2%，第2周内实际进度比计划进度提前7%，第3周内实际进度比计划进度提前2%，第4周内实际进度比计划进度拖后8%；第5周实际进度比计划进度拖后1%。

7. ACDE。由图可知，第1个月计划累计完成10%，实际累计完成8%，实际进度拖后2%。第2个月计划累计进度完成30%-10%=20%，实际累计完成35%-8%=27%，当月超前27%-20%=7%。第3个月计划累计完成40%-30%=10%，实际累计完成50%-35%=15%，当月超前15%-10%=5%。第4个月计划累计完成70%-40%=30%，实际累计完成75%-50%=25%，当月拖后30%-25%=5%。到4月底计划累计完成70%，实际累计完成75%，超前5%。

8. CDE。第1周后未连续工作，第3周前半周未工作。故A选项错误。第2周内计划完成为25%-10%=15%，实际完成为25%-8%=17%。故B选项错误。第3周末计划完成40%，第3周末实际完成40%。故C选项正确。第4周末计划完成60%，第4周末实际完成55%，拖欠60%-55%=5%的任务量。故D选项正确。第5周末计划完成75%，第5周末实际完成70%，实际进度拖后75%-70%=5%的任务量。故E选项正确。

9. DE。第1月实际进度超前5%。故A选项错误。第2月实际进度与计划进度任务量相同。故B选项错误。第3月实际进度比计划进度拖后5%。故C选项错误。

10. CE。第1周末实际累计完成了8%，而计划累计需要完成10%，拖后了2%。第2周末实际累计完成了30%，而计划累计需要完成25%，超前了5%。第3周末实际累计完成了30%，与第2周末实际累计完成的百分比相同，说明第3周没有作业。第5周末实际累计完成了55%，而计划累计需要完成60%，拖后了5%。第6周末实际累计完成了75%，而计划累计需要完成75%，进度正常。

11. C。第3周末连续施工。故A选项错误。第2周计划应完成15%-6%=9%，实际完成15%-10%=5%，比计划进度拖后4%。故B选项错误。第6周计划应完成80%-55%=25%，实际完成75%-65%=10%，比计划进度拖后15%。故D选项错误。

12. A。B选项，前3个月未连续施工，进度拖后5%；C选项，第4个月中断施工，当月实际进度与计划进度一致均为10%；D选项，前6个月未连续施工，进度正常。

13. ADE。前3d每天的实际进度均为16%，计划进度均为15%，是匀速进展；第6天计划工作量为80%-70%=10%，而实际工作量为78%-63%=15%，实际工作量大于计划工作量；计划实施时间为8d，实际施工时间为7d，计划施工时间大于实际施工时间；第4天实际停工1d；第5天实际进度为63%-48%=15%，第6天实际进度为78%-63%=15%，第5天实际进度等于第6天实际进度。

14. D。A选项错误，第2个月连续施工，进度拖后。计划进度：20%-8%=12%；

实际进度：25%－15%=10%。B 选项错误，第 3 个月中断施工，进度拖后。计划进度：35%－20%=15%；实际进度：30%－25%=5%。C 选项错误，第 5 个月中断施工，进度拖后。计划进度：70%－55%=15%；实际进度：65%－60%=5%。D 选项正确，前 2 个月连续施工，进度超前。计划进度 20%，实际进度 25%。

18. D。第 4 周末累计的计划工程量 =160+210+250+260=880t，第 4 周末累计的实际工程量 =200+220+210+200=830t，累计的实际工程量－累计的计划工程量 =830－880=－50t，这就说明实际进度比计划进度拖后 50t，实际进展点落在计划 S 曲线的右侧。

20. C。根据题意可知第 4 天累计实际完成的工程量为 90+20+80+100=290m³，根据 S 曲线可得第 4 天计划累计完成的工程量为 350m³，故第 4 天该工程累计拖欠的工程量为 350－290=60m³。

21. CDE。第 1 天末该工程实际超额完成的工程量为 =200－80=120t；第 2 天末实际进度比计划进度超前，但不能确定是 1d；第 3 天末实际拖欠的工程量 =310－250=60t；第 4 天末实际进度与计划进度第 3 天的工程量相同，因此进度拖后 1d；第 4 天末实际拖欠的工程量 =380－310=70t。

22. D。第 1 月实际工程量比计划工程量拖欠 2 万 m³。故 A 选项错误。第 2 月计划工程量为 15－8=7 万 m³，与实际工程量一致。故 B 选项错误。第 3 月计划工程量为 32－15=17 万 m³，实际工程量比计划工程量拖欠 9 万 m³。故 C 选项错误。4 月底累计实际工程量为 6+7+8+15=36 万 m³，比计划工程量拖欠 2 万 m³。故 D 选项正确。

30. BCD。由于工作 A 的总时差为 1 周，在第 6 周末检查时，工作 A 拖后 2 周，会使总工期拖后 1 周。工作 E 在第 6 周末检查时，实际进展位置点与检查日期重复，因此，工作 E 进展正常，不影响总工期。在第 6 周末检查时，工作 G 的实际进展位置点落在该工作的开始节点上，说明尚未开始工作，由于工作 G 的总时差为 2 周，因此拖后 1 周不会影响总工期。由于工作 H 的总时差为 1 周，在第 10 周末检查时，工作 H 拖后 1 周，不会影响总工期。工作 J 为关键工作，拖后 1 周会使总工期拖后 1 周。

31. C。由图可以看出，工作 D 拖延 3 周，因为工作 D 有 3 周的总时差，2 周的自由时差，因此其拖延不影响工期，但影响后续工作 1 周；故 A、D 选项均不正确。工作 E 拖延 1 周，不影响工期，因为其总时差为 1 周，故选项 B 错误。工作 F 拖延 2 周，将影响工期 2 周，因为工作 F 为关键工作，故 C 选项正确。

32. ACE。第 20 天检查时，工作 A 进度正常，不影响总工期；工作 B 提前 10d，工作 B 为关键工作，总工期将提前 10d；工作 C 拖后 10d，其总时差为 20d，不影响总工期。故 B 选项错误、A、C 选项正确。第 60 天检查时，工作 D 提前 10d，工作 D 为关键工作，将使总工期提前 10d；工作 E 拖后 10d，工作 E 为关键工作，将使总工期拖后 10d。故 D 选项错误、E 选项正确。

33. BCE。第 30 天检查时，工作 C 拖后 20d，其总时差为 0，将影响总工期 20d，故 A 选项错误。工作 D 实际进度正常，不影响总工期，故 B 选项正确。第 70 天检查时，工作 G 拖后 10d，其总时差为 0，将影响总工期 10d，故 C 选项正确。工作 F 拖后 10d，其总时差为 0，将影响总工期 10d，故选 D 项错误。工作 H 实际进度正常，不影响总工期，故 E 选项正确。

34．ABDE。第 5 周检查时，工作 D 拖后 1 周，因其有 1 周的总时差，不影响总工期。故 A 选项正确。工作 E 提前 1 周，因其在关键线路上，所以影响总工期。故 B 选项正确。工作 F 拖后 2 周，因其只有 1 周的总时差，影响总工期。故 C 选项错误。第 11 周检查时，工作 J 提前 2 周，因其在关键线路上，所以影响总工期。故 D 选项正确。工作 H 拖后 1 周，因其有 2 周的总时差，不影响总工期。故 E 选项正确。

35．ABE。工作 E 已经工作了 5 周，说明进度正常，不影响总工期。故 A 选项正确。工作 G 本应该在第 7 周末计划工作 1 周，但实际还未开始工作，进度拖延 1 周；工作 G 为关键工作，因此，会影响总工期 1 周。故 B 选项正确。工作 H 虽然拖延 1 周，但有 2 周的总时差，因此不会影响总工期。故 C 选项错误。由于工作 E 进度正常，工作 I 最早开始时间不会改变，计算工期由于工作 G 进度拖延会拖延。故选项 D 错误。由于工作 G 进度拖延 1 周，通过压缩工作 G 或工作 K 的持续时间 1 周，计划工期会不变。故 E 选项正确。

36．ADE。第 7 周末检查时，F 工作拖延 1 周，F 工作总时差为 1 周，自由时差为 0，不影响总工期，影响后续 I 工作 1 周。故 A 选项正确，B 选项错误。第 7 周末检查时，G 工作拖延 1 周，G 工作总时差为 1 周，自由时差为 0，不影响总工期，影响后续 J 工作、K 工作 1 周。故 C 选项错误。第 7 周末检查时，H 工作拖延 2 周，H 工作总时差、自由时差均为 0，影响后续 K 工作 2 周、影响总工期 2 周。故 D、E 选项正确。

37．ABDE。本题的关键线路为 C→E→H→J→L。6 月底检查时，工作 F 拖延 1 个月，但其总时差为 1 个月，所以不影响总工期。故 A 选项正确。6 月底检查时，工作 G 施工正常，不影响总工期。故 B 选项正确。6 月底检查时，工作 H 拖延 1 个月，但其总工期为 0，所以影响总工期 1 个月。故 C 选项错误。9 月底检查时，工作 I 拖延 1 个月，但其总时差为 1 个月，所以不影响总工期。故 D 选项正确。9 月底检查时，工作 K 拖延 2 个月，但其总时差为 1 个月，所以影响总工期 1 个月。所以 E 选项正确。

38．CD。工作 D 在第 4 月底检查时拖后 1 个月，但是有 1 个月的总时差，不影响工期，故 A 选项错误。工作 E 在第 4 月底检查时拖后 2 个月，总工期为 1 个月，影响工期 1 个月，故 B 选项错误。工作 F 在第 4 月底检查时进度正常，不影响工期，故 C 选项正确。工作 K 在第 8 月底检查时拖后 1 个月，为关键工作，所以影响工期 1 个月，故 D 选项正确。工作 J 在第 8 月底检查时拖后 1 个月，总时差为 1 个月，不影响工期，故 E 选项错误。

> **提示：**
> 若图上有两条以上检查折线，折线之间的检查情况互不影响。

第三节　进度计划实施中的调整方法

知识导学

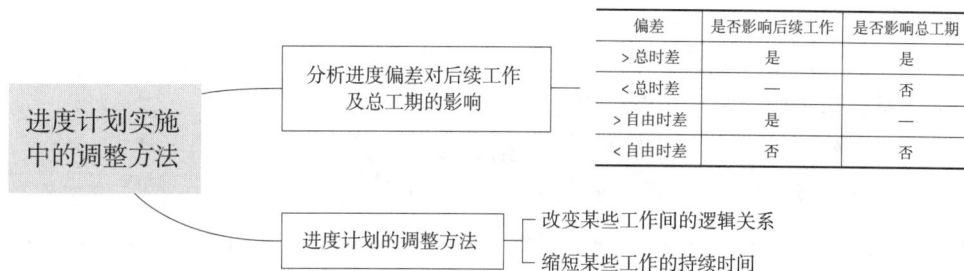

偏差	是否影响后续工作	是否影响总工期
>总时差	是	是
<总时差	—	否
>自由时差	是	—
<自由时差	否	否

进度计划实施中的调整方法

分析进度偏差对后续工作及总工期的影响

进度计划的调整方法——改变某些工作间的逻辑关系／缩短某些工作的持续时间

习题汇总

一、分析进度偏差对后续工作及总工期的影响

1. 分析出现进度偏差的工作是否为关键工作

1. 在工程项目实施过程中，当通过实际进度与计划进度的比较，发现有进度偏差时，需要分析该偏差对后续工作及总工期的影响，首先应进行的工作是（　　）。

　　A. 分析出现进度检查的工作是否为关键工作

　　B. 分析进度偏差是否超过总时差

　　C. 分析进度偏差是否超过自由时差

　　D. 分析相关工作的逻辑关系

2. 分析进度偏差是否超过总时差

2.（2006—74）在建设工程网络计划实施中，某项工作实际进度拖延的时间超过其总时差时，如果不改变工作之间的逻辑关系，则调整进度计划的方法是（　　）。

　　A. 减小关键线路上该工作后续工作的自由时差

　　B. 缩短关键线路上该工作后续工作的持续时间

　　C. 对网络计划进行"资源有限、工期最短"的优化

　　D. 减小关键线路上该工作后续工作的总时差

3.（2007—74）下列关于某项工作进度偏差对后续工作及总工期的影响的说法中，正确的是（　　）。

　　A. 工作的进度偏差大于该工作的总时差时，则此进度偏差只影响后续工作

　　B. 工作的进度偏差大于该工作的总时差时，则此进度偏差只影响总工期

　　C. 工作的进度偏差未超过该工作的自由时差时，则此进度偏差不影响后续工作

　　D. 非关键工作出现进度偏差时，则此进度偏差不会影响后续工作

4.（2014—73）某工程进度计划执行过程中，发现某工作出现进度偏差，但该偏差未影响总工期，则说明该项工作的进度偏差（   ）。

A. 大于该工作的总时差

B. 小于该工作的总时差

C. 大于该工作的自由时差

D. 小于该工作的自由时差

5.（2020—74）工程网络计划中某工作的实际进度偏差小于总时差时，则该工作实际进度造成的后果是（   ）。

A. 对后续工作无影响，对工期有影响

B. 影响后续工作的最早开始时间，对工期有影响

C. 对后续工作无影响，对工期无影响

D. 对后续工作不一定有影响，对工期无影响

6.（2022—73）工程进度计划实施中检查发现，某工作进度拖后 5d，该工作总时差和自由时差分别是 6d 和 2d，则该工作实际进度偏差对总工期及后续工作的影响是（   ）。

A. 影响总工期，但不影响后续工作

B. 不影响总工期，但影响后续工作

C. 既不影响总工期，也不影响后续工作

D. 影响总工期，也影响后续工作

3. 分析进度偏差是否超过自由时差

7.（2011—74）在工程网络计划执行过程中，如果某项工作的进度偏差超过自由时差时，则该工作（   ）。

A. 实际进度影响工程总工期

B. 实际进度影响其紧后工作的最早开始时间

C. 由非关键工作转变为关键工作

D. 总时差大于零

8.（2019—74）某工程进度计划执行过程中，发现某工作出现了进度偏差，经分析该偏差仅对后续工作有影响而对总工期无影响，则该偏差值应（   ）。

A. 大于总时差，小于自由时差

B. 大于总时差，大于自由时差

C. 小于总时差，小于自由时差

D. 小于总时差，大于自由时差

9.（2021—73）工程网络计划中，某工作的总时差和自由时差均为 2 周。计划实施过程中经检查发现，该工作实际进度拖后 1 周。则该工作实际进度偏差对后续工作及总工期的影响是（   ）。

A. 对后续工作及总工期均有影响

B. 对后续工作及总工期均无影响

C. 影响后续工作，但不影响总工期

D. 影响总工期，但不影响后续工作

二、进度计划的调整方法

（一）改变某些工作间的逻辑关系

10.（2005—74）在建设工程进度计划的执行过程中，缩短某些工作的持续时间是调整建设工程进度计划的有效方法之一，这些被压缩的工作应该是关键线路和超过计划工期的非关键线路上（　）的工作。

A．持续时间较长　　　　　　　　　B．直接费用率最小

C．所需资源有限　　　　　　　　　D．自由时差为零

11.（2013—74）通过改变某些工作间逻辑关系的方法调整进度计划时，应选择（　）。

A．具有工艺逻辑关系的有关工作

B．超过计划工期的非关键线路上的有关工作

C．可以增加资源投入的有关工作

D．持续时间可以压缩的有关工作

12.（2018—74）当实际进度偏差影响总工期时，通过改变某些工作的逻辑关系来调整进度计划的具体做法是（　）。

A．将顺序进行的工作改为搭接进行

B．增加劳动量来缩短某些工作的持续时间

C．提高某些工作的劳动效率

D．组织有节奏的流水施工

13.（2021—118）工程网络计划执行过程中，因工作实际进度拖后而需要调整工程进度计划时，可采用的调整方法有（　）。

A．调整某些工作的工艺关系

B．将某些顺序作业的工作改为平行作业

C．将某些顺序作业的工作改为搭接作业

D．将某些平行作业的工作改为搭接作业

E．将某些平行作业的工作改为分段组织流水作业

（二）缩短某些工作的持续时间

14.调整进度计划时，可以不改变工程项目中各项工作之间的逻辑关系，而通过采取（　）措施来缩短某些工作的持续时间，使工程进度加快，以保证按计划工期完成该工程项目。

A．增加资源投入　　　　　　　　　B．将顺序作业改为搭接作业

C．提高劳动效率　　　　　　　　　D．将顺序作业改为平行作业

E．分段组织流水作业

15.（2015—118）采用缩短某项工作持续时间的方法来调整建设项目进度计划，需要满足的要求有（　）。

A．改变非关键线路上有关工作的逻辑关系

B. 优先压缩自由时差大的工作持续时间

C. 有关工作的进度拖延时间不能超过总时差

D. 采用增加资源投入措施

E. 被压缩持续时间的工作位于超过计划工期的非关键线路上

16.（2016—73）当某项工作实际进度拖延的时间超过其总时差而需要调整进度计划时，应考虑该工作的（　　）。

A. 资源需求量　　　　　　　　　　B. 后续工作的限制条件

C. 自由时差的大小　　　　　　　　D. 紧后工作的数量

17.（2021—74）工程网络计划实施中，因实际进度拖后而需要通过压缩某些工作的持续时间来调整计划时，应选择（　　）的工作压缩其持续时间。

A. 持续时间最长　　　　　　　　　B. 自由时差最小

C. 总时差最小　　　　　　　　　　D. 时间间隔最大

18.（2014—116）工程实际进度偏差影响到总工期时，可采用（　　）等方法调整进度计划。

A. 缩短某些关键工作的持续时间　　B. 将顺序作业改为搭接作业

C. 增加劳动力，提高劳动效率　　　D. 保证资源的供应

E. 将顺序作业改为平行作业

19.（2022—74）工程网络计划实施过程中，当某项工作实际进度拖后而影响工程总工期时，在不改变工作逻辑关系的前提下，可通过（　　）的方法有效缩短工期。

A. 缩短某些工作持续时间　　　　　B. 组织搭接或平行作业

C. 减少某些工作机动时间　　　　　D. 分段组织流水施工

习题答案及解析

1. A	2. B	3. C	4. B	5. D
6. B	7. B	8. D	9. B	10. B
11. B	12. A	13. BC	14. AC	15. DE
16. B	17. C	18. ABCE	19. A	

【解析】

6. B。工作的总时差是指在不影响总工期的前提下，本工作可以利用的机动时间。进度拖后 5d，未超过总时差 6d，因此不影响总工期。工作的自由时差是指在不影响其紧后工作最早开始时间的前提下，本工作可以利用的机动时间。进度拖后 5d，超过自由时差 2d，因此影响后续工作。

8. D。在 2010 年度的考试中，同样对本题涉及的采分点进行了考查。

12. A。在 2009 年度的考试中，同样对本题涉及的采分点进行了考查。

17. C。在 2020 年度的考试中，同样对本题涉及的采分点进行了考查。

第五章
建设工程设计阶段进度控制

第一节 设计阶段进度控制的意义和工作程序

知识导学

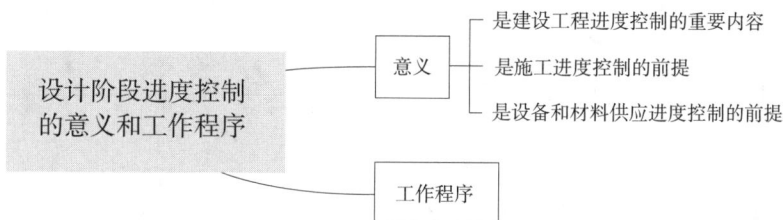

设计阶段进度控制的意义和工作程序 —— 意义 ——
- 是建设工程进度控制的重要内容
- 是施工进度控制的前提
- 是设备和材料供应进度控制的前提

设计阶段进度控制的意义和工作程序 —— 工作程序

习题汇总

一、设计阶段进度控制的意义

1. 关于设计阶段进度控制的说法，正确的有（　　）。

A. 设计进度控制是施工进度控制的前提

B. 设计进度控制是控制建设工程造价的关键环节

C. 设计进度控制是建设工程进度控制的重要内容

D. 设计进度控制是建设工程质量控制的重要内容

E. 设计进度控制是设备和材料供应进度的前提

二、设计阶段进度控制工作程序

2. 建设工程设计阶段进度控制的主要任务是（　　）。

A. 选择设计单位　　　　　　　　　B. 出图控制

C. 确定规划设计条件　　　　　　　D. 设备供应进度控制

3. 建设工程设计阶段进度控制工作包括：①定期比较实际进度与计划进度；②编制出图计划；③分析偏差原因，提出进度加快措施；④判断是否有偏差。正确的工作流程（　　）。

    A．②④③①
               B．①④②③

    C．②①④③
               D．①②④③

习题答案及解析

    1．ACE   2．B   3．C

第二节　设计阶段进度控制目标体系

知识导学

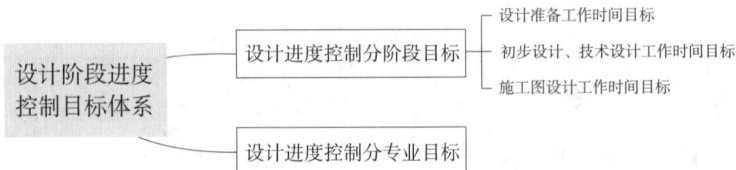

习题汇总

一、设计进度控制分阶段目标

（一）设计准备工作时间目标

    1．设计准备工作阶段的时间目标包括（　　）。

    A．规划设计条件的确定
        B．设计基础资料的提供

    C．选定设计单位、商签设计合同
    D．设计分析和评审

    E．确定施工图设计

1．确定规划设计条件

    2．项目的规划设计条件，应由（　　）持建设项目的批准文件和确定的建设用地通知书，向城市规划管理部门申请确定拟建。

    A．施工单位
               B．设计单位

    C．监理工程师单位
          D．建设单位

2．提供设计基础资料

    3．设计单位进行工程设计的主要依据是（　　）。

    A．建筑总平面布置图
        B．设计基础资料

    C．应批准的可行性研究报告
    D．建设项目的投资额度

3．选定设计单位、商签设计合同

    4．在选定设计单位后,应由（　　）就设计费用及委托合同中的一些细节进行谈判、磋商，双方取得一致意见后即可签订委托设计合同。

  A．建设单位和设计单位   B．建设单位和监理单位

  C．监理工程师和建设单位   D．监理工程师和设计单位

（二）初步设计、技术设计工作时间目标

  5．（2002—75）在工程建设设计进度控制计划体系中，需要考虑设计分析评审的工作时间安排的进度计划是（ ）。

  A．各专业详细的出图计划   B．施工图设计工作进度计划

  C．初步设计工作进度计划   D．设计作业进度计划

  6．在工程建设设计进度控制计划体系中，需要考虑设计分析和评审的工作时间安排的进度计划是（ ）。

  A．设计作业进度计划   B．各专业详细的出图计划

  C．初步设计工作进度计划   D．施工图设计工作进度计划

（三）施工图设计工作时间目标

  7．施工图设计应根据（ ）进行编制，它是工程施工的主要依据。

  A．批准的初步设计文件   B．主要设备订货情况

  C．规划设计条件   D．设计基础资料

  E．可行性研究报告

二、设计进度控制分专业目标

  本部分内容仅做了解即可。

习题答案及解析

  1．ABC   2．D   3．B   4．A   5．C

  6．C   7．AB

第三节　设计进度控制措施

知识导学

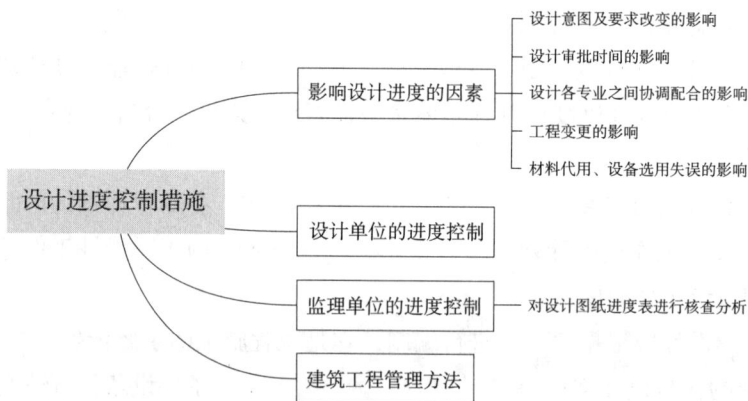

习题汇总

一、影响设计进度的因素

1.（2019—75）在建设工程设计阶段，会对进度造成影响的因素之一是（　　）。

A. 可行性研究

B. 建设意图及要求

C. 工程材料供货洽谈

D. 设计合同洽谈

2.（2020—118）影响建设工程设计进度的因素有（　　）。

A. 建设项目工作编码体系不全

B. 工程进度计划系统结构不合理

C. 工程建设意图和要求改变

D. 设计各专业之间协调配合不畅

E. 材料代用、设备选用失误

二、设计单位的进度控制

3. 为了履行设计合同，按期提交施工图设计文件，设计单位可以采取（　　）措施控制建设工程设计进度。

A. 建立健全设计技术经济定额，并按定额要求进行计划的编制与考核

B. 编制切实可行的设计总进度计划、阶段性设计进度计划和设计进度作业计划

C. 坚持按基本建设程序办事，尽量避免进行"边设计、边准备、边施工"的"三边"设计

D．一成不变地按照设计进度计划办事

E．审查进度计划的合理性和可行性

三、监理单位的进度监控

4．（2011—75）监理工程师受建设单位委托控制建设工程设计进度时，应主要审核设计单位的（　　）。

A．技术经济定额　　　　　　　　　B．技术经济责任制

C．设计图纸进度表　　　　　　　　D．设计质量考核制度

5．（2012—75）监理单位监控设计进度的工作是（　　）。

A．建立健全设计技术经济定额

B．编制设计总进度计划

C．核查分析设计图纸进度

D．组织设计各专业之间的协调配合

6．（2015—75）监理单位受业主委托实施设计进度监控的工作内容是（　　）。

A．建立健全设计技术经济定额

B．编制切实可行的设计进度计划

C．推行限期设计管理模式

D．落实专门负责设计进度控制的人员

7．（2016—75）下列设计进度控制工作中，属于监理单位进度监控工作的是（　　）。

A．认真实施设计进度计划

B．编制切实可行的设计总进度计划

C．编制阶段性设计进度计划

D．定期比较分析设计完成情况与计划进度

8．（2018—75）项目监理机构控制设计进度时，在设计工作开始之前应审查设计单位编制的（　　）。

A．进度计划的合理性和可行性

B．技术经济定额的合理性和可行性

C．设计准备工作计划的完整性

D．材料设备供应计划的合理性

9．（2022—75）监理工程师在设计阶段进度控制的工作内容是（　　）。

A．确定规划设计条件　　　　　　　B．编制设计总进度计划

C．审查设计单位提交的进度计划　　D．填写设计进度表

四、建筑工程管理方法

10．（2001—75）建筑工程管理（CM）方法的特点是，在建设项目初步设计文件被批准后，将施工图设计、施工招标及施工进行分阶段组织实施，并在全部工程竣工前，

将已完部分工程分期分批交付使用。这样有利于（　　）。

A. 组织多个设计单位完成施工图设计

B. 组织多个施工单位完成施工任务

C. 缩短建设工期，尽早获得收益

D. 建设项目设计、施工招标及施工的管理

11.（2003—74）建筑工程管理（CM）方法的特点是（　　）。

A. 使设计与施工能够充分地搭接，实现分期分批交付使用

B. 待施工图设计全部完成后，再分阶段施工，分期分批交付使用

C. 分阶段进行施工图设计，待工程全部竣工后一并交付使用

D. 使设计与施工能够充分地搭接，待工程全部竣工后一并交付使用

12.（2021—75）建筑工程管理（CM）方法是指工程实施采用（　　）的生产组织方式。

A. 敏捷作业   B. 关键路径

C. 精益作业   D. 快速路径

13. 当采用建筑工程管理方法时，关于监理工程师的工作，说法正确的是（　　）。

A. 只需负责施工方面的监理职能

B. 只需负责设计方面的协调工作

C. 只需负责设计方面的管理与协调工作

D. 不仅要负责设计方面的管理与协调工作，同时还有施工方面的监理职能

习题答案及解析

1. B	2. CDE	3. ABC	4. C	5. C
6. D	7. D	8. A	9. C	10. C
11. A	12. D	13. D		

【解析】

1. B。在2009年度的考试中，同样对本题涉及的采分点进行了考查。

2. CDE。在2014年度的考试中，同样对本题涉及的采分点进行了考查。

5. C。在2005、2008、2011年度的考试中，同样对本题涉及的采分点进行了考查。

6. D。在2006年度的考试中，同样对本题涉及的采分点进行了考查。

7. D。在2004年度的考试中，同样对本题涉及的采分点进行了考查。

8. A。在2007、2010、2013年度的考试中，同样对本题涉及的采分点进行了考查。

11. A。在2002年度的考试中，同样对本题涉及的采分点进行了考查。

第六章

建设工程施工阶段进度控制

第一节　施工阶段进度控制目标的确定

知识导学

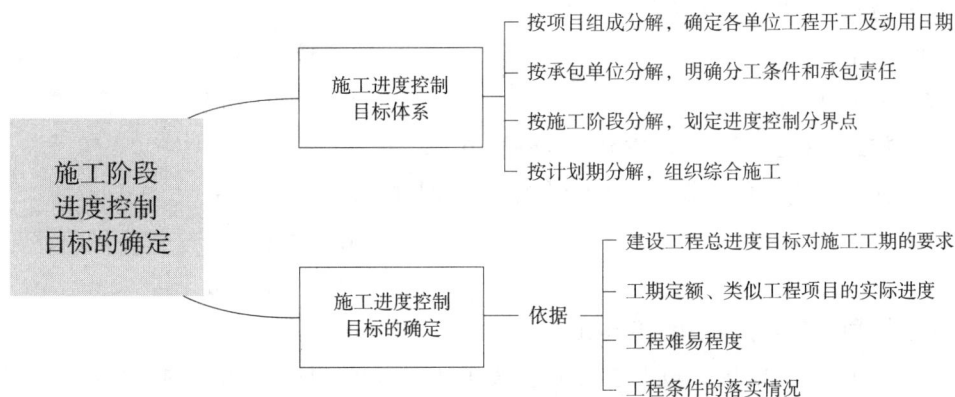

习题汇总

一、施工进度控制目标体系

1. （2003—75）为了有效地控制建设工程施工进度，建立施工进度控制目标体系时应（　　）。

　　A. 首先确定短期目标，然后再逐步明确总目标

　　B. 首先按施工阶段确定目标，然后综合考虑确定总目标

　　C. 将施工进度总目标从不同角度层层分解

　　D. 将施工进度总目标直接按计划期分解

（一）按项目组成分解，确定各单位工程开工及动用日期

2. （2004—76）在施工进度控制目标体系中，用来明确各单位工程的开工和交工动用日期，以确保施工总进度目标实现的子目标是按（　　）分解的。

　　A．项目组成　　　　　　　　　　　B．计划期

　　C．承包单位　　　　　　　　　　　D．施工阶段

　　3．（2005—77）在建设工程施工阶段，按项目组成分解建设工程施工进度总目标是指（　　）。

　　A．明确各承包商之间的工作交接条件和时间

　　B．确定各单位工程的开工及交工动用日期

　　C．明确设备采购及安装等各阶段的起止时间标志

　　D．确定年度、季度、月（旬）工程量及形象进度

　　4．（2009—76）为了有效地控制施工进度，要将施工进度总目标从不同角度进行层层分解，其中按项目组成分解总目标的是（　　）。

　　A．单位工程动用时间　　　　　　　B．土建工程完工日期

　　C．一季度进度目标　　　　　　　　D．二期（年）工程进度目标

（二）按承包单位分解，明确分工条件和承包责任

　　5．在一个单位工程中有多个承包单位参加施工时，应按（　　）将单位工程的进度目标分解，确定出各分包单位的进度目标。

　　A．项目组成　　　　　　　　　　　B．计划期

　　C．承包单位　　　　　　　　　　　D．施工阶段

（三）按施工阶段分解，划定进度控制分界点

　　6．如某土建工程可分为基础、结构和内外装修阶段。这是按（　　）分解的。

　　A．项目组成　　　　　　　　　　　B．计划期

　　C．承包单位　　　　　　　　　　　D．施工阶段

（四）按计划期分解，组织综合施工

　　7．将工程项目的施工进度控制目标按年度、季度、月（或旬）进行分解，并用实物工程量、货币工作量及形象进度表示，将更有利于监理工程师明确对各承包单位的进度要求，这是按（　　）分解的。

　　A．项目组成　　　　　　　　　　　B．计划期

　　C．承包单位　　　　　　　　　　　D．施工阶段

　　8．（2014—117）施工阶段进度控制目标体系可按（　　）进行分解。

　　A．计划期　　　　　　　　　　　　B．年度投资计划

　　C．施工阶段　　　　　　　　　　　D．项目组成

　　E．设计图纸交付顺序

二、施工进度控制目标的确定

　　9．（2013—76）确定施工进度控制目标时需要考虑的因素是（　　）。

　　A．工程项目的技术和经济可行性

　　B．各类物资储备时间和储备量计划

C. 设计总进度计划对施工工期的要求

D. 工程难易程度和工程条件落实情况

10.（2020—76）可作为建设工程施工进度控制目标确定依据的是（   ）。

A. 各专业施工进度控制时间分界点

B. 工程施工承发包模式及其合同结构

C. 施工进度计划的工作分解结构

D. 工期定额、类似工程项目的实际进度

11.（2021—119）确定建设工程施工进度分解目标时，需要考虑的因素有（   ）。

A. 合理安排土建与设备的综合施工   B. 尽早提供可动用单元

C. 同类工程建设经验   D. 承包单位控制能力

E. 外部协作条件配合情况

习题答案及解析

1. C	2. A	3. B	4. A	5. C
6. D	7. B	8. ACD	9. D	10. D
11. ABCE				

【解析】

8. ACD。在 2002 年度的考试中，同样对本题涉及的采分点进行了考查。

10. D。在 2001、2006、2008、2013、2016、2018 年度的考试中，同样对本题涉及的采分点进行了考查。

11. ABCE。在 2010 年度的考试中，同样对本题涉及的采分点进行了考查。

第二节 施工阶段进度控制的内容

知识导学

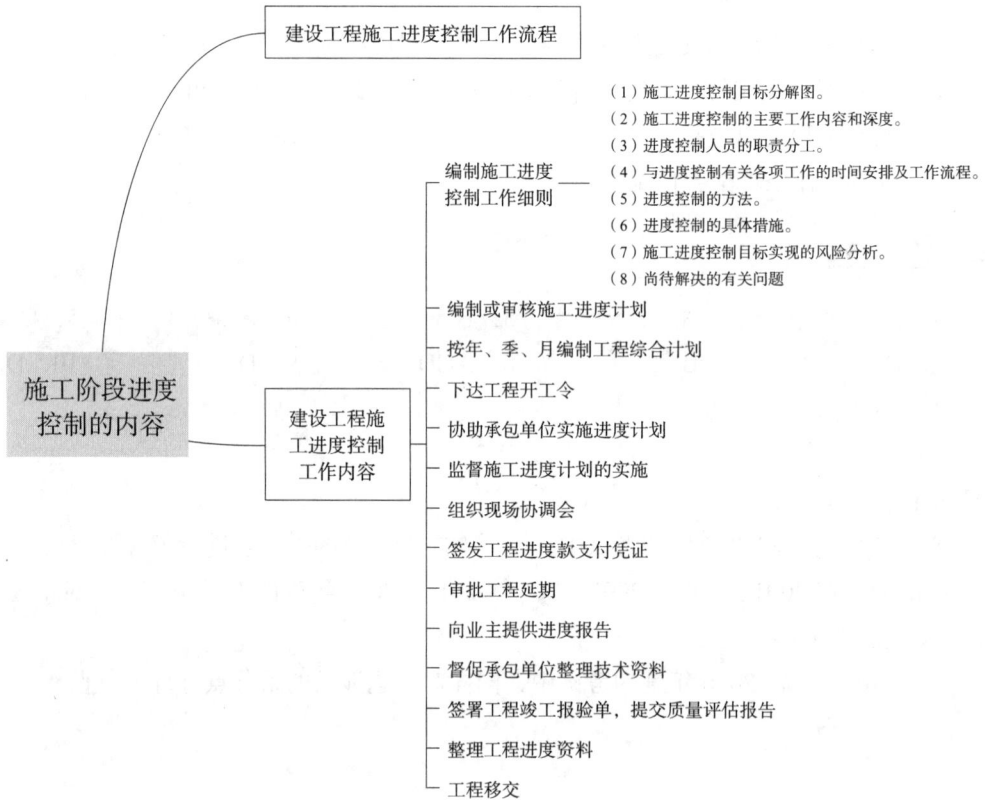

施工阶段进度控制的内容 —— 建设工程施工进度控制工作流程

建设工程施工进度控制工作内容：

编制施工进度控制工作细则
- （1）施工进度控制目标分解图。
- （2）施工进度控制的主要工作内容和深度。
- （3）进度控制人员的职责分工。
- （4）与进度控制有关各项工作的时间安排及工作流程。
- （5）进度控制的方法。
- （6）进度控制的具体措施。
- （7）施工进度控制目标实现的风险分析。
- （8）尚待解决的有关问题

- 编制或审核施工进度计划
- 按年、季、月编制工程综合计划
- 下达工程开工令
- 协助承包单位实施进度计划
- 监督施工进度计划的实施
- 组织现场协调会
- 签发工程进度款支付凭证
- 审批工程延期
- 向业主提供进度报告
- 督促承包单位整理技术资料
- 签署工程竣工报验单，提交质量评估报告
- 整理工程进度资料
- 工程移交

习题汇总

一、建设工程施工进度控制工作流程

本部分内容仅做了解即可。

二、建设工程施工进度控制工作内容

1．（2003—118）当建设工程实行施工总承包方式时，监理工程师在施工阶段进度控制的工作内容包括（　　）。

A．编制工程项目建设总进度计划

B．编制施工总进度计划并控制其执行

C．按年、季、月编制工程综合计划

D．审核承包商调整后的施工进度计划

E．协助承包商实施进度计划

2．（2022—118）监理工程师控制工程施工进度的工作内容有（　　）。

A．监督施工进度计划的实施　　　　　　B．编制单位工程施工进度计划

C．向业主提供工程进度报告　　　　　　D．编制施工索赔报告

E．组织施工现场协调会

1．编制施工进度控制工作细则

3．（2018—76）施工进度控制工作细则是对（　　）中有关进度控制内容的进一步深化和补充。

A．施工总进度计划　　　　　　　　　　B．单位工程施工进度计划

C．建设工程监理规划　　　　　　　　　D．建设工程监理大纲

4．（2020—116）项目监理机构编制的施工进度控制工作细则应包括的内容有（　　）。

A．施工进度控制目标分解图　　　　　　B．施工顺序的合理安排

C．主要分项工程量的复核　　　　　　　D．进度控制人员的职责分工

E．施工进度控制目标实现的风险分析

5．（2021—76）监理工程师编制的施工进度控制工作细则，可看作是开展工程监理工作的（　　）。

A．施工图设计　　　　　　　　　　　　B．初步设计

C．总体性设计　　　　　　　　　　　　D．方案设计

6．（2022—76）监理工程师编制的施工进度控制工作细则应包含的内容是（　　）。

A．施工资源需求分布图　　　　　　　　B．施工组织总设计安排

C．施工主导作业流程安排　　　　　　　D．施工进度控制目标分解图

2．编制或审核施工进度计划

7．（2000—118）当通过施工招标协助业主将某大型建设项目分别发包给各承包单位时，监理工程师应负责（　　）。

A．审核项目总进度计划　　　　　　　　B．编制施工总进度计划

C．审核施工总进度计划　　　　　　　　D．审核单位工程施工进度

E．编制年、季、月工程综合计划

8．（2001—119）监理工程师审查承包商提交的施工进度计划时发现，该计划符合要求工期，但分期施工不能满足分批动用的需要，此时应进行的工作内容包括（　　）。

A．及时向承包商发出整改通知书　　　　B．要求承包商增加施工力量

C．协助承包商修改施工进度计划　　　　D．要求承包商重新确定施工方案

E．协助分包商修改施工进度计划

9．（2004—77）在建设工程施工阶段，监理工程师进度控制的工作内容包括（　　）。

A．审查承包商调整后的施工进度计划

B．编制施工总进度计划和单位工程施工进度计划

C．协助承包商确定工程延期时间和实施进度计划

D．按时提供施工场地并适时下达开工令

10．（2006—77）在建设工程施工阶段，承包单位需要将施工进度计划提交给监理工程师审查，其目的是（　　）。

A．听取监理工程师的建设性意见

B．解除其对施工进度计划的责任和义务

C．请求监理工程师优化施工进度计划

D．表明其履行施工合同的能力

11．（2008—77）在施工阶段，施工单位将所编制的施工进度计划及时提交给监理工程师审查的目的是（　　）。

A．及时得到工程预付款

B．听取监理工程师的建设性意见

C．解除其对施工进度所承担的责任和义务

D．使监理工程师及时下达开工令

12．（2011—119）监理工程师审核施工进度计划的内容有（　　）。

A．进度安排是否符合施工合同中开工、竣工日期的约定

B．劳动力、工程材料进场安排是否与工程量清单相一致

C．分期施工是否满足分批动用或配套动用的要求

D．施工管理及现场作业人员的职责分工是否明确

E．在生产要素的需求高峰期是否有足够能力实现计划供应

13．（2019—76）监理工程师在审查施工进度计划的过程中发现问题，应采取的措施之一是（　　）。

A．向承包单位提出整改通知书　　　　B．向建设单位提出指令单

C．向承包单位提出工程暂停令　　　　D．向建设单位提出建议书

14．监理工程师在审查施工进度计划过程中发现重大问题应（　　）。

A．及时提出书面修改意见　　　　B．及时向业主汇报

C．及时向质量监督机构汇报　　　　D．及时整改

15．对监理工程师来讲，审查施工进度计划的主要目的是（　　）。

A．优化施工进度计划

B．解除其对施工进度计划的责任和义务

C．及时下达开工指令

D．防止承包单位计划不当，为承包单位保证实现合同规定的进度目标提供帮助

16．（2020—77）关于监理人审核承包单位提交的施工进度计划的说法，正确的是（　　）。

A．监理人对施工进度计划的批准可以解除承包单位的部分责任

B. 经监理人确认的施工进度计划应当视为合同文件的一部分

C. 监理人审查施工进度计划的目的是确保及时向承包单位支付进度款

D. 监理人审核发现施工进度计划中的问题，应及时向业主汇报

17.（2021—77）监理工程师控制工程施工进度时需进行的工作是（　　）。

A. 汇总整理工程技术资料　　　　　B. 及时支付工程进度款

C. 编制或审核施工进度计划　　　　D. 编制工期索赔意向报告

3. 按年、季、月编制工程综合计划

本部分内容一般不会单独进行考查。

4. 下达工程开工令

18.（2019—77）项目监理机构发布工程开工令的依据是（　　）。

A. 施工承包合同约定　　　　　　　B. 工程开工的准备情况

C. 批准的施工总进度计划　　　　　D. 施工图纸的准备情况

5. 协助承包单位实施进度计划

本部分内容一般不会单独进行考查。

6. 监督施工进度计划的实施

19. 监督施工进度计划的实施是建设工程施工进度控制的经常性工作，监理工程师应（　　）。

A. 及时检查承包单位报送的施工进度报表和分析资料

B. 提供各种开工需要的人力、材料及设备

C. 进行必要的现场实地检查

D. 核实报送的已完项目的时间及工程量

E. 对进度控制目标实现进行风险分析

7. 组织现场协调会

20.（2013—78）下列施工进度控制工作中，属于监理工程师工作的是（　　）。

A. 编制单位工程施工进度计划

B. 按年、季、月审核施工总进度计划

C. 组织现场协调会

D. 审批工期延误事宜

8. 签发工程进度款支付凭证

21.（2018—77）项目监理机构应对承包单位申报的已完分项工程量进行核实，在（　　）后签发工程进度款支付凭证。

A. 与建设单位代表协商　　　　　　B. 监理员现场计量

C. 质量监理人员检查验收　　　　　D. 与承包单位协商

9. 审批工程延期

22.（2011—77）在建设工程施工过程中，因施工单位原因造成实际进度拖延，监理工程师确认施工单位修改后的施工进度计划，表明（　　）。

A. 解除施工单位应负的责任

B. 批准合同工期延长

C. 施工进度计划满足合同工期要求

D. 同意施工单位在合理状态下施工

23. 关于工程延期审批的说法，正确的是（   ）。

A. 由于承包单位以外的原因造成的进度拖延，称为工程延误

B. 承包人自身原因造成的进度拖延，称为工程延期

C. 经监理工程师核实批准的工程延期时间，应纳入合同工期，作为合同工期的一部分

D. 监理工程师对修改后的进度计划的确认，是对工程延期的批准

24.（2022—77）工程施工中，因施工承包单位原因造成实际进度拖后而需要调整施工进度计划时，监理工程师批准施工承包单位调整的施工进度计划，意味着监理工程师的行为是（   ）。

A. 解除了施工承包单位的责任　　　　B. 认可施工进度计划的合理性

C. 批准了工程延期　　　　　　　　　D. 同意延长合同工期

10. 向业主提供进度报告

25.（2010—76）下列各项工作中，属于监理工程师控制建设工程施工进度工作的是（   ）。

A. 编制单位工程施工进度计划

B. 协助承包单位确定工程延期时间

C. 调整施工总进度计划

D. 定期向业主提供工程进度报告

11. 督促承包单位整理技术资料

本部分内容一般不会单独进行考查。

12. 签署工程竣工报验单，提交质量评估报告

26. 监理工程师在对竣工资料及工程实体进行全面检查、验收合格后应（   ）。

A. 签署工程竣工报验单，并向业主提出监理总结报告

B. 签署工程竣工报验单，并向业主提出质量评估报告

C. 签发竣工结算申请

D. 签发质量检验报告

13. 整理工程进度资料

本部分内容一般不会单独进行考查。

14. 工程移交

27. 监理工程师应督促（   ）办理工程移交手续，颁发工程移交证书。

A. 承包单位　　　　　　　　　　　　B. 建设单位

C. 设计单位　　　　　　　　　　　　D. 使用单位

习题答案及解析

1．CDE	2．ACE	3．C	4．ADE	5．A
6．D	7．BD	8．AC	9．A	10．A
11．B	12．ACE	13．A	14．B	15．D
16．B	17．C	18．B	19．ACD	20．C
21．C	22．D	23．C	24．B	25．D
26．B	27．A			

【解析】

2．ACE。在2009、2012年度的考试中，同样对本题涉及的采分点进行了考查。

4．ADE。在2000、2001、2003、2004、2005、2006、2007、2008、2011、2014、2015、2016、2017、2022年度的考试中，同样对本题涉及的采分点进行了考查，且提问形式基本与本题一致。

9．A。在2002年度的考试中，同样对本题涉及的采分点进行了考查。

12．ACE。在2006、2008、2010年度的考试中，同样对本题涉及的采分点进行了考查。

13．A。在2016年度的考试中，同样对本题涉及的采分点进行了考查。

16．B。选项A错误，并不解除承包单位对施工进度计划的任何责任和义务。选项C错误，承包单位之所以将施工进度计划提交给监理工程师审查，是为了听取监理工程师的建设性意见。选项D错误，重大问题应及时向业主汇报。

17．C。在2001年度的考试中，同样对本题涉及的采分点进行了考查。

22．D。在2005年度的考试中，同样对本题涉及的采分点进行了考查。

第三节　施工进度计划的编制与审查

知识导学

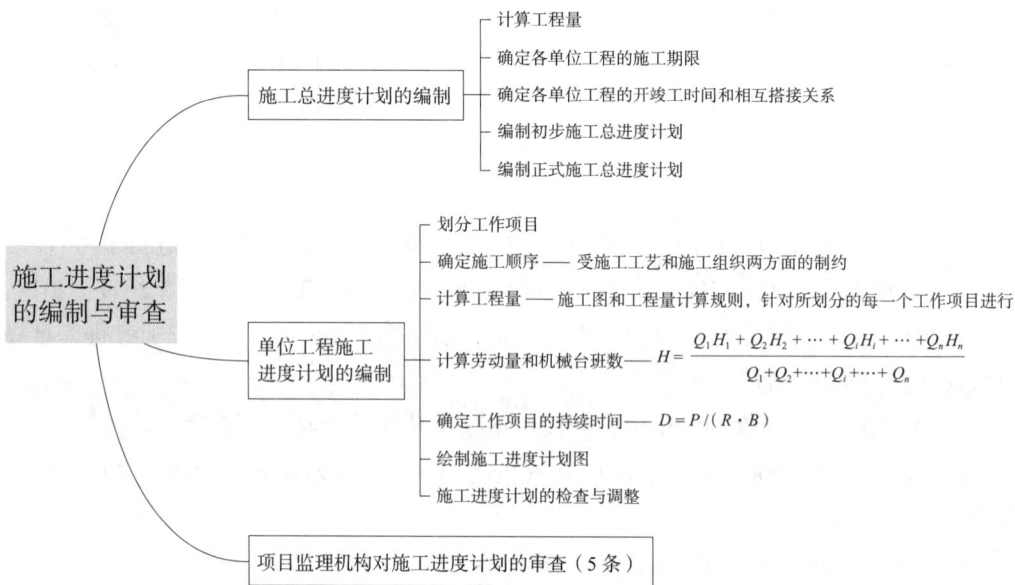

施工进度计划的编制与审查
- 施工总进度计划的编制
  - 计算工程量
  - 确定各单位工程的施工期限
  - 确定各单位工程的开竣工时间和相互搭接关系
  - 编制初步施工总进度计划
  - 编制正式施工总进度计划
- 单位工程施工进度计划的编制
  - 划分工作项目
  - 确定施工顺序——受施工工艺和施工组织两方面的制约
  - 计算工程量——施工图和工程量计算规则，针对所划分的每一个工作项目进行
  - 计算劳动量和机械台班数——$H = \dfrac{Q_1 H_1 + Q_2 H_2 + \cdots + Q_i H_i + \cdots + Q_n H_n}{Q_1 + Q_2 + \cdots + Q_i + \cdots + Q_n}$
  - 确定工作项目的持续时间——$D = P / (R \cdot B)$
  - 绘制施工进度计划图
  - 施工进度计划的检查与调整
- 项目监理机构对施工进度计划的审查（5条）

习题汇总

一、施工总进度计划的编制

1.（2002—119）编制建设工程施工总进度计划，主要是用来确定（　　）。

A. 各单项工程或单位工程的工期定额

B. 建设工程的要求工期和计算工期

C. 各单项工程或单位工程的施工期限

D. 各单项工程或单位工程的实物工程量

E. 各单项工程或单位工程的相互搭接关系

2.（2003—77）当监理工程师受业主委托，需要编制建设工程施工总进度计划时，其编制依据包括（　　）。

A. 工程项目年计划　　　　　　　　　B. 工程项目建设总进度计划

C. 单位工程施工进度计划　　　　　　D. 施工进度控制方案

（一）计算工程量

3. 根据批准的工程项目一览表，按单位工程分别计算其主要实物工程量，是为了（　　）。

A. 编制施工总进度计划

B. 编制施工准备工作计划

C. 编制施工方案和选择施工、运输机械

D. 初步规划主要施工过程的流水施工

E. 计算人工、施工机械及建筑材料的需要量

（二）确定各单位工程的施工期限

4. 单位工程的施工期限应根据（　　）确定。

A. 合同工期
B. 建设资金到位情况

C. 施工方法
D. 施工管理水平

E. 施工现场条件

（三）确定各单位工程的开竣工时间和相互搭接关系

5.（2018—120）在施工总进度计划的编制过程中，确定各单位工程的开竣工时间和相互搭接关系时主要应考虑的内容有（　　）。

A. 尽量使整个工期范围内劳动力供应达到均衡

B. 尽量延缓施工困难较多的建设工程

C. 能够使主要工种和主要施工机械连续施工

D. 保证施工顺序与竣工验收顺序相吻合

E. 注意季节性气候条件对施工顺序的影响

（四）编制初步施工总进度计划

6.（2016—78）编制初步施工总进度计划时，应尽量安排以（　　）的单位工程为主导的全工地性流水作业。

A. 工程技术复杂、工期长
B. 工程量大、工程技术相对简单

C. 工程造价大、工期长
D. 工程量大、工期长

（五）编制正式施工总进度计划

7. 正式的施工总进度计划确定后，应据以编制（　　），以便组织供应，保证施工总进度计划的实现。

A. 资源管理计划
B. 资源需用量计划

C. 施工方案
D. 物资供应计划

8.（2013—120）编制施工总进度计划的工作内容有（　　）。

A. 确定施工作业场地范围
B. 计算工程量

C. 确定各单位工程的施工期限
D. 计算劳动量和机械台班数

E. 确定各分部分项工程的相互搭接关系

二、单位工程施工进度计划的编制

（一）单位工程施工进度计划的编制程序

9.（2012—76）编制单位工程施工进度计划的工作包括：①计算劳动量和机械台班数；②计算工程量；③划分工作项目；④确定施工顺序；⑤确定工作项目的持续时间。

上述工作的正确顺序是（　　）。

  A. ②①③④⑤   B. ③④②①⑤

  C. ③⑤④②①   D. ②③④⑤①

  10.（2014—75）在单位工程施工进度计划编制过程中，需要在计算劳动量和机械台班数之前完成的工作是（　　）。

  A. 划分工作项目   B. 落实项目开工日期

  C. 确定工作项目的持续时间   D. 编制资源供应计划

  11.（2015—120）编制单位工程施工进度计划的步骤包括（　　）。

  A. 划分工作项目   B. 确定关键工作和里程碑

  C. 确定施工顺序   D. 计算劳动量和机械台班数

  E. 落实专业分包商和材料供应商的进场时间

  12.（2020—119）在绘制单位工程施工进度计划图前，需要完成的先导工作有（　　）。

  A. 安排资金使用量   B. 确定施工顺序

  C. 编制施工平面图   D. 计算工程量

  E. 划分工作项目

（二）单位工程施工进度计划的编制方法

1. 划分工作项目

  本部分内容一般不会单独进行考查。

2. 确定施工顺序

  13.（2009—77）在施工进度计划中，工作之间由于劳动力、施工机械、材料和构配件等资源的组织和安排需要而形成的逻辑关系，称为（　　）。

  A. 依次关系   B. 搭接关系

  C. 组织关系   D. 工艺关系

3. 计算工程量

  14. 工程量的计算应根据施工图和工程量计算规则，针对所划分的每一个工作项目进行。计算工程量时应注意（　　）。

  A. 计算单位应与现行定额手册中所规定的计量单位相一致

  B. 要结合具体的施工方法和安全技术要求计算工程量

  C. 应结合施工组织的要求，按已划分的施工段分层分段进行计算

  D. 应按从易到难的顺序排列

  E. 要结合安全技术要求计算工程量

4. 计算劳动量和机械台班数

  15.（2004—79）某工作是由三个性质相同的分项工程合并而成的。各分项工程的工程量和时间定额分别是：$Q_1=2300m^3$，$Q_2=3400m^3$，$Q_3=2700m^3$；$H_1=0.15$ 工日 $/m^3$，$H_2=0.20$ 工日 $/m^3$，$H_3=0.40$ 工日 $/m^3$。则该工作的综合时间定额是（　　）工日 $/m^3$。

A. 0.35
B. 0.33

C. 0.25
D. 0.21

16. （2007—77）某项工作是由三个同类性质的分项工程合并而成的，各分项工程的工程量 Q_i 和产量定额 S_i 分别是：$Q_1=240m^3$，$S_1=30m^3/$ 工日；$Q_2=360m^3$，$S_2=60m^3/$ 工日；$Q_3=720m^3$，$S_3=80m^3/$ 工日。其综合时间定额为（　　）工日 /m^3。

A. 0.013
B. 0.015

C. 0.017
D. 0.020

5. 确定工作项目的持续时间

17. （2002—77）某吊装构件施工过程包括 12 组构件，该施工过程综合时间定额为 6 台班 / 组，计划每天安排 2 班，每班 2 台吊装机械完成该施工过程，则其持续时间为（　　）d。

A. 36
B. 18

C. 8
D. 6

18. （2005—78）某项工作的工程量为 $320m^3$，时间定额为 0.5 工日 /m^3，如果每天安排 2 个工作班次、每班 8 人去完成该工作，则其持续时间为（　　）d。

A. 10
B. 20

C. 40
D. 80

19. （2006—78）某分项工程实物工程量为 $22000m^3$，该分项工程人工产量定额为 $55m^3/$ 工日，计划每天安排 2 班、每班 10 人完成该分项工程，则其持续时间为（　　）d。

A. 10
B. 20

C. 40
D. 55

20. （2011—120）下列关于编制单位工程施工进度计划的说法中，正确的有（　　）。

A. 最小工作面限定了每班安排人数的上限

B. 每天的工作班数应根据安排的工人数和机械数确定

C. 最小劳动组合限定了每班安排人数的下限

D. 施工顺序通常受施工工艺和施工组织两方面的制约

E. 应根据施工图和工程量计算规则计算每项工作的工程量

6. 绘制施工进度计划图

本部分内容一般不会单独进行考查。

7. 施工进度计划的检查与调整

21. （2009—78）施工进度检查的主要方法是将经过整理的实际进度数据与计划进度数据比较，其目的是（　　）。

A. 分析影响施工进度的原因
B. 掌握各项工作时差的利用情况

C. 提供计划调整和优化的依据
D. 发现进度偏差及其大小

22. （2017—120）施工进度计划初始方案编制完成后，需要检查的内容有（　　）。

A. 各工作项目的施工顺序、平行搭接和技术间歇是否合理

B．主要工种的工人是否满足连续、均衡施工的要求

C．主要分部工程的工程量是否准确

D．总工期是否满足合同约定

E．主要机具、材料的利用是否均衡和充分

23．（2022—119）施工进度计划检查内容中，用来决定是否需要进行计划优化的因素有（　　）。

A．主要工种的工人是否满足连续、均衡施工要求

B．主要施工机具的使用是否均衡和充分

C．主要材料的利用是否均衡和充分

D．技术间歇是否科学合理

E．施工顺序是否科学合理

三、项目监理机构对施工进度计划的审查

24．（2014—76）项目监理机构对施工总进度计划审查的基本要求是（　　）。

A．满足施工计划工期

B．施工材料和设备供应合同已签订

C．施工顺序的安排符合搭接要求

D．主要工程项目无遗漏

25．（2019—120）项目监理机构对施工进度计划审核的主要内容有（　　）。

A．施工进度计划应符合施工合同中工期的约定

B．对施工进度计划执行情况的检查应符合动态要求

C．施工顺序的安排应符合施工工艺要求

D．施工人员、工程材料、施工机械等资源供应计划应满足施工进度计划的需要

E．施工进度计划应符合建设单位提供的资金、施工图纸等施工条件

习题答案及解析

1．CE	2．B	3．ACDE	4．ACDE	5．ACE
6．D	7．B	8．BC	9．B	10．A
11．ACD	12．BDE	13．C	14．ABC	15．C
16．C	17．B	18．A	19．B	20．ACDE
21．D	22．ABDE	23．DE	24．D	25．ACDE

【解析】

2．B。编制施工总进度计划的依据还包括：施工总方案；资源供应条件；各类定额资料；合同文件；工程动用时间目标和建设地区自然条件及有关技术经济资料等。

5．ACE。B选项错误，对于某些技术复杂、施工周期较长、施工困难较多的工程，

亦应安排提前施工，以利于整个工程项目按期交付使用。C 选项正确，应注意主要工种和主要施工机械能连续施工。D 选项错误，施工顺序必须与主要生产系统投入生产的先后次序相吻合。E 选项正确，应注意季节对施工顺序的影响。在 2010、2016 年度的考试中，同样对本题涉及的采分点进行了考查，且提问形式基本与本题一致。

6．D。在 2011 年度的考试中，同样对本题涉及的采分点进行了考查，且提问形式基本与本题一致。

15．C。根据公式 $H=(Q_1H_1+Q_2H_2+\cdots+Q_iH_i+\cdots+Q_nH_n)/(Q_1+Q_2+\cdots+Q_i+\cdots+Q_n)$ 可得，该工作的综合时间定额 $=(2300\times0.15+3400\times0.20+2700\times0.40)/(2300+3400+2700)=0.25$ 工日 $/m^3$。

16．C。综合时间定额公式为：

$$H=(Q_1H_1+Q_2H_2+\cdots+Q_iH_i+\cdots+Q_nH_n)/(Q_1+Q_2+\cdots+Q_i+\cdots+Q_n)$$

式中　H——综合时间定额（工日 $/m^3$，工日 $/m^2$，工日 $/t$……）；

Q_i——工作项目中第 i 个分项工程的工程量；

H_i——工作项目中第 i 个分项工程的时间定额；

通过公式 $P=QH$ 或 $P=Q/S$：

式中　P——工作项目所需要的劳动量（工日）或机械台班数（台班）；

Q——工作项目的工程量（m^3，m^2，t……）；

S——工作项目所采用的人工产量定额（$m^3/$ 工日，$m^2/$ 日，$t/$ 工日……）或机械台班产量定额（$m^3/$ 台班，$m^2/$ 台班，$t/$ 台班……）。

可知，时间定额与产量定额成反比。

$$H=\frac{Q_1H_1+Q_2H_2+Q_3H_3}{Q_1+Q_2+Q_3}=\frac{Q_1\cdot\dfrac{1}{S_1}+Q_2\cdot\dfrac{1}{S_2}+Q_3\cdot\dfrac{1}{S_3}}{Q_1+Q_2+Q_3}$$

$$=\frac{240\times\dfrac{1}{30}+360\times\dfrac{1}{60}+720\times\dfrac{1}{80}}{240+360+720}$$

$$=0.017$$

17．B。由题可知该工程共需 $6\times12=72$ 台班，每天的台班数为 $2\times2=4$，所以 $72\div4=18d$。

18．A。持续时间 $D=P\div(P\times B)=(310\times0.5)\div(8\times2)=10d$。

19．B。持续时间 $D=P\div(P\times B)=22000/(55\times2\times10)=20d$。在 2000、2001 年度的考试中，同样对本题涉及的采分点进行了考查。

22．ABDE。在 2004 年度的考试中，同样对本题涉及的采分点进行了考查。

25．ACDE。监理工程师对施工进度计划审核的内容主要有：（1）进度安排是否符合工程项目建设总进度计划中总目标和分目标的要求，是否符合施工合同中开工、竣工日期的规定。（2）施工总进度计划中的项目是否有遗漏，分期施工是否满足分批动用的需要和配套动用的要求。（3）施工顺序的安排是否符合施工工艺的要求。（4）劳动力、材料、构配件、设备及施工机具、水、电等生产要素的供应计划是否能保证施工进度计划的实现，供应是否均衡，需求高峰期是否有足够能力实现计划供应。（5）总包、分包单位分别编制的各项单位工程施工进度计划之间是否相协调，专业分工与计划衔接是否明确合理。（6）对于业主负责提供的施工条件（包括资金、施工图纸、施工场地、采供的物资等），在施工进度计划中安排得是否明确、合理，是否有造成因业主违约而导致工程延期和费用索赔的可能存在。在2015年度的考试中，同样对本题涉及的采分点进行了考查。

第四节　施工进度计划实施中的检查与调整

知识导学

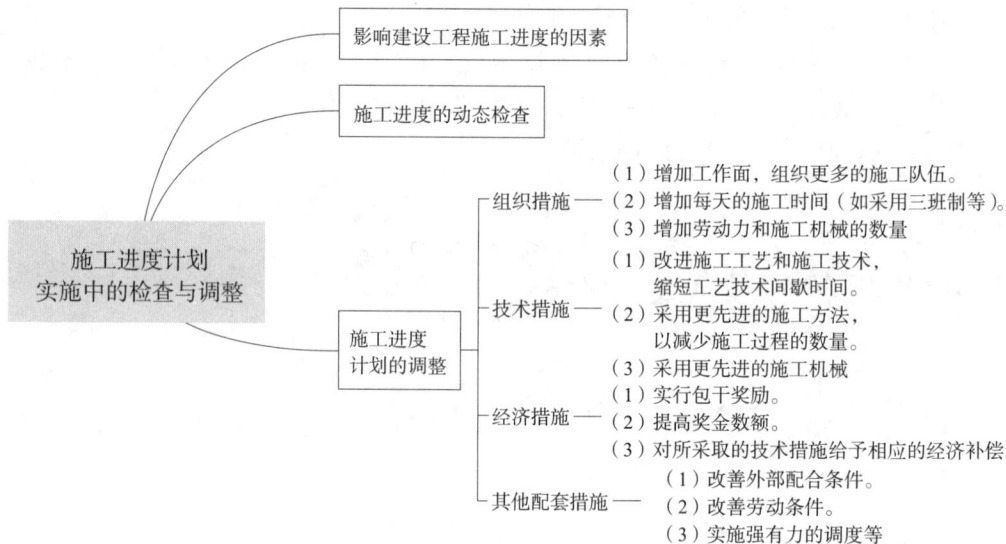

习题汇总

一、影响建设工程施工进度的因素

1. 影响建设工程施工进度的因素主要有（　　）。

A. 承发包模式的影响

B. 物资供应进度的影响

C. 资金的影响

D. 设计变更的影响

E. 施工条件的影响

二、施工进度的动态检查

（一）施工进度的检查方式

2.（2000—119）在工程施工过程中，监理工程师获得工程实际进展情况的主要方式是（ ）。

　　A. 收集承包单位提交的进度报表资料　　　B. 现场跟踪检查

　　C. 定期召开进度协调工作会议　　　　　　D. 播放工程实况录像

　　E. 收集业主转送的进度报表资料

3.（2012—120）工程施工过程中，监理工程师获得工程实际进度情况的方式有（ ）。

　　A. 收集有关进度报表资料　　　　　　　　B. 查阅施工日志和记录

　　C. 现场跟踪检查工程实际进展　　　　　　D. 组织施工负责人参加现场会议

　　E. 审核工程进度款支付凭证

4.（2013—77）施工进度计划实施中常用的检查方式是（ ）。

　　A. 不定期地现场实地抽查和监督

　　B. 召开施工单位负责人参加的现场会议

　　C. 定期收集工程绩效报表资料

　　D. 邀请建设单位管理人员面对面交流

（二）施工进度的检查方法

5. 施工进度检查的主要方法是（ ）。

　　A. 列表法　　　　　　　　　　　　　　　B. 纠偏法

　　C. 分析法　　　　　　　　　　　　　　　D. 对比法

三、施工进度计划的调整

（一）缩短某些工作的持续时间

6.（2012—77）通过缩短某些工作的持续时间调整施工进度计划时，正确的做法是（ ）。

　　A. 不改变工作之间的先后顺序关系

　　B. 缩短非关键线路上工作的持续时间

　　C. 压缩费用增加量最大的关键工作

　　D. 不改变原有计划的关键线路

7.（2014—77）通过缩短某些工作的持续时间调整施工进度计划时，其主要特点是（ ）。

　　A. 在非关键线路上缩短工作持续时间

　　B. 采用平行作业方式加快施工进度

　　C. 不改变工作之间的先后顺序关系

D．保持网络计划中关键工作不变

8．（2019—80）通过缩短某些工作的持续时间对施工进度计划进行调整的方法，其主要特点是（　　）。

A．增加网络计划中的关键线路

B．不改变工作之间的先后顺序关系

C．增加工作之间的时间间隔

D．不改变网络计划中的非关键线路

1．组织措施

9．（2016—79）调整施工进度计划时，通过增加劳动力和施工机械的数量缩短某些工作持续时间的措施属于（　　）。

A．经济措施　　　　　　　　　　B．技术措施

C．组织措施　　　　　　　　　　D．合同措施

10．（2022—78）调整施工进度计划可采取的组织措施是（　　）。

A．增加工作面　　　　　　　　　B．改善劳动条件

C．改进施工工艺　　　　　　　　D．调整施工方法

2．技术措施

11．在施工进度计划的调整过程中，通过改进施工工艺和施工技术压缩关键工作持续时间的措施是（　　）。

A．组织措施　　　　　　　　　　B．技术措施

C．经济措施　　　　　　　　　　D．其他配套措施

12．（2021—79）为了达到调整施工进度计划的目的，可采用的技术措施是（　　）。

A．采用更先进的施工机械　　　　B．增加工作面

C．实施强有力的调度　　　　　　D．增加施工队伍

3．经济措施

13．在施工过程中，为了加快施工进度，通过提高奖金数额的措施是（　　）。

A．组织措施　　　　　　　　　　B．技术措施

C．经济措施　　　　　　　　　　D．其他配套措施

14．在施工进度计划的调整过程中，压缩关键工作持续时间的经济措施有（　　）。

A．实行包干奖励　　　　　　　　B．改善劳动条件

C．提高奖金数额　　　　　　　　D．增加工作面

E．缩短工艺技术间歇时间

4．其他配套措施

15．调整施工进度计划时，为了缩短某些工作的持续时间，实施强有力的调度，属于（　　）。

A．组织措施　　　　　　　　　　B．技术措施

C. 经济措施　　　　　　　　　　　D. 其他配套措施

16. 为了达到调整施工进度计划的目的，可采用的其他配套措施有（　　）。

A. 改善外部配合条件　　　　　　　B. 改善劳动条件

C. 增加每天的施工时间　　　　　　D. 实施强有力的调度

E. 增加劳动力

（二）改变某些工作间的逻辑关系

17.（2012—74）调整建设工程进度计划时，可以通过（　　）改变某些工作之间的逻辑关系。

A. 组织平行作业　　　　　　　　　B. 增加资源投入

C. 提高劳动效率　　　　　　　　　D. 设置限制时间

习题答案及解析

1. BCDE　　2. ABC　　3. ACD　　4. B　　5. D

6. A　　7. C　　8. B　　9. C　　10. A

11. B　　12. A　　13. C　　14. AC　　15. D

16. ABD　　17. A

【解析】

10. A。B 选项属于其他配套措施；C、D 选项属于技术措施。在 2000、2001、2003、2006、2007、2009、2011、2014、2020 年度的考试中，同样对本题涉及的采分点进行了考查，且提问形式基本与本题一致。

12. A。在 2004、2005、2008、2010、2013、2019 年度的考试中，同样对本题涉及的采分点进行了考查，且提问形式基本与本题一致。

第五节　工程延期

知识导学

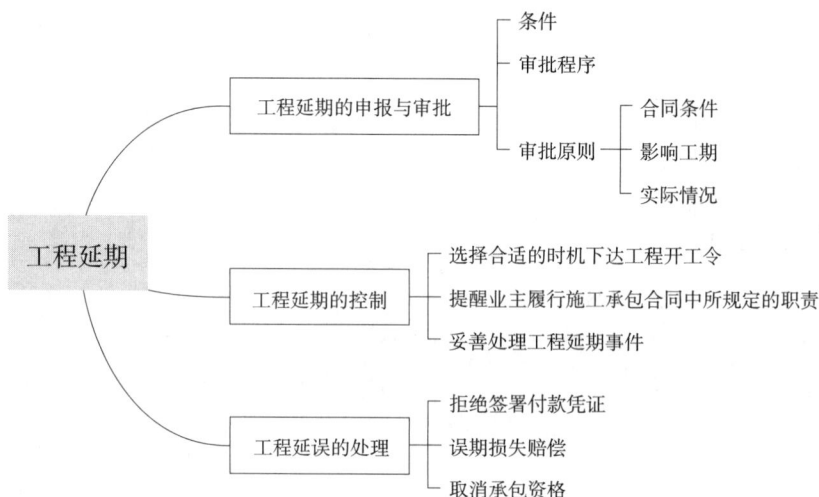

习题汇总

一、工程延期的申报与审批

（一）申报工程延期的条件

1.（2003—78）某承包商承揽了一大型建设工程的设计和施工任务，在施工过程中因某种原因造成实际进度拖后，该承包商能够提出工程延期的条件是（　　）。

　　A. 施工图纸未按时提交　　　　　　　B. 检修、调试施工机械

　　C. 地下埋藏文物的保护、处理　　　　D. 设计考虑不周而变更设计

2.（2019—119）下列导致工程拖期的原因或情形，监理工程师按合同规定可以批准工程延期的有（　　）。

　　A. 异常恶劣的气候条件

　　B. 属于承包单位自身以外的原因

　　C. 工程拖期事件发生在非关键线路上，且延长的时间未超过总时差

　　D. 工程拖期的时间超过其相应的总时差，且由分包单位原因引起

　　E. 监理工程师对已隐蔽的工程进行剥离检查，经检查合格而拖期的时间

（二）工程延期的审批程序

3.（2007—79）根据工程延期的审批程序，当工程延期事件发生后，承包单位首先应在合同规定的有效期内向监理工程师提交（　　）。

A．详细的工程延期申述报告　　　　　B．工程延期意向通知

C．工程延期理由及依据　　　　　　　D．准确的工程延期时间

4．（2008—79）根据工程延期的审批程序，当延期事件具有持续性，承包单位在合同规定的有效期内不能提交最终详细的申述报告时，应先向监理工程师提交该延期事件的（　　）。

A．工程延期估计值　　　　　　　　　B．延期意向通知

C．阶段性详情报告　　　　　　　　　D．临时延期申请书

5．（2009—120）当工程延期事件发生后，承包单位应在合同规定的有效期内向监理工程师提交（　　）。

A．临时延期申请　　　　　　　　　　B．延期意向通知

C．原始进度计划　　　　　　　　　　D．详细申述报告

E．工程变更指令

6．（2010—79）当工程延期事件具有持续性时，根据工程延期的审批程序，监理工程师应在调查核实阶段性报告的基础上完成的工作是（　　）。

A．尽快做出延长工期的临时决定　　　B．及时向政府有关部门报告

C．要求承包单位提出工程延期意向申请　D．重新审核施工合同条件

7．（2014—120）在工程延期审批过程中，项目监理机构应完成的工作内容有（　　）。

A．在合同规定的有效期内提交详细的申述报告

B．在工程延期事件发生后立即展开调查核实

C．在最短的时间范围内提交工程延期意向通知

D．在作出工程延期批准前与相关方进行协调

E．在工程延期批准后向建设单位提交完整的详情报告

8．（2020—79）当工程延期事件发生后，施工承包单位在合同约定的有效期内通知监理人的书面文件称为（　　）。

A．工程延期调查报告　　　　　　　　B．工程延期审核报告

C．工程延期意向通知　　　　　　　　D．工程延期临时决定

（三）工程延期的审批原则

1. 合同条件

9．（2014—78）项目监理机构批准工程延期的基本原则是（　　）。

A．项目监理机构对施工现场进行了详细考察和分析

B．延期事件发生在非关键线路上，且延长时间未超过总时差

C．工作延长的时间超过其相应总时差，且由承包单位自身原因引起

D．延期事件是由承包单位自身以外的原因造成的

2. 影响工期

10．（2018—78）施工进度计划执行过程中，只有当某项工作因非承包商原因造成

持续时间延长超过该工作（　　）而影响工期时，项目监理机构才能批准工程延期。

  A．自由时差   B．总时差

  C．紧后工作的最早开始时间   D．紧后工作的最早完成时间

3．实际情况

11．（2013—80）关于工程延期审批原则的说法，正确的是（　　）。

  A．导致工期拖延确实属于承包单位的原因

  B．工程延期事件必须位于施工进度计划的关键线路上

  C．承包单位应在合同规定的有效期内以书面形式提出意向通知

  D．批准的工程延期必须符合实际情况

12．监理工程师在审批工程延期时的原则不包括（　　）。

  A．合同条件   B．技术条件

  C．影响工期   D．实际情况

二、工程延期的控制

13．（2007—120）在建设工程施工阶段，为了减少或避免工程延期事件的发生，监理工程师应（　　）。

  A．及时提供工程设计图纸   B．及时提供施工场地

  C．适时下达工程开工令   D．妥善处理工程延期事件

  E．及时支付工程进度款

1．选择合适的时机下达工程开工令

14．（2006—80）在建设工程施工阶段，为了减少或避免工程延期事件的发生，监理工程师应（　　）。

  A．及时支付工程进度款

  B．及时提供施工场地

  C．及时提供施工场地及设计图纸

  D．选择合适的时机下达工程开工令

2．提醒业主履行施工承包合同中所规定的职责

15．（2006—80）在建设工程施工阶段，为了减少或避免工程延期事件的发生，监理工程师应（　　）。

  A．提醒业主履行施工合同中的职责   B．及时支付工程进度款

  C．及时提供施工场地及设计图纸   D．及时供应建筑材料及设备

3．妥善处理工程延期事件

16．（2021—78）监理工程师在审批工程延期时间时，应根据（　　）来确定是否批准。

  A．工程延误时间   B．合同规定

  C．承包单位赶工费用   D．建设单位要求

三、工程延误的处理

1. 拒绝签署付款凭证

17.（2015—79）当承包单位的施工进度拖后而又不采取补救措施时，项目监理机构可采用的处理方法是（　　）。

A. 拒绝签署工程进度款支付凭证　　　　B. 中止施工承包合同

C. 延长施工进度计划工期　　　　　　　D. 提起误期损失赔偿诉讼

18.（2019—79）当施工单位发生进度拖延且又未按监理工程师的指令改变延期状态时，监理工程师可以采取的手段是（　　）。

A. 中止施工承包合同　　　　　　　　　B. 拒绝签署付款凭证

C. 向施工单位发出工程暂停令　　　　　D. 调整施工计划工期

19.（2022—79）监理工程师对工程延误应采用的处理方式是（　　）。

A. 及时下达工程开工令　　　　　　　　B. 妥善处理工期索赔事件

C. 拒绝签署付款凭证　　　　　　　　　D. 及时审批施工进度计划

2. 误期损失赔偿

20.（2001—79）某承包商通过投标承揽了一大型建设项目设计和施工任务，由于施工图纸未按时提交而造成实际施工进度拖后。该承包商根据监理工程师指令采取赶工措施后，仍未能按合同工期完成所承包的任务，则该承包商（　　）。

A. 不仅应承担赶工费，还应向业主支付误期损失赔偿费

B. 应承担赶工费，但不需要向业主支付误期损失赔偿费

C. 不需要承担赶工费，但应向业主支付误期损失赔偿费

D. 既不需要承担赶工费，也不需要向业主支付误期损失赔偿费

21.（2002—79）在某建设工程过程中，由于出现脚手架倒塌事故而造成实际进度拖后，承包商根据监理工程师指令采取赶工措施后，仍未能按合同工期完成所承包的任务，则承包商（　　）。

A. 应承担赶工费，但不需要向业主支付误期损失赔偿费

B. 不需要承担赶工费，但应向业主支付误期损失赔偿费

C. 不仅要承担赶工费，还应向业主支付误期损失赔偿费

D. 既不需要承担赶工费，也不需要向业主支付误期损失赔偿费

3. 取消承包资格

22.（2018—79）承包单位严重违反合同，在施工过程中无任何理由要求延长工期，又无视项目监理机构的书面警告等，则可能受到的处罚是（　　）。

A. 赔偿误期损失　　　　　　　　　　　B. 被拒签付款凭证

C. 被取消承包资格　　　　　　　　　　D. 被追回工程预付款

习题答案及解析

1．C	2．ABE	3．B	4．C	5．BD
6．A	7．DE	8．C	9．D	10．B
11．D	12．B	13．CD	14．D	15．A
16．B	17．A	18．B	19．C	20．A
21．C	22．C			

【解析】

11．D。在 2012 年度的考试中，同样对本题涉及的采分点进行了考查，且提问形式基本与本题一致。

第六节　物资供应进度控制

知识导学

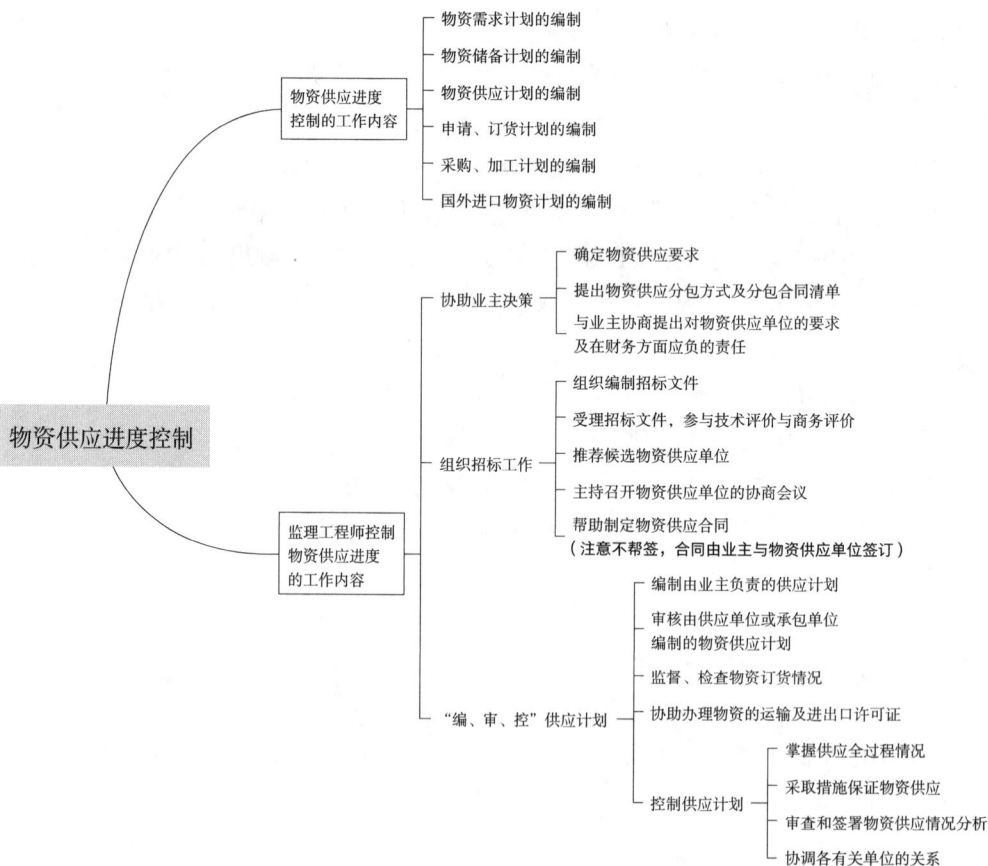

习题汇总

一、物资供应进度控制概述

（一）物资供应进度控制的含义

本部分内容仅做了解即可。

（二）物资供应进度控制目标

1. 在确定目标和编制计划时，应着重考虑的因素包括（　　）。

A. 资金能否得到保证

B. 物资的需求是否超出市场供应能力

C. 物资可能的供应渠道和供应方式

D. 物资的供应是否超出政府调节的能力

E. 已建成的同类或相似建设工程的物资供应目标和计划实施情况

二、物资供应进度控制的工作内容

（一）物资供应计划的编制

2.（2020—120）在编制建设工程物资供应计划的准备阶段，项目监理机构必须明确的物资供应方式有（　　）。

A. 建设单位采购供应　　　　　B. 施工单位自行采购

C. 设计单位指定采购　　　　　D. 专门物资采购部门供应

E. 监理单位指定采购

3. 物资供应计划按其内容和用途分类，主要包括（　　）。

A. 物资需求计划　　　　　　　B. 物资储备计划

C. 申请与订货计划　　　　　　D. 物资采购成本计划

E. 采购与加工计划

1. 物资需求计划的编制

4.（2000—80）为了有效控制物资供应进度，首先需要编制的计划是（　　）。

A. 物资采购计划　　　　　　　B. 物资需求计划

C. 物资储备计划　　　　　　　D. 物资加工计划

5.（2002—80）编制物资需求计划的依据包括（　　）。

A. 物资供应计划　　　　　　　B. 物资储备计划

C. 工程款支付计划　　　　　　D. 项目总进度计划

6.（2012—79）关于物资需求计划的说法，正确的是（　　）。

A. 编制依据：概算文件、项目总进度计划

B. 组成内容：一次性需求计划和各计划期需求计划

C. 主要作用：确定材料的合理储备

D. 编制单位：各施工承包单位

7.（2015—80）编制建设工程物资需求计划的关键是（　　）。

A. 确定需求量

B. 制定物资生产和运输计划

C. 制定物资招标进度计划

D. 制定物资采购成本计划

8. 下列计划中，（　　）的主要作用是确认需求，施工过程中所涉及的大量建筑材料、制品、机具和设备，确定其需求的品种、型号、规格、数量和时间。

A. 物资需求计划

B. 物资储备计划

C. 物资供应计划

D. 申请、订货计划

9.（2016—80）物资需求计划编制中，确定建设工程各计划期需求量的主要依据是（　　）。

A. 年度施工进度计划

B. 分部分项工程作业计划

C. 物资储备计划

D. 施工总进度计划

2. 物资储备计划的编制

10.（2014—79）建设工程物资储备计划的编制依据是（　　）。

A. 物资供应方式

B. 物资市场价格

C. 工程承发包模式

D. 生产组织方式

11. 下列计划中，为保证施工所需材料的连续供应而确定的材料合理储备的是（　　）。

A. 物资需求计划

B. 物资储备计划

C. 物资供应计划

D. 申请、订货计划

3. 物资供应计划的编制

12.（2003—79）建设工程物资供应计划的编制应（　　）。

A. 在确定计划需求量的基础上，经综合平衡后完成

B. 在确定工程项目建设总进度计划的基础上完成

C. 根据申请与订货计划的落实情况，经综合平衡后完成

D. 根据审批后的施工总进度计划，经综合平衡后完成

13.（2005—80）物资供应计划是用来指导和组织建设工程物资供应工作的计划，其编制依据主要包括货源资料和（　　）。

A. 物资加工计划、物资订货计划

B. 物资采购计划、物资加工计划

C. 物资需求计划、物资储备计划

D. 物资申请计划、物资采购计划

14.（2011—80）物资供应计划编制的任务是在确定计划需求量的基础上，经过综合平衡后，提出（　　）。

A. 申请量和采购量

B. 采购量和库存量

C. 库存量和供应量

D. 供应量和申请量

15.（2022—80）编制建设工程物资供应计划时，首先应考虑的是（ ）的平衡。

A. 数量 B. 时间

C. 产销 D. 供需

4. 申请、订货计划的编制

16. 申请、订货计划是指向上级要求分配材料的计划和分配指标下达后组织订货的计划。它的编制依据包括（ ）。

A. 有关材料供应政策法令 B. 场地条件

C. 概算定额 D. 供应计划

E. 分配指标、材料规格比例

5. 采购、加工计划的编制

17. 采购、加工计划是指向市场采购或专门加工订货的计划。它的编制依据包括（ ）。

A. 需求计划 B. 市场供应信息

C. 加工能力及分布 D. 预算文件

E. 项目总进度计划

6. 国外进口物资计划的编制

本部分内容一般不会单独进行考查，仅做了解即可。

（二）物资供应计划实施中的动态控制

1. 物资供应进度监测与调整的系统过程

本部分内容仅做了解即可。

2. 物资供应计划实施中的检查与调整

18. 在物资供应计划实施过程中进行检查的重要作用有（ ）。

A. 发现实际供应偏离计划的情况，以便进行有效的调整和控制

B. 发现计划脱离实际的情况，据此修订计划的有关部分，使之更切合实际情况

C. 反馈计划执行结果，作为下一期决策和调整供应计划的依据

D. 收集反映物资供应状况的资料，作为决策的控制依据

E. 比较实际供应情况与计划供应情况，尽可能降低拖延对整个施工进度的影响降低到最低程度

（三）监理工程师控制物资供应进度的工作内容

19.（2005—120）在建设工程实施阶段，监理工程师控制物资供应进度的工作内容包括（ ）。

A. 编制或审核物资供应计划 B. 确定物资供应分包合同清单

C. 选定物资供应单位 D. 审查物资供应情况分析报告

E. 监测物资到场情况

1. 协助业主进行物资供应的决策

20.（2006—120）为了控制物资供应进度，监理工程师协助业主进行物资供应决

策的工作内容包括（　　）。

  A．根据设计图纸和进度计划确定物资供应要求

  B．推荐物资供应单位并签署物资供应合同

  C．组织编制物资供应招标文件

  D．提出对物资供应单位的要求及其在财务方面应负的责任

  E．提出物资供应分包方式及分包合同清单

  21．（2021—80）监理工程师在协助业主进行物资供应决策时，应进行的工作是（　　）。

  A．编制物资供应招标文件   B．提出物资供应分包方式

  C．确定物资供应单位   D．签订物资供应合同

2．组织物资供应招标工作

  22．（2009—80）监理工程师受业主委托控制物资供应进度的主要工作内容之一是（　　）。

  A．编制物资供应计划   B．办理进出口许可证等有关事宜

  C．决定物资供应分包方式   D．安排物资订货

  23．（2010—80）下列各项活动中，属于监理工程师控制物资供应进度活动的是（　　）。

  A．审查物资供应情况分析报告 B．确定物资供应分包方式

  C．办理物资运输手续   D．确定物资供应分包合同清单

  24．（2020—80）监理单位受业主委托组织物资供应招标的工作内容是（　　）。

  A．根据施工条件确定物资供应要求 B．参与投标文件的技术评价

  C．提出物资分包方式和供应商清单 D．审核物资供应计划

3．编制、审核和控制物资供应计划

  25．（2012—80）监理工程师控制物资供应进度的工作内容是（　　）。

  A．决定物资供应分包方式及分包合同清单

  B．审核物资供应合同

  C．审查和签署物资供应情况分析报告

  D．办理物资运输及进出口许可证等有关事宜

  26．（2021—120）监理工程师审核物资供应计划的内容有（　　）。

  A．物资生产工人是否足额配置

  B．物资库存量安排是否经济合理

  C．物资采购时间安排是否经济合理

  D．物资供应计划与施工进度计划的匹配性

  E．物资供应紧张或不足使施工进度拖后的可能性

  27．（2022—120）监理工程师控制物资供应进度的工作内容有（　　）。

  A．进行物资供应决策   B．参与投标文件的技术评价

C．主持召开物资供应单位协商会议　　　D．签订物资供应合同

E．审核和控制物资供应计划

习题答案及解析

1．ABCE	2．ABD	3．ABCE	4．B	5．D
6．B	7．A	8．A	9．A	10．A
11．B	12．A	13．C	14．A	15．A
16．ACDE	17．ABC	18．ABC	19．ADE	20．ADE
21．B	22．A	23．A	24．B	25．C
26．BCDE	27．BCE			

【解析】

10．A。在2008、2013年度的考试中，同样对本题涉及的采分点进行了考查，且提问形式基本与本题一致。

13．C。在2001年度的考试中，同样对本题涉及的采分点进行了考查。

19．ADE。在2000、2002年度的考试中，同样对本题涉及的采分点进行了考查，且提问形式基本与本题一致。

21．B。在2018年度的考试中，同样对本题涉及的采分点进行了考查，且提问形式基本与本题一致。

24．B。在2007、2012、2015年度的考试中，同样对本题涉及的采分点进行了考查。

25．C。在2008年度的考试中，同样对本题涉及的采分点进行了考查，且提问形式基本与本题一致。